高等学校信息工程类专业系列教材

通 信 原 理

（第三版）

黄葆华　杨晓静　吕　晶　编著

王兴亮　主审

西安电子科技大学出版社

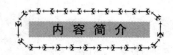

内 容 简 介

本书以各种现代通信系统的基本组成为模型，全面系统地论述了现代通信的基本原理和技术。全书共 11 章，内容包括：预备知识、各类通信信道的介绍、模拟通信系统、数字通信系统、模拟信号的数字传输、最佳接收技术、信道编码技术和同步系统等。

本书的最大特点是物理概念清楚，公式推导详略得当，内容叙述深入浅出，语言流畅，条理清楚，例题丰富，便于读者自学以及组织实施教学活动。

本书的另一个特色是各章均有完整的知识点小结、自测自评题及答案，便于读者更好地熟悉、提炼所学内容，以及对所学内容的掌握情况进行自我检查，有助于更好地掌握所学知识。

本书适用面宽，既可作为通信工程、电子工程、信息工程及相关专业的本科生教材，也可作为广大科技人员的参考书。

★ 本书配有电子教案和课后习题详解，需要者可与出版社联系，免费提供。

图书在版编目(CIP)数据

通信原理/黄葆华，杨晓静，吕晶编著. —3 版. —西安：西安电子科技大学出版社，2019.6
（2022.4 重印）
ISBN 978 - 7 - 5606 - 5306 - 8

Ⅰ．①通… Ⅱ．①黄… ②杨… ③吕… Ⅲ．①通信原理 Ⅳ．① TN911

中国版本图书馆 CIP 数据核字(2019)第 077026 号

策划编辑　马乐惠
责任编辑　蔡雅梅　马乐惠
出版发行　西安电子科技大学出版社(西安市太白南路 2 号)
电　　话　(029)88202421　88201467　　邮　编　710071
网　　址　www.xduph.com　　　　　　电子邮箱　xdupfxb001@163.com
经　　销　新华书店
印刷单位　咸阳华盛印务有限责任公司
版　　次　2019 年 6 月第 3 版　2022 年 4 月第 5 次印刷
开　　本　787 毫米×1092 毫米　1/16　印　张 21
字　　数　493 千字
印　　数　17 001～19 000 册
定　　价　48.00 元
ISBN 978 - 7 - 5606 - 5306 - 8/TN

XDUP　5608003 - 5
＊＊＊如有印装问题可调换＊＊＊

前　言

　　本次修订在保持第二版特色的基础上作了进一步的完善，使通信原理的基本概念、基本理论等核心内容的论述更具系统性、准确性、可读性和先进性，更好地适应通信技术的发展并满足院校课程的教学需求。主要修订内容有：

　　（1）在保持第二版体系结构和篇幅不变的前提下，对部分论述欠完整的内容进行了补充，简化或删减了部分不影响可读性的内容，使全书内容更加系统完整。例如，增加了 COSTAS 环的工作原理内容及对存在相位模糊的解释，增加了求系统循环码时的多项式除法示意图等。

　　（2）对第二版内容进行全面梳理，修改完善了部分内容的阐述方式；改进了一些图表的绘制方法；统一了标题的叙述格式、名词和符号；对个别概念和原理，通过计算机仿真等手段进行了验证和修订；修改并增加了一些应用背景的论述。

　　（3）加强了前后章节之间和知识点之间的关联，便于读者全面理解本书内容。首先，在目录标题不变的情况下较大篇幅地修改了第 1 章，围绕数字通信系统框图，强调后续篇章讨论的内容，前后呼应，使读者更好地建立全书章节之间的联系，对全书内容有清晰的理解；其次，将相关知识点有机串联。例如，在第 2、3 章中，指出相关结论将应用于何处，在后面用到这些结论时再次指出其出处；又如，在讲述"AMI 码"时指出其长连"0"将影响位同步提取这一缺点，在学习"位同步"时，则根据位同步电路的工作原理再解释为什么 AMI 长连"0"会对位同步的提取产生不利影响等。

　　（4）针对一些概念和原理难点，增加了相应的框图和曲线。例如，第 6 章中，增加了信号幅度变小时的波形量化示意图以及采用非均匀量化的通信系统框图等。

　　（5）增改了书中部分例题，修订了部分课后习题，增补并修正了部分习题参考答案，使例题、习题更有针对性，便于读者更好地理解抽象概念和原理。

本书由解放军陆军工程大学（原解放军理工大学）通信工程学院黄葆华、吕晶和解放军国防科技大学电子对抗学院（原合肥解放军电子工程学院）杨晓静合作编写。杨晓静编写了第 1～5 章的内容，黄葆华编写了第 6～11 章的内容。第 1～5 章的修订工作由吕晶完成，第 6～11 章的修订工作由黄葆华完成。

由于作者水平有限，书中难免存在不妥之处，敬请读者批评指正。

作者联系方式：

E-mail：hbh_nj6300@sina.com

微信号：13951960567

作　者

2019 年 3 月

第二版前言

本书自出版以来，受到广大读者的关心和支持，不少高校选用该书作为通信工程、电子工程、信息工程、计算机网络等多个专业、不同层次学生的教材。在此，向选用本教材的广大读者表示诚挚的感谢。

本书在保持第一版书特色的基础上作了进一步的完善，主要修订内容有：

(1) 将第一版书各章后的小结改为知识点小结。知识点小结详细归纳了各章的主要概念、基本原理、常用实现方法、重要公式等，帮助学生更好地熟悉、掌握和提炼所学知识，有助于形成完整的通信原理知识体系。

(2) 在每章的后面增加了自测自评题，并给了完整的解答。其目的是便于读者对所学内容的掌握情况进行自我检查，同时也能加深对重要概念和原理的理解，还能提高解题能力，为进一步的学习打下坚实基础。

(3) 在保持整体结构不变的情况下，对第一版书中部分章节的内容做了适当的修改、更正和更新，使本书内容更完善，力求在介绍基本原理的同时体现现代通信技术的新成果，努力使理论与实践相结合。

本书由南京解放军理工大学通信工程学院黄葆华、吕晶和合肥解放军电子工程学院杨晓静合作编写。杨晓静编写了第 1～5 章的内容，黄葆华编写了第 6～11 章的内容。修订工作由黄葆华和吕晶完成。

编　者
2012 年 1 月

第一版前言

　　"通信原理"是通信、电子与信息专业的一门主干课程，由于涉及大量的数学知识和抽象概念，因此学生的学习和教师的授课都存在较大的难度。为此，我们结合多年的"通信原理"教学实践所积累的经验编写了此教材，希望给读者奉献一本看得懂、学得会、内容完整、概念清楚、深度适中的"通信原理"教材，能对读者学好此课程有所帮助。

　　本书在讲解通信系统时，首先建立系统模型，介绍了整个系统的工作原理；然后再依次讨论系统各组成模块的功能、实现方法；最后讨论了噪声、干扰等对系统性能的影响，使读者能很好地建立通信系统的整体概念，掌握系统中各模块的功能与实现手段，掌握通信系统的关键技术和分析通信系统性能的基本方法。

　　我们在本书的编写中吸收了国外经典教材的优点，力求物理概念清楚，对一些公式的推导进行了适当的取舍。对一些繁琐的推导过程进行了简化，将重点放在推导的思路、结论的物理意义及实际应用上。另外，我们在教学中体会到，例题在理解一些重点或难点内容时非常有效，因此，我们在各章节的相关内容中增加了许多精心选取的具有很强针对性的例题。

　　全书共 11 章。

　　第 1 章主要内容有通信系统的组成、数字通信的优点、信息的度量及香农公式、通信系统的性能指标等。

　　第 2 章、第 3 章是学习"通信原理"的预备知识。第 2 章讨论确知信号的分析，第 3 章讨论随机信号的分析。这两章的主要内容有信号的频谱分析、随机过程、噪声等。

　　第 4 章对各种类型的信道进行了讨论，指出了各种信道的特点。

　　第 5 章讨论了模拟调制系统，主要内容有各种模拟调制技术的实现方法及抗噪声性能。

　　第 6 章讨论了模拟信号的数字传输系统，主要内容有脉冲编码调制（PCM）和增量调制（ΔM）的实现方法及性能分析、时分复用原理等。

　　第 7 章讨论了数字信号的基带传输系统，主要内容有数字基带系统的工作原理及各部分的功能、数字基带信号的常用码型、数字基带信号的功率谱分析方法、无码间干扰传输系统，以及提高数字基带系统性能的部分响应技术和均衡技术等。

第 8 章讨论了数字调制技术，主要内容有各种二进制调制技术的实现方法及系统性能分析、现代调制技术介绍等。

第 9 章讨论了数字信号的最佳接收，主要内容有匹配滤波器、最佳接收机结构及误码性能分析等。

第 10 章讨论了数字通信系统中的信道编码技术，主要内容有信道编码的基本概念，线性分组码、循环码、卷积码的编译码方法，m 序列的产生及应用等。

第 11 章讨论了通信系统中的同步问题，主要内容有载波同步、位同步和群同步的作用、实现方法及性能指标等。

本书由南京解放军理工大学通信工程学院黄葆华、牟华坤和合肥解放军电子工程学院杨晓静合作编写。杨晓静编写了第 1～5 章的内容；黄葆华编写了第 6～10 章的内容；第 11 章及附录由黄葆华和牟华坤共同编写。黄葆华对全书初稿作了修改和定稿，统编全书。长安大学信息工程学院的张卫刚教授担任本书的主审。在编写本书的过程中，也得到了解放军理工大学通信工程学院张宝富教授、潘焱副教授的关心和支持，均在此表示感谢！

全书计划学时数为 80 学时，也可根据需要对内容作适当删减。

由于作者水平有限，书中难免存在不妥之处，敬请读者批评指正。

作　者
2006 年 11 月

目　录

第 1 章　绪　　论

1.1　通信的概念及系统模型

1.1.1　通信的概念

从广义上讲，通信就是将消息从一个地方传递到另一个地方。实现通信的方式很多，古代的烽火台、鸣金击鼓，现在的信函、电报、电话、传真、电视等，均属于通信的范畴。邮政通信和电通信的主要区别在于邮政通信传递的是实物信息，而电通信传递的是电信号。随着现代科学技术的发展，人们对传送消息的要求越来越高，在各种各样的通信方式中，电通信的使用越来越广泛。这是因为，电通信能使消息在几乎任意的通信距离上实现迅速而可靠的传送。通信原理课程研究的就是电通信。

实现消息传递所需的一切设备、传输媒质和通信协议的总和称为通信系统。从现代通信系统的构成来看，一个通信系统的技术设备可能非常多，拥有成千上万的用户终端，而且在系统内部的不同环节，其传输媒质和信号传输方式也可能有所不同。图 1.1.1 所示的是公共电话系统和移动电话系统结构简图，其中，移动用户与基站之间是无线传输方式；基站与移动电话交换局之间、移动电话交换局与移动电话交换局之间的传输媒质可能是光纤或电缆；长途交换网之间的传输信道可以是光纤信道、卫星信道和微波接力信道。

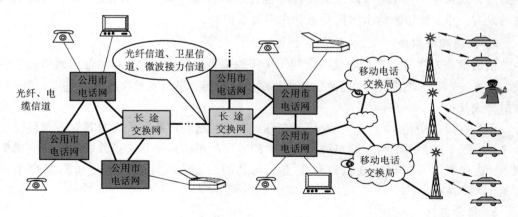

图 1.1.1　公共电话系统和移动电话系统结构简图

不论一个通信系统有多么复杂，从两个用户之间的一次通信过程来看，都可以看成是一个点到点之间的通信系统。因此，点与点之间建立的通信系统是通信的最基本形式，也是研究其它较复杂系统的基础。

　　"通信原理"就是介绍支撑各种点到点通信系统的基本概念、基本原理、基本技术以及数学模型的一门学科。

1.1.2　通信系统的基本模型

　　图 1.1.2 所示的是通信系统的基本模型，包括信源、发送设备、信道、接收设备、信宿和噪声源 6 个部分，是一般通信系统的高度概括。下面简单说明其中各部分的作用。

图 1.1.2　通信系统的基本模型

1. 信源

　　信源即原始电信号的来源，其主要作用是产生消息并将消息转换成相应的电信号。常见的信源转换设备有电话机、摄像机、计算机等。例如，在电话通信系统中，人发出声音，电话机的受话器将声音转换为话音(语音)信号，声音和电话机的受话器就构成了信源。同样，摄像机将图像转换为视频信号，图像和摄像机就是一个输出视频信号的信源。这种直接由消息转换得到的电信号通常称为基带信号，也称为原始信号。它们有一个很重要的特点，就是信号的主要功率或能量大多集中在零频附近(从零频率开始的一段频率范围内)，如话音信号的频率范围通常为 300～3400 Hz，电视信号的频率一般在 0～6 MHz 之间。

2. 发送设备

　　发送设备对信源输出的原始电信号进行各种加工处理和变换，使它适合在信道中传输。对于不同的通信系统，由于采用不同的信源和不同的信道，发送设备对信源输出信号的处理方式也是不同的，所以发送设备所包含的部件也不同。但不管进行什么样的处理，目的只有一个：使信源输出的信号适合在信道上传输。

3. 信道和噪声源

　　信道就是发送设备和接收设备之间用于传输信号的传输媒质。目前常用的信道有双绞线、电缆、光纤等有线信道，以及短波电离层反射信道、超短波无线电中继信道、卫星中继信道等无线信道。

　　信号在信道中传输时，不可避免地会混入噪声。此外，通信系统的其它各部件也会产生噪声。图 1.1.2 中的噪声源模块是信道中的噪声和通信系统其它部件所产生噪声的集中表示。这样表示并不影响通信过程中主要问题的研究，而且可以给分析问题带来许多方便。

4. 接收设备

　　由于经信道传送到接收端的信号是除有用信号外还叠加有噪声的混合信号，因此接收设备的主要作用是从接收到的混合信号中，最大限度地提取有用信号，抑制噪声，以恢复出原始信号。

5. 信宿

信宿即原始信号的最终接收者，通常由信号转换器和受信者两部分组成。信号转换器的作用是把接收设备恢复出来的原始电信号转换成相应的消息，如通过扬声器将话音信号转换成声音；通过荧光屏将电视信号转换成电视图像等。受信者可以是人，也可以是包括计算机在内的各种终端设备。

图 1.1.2 概括地描述了通信系统的组成，反映了通信系统的共性，通常把它称为通信系统的基本模型。在今后的学习中，我们会遇到各种各样具体的通信系统。不同通信系统的组成模型是有差异的。由于对通信基本理论的研究，通常以模拟通信系统模型和数字通信系统模型为基础展开，下面对这两种更为具体的通信系统模型进行介绍。

1.1.3　模拟与数字通信系统模型

按照信道中传输信号的类型，可将通信系统分为模拟通信系统和数字通信系统。

1. 模拟信号与数字信号

在通信系统中待传输消息的种类是多种多样的，它可以是符号、文字、语声、图像等。然而，所有不同的消息，都可以被归结成两类：数字消息（离散消息）和模拟消息（连续消息）。消息的状态是可数的或离散型的，比如符号、文字或数据等，称为数字消息。消息的状态是连续变化的，例如，强弱连续变化的声音，亮度连续变化的图像等，称为模拟消息。

信息与消息严格地说是两个既紧密联系又有所区别的概念，信息可以理解为消息中所包含的对受信者有意义的内容。传输和交换消息有时也称为传输和交换信息，按照信息论的观点，在进行有意义的通信时，传输了消息就是传输了信息，基于此，本书对消息和信息不作严格区分，两者可以混用。

电信号（简称为信号）是与消息一一对应的电参量。它是消息的物质载体，为了实现消息的传输与交换，消息通常被寄托在电信号的某一参量上（如电信号的幅度、频率和相位等）。如果电信号的参量携带离散消息，则该参量必将取有限个数值，这样的信号称为数字信号。如果电信号的参量携带着连续消息，则该参量必将是连续取值的，这样的信号称为模拟信号。

如图 1.1.3(a)所示，设该信号的幅度携带信息，由于幅度取值是连续的，故此信号为模拟信号；图 1.1.3(b)中的 $f(nT)$ 是对图 1.1.3(a)中信号 $f(t)$ 进行取样而得到的信号，虽然取样后在时间上离散了，但其携带信息的参量（幅度）取值仍然是连续的，所以 $f(nT)$ 也是模拟信号。若图 1.1.4(a)中的信号幅度携带信息，由于幅度的取值只有两种，故其为数字信号；图 1.1.4(b)中的信号在时间和幅度上都是连续的，但如果每个时间段的初相表示信息，由于初相只有 0 和 π 两种取值，故该信号也为数字信号。

由此可见，时间离散信号不一定是数字信号，而时间或幅度连续的信号也不一定是模拟信号，关键是看携带信息的电信号参量是连续的还是离散的。

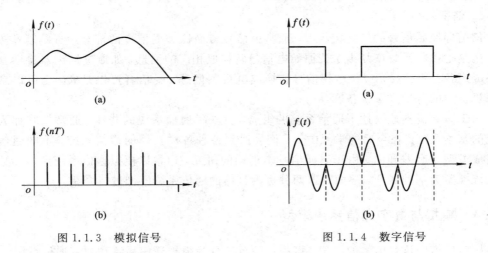

图 1.1.3　模拟信号　　　　　　图 1.1.4　数字信号

2. 模拟通信系统模型

常用的模拟通信系统包括中波/短波无线电广播、调频立体声广播等通信系统，其组成模型如图 1.1.5 所示。

图 1.1.5　模拟通信系统模型

在模拟通信系统中，信源输出模拟信号，模拟信号需经过模拟调制变换成适合于信道传输的信号后送入信道；相应地，接收端对接收信号进行模拟解调，恢复出发送端发送的信号，传送到信宿。需要注意的是，发送和接收装置还应包括放大、滤波等装置，这里都简化到了模拟调制解调器中。模拟调制与解调将在本书第 5 章中讨论。

3. 数字通信系统模型

数字通信系统模型如图 1.1.6 所示。

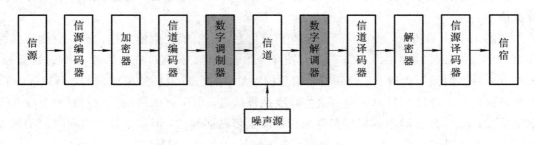

图 1.1.6　数字通信系统模型

1) 信源

信源输出的既可以是模拟信号，也可以是数字信号。

2）信源编码与译码

信源编码是用"1"、"0"码来表示信源输出的信号，包括以下几种情况：

（1）若信源输出模拟信号（如话音信号），则信源编码将完成模拟信号到数字信号的转换，即模/数（A/D）转换（本书第 6 章将深入讨论该内容），对应的系统称为模拟信号的数字传输系统，如数字电话系统就是这种系统的一个具体例子。

（2）若信源输出离散信号（如键盘符号），则信源编码将完成由离散符号到"1"、"0"码组的映射，如 ASCII 编码、Huffman 编码等。需要注意的是，这种情况下信源编码前后均为数字信号，只是形式不同而已。

（3）若信源输出为"1"、"0"码（如数据文件），则信源编码将用更少的"1"、"0"码重新表示原数据，如计算机系统中使用的各种数据压缩编码。

不管哪种情况，信源编码都是用尽可能少的"1"、"0"码表示信源输出信号，使信息传输时占用较少的通信系统资源（时间、带宽），从而提高信息传输的有效性。接收端的信源译码器完成和信源编码器相反的工作。

3）加密与解密

加密是按一定的规则打乱信息，解密时再将其还原。通过加密和解密能够提高信息传输的安全性。需要加密的通信系统才需要加（解）密器。

4）信道编码与译码

信道编码也称为纠错编码，信道编码器将需要传输的数字信息按照一定的规律加入冗余码元，以便使信道译码器能够发现和纠正传输中发生的错误码元，从而提高信息传输的可靠性。这部分内容将在本书第 10 章中讨论。

5）数字调制与解调

若信道是带通型信道，则数字调制的作用是将数字信号变换为适合于带通型信道传输的已调信号，而数字解调的作用是将已调信号还原为调制前的数字信号。此时的数字通信系统称为数字频带系统。

若信道是低通型信道，则不需要数字调制与解调，而是采用码型及波形变换等部件，此时的数字通信系统称为数字基带系统。

数字通信系统是本课程一个十分重要的内容，本书第 7 章、第 8 章将分别讨论数字基带系统和数字频带系统。

为实现数字信息的正确传输，收、发双方需步调一致，因此数字通信系统还有一个必不可少的组成部分，即同步系统。同步系统的实现原理及方法等将在本书第 11 章中讨论。

4. 数字通信的优缺点

目前，不论是模拟通信还是数字通信，在实际的通信业务中都得到了广泛应用。近年来，数字通信发展十分迅速，其在整个通信领域中所占的比重日益增长。这是因为，与模拟通信相比，数字通信具有许多优点：

（1）抗噪声性能好。数字信号携带信息的参量（振幅、频率或相位）只取有限个值，如单极性二进制数字信号"1"码幅度为 1 V，"0"码幅度为 0 V，经过信道传输后会叠加噪声从而产生波形失真，但只要在取样判决时刻噪声的大小不超过判决门限 V_d（这里为 0.5 V），就能正确恢复发送的"1"、"0"码元，从而可彻底消除噪声的影响，如图 1.1.7 所示。图中纵向虚线所示为取样判决时刻。

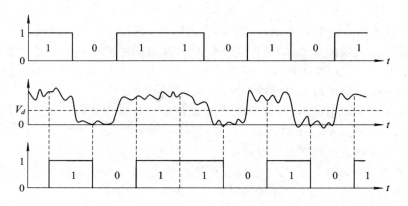

图 1.1.7　通过取样判决消除噪声影响示意图

（2）中继通信时无噪声积累。数字信号的中继通信原理框图如图 1.1.8 所示，设信源发出二进制数字信号，经信道传输后，其上会有噪声叠加。当噪声还不太大（不影响判决的正确性）时，再生器对混有噪声的信号进行取样判决（再生中继），消除噪声的影响，恢复发送的二进制数字信号。可见，再生器在再生过程中只要不发生错码，输出的信号和信源发出的信号是一样的。因此，远距离通信时，只要在适当距离上设置中继站，通信质量不会因为通信距离的增加而下降。

图 1.1.8　数字信号中继通信原理图

（3）差错可控。在数字通信系统中，可以采用纠错编码技术降低接收信息的错误概率。

（4）数字通信易于加密处理，保密性强。

（5）易于实现综合业务，即可以将语音、图像、文字、数据等多种信号变换成统一的数字信号，在同一个网络中进行传输、交换和处理。

（6）数字通信系统易于集成，使通信设备体积小、成本低。

数字通信的主要缺点是其所占用的系统带宽比模拟通信的宽。以电话为例，一路模拟电话通常占用 4 kHz 带宽，但一路数字电话可能要占用 20～60 kHz 的带宽。但随着数据压缩技术的发展和宽带信道（卫星、光纤）的广泛应用，此缺点带来的影响会越来越小。另外，数字通信系统涉及较多的同步问题，因而系统设备较复杂。

1.2　通信系统的分类及通信方式

1.2.1　通信系统的分类

通信系统从不同的角度有不同的分类方法。

1. 以信道传输的信号特征分类

根据信道传输的信号种类的不同，通信系统可以分为两大类：模拟通信系统和数字通信系统。需要强调的是，模拟通信与数字通信是按照信道中所传送信号的差异来区分的，而不是根据信源输出的信号来划分的。例如,数字电话系统就是一个信源输出为模拟信号的数字通信系统。

2. 以传输媒质分类

消息从一地传至另一地要通过一定的传输媒质。按传输媒质的不同,通信可以分为两大类:有线通信和无线通信。

有线通信使用导线作为传输媒质。这里的导线可以是架空明线、各种电缆、波导以及光导纤维等。市话系统、闭路电视、普通的计算机局域网等都是有线通信系统。

无线通信则不需要架设导线,而是利用无线电波在空间的传播来传送消息。广播、移动电话、卫星通信等都是无线通信系统。

3. 以传输的信号是否经过调制分类

根据传输的信号是否经过调制,通信系统可分为基带系统和频带系统。在基带系统的发送设备中,不需对基带信号进行调制,而是将经过放大、滤波等处理后的基带信号直接送入信道传输。在频带系统的发送设备中,需要对基带信号进行调制,变换成已调制的频带信号,再送入信道传输。

4. 以通信业务分类

按通信业务的不同,通信系统可分为电话通信系统、电报通信系统、电视通信系统、数据通信系统等。

5. 以工作波段分类

按使用的波长不同,通信系统可分为长波通信系统、中波通信系统、短波通信系统和微波通信系统等。

6. 以调制方式分类

常规的通信系统根据载波是正弦波还是周期脉冲信号分为连续波调制和脉冲调制。根据基带信号是模拟信号还是数字信号,可分为模拟调制系统、数字调制系统。根据调制后信号的频谱结构是否发生变化,又可分为线性调制系统和非线性调制系统。

1.2.2 通信的方式

通信方式是指通信双方(或多方)之间的工作形式和信号传输方式,它是通信各方在通信实施之前首先要确定的问题。根据不同的标准,通信方式有多种分类方法。

(1) 按通信对象的不同,通信方式可分为点到点通信(即通信是在两个对象之间进行),点到多点通信(一个对象和多个对象之间的通信)和多点到多点通信(多个对象和多个对象之间的通信)三种。

(2) 按信号的传输方向和传输时间的不同,两点之间的通信方式可分为单工通信、半双工通信和双工通信。

单工通信(simplex):在任何一个时刻,信号只能从甲方向乙方单向传输,甲方只能发信,乙方只能收信,比如广播电台与收音机、电视台与电视机之间的通信(点到多点)。另外,诸如遥控玩具、航模(点到点)、寻呼等也均属此类通信。

半双工通信(half-duplex):在任何一个时刻,信号只能单向传输,或从甲方到乙方,或从乙方到甲方,每一方不能同时收发信息,比如对讲机、收发报机,以及问询、检索等之间的通信。

双工通信(full-duplex)：在任何一个时刻，信号能够双向传输，每一方都能同时进行收信和发信工作，比如普通电话、手机等。

(3) 按通信终端之间的联系方式的不同，通信方式可分为两点间直通方式和交换方式。直通方式是通信双方直接用专线连接，而交换方式则必须经过一个称为交换机的设备才能联系起来，如电话系统。

(4) 按数字信号传输的顺序，在数据通信中(主要指计算机通信)，通信方式又有串行通信和并行通信之分。

(5) 按同步方式的不同，通信方式又分为同步通信和异步通信。

事实上，一种通信方式往往具有多类性，比如广播电视既是一种单工通信方式也是一种点到多点的通信形式。

1.3 信息的度量及平均信息量

1.3.1 信息的度量

根据香农信息理论，信息是可以度量的。每个符号携带的信息量与符号的出现概率有关，若符号 x 的出现概率为 $P(x)$，则符号 x 携带的信息量定义为

$$I(x) = \log_a \frac{1}{P(x)} = -\log_a P(x) = \begin{cases} -\mathrm{lb}\, p(x) & a = 2 \\ -\ln p(x) & a = e \end{cases} \qquad (1-3-1)$$

信息量的单位与对数底 a 有关。当 $a=2$ 时，信息量的单位为比特(bit 或 b)；当底数 $a = e(\approx 2.7183)$ 时，信息量的单位为奈特(nit)。在计算机应用及通信中，信息量的单位常用比特。由式(1-3-1)可知，符号出现概率越小，所携带的信息量越大，当 $P(x)=0$ 时，信息量 $I(x)=\infty$。相反，符号出现概率越大，所携带的信息量越小，当 $P(x)=1$ 时，信息量 $I(x)=0$。

由若干个相互独立的符号构成的消息所含的信息量等于各独立符号所含信息量之和，即

$$I(x_1 x_2 \cdots x_n) = I(x_1) + I(x_2) + \cdots + I(x_n) \qquad (1-3-2)$$

例 1.3.1 已知英文字母 t 和 q 出现的概率分别为 0.072 和 0.001，求字母 t 和 q 的信息量。

解 由题意知 t 出现的概率为 $P(t) = 0.072$，可计算其信息量 $I(t)$ 为

$$I(t) = -\mathrm{lb}\, 0.072 = -\frac{\lg 0.072}{\lg 2} = 3.8 \ (\text{bit})$$

q 出现的概率为 $P(q) = 0.001$，其信息量为

$$I(q) = -\mathrm{lb}\, 0.001 = 9.97 \ (\text{bit})$$

1.3.2 平均信息量

在通信领域，消息可分为离散消息和连续消息。因此信息源亦有离散信源和连续信源之分。设离散信源是一个由 n 个符号组成的符号集，每个符号 x_i 在消息中是按一定的概率

$P(x_i)$独立出现的，即

$$\begin{bmatrix} x_i \\ P(x_i) \end{bmatrix} = \begin{bmatrix} x_1, & x_2, & \cdots, & x_n \\ P(x_1), & P(x_2), & \cdots, & P(x_n) \end{bmatrix}$$

因此，n 个符号的离散信源的平均信息量为

$$H(x) = -\sum_{i=1}^{n} P(x_i) \, \mathrm{lb} P(x_i) \tag{1-3-3}$$

可见，$H(x)$是每个符号所含信息量的统计平均值，因与热力学中的熵的计算公式形式一样，故称为信源的熵，单位是 bit/符号。

例 1.3.2 某信源产生 a、b、c、d 四种符号，若各符号的出现是相互独立的且出现概率分别为 1/2、1/4、1/8、1/8，试求该信源的平均信息量。

解 由题意及式(1-3-3)可得信源平均信息量为

$$\begin{aligned}
H(x) &= -\sum_{i=1}^{n} P(x_i) \, \mathrm{lb} P(x_i) \\
&= -\frac{1}{2} \, \mathrm{lb} \, \frac{1}{2} - \frac{1}{4} \, \mathrm{lb} \, \frac{1}{4} - \frac{1}{8} \, \mathrm{lb} \, \frac{1}{8} - \frac{1}{8} \, \mathrm{lb} \, \frac{1}{8} \\
&= 1.75 \, (\text{bit/ 符号})
\end{aligned}$$

不同的离散信源可能有不同的熵。可以证明，当信源中每种符号出现的概率相等，而且各符号的出现为统计独立时，该信源的平均信息量最大，即信源熵最大，此最大值为

$$H_{\max} = \mathrm{lb} M \tag{1-3-4}$$

其中，M 为符号的种类数。

由此可知，对于二进制信源，等概独立条件下，每个符号携带 1 比特的信息量。因此，工程上常用比特表示二进制码的位数，如二进制码 101 为 3 位码，有时也称为 3 比特码。

连续消息的信息量可用概率密度来描述。其平均信息量为

$$H(x) = -\int_{-\infty}^{\infty} f(x) \, \log_a f(x) \mathrm{d}x \tag{1-3-5}$$

其中，$f(x)$是连续消息出现的概率密度。

1.4 通信系统的主要性能指标

设计或评价一个通信系统时，往往要涉及通信系统的性能指标。通信系统的性能指标归纳起来有以下几个：

(1) 有效性：指信息的传输速度或传输信息所占用的信道带宽。

(2) 可靠性：指接收信息的准确程度。

(3) 适应性：指使用时对环境的要求。

(4) 标准性：指使用的元部件及接口等的标准化程度。

(5) 经济性：指成本的高低。

(6) 可维护性：指使用维护是否方便等。

从信息传输的角度来看，通信系统最主要的性能指标是有效性和可靠性。因为，对通信的最基本要求就是高效、准确地传递信息。这两个指标体现了对通信系统最基本的要求，也是设计或使用一个通信系统首先要考虑的问题。

有效性和可靠性这两个要求通常是矛盾的，即系统有效性的提高往往会导致可靠性的下降，反之亦然。因此只能根据需要和技术发展水平尽可能取得统一。例如，在一定可靠性指标下，尽量提高消息的传输速度；或者在一定有效性条件下，使消息的传输质量尽可能高。

对于模拟通信系统和数字通信系统，衡量有效性和可靠性的具体指标是不同的。

1.4.1 模拟通信系统的有效性与可靠性

1. 有效性

模拟通信系统的有效性通常用每路信号所占用的信道带宽来衡量。这是因为，当信道的带宽给定后，每路信号占用的带宽越窄，信道内允许同时传送的信号路数越多，该系统的传输有效性就越好。如传输一路模拟电话，单边带信号只需要 4 kHz 带宽，而双边带信号则需要 8 kHz 带宽。显然，单边带系统比双边带系统具有更高的有效性。

2. 可靠性

模拟通信系统的传输可靠性通常用通信系统的输出信噪比来衡量，输出信噪比定义为输出端有用信号功率与噪声功率之比。输出信噪比越大，收到信息的准确性越高，通信质量就越好。如普通电话要求输出信噪比在 26 dB 以上，电视图像要求信噪比在 40 dB 以上。

输出信噪比不仅与接收信号功率和传输中引入的噪声功率有关，还与系统所采用的调制方式等有关。例如，在第 5 章中将会看到，调频信号的抗噪声性能比调幅信号的抗噪声性能好。

1.4.2 数字通信系统的有效性与可靠性

在数字通信系统中传输的是数字信号。数字信号实际上可以看成是代表消息的一组脉冲序列，每一个脉冲称为一个码元，码元也称为符号。若码元（符号）能取两个不同的值，则称为二进制码元，相应的数字信号称为二进制信号。同样的道理，若码元（符号）能取 M 个不同的值，则称为 M 进制码元，相应的数字信号称为 M 进制信号。图 1.4.1 所示为二进制和四进制数字信号的码元序列。

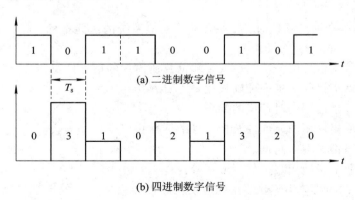

(a) 二进制数字信号

(b) 四进制数字信号

图 1.4.1 二进制和四进制数字信号的码元序列

1. 有效性

数字通信系统的有效性可以用码元传输速率、信息传输速率或频带利用率来衡量。

1) 码元传输速率

码元传输速率又称码元速率或符号速率，简称传码率，它被定义为单位时间所传送的码元数目，用 R_s 表示，单位为波特（Baud），有时简写为 B。波特就是符号/秒或码元/秒。

例如，某系统每秒传送 1000 个码元，则该系统的传码率就是 1000 波特。传码率越高，单位时间内传送的码元数目越多，系统的传输有效性就越好。传码率 R_s 和码元间隔（码元宽度）T_s 之间有着十分简单的关系

$$R_s = \frac{1}{T_s} \tag{1-4-1}$$

2) 信息传输速率

信息传输速率又称为信息速率、传信率、比特速率等，用 R_b 表示，定义为每秒时间内传输的信息量，单位是比特/秒，记为 bit/s、b/s 或 bps。

每个码元或符号通常都携带一定数量的信息量，因此信息速率和码元速率有确定的关系，即

$$R_b = H(s)R_s \tag{1-4-2}$$

式中，$H(s)$ 为信源熵，即平均每符号的信息量，R_s 为码元速率。由式（1-3-4）可知，当各符号独立等概时，对于 M 进制符号，熵有最大值 $\mathrm{lb}M$，信息速率也达到最大，即

$$R_b = R_s\mathrm{lb}M \tag{1-4-3}$$

显然，在相同码元速率下，M 越大，信息传输速率就越高。当 $M=2$ 时，有 $R_b = R_s$，表示在二进制码元情况下，信息速率和码元速率在数值上是相等的。

比特间隔（宽度）用 T_b 表示，定义为

$$T_b = \frac{1}{R_b} \tag{1-4-4}$$

式中，T_b 的单位为秒（s）。在二进制系统中，由于 $R_b = R_s$，所以 $T_b = T_s$，即比特宽度等于码元宽度。

例 1.4.1　一个二进制数字系统一分钟传送了 18 000 bit 的信息量。

（1）系统的码元速率多大？

（2）如果每分钟传送的信息量仍为 18 000 bit，但改用八进制数字信号，其码元速率多大？

解　（1）$R_s = R_b = \dfrac{18\,000}{60} = 300$（B）

（2）$R_b = \dfrac{18\,000}{60} = 300$（b/s）（不变）

$R_s = \dfrac{R_b}{\mathrm{lb}8} = \dfrac{300}{3} = 100$（B）

例 1.4.2　设一数字传输系统传送二进制码元的速率为 1200 B，试求该系统的信息传输速率；若该系统改为传送四进制数字信号，码元速率为 2400 B，则系统信息传输速率为多少？

解　（1）已知二进制码元速率 $R_s = 1200$ B，利用信息速率 R_b 与码元速率 R_s 之间的关

系式(1-4-3)得

$$R_b = R_s \text{ lb } 2 = 1200 \times 1 = 1200 \text{ (b/s)}$$

(2) 已知四进制码元速率 $R_s = 2400$ B，利用式(1-4-3)得

$$R_b = R_s \text{ lb } 4 = 2400 \times 2 = 4800 \text{ (b/s)}$$

3) 频带利用率

比较不同通信系统的有效性时，不能单看其传输速率，还应考虑传输该速率的信息所占用的频带宽度。因此，需要定义每赫兹信道上的传输速率，即频带利用率。

(1) 码元频带利用率：每赫兹信道上的码元速率，即

$$\eta_s = \frac{R_s}{B} \quad \text{(Baud/Hz)} \tag{1-4-5}$$

(2) 信息频带利用率：每赫兹信道上的信息速率，即

$$\eta_b = \frac{R_b}{B} \quad \text{((b/s)/Hz)} \tag{1-4-6}$$

需要指出的是，当比较不同进制系统的有效性时，信息频带利用率能准确反映数字通信系统的有效性，因此，通常采用信息频带利用率。

2. 可靠性

数字通信系统的可靠性用误码率和误比特率来衡量。

1) 误码率

误码率又称为误符号率，记为 P_e，定义为

$$P_e = \frac{\text{错误接收的码元数}}{\text{传输的总码元数}} \tag{1-4-7}$$

2) 误比特率

误比特率又称为误信率，记为 P_b，定义为

$$P_b = \frac{\text{错误接收的比特数}}{\text{传输的总比特数}} \tag{1-4-8}$$

在二进制系统中，有 $P_e = P_b$，在 M 进制系统中两者关系较复杂，若一个码元中最多发生一比特错误，则有

$$P_b = \frac{P_e}{\text{lb} M} \tag{1-4-9}$$

误码率或误比特率越低，数字信号传输的可靠性就越高，通信质量也越好。不同的通信系统，对可靠性指标的要求不同。如对数字电话，一般要求误比特率 $P_b \leqslant 10^{-3}$；对数据传输，一般要求误比特率 $P_b \leqslant 10^{-5} \sim 10^{-6}$。

例 1.4.3 设有一个数字系统，在 125 μs 内传输 250 个二进制码元。若该系统在 2 s 内有 3 个码元产生误码，试问其误码率是多少？

解 首先求出此数字系统的二进制码元速率：

$$R_s = \frac{250}{125 \times 10^{-6}} = 2 \times 10^6 \text{(B)}$$

再求出在 2 s 内收到的二进制码元总数：

$$2 \times 10^6 \times 2 = 4 \times 10^6 \quad \text{(个)}$$

所以误码率为

$$P_e = \frac{3}{4 \times 10^6} = 0.75 \times 10^{-6} = 7.5 \times 10^{-7}$$

1.5 通信发展简史

一般认为，电通信的发展是从 19 世纪 30 年代莫尔斯发明了有线电报开始的，自此之后，电通信得到了迅速的发展和极其广泛的应用。下面列出一些通信发展史上的重大事件，从中可以一窥通信的发展过程。

❖ 1837 年，莫尔斯发明了有线电报，标志着人类从此进入了电通信时代。

❖ 1864 年，麦克斯韦提出了电磁场理论，证明了电磁波的存在，并于 1887 年被赫兹用实验证实，为无线通信打开了大门。

❖ 1866 年，跨接欧美的海底电报电缆铺设成功。

❖ 1876 年，贝尔发明了有线电话，开辟了人类通信新纪元，使得通信技术逐渐进入千家万户。

❖ 1901 年，马可尼实现横贯大西洋的无线电通信。

❖ 1924 年，奈奎斯特总结出了在给定带宽的电报信道上无码间干扰的最大可用符号速率。

❖ 1936 年，英国广播公司开始进行商用电视广播。

❖ 1946 年，美国发明了第一台电子计算机。

❖ 1948 年，香农提出了信息论，建立了通信的统计理论。

❖ 20 世纪 50 年代后，继香农信息论，在通信理论上先后形成了纠错编码理论、调制理论、信号检测理论、信号与噪声理论、信源统计理论等，这些理论使现代通信技术日趋完善。

❖ 1960 年，第一个通信卫星（回波一号）发射，并于 1962 年开始了实用卫星通信时代。

❖ 1960~1970 年，出现了有线电视、激光通信、雷达、计算机网络和数字信号处理技术，光电处理和射电天文学迅速发展。

❖ 1970~1980 年，大规模集成电路、商用卫星通信、程控数字交换机、光纤通信、微处理器等迅猛发展。

❖ 1980~1990 年，超大规模集成电路、移动通信、光纤通信得到广泛应用，综合业务数字网崛起。

❖ 1990 年以后，卫星通信、移动通信、光纤通信进一步飞速发展，高清晰彩色数字电视技术不断成熟，Internet 商用化，全球定位系统（GPS）得到广泛应用。

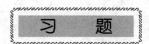

习 题

1. 画出数字通信系统的方框图，并说明各组成部件的作用。

2. 一个传输二进制数字信号的通信系统，1 分钟传送了 72 000 bit 的信息量。

（1）系统的码元速率为多少？

(2) 如果每分钟传送的信息量仍为 72 000 bit，但改用八进制信号传输，系统码元速率为多少？

3. 某二进制数字通信系统，码元速率为 1200 B。经过多次统计，发现每分钟平均出现 7.2 个错码，试计算该系统的误码率。

4. 什么是信源符号的信息量？什么是离散信源的信息熵？设英文字母 E 出现的概率为 0.105，X 出现的概率为 0.002，E 和 X 的信息量各为多少？

5. 什么是误码率？什么是误信率？其间关系如何？

6. 已知彩色电视图像由 5×10^5 个像素组成。设每个像素有 64 种彩色度，每种彩色度有 16 个亮度等级。假设所有彩色度和亮度等级的组合机会均等，并统计独立。

(1) 试求每幅彩色图像的平均信息量；

(2) 若每秒钟传输 100 幅彩色图像，其信息速率为多少？

7. 设信道引起的传输误码率为 5×10^{-10}，若二元数字序列以 2 Mb/s 的速率传输，求

(1) 同样的信息速率，十六进制时的码元速率；

(2) 传输中出现 1 bit 误码的平均时间间隔；

(3) 若另设有四个消息 A、B、C、D，分别以概率 1/4、1/8、1/8、1/2 传递，每一消息出现是相互独立的，试计算其平均信息量。

本章知识点小结

1. 通信概念

(1) 通信：将消息从一个地方传递到另一个地方，如烽火台、信函、电话、传真等。

(2) 电通信：利用电子技术实现的通信，如电话、传真等。

(3) 通信系统：实现消息传递所需的设备总和。

2. 通信系统的基本模型

(1) 通信系统的组成：信源、发送设备、信道、噪声源、接收设备和信宿。

(2) 各部分的作用：

① 信源：产生消息并将消息转换成电信号，如人发出声音，电话机将声音转换成相应的电信号，人和电话机构成信源。

② 发送设备：将信源输出的原始电信号转换成适合在信道上传输的信号。信源输出信号不同，信道不同，发送设备的具体组成部件也不同。

③ 信道：发送设备和接收设备之间传输信号的媒质，如电缆、光纤等有线信道以及短波信道、卫星信道等无线信道。

④ 噪声源：信道中噪声和通信系统中其它部件所产生噪声的集中表示，噪声的存在会影响信号的正确接收。

⑤ 接收设备：抑制噪声，最大限度地恢复出原始的发送信号。

⑥ 信宿：将接收设备输出的电信号转换成相应的消息并接收消息。如扬声器将话音信号转换成声音，人接收声音。扬声器和人组成信宿。

3. 模拟与数字通信

(1) 信息、消息、(电)信号。

① 信息：对收信者有用的内容。

② 消息：信息的载体，如符号、文字、声音、图像等。

③ 信号：与消息一一对应的电参量，它是消息的载体。若消息是离散的，则对应的信号称为数字信号；若消息是连续的，则对应的信号为模拟信号。

(2) 模拟通信与数字通信。

① 模拟通信：信道中传输模拟信号的通信。

② 数字通信：信道中传输数字信号的通信。

(3) 数字通信的优缺点。

优点：① 抗噪声性能好。

② 远距离传输时无噪声积累。

③ 可采用信道编码技术降低误码率。

④ 易于加密处理，且保密性好。

⑤ 便于用计算机来处理、存储信息。

⑥ 易于集成，因而设备体积小、重量轻、性能稳定可靠。

缺点：① 占用较多的传输带宽。如一路模拟电话通常占用 4 kHz 的带宽，而一路数字电话可能要占据 20~60 kHz 的带宽。

② 数字通信系统涉及较多的同步问题，因而系统设备较复杂。

4. 通信系统的分类

(1) 按传输信号特征：数字通信系统、模拟通信系统。

(2) 按传输媒质：有线通信系统、无线通信系统。

(3) 按有无调制：频带通信系统、基带通信系统。

(4) 按通信业务：电话系统、电报系统、电视系统等。

(5) 按工作波段：长波通信系统、中波通信系统、短波通信系统、微波通信系统等。

5. 通信方式

(1) 按通信对象分类：点到点通信、点到多点通信、多点到多点通信。

(2) 按信号的传输方向和传输时间分类：单工通信、半双工通信、(全)双工通信。

(3) 按通信终端之间的联系方式分类：直通通信、交换通信。

(4) 按数字信号传输的顺序分类：串行通信、并行通信。

(5) 按同步方式分类：同步通信、异步通信。

6. 信息的度量

(1) 一个出现概率为 $P(x)$ 的事件或符号 x 携带的信息量为

$$I(x) = \log_a \frac{1}{P(x)} = -\log_a P(x)$$

① 信息量的单位与对数底有关，常用 $a=2$，此时单位为比特(bit)。

② 当 $P(x)=1$，为必然事件，信息量 $I(x)=0$。

③ 当 $P(x)=0$，为不可能事件，信息量 $I(x)=\infty$。

(2) 具有 M 个相互独立符号的离散信源，每个符号平均携带的信息量即信源熵，为

$$H(x) = \sum_{i=1}^{M} P(x_i) I(x_i) = -\sum_{i=1}^{M} P(x_i) \mathrm{lb} P(x_i)$$

单位为 bit/符号。各符号独立等概时,信源熵达最大值 $\text{lb}M$。

7. 通信系统的主要性能指标

通信系统的主要性能指标是有效性和可靠性。有效性代表信息传输的速度,可靠性代表信息传输的准确程度。模拟通信系统和数字通信系统中衡量有效性和可靠性的具体指标是不同的。

(1) 在模拟通信系统中,有效性用每路信号的有效传输带宽来衡量;可靠性用通信系统的输出信噪比来衡量。

(2) 在数字通信系统中,有效性用码元传输速率或信息传输速率或频带利用率来衡量。

① 码元速率 R_s:单位时间(1 s)内传输的码元数。若码元宽度为 T_s,则有

$$R_s = \frac{1}{T_s} \ \text{波特}(\text{Baud},\text{可简写为 B})$$

② 信息传输速率 R_b:单位时间内传输的信息量。若系统传输的是独立且等概的 M 进制符号,则信息速率与码元速率的关系为

$$R_b = R_s \ \text{lb}M \ \text{比特 / 秒}(\text{bit/s 或 b/s})$$

③ 频带利用率 η:单位频带上的码元传输速率或信息传输速率,即

$$\eta_s = \frac{R_s}{B} \ (\text{Baud/Hz}) \qquad \text{或} \qquad \eta_b = \frac{R_b}{B} \ ((\text{b/s})/\text{Hz})$$

在数字通信系统中,可靠性用误码率 P_e 或误比特率 P_b 来衡量。

$$P_e = \frac{\text{错误接收的码元数}}{\text{传输的总码元数}}$$

$$P_b = \frac{\text{错误接收的比特数}}{\text{传输的总比特数}}$$

本章自测自评题

一、填空题(每空 1 分,共 20 分)

1. 通信就是将信息从一个地方传送到另一个地方,利用电子技术实现的通信称为电通信。实现电通信所需的一切设备称为_____。

2. 在通信系统的一般模型中,发送设备的作用是_____,接收设备的作用是_____。

3. 信道是信号的传输媒介,按传输媒介可将通信分为_____和_____两大类。移动电话系统属于_____通信,固定电话属于_____通信。

4. 一个符号所携带的信息量与其发生概率有关,若某符号出现的概率为 0.5,则此符号携带的信息量为_____比特。

5. 某信源分别以概率 0.5、0.25、0.125、0.125 输出 A、B、C、D 四种符号,则此信源输出一个符号平均输出的信息量为_____,信源熵为_____。若此信源每秒钟输出 1000 个符号,则此信源输出信息的速率为_____。

6. 在八进制数字传输系统中，若系统每分钟传送的信息量为 18 000 比特，则此数字系统的码元速率为_____。

7. 通信的目的是快速准确地传递信息。所以通信系统的两个主要性能指标是_____和_____。

8. 模拟通信系统中，有效性用_____来衡量，可靠性用输出信噪比来衡量，输出信噪比的定义是_____，如果输出信噪比为 1000，则为_____分贝(dB)。

9. 一个四进制传输系统，码元宽度为 1 μs，则码元速率为_____，信息速率为_____。

10. 某系统 1 分钟内共收到二进制码元 1.2×10^5 个，其中错误信息有 6 比特，则此系统的误码率为_____。

二、选择题(每题 2 分，共 20 分)

1. 下列关于信号、消息、信息之间的关系中正确的是_____。
    A. 信息是信号的载体　　　　　　　　B. 信息是消息的载体
    C. 消息是信息的载体　　　　　　　　D. 消息是信号的载体

2. 数字信号与模拟信号的本质区别是_____。
    A. 信号在时间上是离散的　　　　　　B. 信号在时间上是连续的
    C. 携带信息的信号参量是离散的　　　D. 以上都对

3. 判别一个通信系统是数字系统还是模拟系统主要看_____。
    A. 信源输出的电信号是数字的还是模拟的
    B. 发送设备输出的信号是数字的还是模拟的
    C. 信宿收到的电信号是数字的还是模拟的
    D. 要传送的消息是离散的还是连续的

4. 在通信系统中，消息到电信号的转换是由_____完成的。
    A. 信源　　　　　B. 信宿　　　　　C. 发送设备　　　　D. 接收设备

5. 下列属于数字通信优点的是_____。
    A. 抗噪声能力强　　　　　　　　　　B. 占用更多的信道带宽
    C. 对同步系统要求高　　　　　　　　D. 以上都对

6. 信源符号等概时的信源熵比不等概时_____。
    A. 小　　　　　　　B. 大　　　　　　　C. 一样大　　　　D. 无法比较

7. 若系统传输四进制数字信号，每分钟传送 1.44×10^5 个码元，则此系统的信息速率为_____。
    A. 1.44×10^5(b/s)　　　　　　　B. 7.2×10^4(b/s)
    C. 2.88×10^5(b/s)　　　　　　　D. 4800(b/s)

8. 每秒钟传输 2000 个码元的通信系统，其码元速率为_____。
    A. 2000 码元　　B. 2000 比特/秒　C. 2000 波特/秒　D. 2000 波特

9. 码元速率相同时，八进制的信息速率是二进制的_____(等概时)。
    A. 2 倍　　　　　B. 3 倍　　　　　C. 4 倍　　　　　D. 8 倍

10. 有两个数字通信系统，系统 A 为二进制传输系统，码元传输速率为 1 MBaud，传输时需要信道带宽 1 MHz；系统 B 为四进制传输系统，码元传输速率为 0.45 Baud，占用信道带宽 0.5 MHz，则_____。

    A. B 系统的有效性更高   B. A 系统的有效性更高

    C. A 与 B 两系统的有效性相同   D. B 系统的信息速率更高

三、简答题（每题 5 分，共 20 分）

1. 什么是模拟通信与数字通信？数字通信有何优缺点（优点至少写出三条，缺点至少写出一条）？

2. 试述码元速率和信息速率的定义、单位及符号，并说明二进制和多进制时码元速率与信息速率的关系。

3. 通信系统的主要性能指标是什么？数字通信系统中具体用什么来衡量？

4. 按信号的传输方向和传输时间的不同来分类，有哪些通信方式？各有何特点，并各举一例。

四、综合题（每题 10 分，共 40 分）

1. 设一信源输出 256 种符号，其中 32 种符号的出现概率各为 1/64，其余 224 种符号的出现概率各为 1/448。信源每秒发出 4800 个符号，且各个符号彼此独立。

（1）试计算该信源发送信息的平均速率；

（2）试计算该信源最大可能的信息速率。

2. 一幅黑白图像含有 4×10^5 个像素，设每个像素有 16 个等概率出现的亮度等级。

（1）试求每幅黑白图像的平均信息量；

（2）若每秒钟传输 24 幅黑白图像，其信息速率为多少？

3. 设一数字传输系统传送二进制码元的速率为 2400 B，试求该系统的信息速率；若该系统改为传送十六进制信号码元，码元速率不变，则这时的系统信息速率是多少（设各码元独立等概出现）？

4. 某信息源输出 A、B、C、D 四种符号，独立等概，传输时每个符号用两位二进制码表示，如 A：00，B：01，C：10，D：11。已知信息传输速率 $R_b = 1$ Mb/s，试求：

（1）信源输出的码元速率；

（2）该信息源工作 1 h 发出的信息量；

（3）若在 1 h 内收到的信息中，大致均匀地发现了 36 个错误比特，求误比特率和误码（符号）率。

第 2 章　确知信号分析

2.1　引　　言

通信原理研究的根本问题就是信号在通信系统中的传输和变换。因此，对信号的特性进行分析显得尤为重要。由于通信系统中传输的信号是多种多样的，为便于分析，需对信号进行分类，常用的分类方法有以下几种。

1. 确知信号和随机信号

能用确定的数学表达式描述的信号称为确知信号，其特征是任意时刻的信号值是唯一确定的。例如信号 $s(t)=10\cos(10\pi t+90°)$，只要给定时间 t，即可确定此时的信号值。但有些信号在发生之前无法预知其值，通常只知其取某一数值的概率，这种信号称为随机信号。例如，当 θ 是随机变量时，$s(t)=10\cos(10\pi t+\theta)$ 就是一个随机信号。

2. 周期信号和非周期信号

如果一个信号 $x(t)$ 可描述为：$x(t)=x(t+kT_0)$，其中 T_0（常数）>0，k 为整数，则称 $x(t)$ 为周期信号，T_0 为周期。反之，不满足此关系式的信号称为非周期信号。例如，常用到的正（余）弦信号就是周期信号，而话音信号、单个矩形脉冲信号则是非周期信号。

3. 能量信号和功率信号

通信信号 $x(t)$ 的能量（消耗在 $1\ \Omega$ 电阻上）E 为

$$E=\int_{-\infty}^{\infty}x^2(t)\ \mathrm{d}t$$

其平均功率 P 为

$$P=\overline{x^2(t)}=\lim_{T\to\infty}\frac{1}{T}\int_{-T/2}^{T/2}x^2(t)\mathrm{d}t$$

若信号的能量有限（即 $0<E<\infty$），则称该信号为能量信号；若信号的平均功率有限（$0<P<\infty$），则称该信号为功率信号。

能量信号的平均功率（在全时间轴上的平均）等于 0，而功率信号的能量等于无穷大。通常持续时间无限的信号是功率信号，而持续时间有限的信号则是能量信号。

本章主要对确知信号进行分析，对随机信号的分析将在第 3 章中进行。

2.2　周期信号的频谱分析

信号的频谱分析在通信原理课程中占有极其重要的地位。频谱分析的目的是找出信号所包含的频率成分以及各个频率成分的幅度及相位的大小。

周期信号的频谱分析采用傅氏级数展开法，傅氏级数展开有多种表达形式，其中指数表达式最常用。

任何周期为 T_0 的周期信号 $x(t)$，只要满足狄里赫利条件，都可以展开为指数形式的傅氏级数，即

$$x(t) = \sum_{n=-\infty}^{\infty} V_n e^{j2\pi nf_0 t} \qquad (2-2-1)$$

其中，

$$V_n = \frac{1}{T_0} \int_{-T_0/2}^{T_0/2} x(t) e^{-j2\pi nf_0 t} dt \qquad (2-2-2)$$

称为傅氏级数的系数，$f_0 = 1/T_0$ 称为周期信号的基波频率，nf_0 称为 n 次谐波频率。

当 $x(t)$ 为实偶信号时，V_n 为实偶函数。V_n 反映了周期信号中频率为 nf_0 成分的幅度值和相位值，故 V_n-f 称为周期信号的频谱($f=nf_0$，n 为整数)。

周期矩形脉冲信号是通信中最常用到的信号之一，因此我们选择它作为典型信号进行分析，并通过它归纳出周期信号频谱的特点。

例 2.2.1 一个典型的周期矩形脉冲信号 $x(t)$ 的波形如图 2.2.1 所示，脉冲宽度为 τ，高度为 A，周期为 T_0。

(1) 求此周期矩形脉冲信号的傅氏级数表达式。

(2) 画出 $T_0=5\tau$ 时的 V_n-f 频谱图。

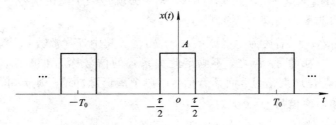

图 2.2.1　周期矩形脉冲

解　(1) 由式(2-2-2)及图 2.2.1 得

$$V_n = \frac{1}{T_0} \int_{-\frac{T_0}{2}}^{\frac{T_0}{2}} x(t) e^{-j2\pi nf_0 t} dt = \frac{1}{T_0} \int_{-\frac{\tau}{2}}^{\frac{\tau}{2}} A e^{-j2\pi nf_0 t} dt$$

$$= \frac{A\tau}{T_0} \times \left(\frac{\sin \pi nf_0 \tau}{\pi nf_0 \tau} \right)$$

$$= \frac{A\tau}{T_0} \text{Sa}(\pi nf_0 \tau)$$

代入式(2-2-1)得周期矩形脉冲信号的傅氏级数表达式为

$$x(t) = \frac{A\tau}{T_0} \sum_{n=-\infty}^{\infty} \text{Sa}(\pi nf_0 \tau) e^{j2\pi nf_0 t} \qquad (2-2-3)$$

式中，$\text{Sa}(x) = \dfrac{\sin x}{x}$ 称为取样函数或取样信号。

（2）将 $T_0 = 5\tau$ 代入 V_n，得到 $V_n = \dfrac{A}{5} \cdot \dfrac{\sin \dfrac{n\pi}{5}}{\dfrac{n\pi}{5}}$，并求出 n 取不同值时的 V_n 值，即可画

出 $V_n\text{-}f$ 频谱图，如图 2.2.2 所示。谱线的包络按照 $\mathrm{Sa}(\pi f \tau)$ 的曲线（图中虚线所示）变化，第一个零点出现在 $|f| = \dfrac{1}{\tau} = 5f_0$ 处。

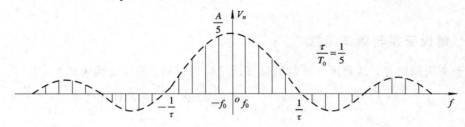

图 2.2.2　周期矩形脉冲频谱图

从图 2.2.2 中可以看出，周期矩形脉冲信号的频谱有以下几个特点：

（1）离散性。频谱由不连续的谱线组成，即是离散谱，它包括直流、基波频率 f_0 和各次谐波频率 nf_0，谱线间隔为 f_0。

（2）谐波性。谐波与基波是整倍数关系，即各谐波频率等于 nf_0。

（3）各次谐波的振幅变化规律是按取样函数变化的。最大值出现在 $f = 0$ 处，零点在 $f = \pm k/\tau$ 处 $(k = 1, 2, 3, \cdots)$，其中第一个零点对应的频率为 $f = \pm 1/\tau$，所以 τ 的大小决定第一个零点的位置。

值得注意的是，离散性和谐波性对于任何周期信号都是适用的。不同脉冲形状的周期信号的频谱的区别主要在于频谱包络的变化规律不同。

例 2.2.2　周期为 T_0 的冲激脉冲信号 $x(t)$ 如图 2.2.3(a) 所示。

（1）求其傅氏级数展开式。

（2）画出 $V_n\text{-}f$ 关系图。

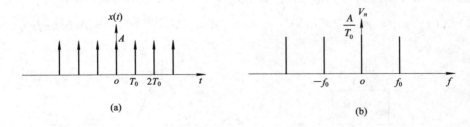

图 2.2.3　周期冲激脉冲信号及其振幅谱

解　（1）根据式 (2-2-2)

$$V_n = \frac{1}{T_0} \int_{-T_0/2}^{T_0/2} x(t) \mathrm{e}^{-\mathrm{j}2\pi n f_0 t}\, \mathrm{d}t = \frac{1}{T_0} \int_{-T_0/2}^{T_0/2} A\delta(t)\, \mathrm{d}t = \frac{A}{T_0}$$

得周期冲激脉冲信号的傅氏级数展开式为

$$x(t) = \sum_{n=-\infty}^{\infty} V_n \mathrm{e}^{\mathrm{j}2\pi nf_0 t} = \frac{A}{T_0} \sum_{n=-\infty}^{\infty} \mathrm{e}^{\mathrm{j}2\pi nf_0 t}$$

(2) 由 $V_n = \dfrac{A}{T_0}$ 可知，V_n 不随 n 变化，故得 $V_n - f$ 关系如图 2.2.3(b)所示。

2.3 非周期信号的频谱分析

2.3.1 傅氏变换与频谱函数

对于非周期信号，其频谱分析是通过傅氏变换进行的。傅氏变换公式为

$$X(f) = F[x(t)] = \int_{-\infty}^{\infty} x(t)\mathrm{e}^{-\mathrm{j}2\pi ft}\,\mathrm{d}t \qquad 称为傅氏变换 \qquad (2-3-1)$$

$$x(t) = F^{-1}[X(f)] = \int_{-\infty}^{\infty} X(f)\mathrm{e}^{\mathrm{j}2\pi ft}\,\mathrm{d}f \qquad 称为傅氏反(逆)变换 \qquad (2-3-2)$$

通常把 $X(f)$ 叫做 $x(t)$ 的频谱(密度)函数，简称频谱。它的物理意义是单位频率占有的振幅值。信号 $x(t)$ 与其频谱 $X(f)$ 之间存在着一一对应的关系。也就是说，$x(t)$ 给定后，$X(f)$ 唯一确定；反之亦然。因此，信号既可以用时间函数 $x(t)$ 来描述，也可以用它的频谱 $X(f)$ 来描述。傅氏变换提供了信号在频率域和时间域之间的相互变换关系。习惯上，由 $x(t)$ 去求 $X(f)$ 的过程叫做傅氏变换，而由 $X(f)$ 去求 $x(t)$ 的过程称为傅氏反(逆)变换。信号 $x(t)$ 与其频谱 $X(f)$ 组成傅氏变换对，记作

$$x(t) \leftrightarrow X(f)$$

2.3.2 通信中常用信号的频谱函数

求各种非周期信号频谱函数的方法已在通信原理的先修课程中学过，这里不再大篇幅介绍，下面仅对在本课程的学习中经常用到的两种非周期信号的频谱作简要介绍。

1. 矩形脉冲信号的傅氏变换及矩形频谱的傅氏反变换

矩形脉冲信号如图 2.3.1(a)所示。利用式(2-3-1)可求出其频谱函数为

$$X(f) = \int_{-\infty}^{\infty} x(t)\mathrm{e}^{-\mathrm{j}2\pi ft}\,\mathrm{d}t = \int_{-\tau/2}^{\tau/2} A\mathrm{e}^{-\mathrm{j}2\pi ft}\,\mathrm{d}t = A\tau \frac{\sin(\pi f\tau)}{\pi f\tau} = A\tau \mathrm{Sa}(\pi f\tau)$$

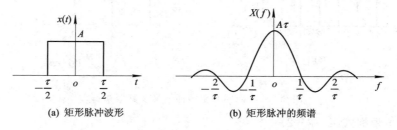

(a) 矩形脉冲波形　　　　　　　(b) 矩形脉冲的频谱

图 2.3.1　矩形脉冲波形及其频谱

频谱如图 2.3.1(b)所示。其频谱有如下几个主要特点：

(1) 频谱连续且无限扩展；

(2) 频谱形状为取样函数，频率为零处幅度值最大，等于矩形脉冲的面积；

（3）频谱有等间隔的零点，零点位置在 $n/\tau(n=\pm1,\pm2,\cdots)$ 处。信号 90% 以上的能量集中在第一个零点以内，通常将第一个零点内的宽度（正频率部分的宽度）定义为信号的带宽，所以矩形脉冲信号的带宽为 $1/\tau$；

（4）当矩形脉冲宽度变窄时，带宽增大；反之，当脉冲宽度增大时，信号的带宽变窄。通俗地说，信号在时域中的宽度越窄，则在频域中的宽度就越宽；信号在时域中的宽度越宽，则在频域中的宽度就越窄。

经常还会碰到另一种情况，信号的频谱函数具有矩形特性，如图 2.3.2(a)所示，那么它的时间波形又是什么样的呢？

用傅氏反变换式（2－3－2）可求得时间函数为

$$x(t)=\int_{-\infty}^{\infty}X(f)\mathrm{e}^{\mathrm{j}2\pi ft}\,\mathrm{d}f=\int_{-B/2}^{B/2}A\mathrm{e}^{\mathrm{j}2\pi ft}\,\mathrm{d}f=AB\,\mathrm{Sa}(\pi tB)$$

矩形频谱的时间波形如图 2.3.2(b)所示。

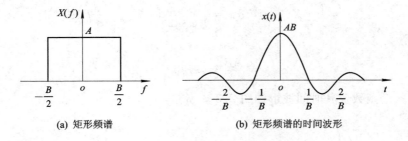

(a) 矩形频谱　　　　　　　　　(b) 矩形频谱的时间波形

图 2.3.2　矩形频谱及其时间波形

2. 升余弦脉冲信号的傅氏变换及升余弦频谱的傅氏反变换

在通信中，升余弦脉冲信号常用来取代矩形脉冲信号作为数字脉冲信号。图 2.3.3 是升余弦脉冲信号的波形及频谱示意图。其数学表达式及频谱函数如下：

$$x(t)=\begin{cases}\dfrac{A}{2}\left(1+\cos\dfrac{2\pi}{\tau}t\right) & |t|\leqslant\dfrac{\tau}{2}\\[2mm]0 & \text{其它}\end{cases}$$

$$X(f)=\int_{-\infty}^{\infty}x(t)\mathrm{e}^{-\mathrm{j}2\pi ft}\,\mathrm{d}t=\int_{-\tau/2}^{\tau/2}\frac{A}{2}\left(1+\cos\frac{2\pi}{\tau}t\right)\mathrm{e}^{-\mathrm{j}2\pi ft}\,\mathrm{d}t$$

经计算化简得到

$$X(f)=\frac{A\tau}{2}\mathrm{Sa}(\pi f\tau)\frac{1}{1-f^2\tau^2}$$

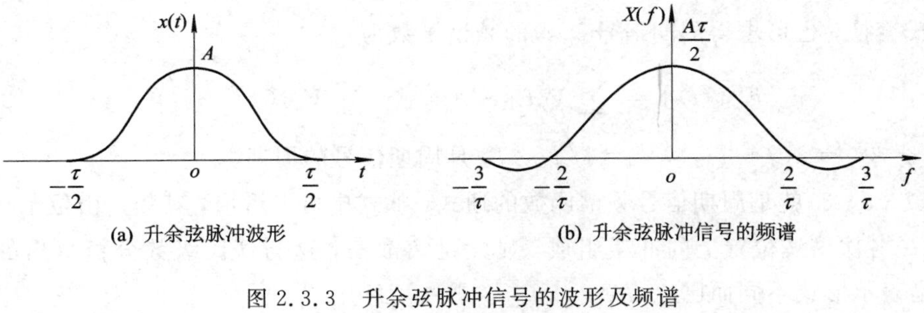

(a) 升余弦脉冲波形　　　　　　　　　(b) 升余弦脉冲信号的频谱

图 2.3.3　升余弦脉冲信号的波形及频谱

升余弦脉冲信号频谱的特点:

(1) 频谱在频率为零处有最大幅度值 $A\tau/2$,此值等于升余弦脉冲的面积;

(2) 频谱有等间隔的零点,零点位置在 $n/\tau(n=\pm2,\pm3,\cdots)$ 处;

(3) 频谱第一个零点的位置是 $2/\tau$,和矩形脉冲的频谱相比,升余弦脉冲的频谱在第一个零点内集中了更多的能量。如果用第一个零点的频率值作为带宽的话,显然,在 τ 相同时,升余弦脉冲信号的带宽是矩形脉冲信号带宽的 2 倍;

(4) 和矩形脉冲相比,此频谱幅度随频率衰减的速度更快。

当频谱函数为升余弦特性时,即

$$X(f) = \begin{cases} \dfrac{A}{2}\left(1 + \cos\dfrac{2\pi}{B}f\right) & |f| \leqslant \dfrac{B}{2} \\ 0 & \text{其它} \end{cases}$$

其傅氏反变换就是此频谱的时间波形,为

$$x(t) = \int_{-\infty}^{\infty} X(f)\mathrm{e}^{\mathrm{j}2\pi ft}\,\mathrm{d}f = \int_{-B/2}^{B/2} \frac{A}{2}\left(1 + \cos\frac{2\pi}{B}f\right)\mathrm{e}^{\mathrm{j}2\pi ft}\,\mathrm{d}f$$

经计算得

$$x(t) = \frac{AB}{2}\mathrm{Sa}(\pi Bt)\frac{1}{1 - B^2 t^2}$$

升余弦频谱函数及其时间波形如图 2.3.4 所示。

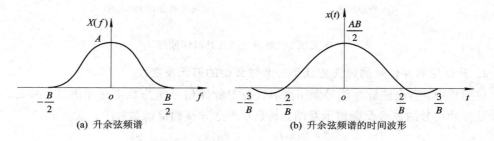

(a) 升余弦频谱 (b) 升余弦频谱的时间波形

图 2.3.4 升余弦频谱及其时间波形

2.3.3 周期信号的频谱函数

由 2.2 节的讨论可知,一个周期信号 $x(t)$ 可表示为傅氏级数,即

$$x(t) = \sum_{n=-\infty}^{\infty} V_n \mathrm{e}^{\mathrm{j}2\pi nf_0 t}$$

根据傅氏变换,也可求得周期信号 $x(t)$ 的频谱函数为

$$F[x(t)] = \sum_{n=-\infty}^{\infty} V_n F[\mathrm{e}^{\mathrm{j}2\pi nf_0 t}] = \sum_{n=-\infty}^{\infty} V_n \delta(f - nf_0) \qquad (2-3-3)$$

其中 $F[\mathrm{e}^{\mathrm{j}2\pi nf_0 t}] = \delta(f - nf_0)$,$f_0 = 1/T_0$,$T_0$ 是周期信号的周期。

式(2-3-3)就是周期信号频谱函数的通式,从式中可以看出,其频谱由位于 0,$\pm f_0$,$\pm 2f_0$,…各次谐波位置上的冲激组成,显然是离散谱,这与傅氏级数分析得出的结论一致,只是表示形式不同而已。

例 2.3.1　求例 2.2.2 中周期冲激脉冲信号 $x(t)$ 的频谱函数。

解　由例题 2.2.2 得到，周期冲激脉冲信号的傅氏级数展开式为 $x(t)=\dfrac{A}{T_0}\sum\limits_{n=-\infty}^{\infty}\mathrm{e}^{\mathrm{j}2\pi n f_0 t}$。

所以其频谱为

$$X(f)=F[x(t)]=\frac{A}{T_0}\sum_{n=-\infty}^{\infty}\delta(f-nf_0)$$

周期冲激脉冲信号及其频谱如图 2.3.5 所示。在取样定理的证明中将用到此信号的频谱函数。

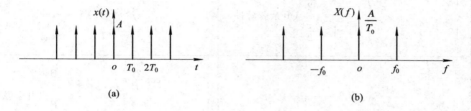

图 2.3.5　周期冲激脉冲信号及其频谱

例 2.3.2　求 $x(t)=A\cos 2\pi f_0 t$ 信号的频谱函数。

解　$A\cos 2\pi f_0 t$ 可变换为

$$x(t)=A\cos 2\pi f_0 t=\frac{A}{2}[\mathrm{e}^{\mathrm{j}2\pi f_0 t}+\mathrm{e}^{-\mathrm{j}2\pi f_0 t}]$$

因为

$$F[\mathrm{e}^{\mathrm{j}2\pi f_0 t}]=\delta(f-f_0)$$
$$F[\mathrm{e}^{-\mathrm{j}2\pi f_0 t}]=\delta(f+f_0)$$

所以余弦信号 $x(t)=A\cos 2\pi f_0 t$ 的频谱为

$$F[A\cos 2\pi f_0 t]=\frac{A}{2}[\delta(f-f_0)+\delta(f+f_0)]$$

频谱图如图 2.3.6 所示。我们知道上述余弦信号只含有 f_0 一个频率成分，幅度为 A。而频谱图上除了 f_0 处有谱线外，$-f_0$ 处也有谱线。这并不代表余弦信号有两个频率成分，这只是一种数学上的表示，这种频谱称为双边谱。在这种频谱中，每个频率成分的幅度分成两半，正负频率上各画一根谱线且完全对称，幅度都是原幅度的一半。如此例中，将 f_0 成分的幅度 A 分成两个 $A/2$，$\pm f_0$ 频率处各画一根谱线，幅度都为 $A/2$。

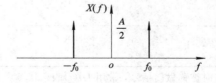

图 2.3.6　频谱

表 2-3-1 列出了通信中常用的几种信号的傅氏变换对，供以后使用时参考。

表 2-3-1　几种常用的傅氏变换对

序号	时域信号 $x(t)$	频域信号 $X(f)$
1	$A\delta(t)$	A
2	A	$A\delta(f)$
3	$AD_\tau(t)^{①}$	$A\tau\,\mathrm{Sa}(\pi f\tau)$
4	$AB\,\mathrm{Sa}(\pi Bt)$	$AD_B(f)$
5	$\begin{cases} \dfrac{A}{2}\left(1+\cos\dfrac{2\pi}{\tau}t\right) & \|t\|\leqslant\dfrac{\tau}{2} \quad\text{(升余弦脉冲)}\\ 0 & \|t\|>\dfrac{\tau}{2} \end{cases}$	$\dfrac{A\tau}{2}\mathrm{Sa}(\pi f\tau)\dfrac{1}{1-f^2\tau^2}$
6	$\dfrac{AB}{2}\mathrm{Sa}(\pi Bt)\dfrac{1}{1-B^2t^2}$	$\begin{cases} \dfrac{A}{2}\left(1+\cos\dfrac{2\pi}{B}f\right) & \|f\|\leqslant\dfrac{B}{2} \quad\text{(升余弦频谱)}\\ 0 & \|f\|>\dfrac{B}{2} \end{cases}$
7	$A\delta_{T_0}(t)^{②}$	$\dfrac{A}{T_0}\displaystyle\sum_{n=-\infty}^{\infty}\delta(f-nf_0),\ f_0=\dfrac{1}{T_0}$
8	$AD_{T_0\tau}(t)^{③}$	$\dfrac{A\tau}{T_0}\displaystyle\sum_{n=-\infty}^{\infty}\mathrm{Sa}(\pi nf_0\tau)\delta(f-nf_0)$
9	$Ae^{j2\pi f_0 t}$　(复指数信号)	$A\delta(f-f_0)$
10	$A\cos 2\pi f_0 t$	$\dfrac{A}{2}\left[\delta(f-f_0)+\delta(f+f_0)\right]$
11	$A\sin 2\pi f_0 t$	$\dfrac{A}{2j}\left[\delta(f-f_0)-\delta(f+f_0)\right]$
12	$\begin{cases} A\left(1-\dfrac{2}{\tau_0}\|t\|\right) & \|t\|\leqslant\dfrac{\tau_0}{2} \quad\text{(三角脉冲)}\\ 0 & \|t\|>\dfrac{\tau_0}{2} \end{cases}$	$\dfrac{A\tau_0}{2}\mathrm{Sa}^2\left(\dfrac{\pi f\tau_0}{2}\right)$
13	$Af_0\mathrm{Sa}^2(\pi f_0 t)$	$\begin{cases} A\left(1-\dfrac{\|f\|}{f_0}\right) & \|f\|\leqslant f_0 \quad\text{(三角频谱)}\\ 0 & \|f\|>f_0 \end{cases}$
14	$\exp\left(-\dfrac{\|t\|}{\tau_0}\right)$	$\dfrac{2\tau_0}{1+(2\pi f\tau_0)^2}$

注：① 单个矩形脉冲信号有时被称做门信号，常用 $D_\tau(t)$ 表示，其数学表示为

$$D_\tau(t)=\begin{cases} 1 & -\tau/2<t<\tau/2\\ 0 & \text{其它} \end{cases}$$

② $\delta_{T_0}(t)$ 表示周期单位冲激序列，其表示式为 $\delta_{T_0}(t)=\displaystyle\sum_{k=-\infty}^{\infty}\delta(t-kT_0)$，$T_0$ 为周期。

③ $D_{T_0\tau}(t)$ 表示周期单位矩形脉冲序列，其表示式为 $D_{T_0\tau}(t)=\displaystyle\sum_{k=-\infty}^{\infty}D_\tau(t-kT_0)$，$T_0$ 为周期。

2.4　傅氏变换的运算特性及其应用

傅氏变换包含一些重要的运算特性，这些特性反映了信号时域与频域特性之间的内在联系，借助这些联系可明显简化运算，在分析信号的特性时特别有用。下面介绍本书中用到的几种特性及其应用。

2.4.1　频率卷积特性及其应用

1. 频率卷积特性

若 $x_1(t)$ 的频谱为 $X_1(f)$，$x_2(t)$ 的频谱为 $X_2(f)$，则 $x_1(t)$、$x_2(t)$ 乘积的频谱为

$$F[x_1(t) \cdot x_2(t)] = X_1(f) * X_2(f) \qquad (2-4-1)$$

式 (2-4-1) 称为频率卷积特性。由此特性可知：两个时域信号乘积的频谱等于两个时域信号频谱的卷积。

2. 频率卷积特性的应用

频率卷积特性在本课程中主要用于调制、解调和取样定理证明时的频谱变换。调制器中经常遇到图 2.4.1 所示的相乘器，输入调制信号 $x(t)$，载波为 $c(t)$，输出为 $x_c(t) = x(t) \cdot c(t)$。求 $x_c(t)$ 的频谱时就可用频率卷积特性。

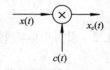

图 2.4.1　相乘器

例如，当载波 $c(t) = \cos 2\pi f_0 t$ 时，相乘器输出信号 $x_c(t) = x(t) \cdot \cos 2\pi f_0 t$。设信号 $x(t)$ 的频谱 $X(f)$ 如图 2.4.2(a) 所示，则 $x_c(t) = x(t) \cdot \cos 2\pi f_0 t$ 的频谱为

$$X_c(f) = F[x_c(t)] = F[x(t) \cdot \cos 2\pi f_0 t] = X(f) * F[\cos 2\pi f_0 t]$$

由前面的讨论得

$$F[\cos 2\pi f_0 t] = \frac{1}{2}[\delta(f - f_0) + \delta(f + f_0)]$$

频谱图如图 2.4.2(b) 所示。所以

$$X_c(f) = X(f) * \left\{ \frac{1}{2}[\delta(f - f_0) + \delta(f + f_0)] \right\}$$

$$= \frac{1}{2}X(f) * [\delta(f - f_0) + \delta(f + f_0)]$$

$$= \frac{1}{2}[X(f - f_0) + X(f + f_0)]$$

从上述求得的频谱函数表达式可以看出，$x_c(t)$ 的频谱 $X_c(f)$ 为 $x(t)$ 的频谱 $X(f)$ 在频率轴上分别平移至 $\pm f_0$ 处，幅度减至 $X(f)$ 幅度的 $1/2$，如图 2.4.2(c) 所示。

这是余弦载波调制的频谱变换关系，是一个极为重要的关系式，它说明了信号在时域乘以一个余弦信号，即可实现信号频谱在频域的搬移，至于搬移到什么位置则完全由余弦波的频率决定。

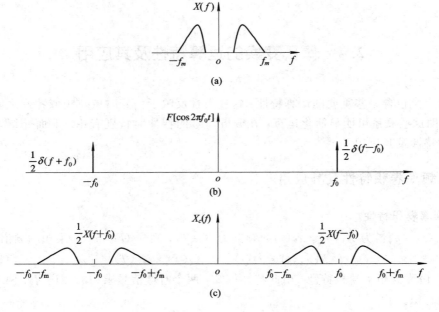

图 2.4.2 载波 $c(t) = \cos 2\pi f_0 t$ 时的频谱

2.4.2 时间卷积特性及其应用

1. 时间卷积特性

若信号 $x_1(t)$ 的频谱为 $X_1(f)$，信号 $x_2(t)$ 的频谱为 $X_2(f)$，则 $X_1(f) \cdot X_2(f)$ 的傅氏反变换为 $x_1(t) * x_2(t)$。即

$$F^{-1}[X_1(f) \cdot X_2(f)] = x_1(t) * x_2(t) \qquad (2-4-2)$$

式(2-4-2)称为时间卷积特性。它的含义是：两个频谱乘积所对应的时间函数等于两个频谱各自对应的时间函数的卷积。

2. 时间卷积特性的应用

时间卷积特性在通信中常应用于信号通过线性系统，如图 2.4.3 所示。输入信号 $x(t)$ 的频谱函数为 $X(f)$，线性系统的传输特性(函数)为 $H(f)$，冲激响应为 $h(t)$。此时可用时间卷积特性来求系统的输出信号 $r(t)$。

图 2.4.3 信号通过线性系统

系统输出信号的频谱 $R(f)$ 等于系统输入信号的频谱 $X(f)$ 乘以系统的传输特性 $H(f)$，即

$$R(f) = X(f) \cdot H(f)$$

它的傅氏反变换就是系统的输出信号 $r(t)$，也等于输入信号 $x(t)$ 与系统冲激响应 $h(t)$ 的卷积。因此有

$$r(t) = F^{-1}[X(f) \cdot H(f)] = F^{-1}[X(f)] * F^{-1}[H(f)] = x(t) * h(t)$$

除了上述介绍的频率卷积特性和时间卷积特性外，在后续内容的学习中还会用到其它一些傅氏变换运算特性，现将它们列于表 2-4-1 中，供学习时参考。

表 2 - 4 - 1　傅氏变换的运算特性

序号	运算名称	时 域 信 号	频 域 信 号
1	放大	$K_0 x(t)$	$K_0 X(f)$
2	叠加	$A x_1(t) + B x_2(t)$	$A X_1(f) + B X_2(f)$
3	时延	$x(t-t_0)$	$X(f)\mathrm{e}^{-\mathrm{j}2\pi f t_0}$
4	频移	$x(t)\mathrm{e}^{\mathrm{j}2\pi f_0 t}$	$X(f-f_0)$
5	对偶	$X(t)$	$x(-f)$
6	冲激脉冲调制	$x(t)\delta_{T_0}(t)$	$\dfrac{1}{T_0}\sum\limits_{n=-\infty}^{\infty} X(f-nf_0)$
7	余弦波调制	$x(t)\cos 2\pi f_0 t$	$\dfrac{1}{2}[X(f-f_0)+X(f+f_0)]$
8	时间卷积	$x_1(t) * x_2(t)$	$X_1(f) X_2(f)$
9	频率卷积	$x_1(t) x_2(t)$	$X_1(f) * X_2(f)$
10	时间微分	$\dfrac{\mathrm{d}x(t)}{\mathrm{d}t}$	$\mathrm{j}2\pi f X(f)$
11	时间积分	$\displaystyle\int_{-\infty}^{t} x(\tau)\mathrm{d}\tau$	$\dfrac{1}{\mathrm{j}2\pi f} X(f) + \pi X(0)\delta(f)$

2.5　波 形 相 关

波形相关是研究波形间的相关程度，有互相关和自相关两类，是通信原理中的重要概念。波形间的相关程度用相关函数和相关系数来描述。

2.5.1　相关函数

1. 相关函数的定义

相关函数有互相关和自相关两类。对于两个能量信号 $x_1(t)$ 和 $x_2(t)$，其互相关函数定义为

$$R_{12}(\tau) = \int_{-\infty}^{\infty} x_1(t) x_2(t+\tau)\mathrm{d}t \qquad (2-5-1)$$

其中 τ 表示位移。

当两个信号的形式完全相同，即 $x_1(t)=x_2(t)=x(t)$ 时，互相关函数就变成了自相关函数，记作 $R(\tau)$。故有

$$R(\tau) = \int_{-\infty}^{\infty} x(t) x(t+\tau)\mathrm{d}t \qquad (2-5-2)$$

其中 $x(t+\tau)$ 是 $x(t)$ 向左位移 τ 后的信号

例 2.5.1　设 $x(t)$ 是幅度为 A、宽度为 τ_0 的矩形脉冲信号，如图 2.5.1(a)所示，求其自相关函数 $R(\tau)$，并画出其图形。

解　根据式(2-5-2)，并通过积分运算，求得 $x(t)$ 的自相关函数为

$$R(\tau) = \int_{-\infty}^{\infty} x(t)x(t+\tau)\mathrm{d}t = \begin{cases} A^2\tau_0\left(1-\dfrac{1}{\tau_0}|\tau|\right) & |\tau| \leqslant \tau_0 \\ 0 & |\tau| > \tau_0 \end{cases} \qquad (2-5-3)$$

其中 $x(t+\tau)$ 是 $x(t)$ 向左位移 τ 后的信号，当 $\tau=0$ 时，$x(t+\tau)$ 与 $x(t)$ 在时间上完全重叠，自相关函数值达最大值 $A^2\tau_0$，当 $\tau=\pm\tau_0$ 时，$x(t+\tau)$ 与 $x(t)$ 在时间上不再重叠，故自相关函数值为 0。自相关函数 $R(\tau)$ 波形图如图 2.5.1(b)所示。本例的结论会用于求匹配滤波器的输出信号，建议熟记。

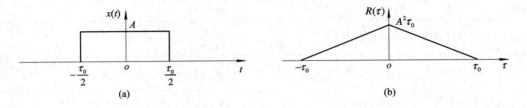

图 2.5.1　矩形脉冲及其自相关函数

2. 相关函数的特性

(1) 若对所有 τ，信号 $x_1(t)$ 和 $x_2(t)$ 的互相关函数 $R_{12}(\tau)=0$，则说明两信号波形间差别始终很大或极不相似，这种信号称为不相关信号。互不相关的信号很多，如一个直流信号和一个正弦波(或余弦波)信号之间，它们的互相关函数 $R_{12}(\tau)$ 永远为 0，它们是互不相关的。

(2) 自相关函数 $R(\tau)$ 是偶函数，即 $R(\tau)=R(-\tau)$，如图 2.5.1(b)所示。

证明：
$$R(-\tau) = \int_{-\infty}^{\infty} x(t)x(t-\tau)\mathrm{d}t = \int_{-\infty}^{\infty} x(t'+\tau)x(t')\mathrm{d}t'$$
$$= \int_{-\infty}^{\infty} x(t')x(t'+\tau)\mathrm{d}t' = R(\tau)$$

(3) 自相关函数 $R(0)$ 等于能量信号的总能量，即
$$R(0) = \int_{-\infty}^{\infty} x^2(t)\mathrm{d}t = E \qquad (2-5-4)$$

(4) $R(0) \geqslant R(\tau)$。从物理意义上讲，$R(0)$ 是完全相同的两个波形在时间上重合在一起时得到的相关函数，因此一定是最大的。数学上也完全可以证明这一点。

2.5.2　相关系数

相关函数不仅与 τ 有关，还与波形的形状和幅度大小有关，不易直接从数值大小进行相关程度的比较。而相关系数可以较直接地反映两信号相关程度。

设信号 $x_1(t)$ 和 $x_2(t)$，则互相关系数定义为
$$\rho_{12} = \frac{R_{12}(0)}{\sqrt{R_{11}(0) \cdot R_{22}(0)}} \qquad (2-5-5)$$

相关系数与 τ 无关。互相关系数的值在 -1 到 $+1$ 之间变化，即 $-1 \leqslant \rho_{12} \leqslant +1$。当 $x_1(t)=x_2(t)$ 时，$\rho_{12}=+1$，这就是自相关系数；当 $x_1(t)=-x_2(t)$ 时，$\rho_{12}=-1$；当 $x_1(t)$ 与 $x_2(t)$ 不相关时，$\rho_{12}=0$。

例 2.5.2　两信号如图 2.5.2 所示，求 ρ_{12}。

解　$R_{12}(0) = \displaystyle\int_{-\infty}^{\infty} f_1(t)f_2(t)\mathrm{d}t = \int_{-T_0/2}^{T_0/2} A \cdot (-A)\mathrm{d}t = -A^2 T_0$

$$R_{11}(0) = \int_{-\infty}^{\infty} f_1(t) f_1(t) \mathrm{d}t = \int_{-T_0/2}^{T_0/2} A^2 \mathrm{d}t = A^2 T_0$$

$$R_{22}(0) = \int_{-\infty}^{\infty} f_2(t) f_2(t) \mathrm{d}t = \int_{-T_0/2}^{T_0/2} A^2 \mathrm{d}t = A^2 T_0$$

$$\rho_{12} = \frac{R_{12}(0)}{\sqrt{R_{11}(0) R_{22}(0)}} = -1$$

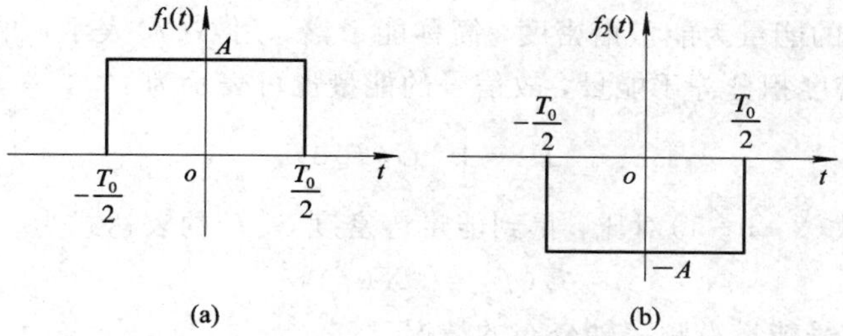

图 2.5.2 $f_1(t)$ 与 $f_2(t)$ 的信号波形

2.6 帕塞瓦尔定理和谱密度

2.6.1 能量信号的帕塞瓦尔定理和能量谱密度

由前面的学习知道，能量信号 $x(t)$ 消耗在 1 Ω 电阻上的能量定义为

$$E = \int_{-\infty}^{\infty} x^2(t) \mathrm{d}t$$

有了频谱概念以后，不难证明，若 $F[x(t)] = X(f)$，则有如下关系式

$$E = \int_{-\infty}^{\infty} x^2(t) \mathrm{d}t = \int_{-\infty}^{\infty} |X(f)|^2 \mathrm{d}f \tag{2-6-1}$$

式(2-6-1)称为帕塞瓦尔能量定理。帕塞瓦尔定理告诉我们，一个信号的能量可以用时间函数来求得，也可以用信号的频谱函数来求，两种方法求得能量的结果是相同的。具体求解时用什么方法，视情况而定。

例 2.6.1 求图 2.6.1 所示的两个信号的能量。

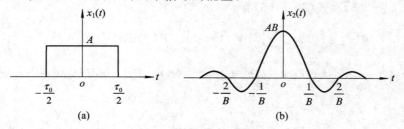

图 2.6.1 两个信号波形

解 对于图 2.6.1(a)所示的矩形脉冲信号，用时或积分可方便求出其能量为

$$E_1 = \int_{-\infty}^{\infty} x_1^2(t) \mathrm{d}t = \int_{-\tau_0/2}^{\tau_0/2} A^2 \mathrm{d}t = A^2 \tau_0$$

而对于图 2.6.1(b)所示的波形，用其时间函数求能量时，积分有一定的难度。由图 2.3.2 或表 2-3-1 序号 4 的变换对可知，$x_2(t)$ 的频谱 $X_2(f)$ 是一个幅度 A 为宽度为 B 的

矩形脉冲谱，因此用其频谱可方便地求得其能量为

$$E_2 = \int_{-\infty}^{\infty} |X_2(f)|^2 \mathrm{d}f = \int_{-B/2}^{B/2} A^2 \mathrm{d}f = A^2 B$$

由式(2-6-1)中的 $E = \int_{-\infty}^{\infty} |X(f)|^2 \mathrm{d}f$ 可以看到，能量 E 是由信号的各个频率成分提供的。那么单位频率的能量有多大呢？

定义单位频率的能量为能量谱密度，简称能量谱，用 $G(f)$ 表示，单位为 J/Hz(焦耳/赫兹)。对能量谱密度积分等于能量，故信号的能量也可表示为

$$E = \int_{-\infty}^{\infty} G(f) \mathrm{d}f \qquad (2-6-2)$$

将式(2-6-2)与式(2-6-1)对比，得到能量谱密度 $G(f)$ 的表达式为

$$G(f) = |X(f)|^2 \qquad (2-6-3)$$

式中，$G(f)$ 表示信号能量沿频率轴分布的情况。

2.6.2 功率信号的帕塞瓦尔定理和功率谱密度

周期信号是一种典型的功率信号。设周期为 T_0 的周期信号 $x(t)$，其瞬时功率等于 $x^2(t)$，在周期 T_0 内消耗在 1 Ω 电阻上的平均功率

$$P = \frac{1}{T_0} \int_{-T_0/2}^{T_0/2} x^2(t) \mathrm{d}t \qquad (2-6-4)$$

将 $x(t)$ 的傅氏级数展开式代入式(2-6-4)，并经数学推导得

$$P = \frac{1}{T_0} \int_{-T_0/2}^{T_0/2} x^2(t) \mathrm{d}t = \sum_{n=-\infty}^{\infty} |V_n|^2 \qquad (2-6-5)$$

式(2-6-5)称为帕塞瓦尔功率定理。它表明，一个周期信号的平均功率，可通过时域信号 $x(t)$ 来求，也可通过它的傅氏级数展开式的系数 V_n 来求。

单位频率的功率称为功率谱密度，简称功率谱，用 $P(f)$ 表示，单位为 W/Hz(瓦/赫兹)。对功率谱密度求积分可得信号的平均功率。所以有

$$P = \int_{-\infty}^{\infty} P(f) \mathrm{d}f \qquad (2-6-6)$$

对比式(2-6-5)和式(2-6-6)有

$$\sum_{n=-\infty}^{\infty} |V_n|^2 = \int_{-\infty}^{\infty} P(f) \mathrm{d}f \qquad (2-6-7)$$

利用 $\int_{-\infty}^{\infty} x(t)\delta(t-t_0)\mathrm{d}t = x(t_0)\int_{-\infty}^{\infty} \delta(t-t_0)\mathrm{d}t = x(t_0)$，有 $\int_{-\infty}^{\infty} |V_n|^2\delta(f-nf_0)\mathrm{d}f = |V_n|^2$，所以有

$$\sum_{n=-\infty}^{\infty} |V_n|^2 = \int_{-\infty}^{\infty} \sum_{n=-\infty}^{\infty} |V_n|^2\delta(f-nf_0)\mathrm{d}f \qquad (2-6-8)$$

对比式(2-6-7)和式(2-6-8)得

$$P(f) = \sum_{n=-\infty}^{\infty} |V_n|^2\delta(f-nf_0) \qquad (2-6-9)$$

上式表明，周期信号的功率谱由一系列位于 nf_0 处的冲激组成，其冲激强度为 $|V_n|^2$。

例 2.6.2 求信号 $x(t) = A\cos 2\pi f_0 t$ 的功率谱，并通过功率谱求此信号的功率。

解　首先求信号的指数型傅氏级数展开，即

$$x(t) = A\cos 2\pi f_0 t = \frac{A}{2}e^{-j2\pi f_0 t} + \frac{A}{2}e^{+j2\pi f_0 t}$$

由此可得 $V_{-1} = V_{+1} = \dfrac{A}{2}$，所以其功率谱为

$$P(f) = |V_{-1}|^2 \delta(f + f_0) + |V_{+1}|^2 \delta(f - f_0)$$
$$= \frac{A^2}{4}[\delta(f + f_0) + \delta(f - f_0)]$$

功率谱示意图如图 2.6.2 所示。

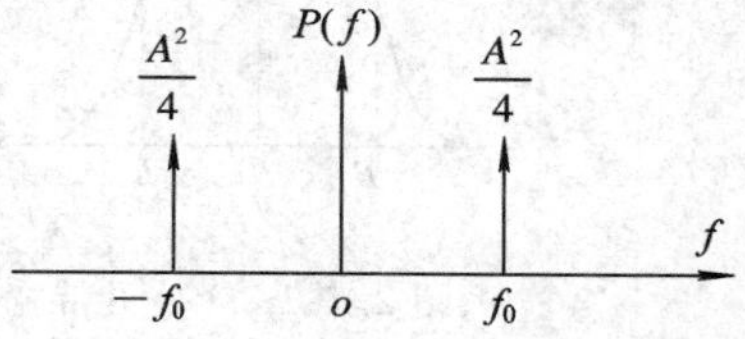

对功率谱求积分得信号功率为

图 2.6.2　功率谱示意图

$$P = \int_{-\infty}^{+\infty} P(f)\,\mathrm{d}f = \frac{A^2}{4}\int_{-\infty}^{+\infty}[\delta(f + f_0) + \delta(f - f_0)]\,\mathrm{d}f = \frac{A^2}{2}$$

关于信号的能量谱密度和功率谱密度还有一个著名的维纳—辛钦定理，此定理告诉我们，能量谱密度 $G(f)$（或功率谱密度 $P(f)$）与信号 $x(t)$ 的自相关函数 $R(\tau)$ 是一对傅氏变换，即

$$\begin{cases} R(\tau) \leftrightarrow G(f) & \text{对能量信号} \\ R(\tau) \leftrightarrow P(f) & \text{对功率信号} \end{cases}$$

所以能量信号的能量谱 $G(f)$ 也可通过自相关函数的傅氏变换求得，功率信号的功率谱 $P(f)$ 也可通过其自相关函数的傅氏变换求得。

2.7　信号的带宽

信号带宽是指信号的能量或功率的主要部分集中的频率范围。若信号的主要能量或功率集中在零频率附近，则称这种信号为基带信号或低通信号，如话筒输出的语音信号，计算机输出的"1"、"0"信号等。若信号的主要能量或功率集中在某一个高频率附近，则称此类信号为频带信号或带通信号，如移动通信系统中基站天线发送的信号，空中传输的无线电广播信号等。

信号带宽的概念在通信中非常重要，下面以基带能量信号为例介绍几种常见的定义信号带宽的方法。

1. 3 分贝（dB）带宽

将能量谱密度 $G(f)$ 下降到峰值的一半（下降 3 dB）所对应的正频率值作为信号的带宽。这种定义方式适合于能量谱或功率谱具有单峰或者一个明显主峰特性的信号，如图 2.7.1 所示。求 3 分贝带宽的方法如下：

$$G(B) = \frac{1}{2}G(0) \tag{2-7-1}$$

2. 等效矩形带宽

如图 2.7.2 所示，用一个矩形谱代替信号的能量谱，矩形谱的高度等于能量谱的峰值 $G(0)$。当矩形面积与能量谱曲线下的面积相等时，矩形正频率方向的宽度 B 即为等效矩形带宽。B 值可用下式求得：

$$B = \frac{\displaystyle\int_{-\infty}^{\infty} G(f)\,\mathrm{d}f}{2G(0)} \tag{2-7-2}$$

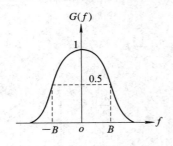

图 2.7.1 3 分贝带宽

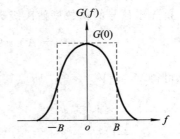

图 2.7.2 等效矩形带宽

3. 第一个零点带宽

对于有主瓣的能量谱，用其第一个零点的频率来定义带宽，称为第一个零点带宽。如宽度为 τ 的矩形脉冲，其频谱的第一个零点为 $1/\tau$，故在通信中常用 $1/\tau$ 作为矩形脉冲信号的带宽。可以证明，在第一个零点内集中了矩形脉冲 90% 以上的能量。

4. 百分比带宽

根据带宽内信号能量占总能量的比例(如 90%、95%、99% 等)确定其带宽。

设信号带宽为 B 赫兹(Hz)，则根据所占的比例列出等式：

$$\frac{2\int_0^B G(f)\mathrm{d}f}{E} = \gamma \tag{2-7-3}$$

当比例值 γ 给定，就可解出带宽 B。γ 的值通常根据实际系统的需求来设定。

注意，对于同一信号，根据不同的带宽定义，可能得到不同的信号带宽。图 2.7.3 是不同带宽定义下的信号带宽示意图。

尽管带宽的定义有多种，且有些计算比较复杂，但在课程后续内容的学习中，如不特别说明，信号带宽均指第一个零点带宽。

另外，在通信系统中还会遇到"信道带宽"这一概念。信道带宽通常也用符号 B 表示，单位也是赫兹(Hz)，但它与信号带宽的含义是不同的。信号带宽是由信号的能量谱或功率谱在频域的分布规律决定的，而信道带宽则是由信道的传输特性决定的。为使信号能顺利通过信道，通常信道带宽应大于等于信号带宽。

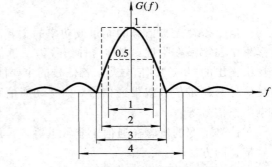

1—3分贝带宽；2—等效矩形带宽；
3—第一个零点带宽；4—百分比带宽(如0.93)

图 2.7.3 不同带宽定义下的信号带宽示意图

习 题

1. 已知 $x(t)$ 如图所示；
(1) 写出 $x(t)$ 的傅氏变换表达式；
(2) 画出它的频谱函数图。

2. 已知 $x(t)$ 为如图所示的周期函数，周期 $T_0 = 0.001$ s。

（1）写出 $x(t)$ 的指数型傅氏级数展开式；

（2）画出 $V_n - f$ 关系图。

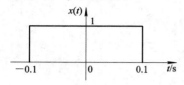

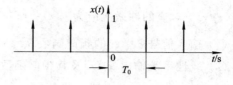

题 1 图　　　　　　　　　　　　　　　题 2 图

3. 已知 $x(t)$ 的频谱 $X(f)$ 如图所示，画出 $x(t) \cos 2\pi f_0 t$ 的频谱函数图。设 $f_0 = 3 f_x$。

4. 已知 $x(t)$ 的波形如图所示。

（1）如果 $x(t)$ 为电压加在 $1\ \Omega$ 电阻上，求消耗的能量有多大；

（2）求 $x(t)$ 的能量谱密度 $G(f)$。

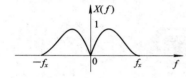

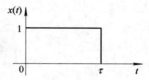

题 3 图　　　　　　　　　　　　　　　题 4 图

5. 已知功率信号 $x(t) = 20 \cos(400\pi t) \cos(2000\pi t)$ V，试求

（1）该信号的平均功率；

（2）该信号的功率谱密度；

（3）该信号的自相关函数。

6. 已知某信号的频谱函数为 $X(f) = \mathrm{Sa}^2(\pi f \tau)$，求该信号的能量。（提示：用信号的时域表达式求。）

7. 设 $f_1(t)$ 与 $f_2(t)$ 分别如图（a）、（b）所示，求互相关系数 ρ_{12}。

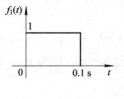

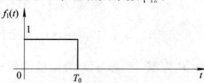

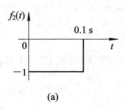

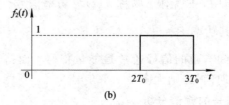

(a)　　　　　　　　　　　　　　　　(b)

题 7 图

8. 设 $f_1(t) = A \sin 2\pi f_0 t$，$f_2(t) = A \sin(2\pi f_0 t + \pi)$，且 $0 \leqslant t \leqslant T_s$，求互相关系数 ρ_{12}。

9. 周期为 T_0 的冲击序列 $\delta_{T_0}(t) = \sum_{n=-\infty}^{\infty} \delta(t - nT_0)$ 通过一个线性系统 $H(f)$ 后输出为 $x_1(t)$，再经过相乘器后输出为 $x_2(t)$，如图所示。已知线性系统的传输函数为 $H(f) = \tau Sa^2(\pi f \tau)$，对应的冲激响应为 $h(t) = tri\left(\dfrac{t}{\tau}\right)$。试求

（1）输入信号 $\delta_{T_0}(t)$ 的频谱函数 $\delta_{T_0}(f)$；

（2）线性系统输出 $x_1(t)$ 及其频谱函数 $X_1(f)$；

（3）相乘器输出 $x_2(t)$ 及其频谱函数 $X_2(f)$。$\left(设\ T_0 = 3\tau,\ f_c \gg \dfrac{1}{\tau}\right)$

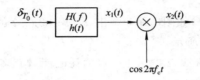

题 9 图

本章知识点小结

1. 常用信号的分类

（1）确知信号和随机信号：能够用确定的数学表达式描述的信号称为确知信号，反之，则为随机信号。

（2）周期信号和非周期信号：在区间 $(-\infty, +\infty)$ 上，每隔一定的时间按相同规律重复变化的信号称为周期信号，反之，则称为非周期信号。例如，正弦波信号、周期矩形脉冲序列等为周期信号。而单个矩形脉冲、阶跃信号等为非周期信号。

（3）能量信号和功率信号。

信号 $x(t)$ 消耗在 $1\ \Omega$ 电阻上的能量和平均功率分别定义为

$$E = \int_{-\infty}^{\infty} x^2(t)\ \mathrm{d}t$$

$$P = \overline{x^2(t)} = \lim_{T \to \infty} \frac{1}{T} \int_{-T/2}^{T/2} x^2(t)\ \mathrm{d}t$$

① 若 E 有限，P 为零，则称 $x(t)$ 为能量信号。如宽度为 τ、高度为 A 的矩形脉冲是一个典型的能量信号，因为其能量 $E = A^2\tau$，功率 $P = 0$。

② 若 P 有限，E 无限，则称 $x(t)$ 为功率信号。如正弦信号 $s(t) = A\sin 2\pi f t$ 是一个功率信号，因为其功率 $P = \dfrac{1}{2}A^2$，能量 $E = \infty$。

故持续时间有限的信号通常是能量信号，而持续时间无限的信号（可能为周期信号，也可能为非周期信号）则大多是功率信号。

2. 周期信号的频谱分析

周期信号的频谱分析采用傅氏级数展开的方法。周期为 T_0 的信号 $x(t)$ 可展开为

$$x(t) = \sum_{n=-\infty}^{\infty} V_n e^{j2\pi n f_0 t}$$

其中，$V_n = \dfrac{1}{T_0} \displaystyle\int_{-\frac{T_0}{2}}^{\frac{T_0}{2}} x(t)\mathrm{e}^{-\mathrm{j}2\pi nf_0 t}\ \mathrm{d}t$，$f_0 = \dfrac{1}{T_0}$。

将 $V_n \sim nf_0$ 之间的关系画成图，即为周期信号的频谱图。其特点是：

① 离散性，即频谱由间隔为 f_0 的离散谱线组成；

② 谐波性，即谱线位于 nf_0（n 为整数）处。

3. 非周期信号的频谱分析

非周期信号的频谱可由傅氏变换得到。信号 $x(t)$ 的频谱为

$$X(f) = \int_{-\infty}^{\infty} x(t)\mathrm{e}^{-\mathrm{j}2\pi ft}\ \mathrm{d}t$$

$X(f) \sim f$ 之间的关系图称为频谱图，非周期信号的频谱为连续谱。

常用信号的频谱：

① 宽度为 τ、高度为 A 的矩形脉冲，其频谱为 $X(f) = A\tau \mathrm{Sa}(\pi f\tau)$，其特点：频谱第一个零点位置为 $1/\tau$。故其第一个零点带宽为 $B = 1/\tau$。

② 幅度为 A 的冲激信号，其频谱为 $X(f) = A$，是一常数。

③ 宽度为 τ、高度为 A 的升余弦脉冲，其频谱为 $X(f) = \dfrac{A\tau}{2}\mathrm{Sa}(\pi f\tau)\dfrac{1}{1 - f^2\tau^2}$，其特点：频谱第一个零点位置为 $2/\tau$。故其第一个零点带宽为 $B = 2/\tau$。

④ 指数信号 $x(t) = A\mathrm{e}^{\mathrm{j}2\pi nf_0 t}$，其频谱为 $X(f) = A\delta(f - f_0)$。

⑤ 余弦信号 $x(t) = A\cos 2\pi f_0 t$，其频谱为 $X(f) = \dfrac{A}{2}\big[\delta(f - f_0) + \delta(f + f_0)\big]$。

⑥ 周期信号 $x(t) = \displaystyle\sum_{n=-\infty}^{\infty} V_n \mathrm{e}^{\mathrm{j}2\pi nf_0 t}$，其频谱为 $X(f) = \displaystyle\sum_{n=-\infty}^{\infty} V_n \delta(f - nf_0)$。

4. 常用傅氏变换特性

(1) 频率卷积特性：$F[\ x_1(t) \cdot x_2(t)] = X_1(f) * X_2(f)$

应用：$F[x(t)\cos 2\pi f_0 t] = X(f) * \dfrac{1}{2}\big[\delta(f - f_0) + \delta(f + f_0)\big]$

$$= \dfrac{1}{2}\big[X(f - f_0) + X(f + f_0)\big]$$

(2) 时延特性：$F[\ x(t - t_0)] = X(f)\mathrm{e}^{-\mathrm{j}2\pi ft_0}$

应用：$F[\ AD_\tau(t - \tau/2)] = A\tau \mathrm{Sa}(\pi f\tau)\mathrm{e}^{-\mathrm{j}\pi f\tau}$

(3) 频移特性：$F[\ x(t)\mathrm{e}^{\mathrm{j}2\pi f_0 t}] = X(f - f_0)$

5. 波形相关

(1) 能量信号 $x_1(t)$ 与 $x_2(t)$ 的互相关函数 $R_{12}(\tau) = \displaystyle\int_{-\infty}^{\infty} x_1(t)x_2(t + \tau)\ \mathrm{d}t$。

(2) 当 $x_1(t) = x_2(t)$ 时，互相关函数即成为自相关函数，记为 $R(\tau)$。

自相关函数的特点：

① $R(\tau)$ 是偶函数，即 $R(\tau) = R(-\tau)$；

② $R(0)$ 等于能量信号的总能量；

③ $R(0) \geqslant R(\tau)$

(3) 互相关系数：

$$\rho_{12} = \frac{R_{12}(0)}{\sqrt{R_{11}(0) \cdot R_{22}(0)}}$$

特点：① $x_1(t) = x_2(t)$ 时，$\rho_{12} = +1$；

② $x_1(t) = -x_2(t)$ 时，$\rho_{12} = -1$；

③ $\rho_{12} = 0$ 时，$x_1(t)$ 与 $x_2(t)$ 不相关。

6. 帕塞瓦尔定理

（1）能量信号的帕塞瓦尔定理：

$$E = \int_{-\infty}^{\infty} x^2(t)\,\mathrm{d}t = \int_{-\infty}^{\infty} |X(f)|^2\,\mathrm{d}f$$

① 应用：一个信号的能量可在时域中求得，也可在频域中求得；

② 能量谱密度定义为 $G(f) = |X(f)|^2$，它反映能量信号的能量随频率的分布情况，对能量谱求积分等于总能量。

（2）周期信号的帕塞瓦尔定理：

$$P = \frac{1}{T_0} \int_{-T_0/2}^{T_0/2} x^2(t)\,\mathrm{d}t = \sum_{n=-\infty}^{\infty} |V_n|^2$$

① 应用：求周期信号的功率可在时域中求得，也可在频域中求得；

② 周期信号的功率谱密度定义为 $P(f) = \sum_{n=-\infty}^{\infty} |V_n|^2 \delta(f - nf_0)$，它反映功率信号的功率随频率的分布情况，对功率谱求积分等于总功率。

（3）自相关函数与能量谱或功率谱是一对傅氏变换（维纳—辛钦定理），即

① 对能量信号：$R(\tau) \leftrightarrow G(f)$

② 对功率信号：$R(\tau) \leftrightarrow P(f)$

7. 信号的带宽

信号的带宽是由信号的功率谱或能量谱在频域的分布规律决定的。通常将信号能量或功率集中的频率区间的宽度称为带宽。带宽的定义主要有以下几种：

① 3 分贝带宽：指信号的能量谱密度（或功率谱密度）下降到峰值的一半时所对应的频率值（正频率轴上）。

② 等效矩形带宽：当矩形的面积等于功率谱或能量谱曲线下的面积时（矩形高度等于谱密度峰值）正频率轴方向上矩形的宽度。

③ 第一个零点带宽：用能量谱或功率谱的第一个零点所对应的频率作为带宽。在后面的学习中，如果没有特别指明，均指第一个零点带宽。

④ 百分比带宽：以集中一定百分比能量或功率的区间宽度来定义带宽。

需要注意：信号带宽是人为定义的，即使同一信号，不同定义下的带宽通常会不同。

本章自测自评题

一、填空题（每空 1 分，共 20 分）

1. 常用的信号分类方法有 3 种，即将信号分成_____信号和随机信号、周期信号和非周期信号、能量信号和_____。

2. 周期矩形脉冲信号的频谱具有如下特点：① 振幅谱是频率的偶函数；② 谱线具有_____性和谐波性。若周期矩形信号的周期 $T_0 = 1$ ms、矩形宽度 $\tau = 0.1$ ms，则谱线间隔为_____。正频率方向第一根幅度为零的谱线位置是_____。

3. 宽度为 1 ms、高度为 1 V 的矩形脉冲，其频谱函数的表达式为_____，正频率方向第一个零点的频率值为_____，故用第一个零点定义的矩形脉冲信号的带宽是_____。

4. 幅度为 1，带宽为 1000 Hz 的矩形谱信号，其时间表达式为_____，第一零点位置为_____，零点之间的间隔为_____。

5. 若 $X(f) = F[\, x(t)]$，则 $F[\, x(t) \cos 2\pi f_0 t] =$ _____，此特性称为调制特性。

6. 设能量信号 $x(t)$ 的频谱为 $X(f)$，则能量信号的帕塞瓦尔定理表述为_____，其中能量谱 $G(f) =$ _____。

7. 宽度为 τ、高度为 A 的矩形脉冲信号的能量谱 $G(f) =$ _____，能量 $E =$ _____。

8. 能量信号 $v(t)$ 的自相关函数定义为 $R(\tau) =$ _____，其中 $R(0)$ 等于信号的_____；$R(\tau)$ 与能量谱密度 $G(f)$ 之间是一对_____变换。

9. 常用的信号带宽定义有：3 分贝带宽、等效矩形带宽、第一个零点带宽和集中一定百分比能量（或功率）带宽。在通信原理课程中通常用_____来定义信号的带宽。

二、选择题（每题 2 分，共 20 分）

1. 周期信号 $x(t)$ 可展开成傅氏级数 $x(t) = \sum\limits_{n=-\infty}^{\infty} V_n e^{j2\pi nf_0 t}$，其中 V_n 由周期信号 $x(t)$ 求得，关系式为_____。

    A. $V_n = \dfrac{1}{T_0} \displaystyle\int_{-\frac{T_0}{2}}^{\frac{T_0}{2}} x(t) e^{-j2\pi nf_0 t}\, \mathrm{d}t$ B. $V_n = \displaystyle\int_{-\frac{T_0}{2}}^{\frac{T_0}{2}} x(t) e^{-j2\pi nf_0 t}\, \mathrm{d}t$

    C. $V_n = \dfrac{1}{T_0} \displaystyle\int_{-\frac{T_0}{2}}^{\frac{T_0}{2}} x(t) e^{+j2\pi nf_0 t}\, \mathrm{d}t$ D. $V_n = \displaystyle\int_{-\frac{T_0}{2}}^{\frac{T_0}{2}} x(t) e^{+j2\pi nf_0 t}\, \mathrm{d}t$

2. 幅度为 1 V、周期 $T_0 = 1$ ms 的冲激脉冲序列，谱线的幅度和谱线之间的间隔分别为_____。

    A. 1000 V 和 10 Hz   B. 100 V 和 100 Hz

    C. 10 V 和 1000 Hz   D. 1000 V 和 1000 Hz

3. 宽度为 10 ms 的矩形脉冲，其第一个零点带宽为_____。

    A. 1 Hz   B. 10 Hz   C. 100 Hz   D. 1000 Hz

4. 宽度为 10 ms 的升余弦脉冲，其第一个零点带宽为_____。

    A. 10 Hz   B. 100 Hz   C. 200 Hz   D. 1 kHz

5. 余弦信号 $2\cos 2000\pi t$ 的频谱为_____。

    A. $\delta(f-2000) + \delta(f+2000)$ B. $\delta(f-1000) + \delta(f+1000)$

    C. $\delta(f-2000)$ D. $\delta(f+1000)$

6. 相同宽度的升余弦脉冲信号和矩形脉冲信号，带宽间的关系是_____。

    A. 两种信号的带宽相同

    B. 升余弦脉冲的带宽是矩形脉冲带宽的 2 倍

    C. 矩形脉冲的带宽是升余弦脉冲带宽的 2 倍

D. 无法确定

7. 宽度为 20 ms 的三角脉冲,其第一个零点带宽为_____。

    A. 10 Hz   B. 100 Hz   C. 1000 Hz   D. 1 kHz

8. 持续时间有限的信号(如宽度为 τ 的矩形脉冲)通常是_____。

    A. 功率信号   B. 能量信号   C. 周期信号   D. 以上都不对

9. 信号 $x(t)=2000\mathrm{Sa}(2000\pi t)$(V)的能量为_____。

    A. 4000 J   B. 3000 J   C. 2000 J   D. 1000 J

10. 若有信号 $x_1(t)$ 和 $x_2(t)$,且 $x_1(t)=-x_2(t)$,则此两个信号之间的互相关系数 ρ_{12} 等于_____。

    A. 0   B. +1

    C. -1   D. 介于 -1 与 +1 之间的一个值

三、简答题(每题 5 分,共 20 分)

1. 对确知信号进行频谱分析的目的是什么?对周期信号和非周期信号的频谱分析分别采用什么方法?

2. 分别写出宽度为 τ、幅度为 A 的矩形脉冲和升余弦脉冲的频谱函数表达式,并指出它们第一个零点的位置。如果以第一个零点位置定义信号带宽的话,两个信号中哪个信号在传输过程中会占用更宽的信道?

3. 写出能量信号 $x(t)$ 的自相关函数 $R(\tau)$ 的定义,并指出 $R(\tau)$ 的主要特点。

4. 信号带宽的含义是什么?信号带宽由什么决定的?信号带宽的定义有哪几种?

四、综合题(每题 10 分,共 40 分)

1. 求周期冲激序列 $\delta_{T_0}(t)=\sum\limits_{k=-\infty}^{\infty}\delta(t-kT_0)$ 的频谱表达式,并画出频谱图(设 $T_0=1$ ms)。

2. 求题 2.4.2 图所示频谱 $X_1(f)$ 和 $X_2(f)$ 的傅氏反变换,并画出时域波形图。

3. 矩形脉冲信号如题 2.4.3 图所示。

(1) 求其自相关函数 $R(\tau)$ 并画出图形;

(2) 画出 $R(\tau-\tau_0)$ 的图形;

(3) 指出 $R(0)$ 的物理意义。

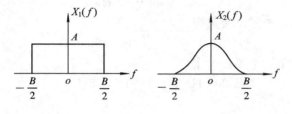
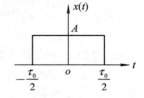

题 2.4.2 图　　　　　　　　　　　　　　题 2.4.3 图

4. 对余弦信号 $x(t)=A\cos 2\pi f_0 t$,求:

(1) 频谱函数 $X(f)$;

(2) 功率谱密度函数 $P(f)$ 及功率 P;

(3) 自相关函数 $R(\tau)$。

第 3 章　随机信号分析

3.1　引　言

在第 2 章中我们对确知信号进行了分析。在实际通信系统中，携带消息的信号一般都带有随机性。同时，携带消息的信号在传输过程中，不可避免地要受到噪声的干扰，噪声一般也是随机的。因此，广泛地说，无论信号还是噪声，两者都是随机的。要分析此类信号和噪声的内在规律性，只有找出它们的统计特性，根据随机理论来描述。

本章将对随机信号和噪声的数学模型——随机过程及相关内容进行讨论，由此得到的结论是本书后续章节分析通信系统可靠性的数学基础。

3.2　随　机　变　量

3.2.1　什么是随机变量

生活中有许多随机变量的例子。例如掷一枚硬币可能出现正面，也可能出现反面。若规定数值 1 表示出现反面，数值 0 表示出现正面，这样做就相当于引入一个变量 X，它将随机地取两个数值之一，而对应每一个可能取的数值，有一个概率，这一变量 X 就称之为随机变量。

当随机变量 X 的取值个数有限或无穷可数时，称它为离散随机变量，否则就称之为连续随机变量，即可能的取值充满某一有限或无限区间。

3.2.2　概率及概率密度函数

1.　概率及概率密度函数的定义及性质

离散随机变量取某个值可能性的大小用概率来表示。如在上述投掷硬币的试验中，由于硬币出现正面和反面的可能性均为 0.5，故随机变量 X 取数值 1 和 0 的概率均为 0.5，记作 $P(X=1)=0.5$ 和 $P(X=0)=0.5$。

连续随机变量 X 取值 x 的可能性大小用概率密度函数 $f(x)$ 来表示，对概率密度函数积分等于概率。

例如，设随机变量 X 的概率密度函数 $f(x)$ 如图 3.2.1 所示，则随机变量 X 取值小于等于 x_1 的概率为

$$P(X \leqslant x_1) = \int_{-\infty}^{x_1} f(x)\mathrm{d}x$$

X 取值大于等于 x_2 的概率为

$$P(X \geqslant x_2) = \int_{x_2}^{\infty} f(x)\mathrm{d}x$$

概率密度函数有如下性质：

图 3.2.1　概率密度函数

(1) $f(x) \geqslant 0$

(2) $\int_{-\infty}^{\infty} f(x)\mathrm{d}x = 1$

(3) $\int_{a}^{b} f(x)\mathrm{d}x = \int_{-\infty}^{b} f(x)\mathrm{d}x - \int_{-\infty}^{a} f(x)\mathrm{d}x = P(a < x \leqslant b)$

2. 几种常用的概率密度函数

在通信系统的研究中，常用到均匀分布、正态分布、瑞利分布和莱斯分布的概率密度函数。

1）均匀分布

随机变量 X 在 (a, b) 区间内均匀分布的概率密度函数如图 3.2.2 所示，其表达式为

$$f(x) = \begin{cases} \dfrac{1}{b-a} & a \leqslant x \leqslant b \\ 0 & \text{其它} \end{cases} \qquad (3-2-1)$$

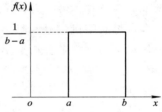

例如，正弦振荡源所产生的振荡信号的初相 θ 就是一个在 $(0, 2\pi)$ 上均匀分布的随机变量，其概率密度函数为

图 3.2.2　均匀分布概率密度函数

$$f(\theta) = \begin{cases} \dfrac{1}{2\pi} & 0 \leqslant \theta \leqslant 2\pi \\ 0 & \text{其它} \end{cases}$$

2）高斯(Gauss)分布

信道中的噪声一般服从高斯分布，高斯分布(也称为正态分布)随机变量 X 的概率密度函数为

$$f(x) = \frac{1}{\sqrt{2\pi}\sigma} \exp\left[-\frac{(x-a)^2}{2\sigma^2}\right] \qquad (3-2-2)$$

其中，a 和 σ 为常数。可以证明，a 为均值，σ^2 为方差。此概率密度函数的曲线如图 3.2.3 所示。

由概率密度函数表达式及曲线不难看出，$f(x)$ 有如下特点：

① $f(x)$ 对称于直线 $x=a$，在 $x \to \pm\infty$ 时，$f(x) \to 0$。

② 当 σ 一定时，对于不同的 a，表现为 $f(x)$ 的图形左右平移；当 a 一定时，对于不同的 σ，表现为 $f(x)$ 的图形将随 σ 的减小而变高和变窄；反之，$f(x)$ 的图形将随着 σ 的增大而变矮和变宽(曲线下的面积恒为 1)。

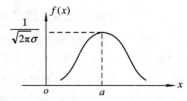

图 3.2.3　高斯分布概率密度函数

当我们研究高斯噪声对数字通信的影响时，通常需要求出图 3.2.4(a)、(b)中阴影部

分所对应的概率。

① 当 $b < a$ 时，如图 3.2.4(a)所示，阴影部分的概率为

$$P(X \leqslant b) = \int_{-\infty}^{b} \frac{1}{\sqrt{2\pi}\sigma} \exp\left[-\frac{(x-a)^2}{2\sigma^2}\right] dx = \frac{1}{2}\mathrm{erfc}\left(\frac{a-b}{\sqrt{2}\sigma}\right)$$

② 当 $b > a$ 时，如图 3.2.4(b)所示，阴影部分的概率为

$$P(X \geqslant b) = \int_{b}^{\infty} \frac{1}{\sqrt{2\pi}\sigma} \exp\left[-\frac{(x-a)^2}{2\sigma^2}\right] dx = \frac{1}{2}\mathrm{erfc}\left(\frac{b-a}{\sqrt{2}\sigma}\right)$$

其中，$\mathrm{erfc}(x) = \frac{2}{\sqrt{\pi}} \int_{x}^{\infty} \exp(-y^2) dy$ 称为互补误差函数。当变量 x 的值给定时，可通过数学手册或 Matlab 自带函数得到 $\mathrm{erfc}(x)$ 的值。为方便使用，附录中给出了部分 $\mathrm{erfc}(x)$ 的值。例如图 3.2.4(a)中，若 $a=2$，$b=1$，$\sigma^2=2$，则

$$P(X \leqslant b) = \frac{1}{2}\mathrm{erfc}\left(\frac{2-1}{\sqrt{2} \cdot \sqrt{2}}\right) = \frac{1}{2}\mathrm{erfc}(0.5) = 0.23975$$

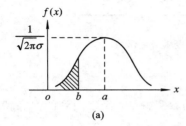 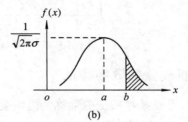

图 3.2.4 两个有用的概率

高斯分布是通信理论中最为重要的概率分布之一，应熟记其概率密度函数表达式、曲线图、关键参数以及上述两个特殊的概率。

3）瑞利分布

通信系统中遇到的窄带高斯噪声包络的瞬时值是服从瑞利分布的，瑞利分布随机变量 X 的概率密度函数为

$$f(x) = \begin{cases} \dfrac{x}{\sigma^2}\exp\left(-\dfrac{x^2}{2\sigma^2}\right) & x \geqslant 0 \\ 0 & \text{其它} \end{cases} \qquad (3-2-3)$$

式中 σ^2 是窄带高斯噪声的方差，其曲线如图 3.2.5 所示。

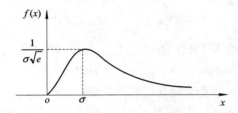

图 3.2.5 瑞利分布概率密度函数

4）莱斯分布

正弦（或余弦）信号与窄带高斯噪声之和的包络的瞬时值服从莱斯分布。莱斯分布随机变量 X 的概率密度函数为

$$f(x) = \begin{cases} \dfrac{x}{\sigma^2}\exp\left[-\dfrac{(A^2+x^2)}{2\sigma^2}\right]I_0\left(\dfrac{Ax}{\sigma^2}\right) & x \geqslant 0 \\ 0 & x < 0 \end{cases} \qquad (3-2-4)$$

式中 $I_0(x)$ 为零阶贝塞尔函数，A 为正弦或余弦波的振幅。当 $A=0$ 时，莱斯分布退化为瑞利分布；当 A 相对于噪声较大时，莱斯分布趋近于正态分布。曲线示意图如图 3.2.6 所示。

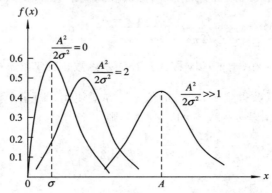

图 3.2.6　莱斯分布概率密度函数

3.2.3　随机变量的数字特征

描述随机变量某些特征的数称为随机变量的数字特征。经常用到的数字特征有数学期望、方差、协方差和相关矩。

1. 随机变量的数学期望

数学期望是随机变量的统计平均值，也称为随机变量 X 的均值。

对于离散随机变量 X，如果它可能的取值有 x_1，x_2，x_3，$\cdots$，x_n，其相应的概率分别为 $P(x_1)$，$P(x_2)$，$P(x_3)$，$\cdots$，$P(x_n)$，则其数学期望定义为

$$E(X) = \sum_{i=1}^{n} x_i P(x_i) \qquad (3-2-5)$$

对于连续随机变量 X，如果其概率密度函数为 $f(x)$，则其数学期望定义为

$$E(X) = \int_{-\infty}^{\infty} x f(x)\mathrm{d}x \qquad (3-2-6)$$

X 的函数 $Y = g(X)$ 的数学期望为

$$E(g(X)) = \int_{-\infty}^{\infty} g(x) f(x)\mathrm{d}x \qquad (3-2-7)$$

数学期望表示随机变量 X 取值的集中位置，通常用符号 a_X 或 m_X 表示。

例 3.2.1　（1）测量某随机电压 X，测得 3.0 V 的概率为 2/5；测得 3.2 V 的概率为 2/5；测得 3.1 V 的概率为 1/5，求该随机电压的数学期望。

（2）连续随机变量 X 在 (a, b) 内均匀分布，求该随机变量的数学期望。

（3）已知随机相位 θ 在 $(-\pi, \pi)$ 内均匀分布，求随机变量 $Y = \cos\theta$ 的数学期望。

解　（1）由式（3-2-5）得

$$E(X) = \sum_{i=1}^{3} x_i P(x_i) = 3.0 \times \frac{2}{5} + 3.2 \times \frac{2}{5} + 3.1 \times \frac{1}{5} = 3.1 \text{ (V)}$$

（2）由式（3 - 2 - 6）得

$$E(X) = \int_{-\infty}^{\infty} x f(x) \, \mathrm{d}x = \int_{a}^{b} x \frac{1}{b-a} \, \mathrm{d}x = \frac{b+a}{2}$$

（3）由式（3 - 2 - 7）得

$$E(Y) = \int_{-\infty}^{\infty} \cos\theta f(\theta) \, \mathrm{d}\theta = \int_{-\pi}^{\pi} \cos\theta \frac{1}{2\pi} \, \mathrm{d}\theta = 0$$

数学期望有如下特性：

（1）$E(C) = C$，C 为常数；

（2）$E(X+Y) = E(X) + E(Y)$；

（3）$E(XY) = E(X)E(Y)$，X、Y 统计独立；

（4）$E(X+C) = E(X) + C$；

（5）$E(CX) = CE(X)$。

其中，X、Y 为随机变量。

2. 方差

对于随机变量 X，设其均值为 a_X，则其方差定义为

$$D(X) = E[(X - a_X)^2] \tag{3 - 2 - 8}$$

即随机变量 X 与它的数学期望 a_X 之差的平方的数学期望。它表示 X 的取值相对于其数学期望 a_X 的集中程度，一般用符号 σ_X^2 表示。σ_X^2 越小，表示随机变量的取值越集中。

方差有如下特性：

（1）$D(C) = 0$，C 为常数；

（2）$D(X+Y) = D(X) + D(Y)$，此式成立的条件是 X、Y 统计独立；

（3）$D(X+C) = D(X)$；

（4）$D(CX) = C^2 D(X)$；

（5）$D(X) = E(X^2) - E^2(X)$。

如果 X 代表某随机信号，则随机信号的功率为

$$P = E(X^2) = D(X) + E^2(X) = \sigma_X^2 + a_X^2 \tag{3 - 2 - 9}$$

其中，$D(X) = \sigma_X^2$ 为信号的交流功率；$E^2(X) = a_X^2$ 为信号的直流功率。

3. 协方差、相关矩

两个随机变量 X 与 Y 之间的协方差定义为

$$C(XY) = E[(X - a_X)(Y - a_Y)] = E(XY) - a_X a_Y \tag{3 - 2 - 10}$$

其中，$E(XY)$ 称为两个随机变量 X、Y 之间的相关矩，它是两个随机变量乘积的均值。

这里有三个重要概念：

（1）当协方差 $C(XY) = 0$ 时，称两个随机变量是不相关的。

（2）当相关矩 $E(XY) = 0$ 时，称两个随机变量是正交的。

（3）当两个随机变量的联合概率密度函数等于两个随机变量各自概率密度函数的乘积，即 $f(x, y) = f(x)f(y)$ 时，称两个随机变量是独立的。

由式（3 - 2 - 10）可以看出，如果随机变量 X 和 Y 是相互独立的，那么它们一定是不相关的。但需要注意，两个不相关的随机变量未必是相互独立的。只有当两个随机变量服从高斯分布时，不相关的两个随机变量才是独立的。从式（3 - 2 - 10）还可以看出，当 $a_X a_Y = 0$，

正交与不相关是等价的。

3.3　随机过程

在通信领域，从统计数学的角度看，信号和噪声均为随机过程。下面将对本书中涉及的随机过程内容作简要的讨论。

3.3.1　随机过程的定义

随机过程是包含有随机变量的时间函数，通常用 $X(t)$ 表示。如随机过程
$$X(t) = 2\cos(2\pi t + Y)$$
其中，设 Y 是一个离散随机变量，取 0 和 $\pi/2$ 的概率相同，即 $P(Y=0)=1/2$，$P(Y=\pi/2)=1/2$。当随机变量 Y 取值为 0 时，随机过程 $X(t)$ 为 $x_1(t)=2\cos(2\pi t)$，是时间的一个确定函数，称为随机过程 $X(t)=2\cos(2\pi t+Y)$ 的一个样本函数或一次实现。当随机变量 Y 取值为 $\pi/2$ 时，随机过程 $X(t)$ 为 $x_2(t)=2\cos(2\pi t+\pi/2)=-2\sin(2\pi t)$，它也是时间的一个确定函数，是随机过程 $X(t)=2\cos(2\pi t+Y)$ 的另一个样本函数。由此可见，此随机过程共有两个样本函数，如图 3.3.1 所示。如果随机过程中的随机变量可能的取值有无穷多个（如连续随机变量），则随机过程就有无穷多个样本函数。由此可见，随机过程的全体样本函数能完整地描述随机过程，故随机过程又可定义为样本函数的全体。

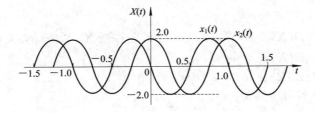

图 3.3.1　随机过程 $X(t)$ 的样本函数

另一方面，当给定某个时间值，如 $t=0.5$ 时，$X(0.5)=2\cos(2\pi\times0.5+Y)=2\cos(\pi+Y)$，是一个随机变量，取值及概率与 Y 有关。当 $Y=0$ 时，$X(0.5)=2\cos(\pi)=-2$；当 $Y=\pi/2$ 时，$X(0.5)=2\cos(\pi+\pi/2)=0$。由于 $Y=0$ 及 $Y=\pi/2$ 的概率都为 $1/2$，所以，随机变量 $X(0.5)$ 取值为 -2 和 0 的概率都是 $1/2$。由此可见，随机过程任意时刻的取值是一个随机变量。因此，随机过程也可定义为依赖于时间的随机变量的全体。

3.3.2　随机过程的统计特性

设 $X(t)$ 是一个随机过程，则其任意时刻 t_1 的取值 $X(t_1)$ 是一个随机变量，该随机变量的概率密度函数就定义为随机过程 $X(t)$ 的一维概率密度函数，一维概率密度函数记为 $f_1(x_1; t_1)$。同样，随机过程 $X(t)$ 的任意两个不同时刻 t_1、t_2 的取值 $X(t_1)$、$X(t_2)$ 是两个不同的随机变量，这两个随机变量之间的联合概率密度函数相应地定义为随机过程 $X(t)$ 的二维概率密度函数，二维概率密度函数记为 $f_2(x_1, x_2; t_1, t_2)$。随机过程的 n 维概率密度函数的定义与此类似。n 越大，对随机过程统计特性的描述就越充分，但复杂程度随之增大。实际应用中主要使用一维统计特性，二维统计特性偶尔涉及。

与随机变量一样，我们也常用数字特征来描述随机过程。最常用的三个数字特征是数学期望、方差和自相关函数。

1. 随机过程的数学期望

随机过程 $X(t)$ 在 t_1 时刻的取值 $X(t_1)$ 是一个随机变量，此随机变量可能是离散随机变量也可能是连续随机变量。设其为连续随机变量，根据 3.2 节中数学期望的定义，此随机变量的数学期望为

$$E[X(t_1)] = \int_{-\infty}^{\infty} x_1 f_1(x_1; t_1) \mathrm{d}x_1 = a(t_1)$$

同样，随机过程在 t_2 时刻的取值 $X(t_2)$ 也是一个随机变量，此随机变量的数学期望为

$$E[X(t_2)] = \int_{-\infty}^{\infty} x_2 f_1(x_2; t_2) \mathrm{d}x_2 = a(t_2)$$

由此可以看出，不同时刻对随机过程取值会得到不同的随机变量，它们具有不同的数学期望，即随机过程的数学期望随时间而变化。所以，随机过程 $X(t)$ 的数学期望的一般表达式为

$$E[X(t)] = \int_{-\infty}^{\infty} x f_1(x; t) \mathrm{d}x = a(t) \tag{3-3-1}$$

它是随机过程在任意时刻 t 的取值 $X(t)$ 所对应的数学期望。

如果随机过程任意时刻的取值 $X(t)$ 是一个离散随机变量，则按离散随机变量的方法求数学期望。一般情况下，随机过程的数学期望与时间有关。

例 3.3.1 有随机过程定义为

$$X(t) = 2\cos(2\pi t + Y)$$

其中 Y 是离散随机变量，等概地取两个值 $Y=0$ 和 $Y=\pi/2$。求

(1) 随机过程在时刻 $t=0.5$ 及 $t=1.0$ 的数学期望 $a(0.5)$ 和 $a(1.0)$。

(2) 随机过程的数学期望 $a(t)$。

解 (1) 随机过程 $X(t) = 2\cos(2\pi t + Y)$ 在 $t=0.5$ 时的值 $X(0.5)$ 是一个随机变量，即 $X(0.5) = 2\cos(\pi + Y)$，此随机变量有两个值，分别为 $2\cos(\pi)$ 和 $2\cos(\pi + \pi/2)$，概率都为 $1/2$。根据离散随机变量求数学期望的方法求得

$$a(0.5) = E[X(0.5)] = \frac{1}{2} \cdot 2\cos\pi + \frac{1}{2} \cdot 2\cos\left(\pi + \frac{\pi}{2}\right) = -1$$

同理，$t=1.0$ 时的取值 $X(1.0) = 2\cos(2\pi + Y)$ 也是一个随机变量，取值为 $2\cos(2\pi)$ 和 $2\cos(2\pi + \pi/2)$ 时的概率都是 $1/2$，所以

$$a(1.0) = E[X(1.0)] = \frac{1}{2} \cdot 2\cos 2\pi + \frac{1}{2} \cdot 2\cos\left(2\pi + \frac{\pi}{2}\right) = 1$$

由此可知，随机过程在 $t=0.5$ 和 $t=1.0$ 时有不同的数学期望。

(2) 随机过程任意时刻的取值 $X(t) = 2\cos(2\pi t + Y)$ 也是一个离散随机变量，取值为 $2\cos(2\pi t)$ 和 $2\cos(2\pi t + \pi/2)$，概率都为 $1/2$。所以任意时刻的数学期望为

$$a(t) = E[X(t)] = \frac{1}{2} \cdot 2\cos 2\pi t + \frac{1}{2} \cdot 2\cos(2\pi t + \pi/2)$$

$$= 2\cos\frac{\pi}{4}\cos\left(2\pi t + \frac{\pi}{4}\right) = \sqrt{2}\cos\left(2\pi t + \frac{\pi}{4}\right)$$

可见，该数学期望是时间的函数。由此可以验证当 $t=0.5$ 和 $t=1.0$ 时数学期望分别为 -1

和 1。

2. 随机过程的方差及自相关函数

随机过程的方差及自相关函数都是用数学期望来定义的。随机过程任意时刻的方差为

$$D[X(t)] = E\{[X(t) - a(t)]^2\} = \sigma^2(t) \tag{3-3-2}$$

它代表时刻 t 时的随机变量偏离均值的情况。一般情况下，随机过程的方差也是随时间变化的。

随机过程自相关函数定义为任意两个时刻 t_1 和 t_2 所对应的随机变量的相关矩，即

$$R(t_1, t_2) = E[X(t_1)X(t_2)] \tag{3-3-3}$$

由于 t_1 和 t_2 是两个任意时刻，可令 $t_1 = t$，$t_2 = t + \tau$，故式（3-3-3）常表示为

$$R(t, t+\tau) = E[X(t)X(t+\tau)] \tag{3-3-4}$$

通常情况下，随机过程的自相关函数与时间起点 t 及时间间隔 τ 有关。

3.3.3　平稳随机过程

如果随机过程的统计特性与时间的起点无关，即随机过程 $X(t)$ 与 $X(t+\varepsilon)$ 有相同的统计特性，ε 是任意的时移，这样的随机过程称为狭义平稳随机过程。

狭义平稳随机过程有如下实用结论：

（1）　　　$E[X(t)] = E[X(t+\varepsilon)] = a(t) = a(t+\varepsilon) = a \tag{3-3-5}$

即平稳随机过程的数学期望不随时间变化，是一个常数。

（2）　　　$D[X(t)] = D[X(t+\varepsilon)] = \sigma^2(t) = \sigma^2(t+\varepsilon) = \sigma^2 \tag{3-3-6}$

即平稳随机过程的方差与时间无关，也是一个常数。

（3）　　　$R(t_1, t_2) = E[X(t_1)X(t_2)] = E[X(t_1+\varepsilon)X(t_2+\varepsilon)]$

$$= R(t_1+\varepsilon, t_2+\varepsilon) = R(|t_1 - t_2|) = R(\tau) \tag{3-3-7}$$

即平稳随机过程任意两个时刻所对应的随机变量之间的相关函数，只与时间间隔有关，与时间起点无关。只要时间间隔相同，它们之间的相关程度也是相等的。例如：当 $t_1 - t_2 = t_3 - t_4$ 时，$E[X(t_1)X(t_2)] = E[X(t_3)X(t_4)]$。

在实际应用中，经常将满足式（3-3-5）、（3-3-6）及（3-3-7）的随机过程称为广义平稳随机过程。需要注意的是，狭义平稳随机过程一定是广义平稳随机过程，而广义平稳随机过程不一定是狭义平稳随机过程。以后如不特别说明，平稳随机过程都是指广义平稳随机过程。

例 3.3.2　考察随机过程 $X(t) = A\cos(2\pi f_c t + \theta)$ 的平稳性。其中，A、f_c 是常数，相位 θ 是在区间 $(-\pi, \pi)$ 上均匀分布的随机变量。

解　根据随机过程数学期望的定义求出 $X(t) = A\cos(2\pi f_c t + \theta)$ 的数学期望 $a(t)$ 为

$$\begin{aligned}
a(t) &= E[X(t)] = E[A\cos(2\pi f_c t + \theta)] \\
&= AE[\cos 2\pi f_c t \cos\theta - \sin 2\pi f_c t \sin\theta] \\
&= A\cos 2\pi f_c t E[\cos\theta] - A\sin 2\pi f_c t E[\sin\theta] \\
&= A\cos 2\pi f_c t \int_{-\pi}^{\pi} \cos\theta \frac{1}{2\pi} d\theta - A\sin 2\pi f_c t \int_{-\pi}^{\pi} \sin\theta \frac{1}{2\pi} d\theta \\
&= 0
\end{aligned}$$

根据随机过程自相关函数的定义求出 $X(t) = A\cos(2\pi f_c t + \theta)$ 的自相关函数 $R(t_1, t_2)$ 为

$$R(t_1, t_2) = E[X(t_1)X(t_2)] = E[A\cos(2\pi f_c t_1 + \theta)A\cos(2\pi f_c t_2 + \theta)]$$

$$= \frac{A^2}{2}E[\cos(2\pi f_c t_1 + 2\pi f_c t_2 + 2\theta) + \cos 2\pi f_c(t_1 - t_2)]$$

$$= \frac{A^2}{2}\int_{-\pi}^{\pi}\cos(2\pi f_c t_1 + 2\pi f_c t_2 + 2\theta)\frac{1}{2\pi}\mathrm{d}\theta + \frac{A^2}{2}\cos 2\pi f_c(t_1 - t_2)$$

$$= 0 + \frac{A^2}{2}\cos 2\pi f_c(t_1 - t_2) = \frac{A^2}{2}\cos 2\pi f_c\tau = R(\tau)$$

可见，随机过程 $X(t) = A\cos(2\pi f_c t + \theta)$ 的数学期望与时间无关，自相关函数只与时间间隔 τ 有关。所以此随机过程是广义平稳随机过程。

满足式(3-3-5)和式(3-3-7)的随机过程一定满足式(3-3-6)，这是因为方差与数学期望及自相关函数之间有如下关系：

$$D[X(t)] = E[X^2(t)] - E^2[X(t)] = R(0) - a^2 = \sigma^2 \qquad (3-3-8)$$

显然方差与时间无关，是个常数。例 3.3.2 中，方差为 $\sigma^2(t) = R(0) - a^2 = A^2/2$。所以验证一个随机过程是不是平稳时，只要验证数学期望和自相关函数是否满足要求就可以了。

3.3.4　平稳随机过程的功率谱密度

前面我们在时域对随机过程进行了讨论，知道随机过程是由很多样本函数组成的，随机过程任意时刻的取值是一个随机变量等。但如果想知道随机过程诸如带宽等的特性，还需讨论其功率谱。

平稳随机过程的功率谱密度 $P(f)$ 完全由自相关函数 $R(\tau)$ 决定，它们之间是一对傅氏变换，关系如下：

$$P(f) = F[R(\tau)] = \int_{-\infty}^{\infty}R(\tau)\mathrm{e}^{-\mathrm{j}2\pi f\tau}\mathrm{d}\tau \qquad (3-3-9)$$

$$R(\tau) = F^{-1}[P(f)] = \int_{-\infty}^{\infty}P(f)\mathrm{e}^{\mathrm{j}2\pi f\tau}\mathrm{d}f \qquad (3-3-10)$$

式(3-3-9)、(3-3-10)称为维纳-辛钦定理，它有着很重要的理论与实际应用价值。它表示：平稳随机过程的功率谱密度等于自相关函数的傅氏变换，自相关函数等于功率谱的傅氏反变换。由此可知，平稳随机过程的功率谱或自相关函数中只要知道其中的一个，利用维纳-辛钦定理即可求得另一个。

自相关函数是平稳随机过程的一个重要概念，它不仅在时域描述随机过程，而且通过对它的傅氏变换，还能反映平稳随机过程的频域特性。下面再对平稳随机过程的自相关函数作较深入的认识。

(1) 由式(3-3-10)可知

$$R(0) = \int_{-\infty}^{\infty}P(f)\mathrm{d}f$$

可见，$R(0)$ 等于平稳随机过程的平均功率。由式(3-3-8)可知

$$R(0) = E[X^2(t)] = \sigma^2 + a^2 \qquad (3-3-11)$$

其中，σ^2 是平稳随机过程的交流功率，a^2 是平稳随机过程的直流功率。上式说明随机过程的功率等于交流功率和直流功率之和。

（2）平稳随机过程的自相关函数 $R(\tau)$ 是个偶函数。由 $R(\tau)$ 的定义很容易得到

$$R(\tau) = E[X(t)X(t+\tau)] = E[X(t+\tau)X(t)] = R(-\tau)$$

（3）对部分随机过程有 $R(\pm\infty)=a^2$。这是因为两个不同时刻的随机变量之间的相关性，会随着在时间上离开得越来越远而变得越来越弱，因此有 $\lim\limits_{\tau\to\pm\infty}C(\tau)=0$。又因为 $C(\tau)=R(\tau)-a^2$，故有 $\lim\limits_{\tau\to\infty}R(\tau)=a^2$。

由上述分析可见，根据平稳随机过程的自相关函数 $R(\tau)$，可求出平稳随机过程的功率谱密度、平均功率，对有些随机过程还可求出直流功率及交流功率。

例 3.3.3　题目同例 3.3.2。求此随机过程的功率谱密度和平均功率。

解　由例 3.3.2 得自相关函数 $R(\tau)=\dfrac{A^2}{2}\cos2\pi f_c\tau$，由式（3-3-9）得功率谱密度为

$$P(f) = F[R(\tau)] = \frac{A^2}{4}[\delta(f-f_c)+\delta(f+f_c)]$$

对功率谱密度积分即可得平均功率，即

$$P = \int_{-\infty}^{\infty}P(f)\mathrm{d}f = \int_{-\infty}^{\infty}\frac{A^2}{4}[\delta(f-f_c)+\delta(f+f_c)]\mathrm{d}f = \frac{A^2}{4}+\frac{A^2}{4} = \frac{A^2}{2}$$

平均功率也可从 $R(\tau)=\dfrac{A^2}{2}\cdot\cos2\pi f_c\tau$ 很方便地求出，即

$$R(0) = \frac{A^2}{2}\cos2\pi f_c\cdot 0 = \frac{A^2}{2}\cos0 = \frac{A^2}{2}$$

可见，两种方法得到的结果完全相同。

例 3.3.4　有随机过程 $X_c(t)=AX(t)\cos(2\pi f_c t+\theta)$，其中 $X(t)$ 是一个零均值的平稳随机过程，自相关函数为 $R_X(\tau)$，功率谱密度为 $P_X(f)$。A、f_c 是常数，相位 θ 是在区间 $(-\pi,\pi)$ 上均匀分布的随机变量。$X(t)$ 与 θ 相互统计独立。

（1）证明 $X_c(t)$ 是广义平稳随机过程。

（2）求 $X_c(t)$ 的功率谱密度。

解　（1）$E[X_c(t)]=E[AX(t)\cos(2\pi f_c t+\theta)]$

$$=E[AX(t)]E[\cos(2\pi f_c t+\theta)]$$

$$=0$$

$X(t)$ 与 θ 相互统计独立，且 $E[X(t)]=0$。

（2）$R_{X_c}(t,\,t+\tau)=E[X_c(t)X_c(t+\tau)]$

$$=E[AX(t)\cos(2\pi f_c t+\theta)\cdot AX(t+\tau)\cos(2\pi f_c t+2\pi f_c\tau+\theta)]$$

$$=\frac{A^2}{2}E[X(t)X(t+\tau)]\cdot E[\cos2\pi f_c\tau+\cos(4\pi f_c t+2\pi f_c\tau+2\theta)]$$

$$=\frac{A^2}{2}R_X(\tau)\cos2\pi f_c\tau=R_{X_c}(\tau)$$

因为 $E[\cos(4\pi f_c t+2\pi f_c\tau+2\theta)]=0$，随机过程 $X_c(t)=AX(t)\cos(2\pi f_c t+\theta)$ 的均值和自相关函数都不依赖于时间 t，所以 $X_c(t)$ 是广义平稳的。

对自相关函数 $R_{X_c}(\tau)=\dfrac{A^2}{2}R_X(\tau)\cos2\pi f_c\tau$ 做傅氏变换即可得到 $X_c(t)$ 的功率谱密度 $P_{X_c}(f)$。

$$P_{X_c}(f) = F[R_{X_c}(\tau)] = \frac{A^2}{2} F[R_X(\tau)\cos 2\pi f_c \tau]$$

$$= \frac{A^2}{2}\{P_X(f) * \frac{1}{2}[\delta(f-f_c) + \delta(f+f_c)]\}$$

$$= \frac{A^2}{4}[P_X(f-f_c) + P_X(f+f_c)]$$

3.4　随机过程通过线性系统

我们知道，随机过程是以某一概率出现的样本函数的全体。因此，随机过程输入到线性系统可以理解为随机过程的某一样本函数输入到线性系统。由于随机过程的样本函数是时间的确定函数，因此我们完全可以用确知信号通过线性系统的分析方法来求得随机过程通过线性系统时的输出。设加到线性系统输入端的是随机过程 $X(t)$ 的某一样本函数 $x(t)$，系统相应的输出为 $y(t)$，则有

$$y(t) = x(t) * h(t) = \int_{-\infty}^{\infty} x(t-u)h(u)\mathrm{d}u = \int_{-\infty}^{\infty} x(u)h(t-u)\mathrm{d}u \tag{3-4-1}$$

其中，$h(t)$ 为线性系统的冲激响应，与系统传输特性 $H(f)$ 之间的关系如下：

$$H(f) = \int_{-\infty}^{\infty} h(t)\mathrm{e}^{-\mathrm{j}2\pi ft}\mathrm{d}t \tag{3-4-2}$$

由于输入随机过程有很多可能的样本函数 $x(t)$，不同的输入样本函数 $x(t)$ 对应不同的输出样本函数 $y(t)$，因此，当线性系统的输入是随机过程时，它的输出也是由很多样本函数组成的一个随机过程，我们将此输出随机过程记为 $Y(t)$。$Y(t)$ 与输入随机过程 $X(t)$ 的一般表达式为

$$Y(t) = X(t) * h(t) = \int_{-\infty}^{\infty} X(t-u)h(u)\mathrm{d}u = \int_{-\infty}^{\infty} X(u)h(t-u)\mathrm{d}u \tag{3-4-3}$$

有了输出随机过程 $Y(t)$ 的表达式后，在已知输入随机过程 $X(t)$ 的条件下求出 $Y(t)$ 的均值、自相关函数及功率谱等数字特征，就可以讨论输出随机过程的平稳性。

本节主要讨论当输入 $X(t)$ 为平稳随机过程时，输出随机过程 $Y(t)$ 的一些特性。由此得到的结论主要用于通信系统抗噪声性能的分析。讨论时，设 $E[X(t)] = a_X$，$E[X(t)X(t+\tau)] = R_X(\tau)$。

3.4.1　输出随机过程 $Y(t)$ 的数学期望

输出随机过程 $Y(t)$ 的数学期望为

$$E[Y(t)] = E\left[\int_{-\infty}^{\infty} X(t-u)h(u)\mathrm{d}u\right] = \int_{-\infty}^{\infty} E[X(t-u)h(u)]\mathrm{d}u$$

由于 $E[X(t-u)] = a_X$，由式(3-4-2)得

$$H(0) = \int_{-\infty}^{\infty} h(t)\mathrm{e}^{-\mathrm{j}2\pi 0t}\mathrm{d}t = \int_{-\infty}^{\infty} h(t)\mathrm{d}t = \int_{-\infty}^{\infty} h(u)\mathrm{d}u$$

因此

$$E[Y(t)] = \int_{-\infty}^{\infty} E[X(t-u)]h(u)\mathrm{d}u = a_X\int_{-\infty}^{\infty} h(u)\mathrm{d}u = a_X H(0) \tag{3-4-4}$$

由此可见，当输入随机过程的数学期望为常数时，线性系统输出随机过程的数学期望

也是常数。

3.4.2　输出随机过程 $Y(t)$ 的自相关函数

为了求得 $Y(t)$ 的自相关函数，让我们首先求出 $X(t)$ 与 $Y(t)$ 的互相关函数 $R_{XY}(\tau)$。

$$
\begin{aligned}
R_{XY}(\tau) &= E[X(t)Y(t+\tau)] = E\left[X(t) \cdot \int_{-\infty}^{\infty} X(t+\tau-u)h(u)\mathrm{d}u\right] \\
&= \int_{-\infty}^{\infty} E[X(t)X(t+\tau-u)]h(u)\mathrm{d}u \\
&= \int_{-\infty}^{\infty} R_X(\tau-u)h(u)\mathrm{d}u \\
&= R_X(\tau) * h(\tau)
\end{aligned}
\qquad (3-4-5)
$$

互相关函数 $R_{XY}(\tau)$ 只与时间间隔 τ 有关，它等于 $R_X(\tau)$ 与 $h(\tau)$ 的卷积。

现在来求自相关函数 $R_Y(\tau)$。

$$
\begin{aligned}
R_Y(\tau) &= E[Y(t)Y(t+\tau)] = E\left\{\left[\int_{-\infty}^{\infty} X(t-u)h(u)\mathrm{d}u\right]Y(t+\tau)\right\} \\
&= \int_{-\infty}^{\infty} E[X(t-u)Y(t+\tau)]h(u)\mathrm{d}u \\
&= \int_{-\infty}^{\infty} R_{XY}(\tau+u)h(u)\mathrm{d}u \\
&= R_{XY}(\tau) * h(-\tau)
\end{aligned}
\qquad (3-4-6)
$$

结合式(3-4-5)及式(3-4-6)得到

$$
R_Y(\tau) = R_X(\tau) * h(\tau) * h(-\tau)
\qquad (3-4-7)
$$

由此可得，当输入随机过程 $X(t)$ 平稳时，输出随机过程的自相关函数只与时间间隔有关。

式(3-4-4)与式(3-4-7)表明，当线性系统的输入为平稳随机过程时，输出随机过程的数学期望是常数，自相关函数与时间起点无关，只依赖于时间间隔 τ。显然，输出随机过程也是平稳的。

3.4.3　输出随机过程 $Y(t)$ 的功率谱密度

由式(3-4-7)可得

$$
P_Y(f) = F[R_Y(\tau)] = F[R_X(\tau) * h(\tau) * h(-\tau)]
$$

应用时间卷积特性得

$$
\begin{aligned}
P_Y(f) &= F[R_X(\tau)]F[h(\tau)]F[h(-\tau)] \\
&= P_X(f)H(f)H^*(f) \\
&= P_X(f) \mid H(f) \mid^2
\end{aligned}
\qquad (3-4-8)
$$

其中，$P_X(f) = F[R_X(\tau)]$，$H(f) = F[h(\tau)]$，$H^*(f) = F[h(-\tau)]$。

根据式(3-4-8)，在已知输入随机过程功率谱密度 $P_X(f)$ 及系统传输特性 $H(f)$ 时，可求出输出随机过程的功率谱密度 $P_Y(f)$。

例 3.4.1　平稳随机过程 $X(t)$ 输入到一个 RC 低通网络，$X(t)$ 的均值为 0，自相关函数 $R_X(\tau) = \exp(-\alpha|\tau|)$。求输出随机过程的均值和功率谱密度。

解　RC 低通网络的传输特性如下

$$H(f) = \frac{1}{1 + \mathrm{j}\, 2\pi RCf} = \frac{\beta}{\beta + \mathrm{j}\, 2\pi f}$$

其中，$\beta = 1/(RC)$。

根据式（3-4-4）可求得输出随机过程均值（数学期望）为

$$a_Y = E[Y(t)] = H(0)E[X(t)] = 0$$

查表 2-3-1 可求得输入随机过程的功率谱密度 $P_X(f)$ 为

$$P_X(f) = F[R_X(\tau)] = \frac{2\alpha}{\alpha^2 + (2\pi f)^2}$$

根据式（3-4-8）求得输出随机过程的功率谱密度 $P_Y(f)$ 为

$$P_Y(f) = P_X(f)\,|\,H(f)\,|^2 = \left[\frac{2\alpha}{\alpha^2 + (2\pi f)^2}\right]\left[\frac{\beta^2}{\beta^2 + (2\pi f)^2}\right]$$

例 3.4.2　设线性系统的输入为 $X(t)$，输出为 $Y(t) = X(t+a) - X(t-a)$，已知 $X(t)$ 是平稳随机过程，自相关函数为 $R_X(\tau)$。试证明：

（1）$R_Y(\tau) = 2R_X(\tau) - R_X(\tau+2a) - R_X(\tau-2a)$

（2）$P_Y(f) = 4P_X(f)\,\sin^2(2\pi af)$

解　（1）根据自相关函数的定义，得

$$\begin{aligned}
R_Y(\tau) &= E[Y(t)Y(t+\tau)]\\
&= E\{[X(t+a) - X(t-a)] \cdot [X(t+\tau+a) - X(t+\tau-a)]\}\\
&= E[X(t+a)X(t+\tau+a)] - E[X(t+a)X(t+\tau-a)]\\
&\quad - E[X(t-a)X(t+\tau+a)] + E[X(t-a)X(t+\tau-a)]\\
&= R_X(\tau) - R_X(\tau-2a) - R_X(\tau+2a) + R_X(\tau)\\
&= 2R_X(\tau) - R_X(\tau-2a) - R_X(\tau+2a)
\end{aligned}$$

（2）对 $R_Y(\tau)$ 求傅氏变换得 $Y(t)$ 的功率谱密度，利用表 2-4-1 的时延特性得

$$\begin{aligned}
P_Y(f) &= F[R_Y(\tau)] = F[2R_X(\tau) - R_X(\tau-2a) - R_X(\tau+2a)]\\
&= 2F[R_X(\tau)] - F[R_X(\tau-2a)] - F[R_X(\tau+2a)]\\
&= 2P_X(f) - P_X(f)\mathrm{e}^{-\mathrm{j}2\pi f \cdot 2a} - P_X(f)\mathrm{e}^{\mathrm{j}2\pi f \cdot 2a}\\
&= 2P_X(f) - P_X(f)[\cos 4\pi fa - \mathrm{j}\sin 4\pi fa + \cos 4\pi fa + \mathrm{j}\sin 4\pi fa]\\
&= 2P_X(f) - 2P_X(f)\cos 4\pi fa\\
&= 2P_X(f)(1 - \cos 4\pi fa)\\
&= 4P_X(f)\sin^2 2\pi fa
\end{aligned}$$

3.4.4　输出随机过程的概率分布

对一般随机过程来说，通过线性系统后，其概率分布特性会发生变化，而且没有规律可循。如输入的随机过程为均匀分布时，我们很难确定输出随机过程的分布特性。只有一种情况例外，那就是当输入是平稳高斯随机过程时，输出过程仍然是高斯分布的。由于通信中的随机过程大多被看做平稳高斯过程，因此这一结论很重要。下面对此结论作简单说明。

将式（3-4-3）所表示的输出随机过程 $Y(t)$ 改写成求和形式

$$Y(t) = \lim_{\Delta u \to 0} \sum_{n=0}^{\infty} X(t - u_n)h(u_n)\Delta u_n \tag{3-4-9}$$

当输入 $X(t)$ 为平稳高斯随机过程时，$X(t-u_n)$ 是 $t-u_n$ 时刻对随机过程 $X(t)$ 的取值，

是一个高斯分布的随机变量，$X(t-u_n)$乘以常数$h(u_n)\Delta u_n$后仍然为高斯随机变量，只是均值和方差有所改变。因此，式(3-4-9)中$X(t-u_n)h(u_n)\Delta u_n$的每一项都是高斯随机变量。所以，输出随机过程$Y(t)$在任一时刻上的取值将是无穷多个高斯随机变量之和。通过数学方法可以证明，两个高斯随机变量之和仍然为高斯随机变量。即当X_1与X_2为高斯随机变量时，$Y=X_1+X_2$也为高斯随机变量，其均值为a_1+a_2，方差为$\sigma_1^2+\rho_{12}\sigma_1\sigma_2+\sigma_2^2$。其中，$a_1$、$a_2$和$\sigma_1^2$、$\sigma_2^2$分别是$X_1$和$X_2$的均值与方差，$\rho_{12}$为$X_1$和$X_2$的相关系数。进而得到这样的结论：无穷多个高斯随机变量之和仍然为高斯随机变量。所以，平稳高斯随机过程通过线性系统后仍然为平稳高斯随机过程。

3.5 通信系统中的噪声

在通信过程中不可避免地存在着噪声，它对通信质量的好坏，甚至能否进行正常的通信都有着极大的影响。在研究各种通信系统的抗噪声性能时，都需要知道噪声的特性，因此，本节重点讨论通信系统中的噪声。

所谓噪声，是指通信系统中干扰信号的那些不需要的电波形。它是典型的随机过程，来源很广，种类繁多。

3.5.1 噪声的分类

1. 人为噪声和自然噪声

按噪声的不同来源可将噪声分为人为噪声和自然噪声两种。人为噪声是指各种电气设备和汽车的火花塞所产生的火花放电、高压输电线路的电晕放电以及邻近电台信号的干扰等。自然噪声包括大气产生的噪声、天体辐射的电磁波所形成的宇宙噪声以及通信设备内部电路产生的热噪声和散弹噪声等。

2. 高斯分布噪声和非高斯分布噪声

按噪声幅度瞬时值的概率分布可将噪声分成高斯噪声和非高斯噪声两种。幅度瞬时值服从高斯分布的噪声称为高斯噪声，否则称为非高斯噪声。

3. 白噪声和有色噪声

按噪声功率谱可将噪声分成白噪声和有色噪声两种。如果噪声的功率谱在很大频率范围内是个常数，则称此噪声为白噪声，否则称为有色噪声。

4. 加性噪声和乘性噪声

按噪声对信号作用的方式可将噪声分成加性噪声和乘性噪声两种。如果噪声与信号是相加关系，则称此噪声为加性噪声，如$s(t)$是信号，$n(t)$是噪声，则接收波形是$s(t)+n(t)$。如果噪声对信号的影响是以相乘形式出现的，则称此噪声为乘性噪声，其接收波形为$s(t)n(t)$。

噪声还有其它的分类方法，这里不再一一介绍。总之，噪声的来源很多，表现形式也较为复杂。

通过对通信系统的精心设计，许多噪声是可以消除或部分消除的，但仍有一些噪声无法避免。电路内部电子运动产生的热噪声和散弹噪声以及宇宙噪声就是对通信系统有较大的持续影响的噪声，有时统称这些噪声为起伏噪声。实践证明，起伏噪声是一种加性噪声，且均值为 0，瞬时值服从高斯分布，功率谱密度在很大频率范围内为常数。所以，在通信系统的理论分析中，特别是在分析、计算通信系统抗噪声性能时，常假定信道中的噪声是均值为零的加性高斯白噪声（Additive White Gaussian Noise，缩写为 AWGN），显然，这种假设是合理的。下面对通信系统分析中常用到的若干噪声模型作进一步讨论。

3.5.2　白噪声

白噪声在相当宽的频率范围（10^{12} Hz）内都具有平坦的功率谱密度，其功率谱密度通常表示为

$$P_n(f) = \frac{n_0}{2} \qquad -\infty < f < \infty \qquad (3-5-1)$$

式中，n_0 为常数，单位为 W/Hz，如图 3.5.1(a)所示，这种表示形式称为双边谱。有时噪声功率谱密度只表示正频率部分，称为单边谱，如图 3.5.1(b)所示。单边功率谱密度的幅度是双边功率谱密度幅度的 2 倍。

白噪声的自相关函数 $R_n(\tau)$ 是功率谱密度的傅氏反变换，为

$$R_n(\tau) = F^{-1}[P_n(f)] = \frac{n_0}{2}\delta(\tau) \qquad (3-5-2)$$

如图 3.5.1(c)所示。显而易见，当 $\tau \neq 0$ 时，$R_n(\tau) = \frac{n_0}{2}\delta(\tau) = 0$。这一结果的物理意义是：白噪声任意两个不同时刻的瞬时值之间是不相关的。如果白噪声服从高斯分布，我们称其为高斯白噪声，此时任意两个不同时刻的瞬时值之间也是独立的。

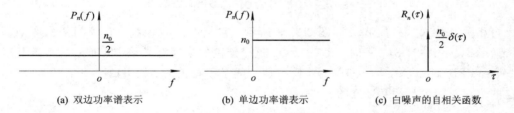

(a) 双边功率谱表示　　　　(b) 单边功率谱表示　　　　(c) 白噪声的自相关函数

图 3.5.1　白噪声的功率谱密度及自相关函数

由于信道的带宽都是有限的，因此当白噪声通过信道时，频带将受到限制，此时的白噪声称为带限白噪声。带限白噪声有两种，低通型白噪声和带通型白噪声。

3.5.3　低通型白噪声

白噪声通过理想低通滤波器后得到的噪声称为低通型白噪声。设理想低通滤波器的传输特性为

$$H(f) = \begin{cases} 1 & |f| \leqslant B \\ 0 & |f| > B \end{cases}$$

根据随机过程通过线性系统后的功率谱密度公式，白噪声输入到低通滤波器后，低通滤波器输出端噪声的功率谱密度为

$$P_Y(f) = P_n(f) \mid H(f) \mid^2 = \frac{n_0}{2} \mid H(f) \mid^2$$

$$= \begin{cases} \dfrac{n_0}{2} & \mid f \mid \leqslant B \\ 0 & \mid f \mid > B \end{cases} \tag{3-5-3}$$

白噪声的功率谱密度、低通滤波器的传输特性及低通型白噪声的功率谱密度如图 3.5.2 所示。

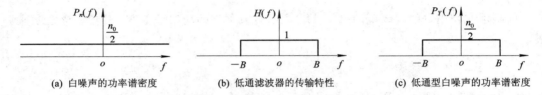

(a) 白噪声的功率谱密度　　(b) 低通滤波器的传输特性　　(c) 低通型白噪声的功率谱密度

图 3.5.2　白噪声通过低通滤波器

对式(3-5-3)所示的功率谱密度求积分,可得到低通滤波器输出端的噪声平均功率。当白噪声的均值为零时,噪声平均功率与方差是相同的,此时低通型白噪声的方差 σ_n^2 为

$$\sigma_n^2 = \sigma_Y^2 = \int_{-\infty}^{\infty} P_Y(f)\mathrm{d}f = \int_{-B}^{B} \frac{n_0}{2}\mathrm{d}f = 2B\frac{n_0}{2} = n_0 B$$

对式(3-5-3)所示的功率谱密度求傅氏反变换,可得低通型白噪声的自相关函数 $R_Y(\tau)$ 为

$$R_Y(\tau) = F^{-1}[P_Y(f)] = \int_{-\infty}^{\infty} P_Y(f)\mathrm{e}^{\mathrm{j}2\pi f\tau}\mathrm{d}f$$

$$= \int_{-B}^{B} \frac{n_0}{2}\mathrm{e}^{\mathrm{j}2\pi f\tau}\mathrm{d}f = n_0 B\,\mathrm{Sa}(2\pi B\tau) \tag{3-5-4}$$

自相关函数 $R_Y(\tau)$ 的波形如图 3.5.3 所示。它是 $\mathrm{Sa}(x)$ 函数,有等间隔的零点。当 $\tau = \pm k/2B(k=1,2,3,\cdots)$ 时,$R_Y(\tau)=0$。这个结论的物理意义是:低通型白噪声上间隔为 $\tau = \pm k/2B(k=1,2,3,\cdots)$ 的两个瞬时值之间是不相关的。如果白噪声是高斯分布的,则这两个瞬时值也是相互独立的。

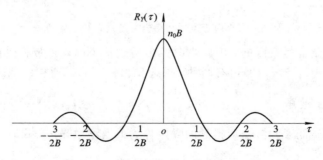

图 3.5.3　低通型白噪声的自相关函数

3.5.4　带通型白噪声及窄带高斯噪声

1. 带通型白噪声

白噪声通过理想带通滤波器后的输出噪声称为带通型白噪声。设理想带通滤波器的中

心频率为 f_c，带宽为 B，传输特性为

$$H(f) = \begin{cases} 1 & f_c - \dfrac{B}{2} \leqslant |f| \leqslant f_c + \dfrac{B}{2} \\ 0 & \text{其它} \end{cases}$$

则带通型白噪声的功率谱密度 $P_Y(f)$ 为

$$P_Y(f) = \begin{cases} \dfrac{n_0}{2} & f_c - \dfrac{B}{2} \leqslant |f| \leqslant f_c + \dfrac{B}{2} \\ 0 & \text{其它} \end{cases}$$

白噪声功率谱密度、带通滤波器的传输特性、带通型白噪声的功率谱密度及带通型白噪声的自相关函数如图 3.5.4 所示。

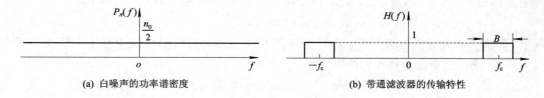

(a) 白噪声的功率谱密度　　　　　　　　　　　(b) 带通滤波器的传输特性

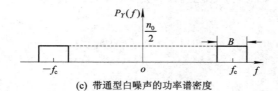

(c) 带通型白噪声的功率谱密度

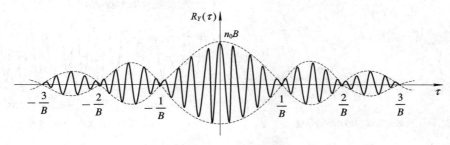

(d) 带通型白噪声的自相关函数

图 3.5.4　白噪声通过带通滤波器

带通型白噪声的方差 σ_n^2 为

$$\sigma_n^2 = \int_{-\infty}^{\infty} P_Y(f)\mathrm{d}f = 2\int_{f_c-B/2}^{f_c+B/2} \frac{n_0}{2}\mathrm{d}f = n_0 B$$

带通型白噪声的自相关函数 $R_Y(\tau)$ 为

$$R_Y(\tau) = \int_{-\infty}^{\infty} P_Y(f)\mathrm{e}^{\mathrm{j}2\pi f\tau}\,\mathrm{d}f$$

$$= \int_{-f_c-B/2}^{-f_c+B/2} \frac{n_0}{2}\mathrm{e}^{\mathrm{j}2\pi f\tau}\,\mathrm{d}f + \int_{f_c-B/2}^{f_c+B/2} \frac{n_0}{2}\mathrm{e}^{\mathrm{j}2\pi f\tau}\,\mathrm{d}f$$

$$= n_0 B\,\mathrm{Sa}(\pi B\tau)\cos 2\pi f_c\tau$$

其图形如图 3.5.4(d)所示。带通型白噪声的自相关函数是以 $n_0 B\mathrm{Sa}(\pi B\tau)$ 为包络，再填进频率为 f_c 的余弦波组成的。由图可见，使 $R_Y(\tau)=0$ 的 τ 值很多，以这样的 τ 为间隔对带通型白噪声取值，所得到的两个值是不相关的。当白噪声为高斯分布时，这两个值之间也是独立的。

2. 窄带高斯噪声

当带通滤波器为窄带滤波器，即 $B\ll f_c$，且输入是零均值平稳高斯噪声时，输出的噪声称为窄带高斯噪声。根据平稳随机过程通过线性系统这一节得到的结论，我们知道窄带高斯噪声也是平稳的，且均值为 0，功率谱密度如图 3.5.5(a)所示。此功率谱密度所对应的时间波形，是一个包络和相位都缓慢变化、频率为 f_c 的余弦信号(可用示波器观测)，其样本波形如图 3.5.5(b)所示。因此，窄带高斯噪声的一般表示式为

$$n_i(t) = R(t)\cos[2\pi f_c t + \varphi(t)] \tag{3-5-5}$$

其中，$R(t)\geqslant 0$ 为随机包络过程，$\varphi(t)$ 为随机相位过程，它们都是低通型功率信号。对式(3-5-5)进行三角公式展开，得：

$$n_i(t) = R(t)\cos\varphi(t)\cos 2\pi f_c t - R(t)\sin\varphi(t)\sin 2\pi f_c t$$
$$= n_I(t)\cos 2\pi f_c t - n_Q(t)\sin 2\pi f_c t \tag{3-5-6}$$

式中

$$n_I(t) = R(t)\cos\varphi(t) \tag{3-5-7}$$
$$n_Q(t) = R(t)\sin\varphi(t) \tag{3-5-8}$$

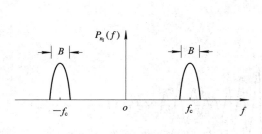

(a) 窄带高斯噪声的功率谱密度

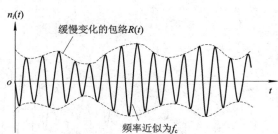

(b) 窄带高斯噪声的时间波形

图 3.5.5 窄带高斯噪声的功率谱和时间波形

式(3-5-6)为窄带平稳高斯噪声的正交表示，同相和正交分量的大小分别用 $n_I(t)$ 和 $n_Q(t)$ 来表示。由式(3-5-7)和式(3-5-8)可知，$n_I(t)$ 和 $n_Q(t)$ 也是缓慢变化的随机过程。在通信系统抗噪声性能的分析中经常要用到噪声的正交表达式，并且还需要知道 $n_I(t)$ 和 $n_Q(t)$ 这两个随机过程的有关统计特性。

当 $n_i(t)$ 是平稳窄带高斯噪声且均值为 0、方差为 σ_n^2 时，经数学推导可得如下结论：

(1) $n_I(t)$ 和 $n_Q(t)$ 都是平稳高斯过程，且 $n_I(t)$ 和 $n_Q(t)$ 任意时刻的取值都是高斯随机变量。

(2) $E[n_I(t)]=E[n_Q(t)]=E[n_i(t)]=0$，即均值相等，都为 0。

(3) $D[n_I(t)]=D[n_Q(t)]=D[n_i(t)]=\sigma_n^2$，即方差相等，都为 σ_n^2。

(4) $n_I(t)$、$n_Q(t)$ 在同一时刻的取值是线性不相关的随机变量，又因为它们都是高斯

的，所以也是统计独立的。

（5）从式（3－5－6）中看出，由于 f_c 频率分量单独提出来，因此 $n_1(t)$、$n_Q(t)$ 为低通型噪声。

在采用包络解调通信系统抗噪声性能的分析中，还会用到窄带高斯噪声 $n_i(t)$ 及窄带高斯噪声与正弦波之和 $n_i(t)+A\cos2\pi f_c t$ 的包络的有关统计特性。

3. 窄带高斯噪声的包络和相位

式（3－5－5）是用包络和相位表示的窄带高斯噪声的时域表达式，利用式（3－5－7）和式（3－5－8）可得包络和相位表达式为

$$R(t)=\sqrt{[n_1(t)]^2+[n_Q(t)]^2}$$

$$\varphi(t)=\arctan\frac{n_Q(t)}{n_1(t)}$$

经数学推导得到，包络 $R(t)$ 的瞬时值服从瑞利分布，相位 $\varphi(t)$ 的瞬时值服从均匀分布，它们的概率密度函数分别为

$$f(r)=\frac{r}{\sigma_n^2}\exp\left[-\frac{r^2}{2\sigma_n^2}\right]\qquad r\geqslant0$$

$$f(\varphi)=\frac{1}{2\pi}\qquad0\leqslant\varphi\leqslant2\pi$$

同时可以证明，$R(t)$ 和 $\varphi(t)$ 的瞬时值是统计独立的。

4. 窄带高斯噪声与正弦波之和的包络

很多通信系统中的信息信号被模型化为正弦波 $A\cos2\pi f_c t$，其中，A、f_c 是常数。当信息信号到达接收机时，通常伴随着加性窄带高斯噪声，也就是说，接收信号是信息信号和窄带高斯噪声的混合物，即接收信号 $Z(t)=A\cos2\pi f_c t+n_i(t)$。为分析噪声对信息信号幅度的影响，我们需要确定接收信号包络的概率密度函数。

将窄带高斯噪声 $n_i(t)$ 表示成正交形式，$Z(t)$ 为

$$Z(t)=A\cos2\pi f_c t+n_1(t)\cos2\pi f_c t-n_Q(t)\sin2\pi f_c t$$
$$=[A+n_1(t)]\cos2\pi f_c t-n_Q(t)\sin2\pi f_c t$$

$Z(t)$ 的包络 $R(t)$ 为

$$R(t)=\sqrt{[A+n_1(t)]^2+[n_Q(t)]^2}$$

经数学推导，得此包络的瞬时值服从莱斯分布，概率密度函数表达式为

$$f(r)=\frac{r}{\sigma_n^2}I_0\left(\frac{Ar}{\sigma_n^2}\right)\exp\left(-\frac{(r^2+A^2)}{2\sigma_n^2}\right)\qquad r\geqslant0$$

习　　题

1. 两个随机过程 $X(t)$、$Y(t)$ 的样本函数如图所示，设各样本函数等概出现。求：

（1）$X(t)$ 的数学期望 $a_X(t)$ 和自相关函数 $R_X(t,t+\tau)$。问 $X(t)$ 平稳吗？

（2）$Y(t)$ 的数学期望 $a_Y(t)$ 和自相关函数 $R_Y(t,t+\tau)$。问 $Y(t)$ 平稳吗？

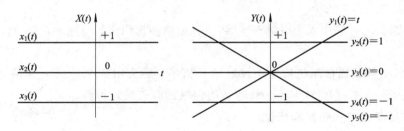

题 1 图

2. $Z(t) = X\cos 2\pi f_0 t - Y\sin 2\pi f_0 t$ 为一随机过程。其中 X、Y 为独立的高斯随机变量，均值为 0，方差为 1。

(1) 求 $a_Z(t)$ 和 $R_Z(t, t+\tau)$，问 $Z(t)$ 为平稳随机过程吗？

(2) 求 $Z(t)$ 瞬时值的概率密度函数 $f_Z(z)$。（提示：$Z(t)$ 的瞬时值是高斯随机变量。）

3. 设随机过程 $X(t)$ 是均值为 a_X、自相关函数为 $R_X(\tau)$ 的平稳随机过程，试证明：$Y(t) = X(t) - X(t - 2T_b)$ 为平稳随机过程。

4. 设输入随机过程 $X(t)$ 是平稳的，功率谱为 $P_X(f)$，如图所示。试证明：输出随机过程 $Y(t)$ 的功率谱为 $P_Y(f) = 2P_X(f) \cdot (1 + \cos 2\pi f T_b)$。

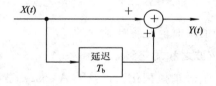

题 4 图

5. 随机过程 $Z(t) = X(t)\cos 2\pi f_0 t - Y(t)\sin 2\pi f_0 t$ 为一平稳随机过程。其中 $X(t)$、$Y(t)$ 为独立的高斯随机过程，均值为 0，且有 $R_X(\tau) = R_Y(\tau)$。

(1) 试证：$R_Z(\tau) = R_X(\tau)\cos 2\pi f_0 \tau$。

(2) 设 $R_X(\tau) = \sigma^2 e^{-a|\tau|}$ $(a > 0)$，求功率谱 $P_Z(f)$，并作图。

6. 带宽有限的白噪声 $n(t)$，具有功率谱 $P_n(f) = 10^{-6}$ W/Hz，其频率范围为 $-100 \sim 100$ kHz。

(1) 试验证噪声的均方根值 $\sigma_n = 0.45$ V。

(2) 求 $R_n(\tau)$，并说明 $n(t)$ 和 $n(t+\tau)$ 在什么间距上不相关？

(3) 设 $n(t)$ 是服从高斯分布的，试求在任一时刻 t 时，$n(t)$ 超过 0.45 V 的概率是多少？超过 0.9 V 的概率又为多少？

本章知识点小结

1. 随机变量

以一定的概率取某些值的变量称为随机变量。随机变量可分为离散随机变量和连续随机变量两种。

（1）离散随机变量：取值个数有限或无穷可数。其各种取值可能性的大小用概率来描述。

（2）连续随机变量：变量可能的取值充满某一有限或无限区间。其各种取值的可能性大小用概率密度函数来表示。对概率密度函数求积分等于概率。设连续随机变量 X 的概率密度函数为 $f(x)$，则随机变量 X 取值小于等于及大于等于 x_0 的概率分别为

$$P(X \leqslant x_0) = \int_{-\infty}^{x_0} f(x) \, \mathrm{d}x, \quad P(X \geqslant x_0) = \int_{x_0}^{\infty} f(x) \, \mathrm{d}x$$

（3）几种常见的概率密度函数。

① 均匀分布：在区间 (a, b) 均匀分布的随机变量 X 的概率密度函数为

$$f(x) = \begin{cases} \dfrac{1}{b-a} & a \leqslant x \leqslant b \\ 0 & \text{其它} \end{cases}$$

② 高斯分布（正态分布）：均值为 a、方差为 σ^2 的高斯随机变量其概率密度函数为

$$f(x) = \frac{1}{\sqrt{2\pi}\sigma} \exp\left[-\frac{(x-a)^2}{2\sigma^2}\right]$$

例如，信道中噪声的瞬时值服从零均值高斯分布，故常称为高斯噪声。在求数字通信系统误码率时常用到的两个概率是

$$P(X \leqslant b) = \frac{1}{2} \mathrm{erfc}\left(\frac{a-b}{\sqrt{2}\sigma}\right), \ (b < a)$$

$$P(X \geqslant b) = \frac{1}{2} \mathrm{erfc}\left(\frac{b-a}{\sqrt{2}\sigma}\right), \ (b > a)$$

③ 瑞利分布：窄带高斯噪声的包络（瞬时值）服从瑞利分布。

④ 莱斯分布：窄带高斯噪声加上正弦（余弦）信号的包络（瞬时值）服从莱斯分布。当信号幅度趋近零时，莱斯分布退化为瑞利分布；当信号幅度相对于噪声较大时，莱斯分布趋近于正态分布。

（4）随机变量的数字特征。

① 数学期望（均值）：随机变量取值的统计平均。

离散随机变量：$E(X) = \sum_{i=1}^{n} x_i P(x_i)$

连续随机变量：$E(X) = \int_{-\infty}^{\infty} x f(x) \, \mathrm{d}x$

数学期望的特性：

· $E(C) = C$，C 为常数

· $E(X+Y) = E(X) + E(Y)$

· $E(XY) = E(X)E(Y)$，X、Y 统计独立时

· $E(X+C) = E(X) + C$

· $E(CX) = CE(X)$

② 方差：反映随机变量取值的集中程度。方差越小，说明随机变量取值越集中。

方差定义为 $D[X] = E[(X - a_X)^2]$。

方差的特性：

- $D(C)=0$，C 为常数
- $D(X+Y)=D(X)+D(Y)$，此式成立的条件是 X、Y 统计独立。
- $D(X+C)=D(X)$
- $D(CX)=C^2 D(X)$
- $D(X)=E(X^2)-E^2(X)$

若 X 为电压信号，则 $E^2(X)=a_X^2$ 为直流功率，$D(X)=\sigma_X^2$ 为交流功率，$E(X^2)=a_X^2+\sigma_X^2$ 为总功率。

③ 协方差：$C(XY)=E[(X-EX)(Y-EY)]$，其中 $E(XY)$ 称为相关矩。

④ 相关与独立：若 $C(XY)=0$，称两随机变量不相关；

若 $f(x,y)=f(x)f(y)$，称两随机变量独立。

独立一定不相关，而不相关不一定独立(高斯随机变量例外)。

2. 随机过程

(1) 随机过程的定义：含有随机变量的时间函数。

随机过程的特点：

① 随机过程任意时刻的取值是随机变量；

② 当随机变量取某个值时，随机过程变成时间的函数，此时间的函数称为随机过程的一个实现或一个样本函数。故随机过程也定义为全体样本函数的集合。

(2) 随机过程的统计特性。

① 一维概率密度函数：随机过程任意时刻的取值是个随机变量，此随机变量的概率密度函数称为随机过程的一维概率密度函数，记作 $f_1(x;t)$。

② 随机过程的数字特征。

- 数学期望：$E[X(t)]=\displaystyle\int_{-\infty}^{+\infty} x f_1(x;t)\mathrm{d}x=a(t)$，通常与时间有关。
- 方差：$D[X(t)]=E\{[X(t)-a(t)]^2\}=\sigma^2(t)$，通常与时间有关。
- 自相关函数：$R(t,t+\tau)=E[X(t)X(t+\tau)]$，通常与时间起点 t 和时间间隔 τ 有关。

③ 平稳随机过程。

- 狭义平稳：随机过程的统计特性与时间的起点无关。
- 广义平稳：随机过程的均值是常数、自相关函数只与时间间隔 τ 有关。
- 狭义平稳一定是广义平稳的，但广义平稳不一定是狭义平稳的(高斯分布例外)。

④ 平稳随机过程 $R(\tau)$ 特点：

- $R(0)=E[X^2(t)]=\sigma^2+a^2$，为随机过程的平均功率；
- $R(\tau)=R(-\tau)$，偶函数；
- 对部分平稳随机过程有 $R(\pm\infty)=a^2$，为直流功率；
- $R(\tau)\leftrightarrow P(f)$，$R(\tau)$ 与功率谱密度 $P(f)$ 是一对傅氏变换，此为维纳-辛钦定理。

(3) 平稳随机过程通过线性系统。

- $E[Y(t)]=E[X(t)]\cdot H(0)$；
- $P_Y(f)=P_X(f)\cdot|H(f)|^2$，其中 $P_X(f)$ 是 $X(t)$ 的功率谱密度；
- 若输入过程服从高斯分布，则输出过程也服从高斯分布；
- 若输入过程是平稳的，则输出过程也是平稳的。

3. 通信系统中的噪声

（1）白噪声：具有平坦功率谱密度的噪声，即 $P_n(f) = \dfrac{n_0}{2}(\mathrm{W/Hz})$。

白噪声具有以下特点：

① $R_n(\tau) = \dfrac{n_0}{2}\delta(\tau)$，即 $\tau \neq 0$ 时，$R_n(\tau) = 0$，这说明任意两个不同时刻的取值是不相关的（噪声为零均值）。

② 若白噪声是高斯的，则任意两个不同时刻的取值是相互独立的。

（2）低通型白噪声：白噪声通过理想低通滤波器后的噪声，输出噪声功率为 $\sigma_n^2 = n_0 B$。

（3）带通型白噪声：白噪声通过理想带通滤波器后的噪声，输出噪声功率为 $\sigma_n^2 = n_0 B$，其中 B 为滤波器的带宽。

（4）窄带高斯噪声：高斯噪声通过窄带滤波器后的噪声。

① 窄带高斯噪声的一般表达式：$n_i(t) = R(t)\cos[2\pi f_c t + \varphi(t)]$，其中包络 $R(t)$ 服从瑞利分布，相位 $\varphi(t)$ 服从均匀分布。

② 窄带高斯噪声的正交表达式：$n_i(t) = n_I(t)\cos 2\pi f_c t - n_Q(t)\sin 2\pi f_c t$，其中 $n_I(t)$、$n_Q(t)$ 服从高斯分布，且有 $E[n_I(t)] = E[n_Q(t)] = E[n_i(t)] = 0$，$D[n_I(t)] = D[n_Q(t)] = D[n_i(t)] = \sigma_n^2$。

③ 窄带高斯噪声＋正（余）弦波：包络瞬时值服从莱斯分布。

本章自测自评题

一、填空题（每题 2 分，共 20 分）

1. 设随机变量 X 可能的取值有四种，分别是 0、1、2、3，出现概率均为 1/4，则此随机变量的均值为＿＿＿＿＿＿＿，方差为＿＿＿＿＿＿＿。

2. 若已知随机相位 θ 在 $-\pi \sim \pi$ 均匀分布，则 θ 的概率密度函数为 $f(\theta) =$ ＿＿＿＿＿＿＿，θ 取值在 $-\pi \sim 0$ 的概率为＿＿＿＿＿＿＿。

3. 均值为 a、方差为 σ^2 的高斯（正态）随机变量 X，其概率密度函数表示式为 $f(x) =$ ＿＿＿＿＿＿＿。若 X 为电压信号，则 X 的直流功率为＿＿＿＿＿＿＿。

4. 设随机变量 X 的均值为 2，方差为 1，则 $E(-2X) =$ ＿＿＿＿＿＿＿，$D(-2X) =$ ＿＿＿＿＿＿＿。

5. 相互独立的两个随机变量 X 和 Y，其均值和方差分别为 a_X、a_Y 和 σ_X^2、σ_Y^2，则 $E(XY) =$ ＿＿＿＿＿＿＿，$D(X+Y) =$ ＿＿＿＿＿＿＿。

6. 随机过程任意时刻的取值（瞬时值）是＿＿＿＿＿＿＿＿＿＿＿变量。如有随机过程 $X(t) = 2\cos(2\pi t + \theta)$，其中 θ 是随机变量，以等概取 0、π 两种值，则随机变量 $X(1)$ 有＿＿＿＿＿＿＿种可能的取值，概率分别是＿＿＿＿＿＿＿。

7. 广义平稳随机过程的定义是，其均值和方差为常数、自相关函数只与时间间隔有关而与时间起点无关。但实际验证一个过程是否为广义平稳时，只要验证＿＿＿＿＿＿＿和＿＿＿＿＿＿即可。

8. 均值为 0、功率谱密度为 $P_X(f)$ 的平稳随机过程通过传输特性为 $H(f)$ 的线性系统,则输出随机过程 $Y(t)$ 的均值 $a_Y =$ _____,功率谱密度 $P_Y(f) =$ _____,方差 $\sigma_Y^2 =$ _____。

9. 通信系统中的加性噪声主要是热噪声、散弹噪声及宇宙噪声等起伏噪声,分析表明,起伏噪声的瞬时值服从_____分布,且功率谱密度在很宽的频带范围内为_____,故常称其为加性高斯白噪声。

10. 均值为零、方差为 σ^2 的平稳高斯噪声通过中心频率为 f_c 的窄带系统,则系统输出随机过程的瞬时值服从_____分布,其一般表达式为 $n_i(t) = R(t)\cos[\ 2\pi f_c t + \varphi(t)]$,其中包络 $R(t)$ 的瞬时值服从_____分布,相位 $\varphi(t)$ 服从_____分布。

二、选择题(每题 2 分,共 20 分)

1. 高斯随机变量 X 的概率密度函数如题 3.2.1 图所示。则概率 $P(X \leqslant b) =$ _____。

    A. $\dfrac{1}{2}\text{erfc}\left(\dfrac{a-b}{\sqrt{2}\sigma}\right)$ B. $\dfrac{1}{2}\text{erfc}\left(\dfrac{a+b}{\sqrt{2}\sigma}\right)$

    C. $\dfrac{1}{2}\text{erfc}\left(\dfrac{a}{\sqrt{2}\sigma}\right)$ D. $\text{erfc}\left(\dfrac{b}{\sqrt{2}\sigma}\right)$

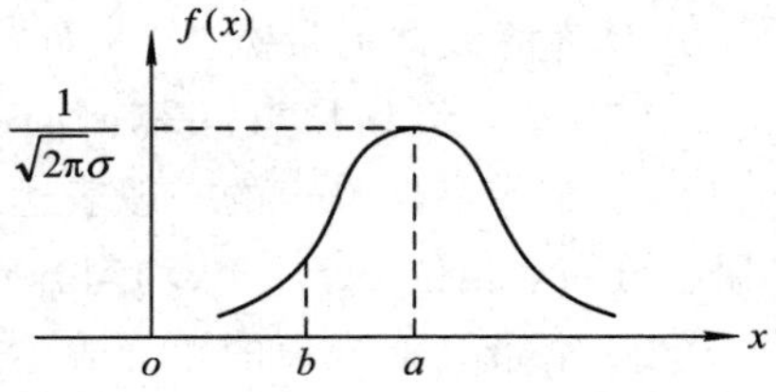

题 3.2.1 图

2. 设高斯随机变量 X 是电压信号,其概率密度函数为 $f(x) = \dfrac{1}{\sqrt{2\pi}\sigma}\exp\left(-\dfrac{(x-a)^2}{2\sigma^2}\right)$,则 $E(X^2)$ 代表该电压信号的总功率,其值为_____。

    A. a^2 B. σ^2 C. $a^2 + \sigma^2$ D. $a^2\sigma^2$

3. 已知 X、Y 是两个随机变量,若 $C(XY) = 0$,则 X 与 Y 之间的关系是_____。

    A. 正交   B. 不相关   C. 统计独立   D. 无法确定

4. 设平稳随机过程 $X(t)$ 的自相关函数为 $R(\tau)$,则 $R(0)$ 表示 $X(t)$ 的_____。

    A. 平均功率(总功率)   B. 总能量

    C. 方差   D. 直流功率

5. 设平稳随机过程的自相关函数为 $R(\tau)$,则 $\lim\limits_{\tau \to \infty} R(\tau)$ 表示 $X(t)$ 的_____。

    A. 平均功率   B. 总能量   C. 方差   D. 直流功率

6. 双边功率谱密度为 $P(f) = n_0/2$ 的零均值高斯白噪声,通过带宽为 B 的幅度为 1 的理想低通滤波器,则输出噪声的瞬时值服从高斯分布,其均值为 0,方差为_____。

    A. $\dfrac{1}{2}n_0 B$ B. $n_0 B$ C. $2n_0 B$ D. $4n_0 B$

7. 中心频率为 f_c 的窄带高斯噪声 $n_i(t)$ 的正交表达式为_____。

    A. $n_i(t) = a(t)\cos[\ \omega_c t + \varphi(t)]$ B. $n_i(t) = n_I(t)\cos\omega_c t - n_Q(t)\sin\omega_c t$

    C. $n_i(t) = n_I(t)\cos\omega_c t + n_Q(t)\sin\omega_c t$ D. $n_i(t) = n_Q(t)\cos\omega_c t - n_I(t)\sin\omega_c t$

8. 单边功率谱密度为 n_0 的白噪声通过中心频率为 f_c、幅度为 1、带宽为 B 的理想带通滤波器,则输出随机过程的功率为_____。

    A. $n_0 B$ B. $2n_0 B$ C. $\dfrac{1}{2}n_0 B$ D. $n_0 f_c$

9. 平稳高斯随机过程通过线性系统，其输出随机过程的瞬时值服从 _____ 。

    A. 均匀分布   B. 正态分布   C. 瑞利分布   D. 莱斯分布

10. 通信中遇到的随机过程大多是广义平稳随机过程，判断广义平稳的条件是 ____ 。

    A. n 维概率密度函数与时间起点无关

    B. 数学期望是常数，自相关函数与时间起点有关

    C. 方差是常数，自相关函数与时间起点有关

    D. 数学期望是常数，自相关函数只与时间间隔有关

三、简答题（每题 5 分，共 20 分）

1. 加性白高斯噪声的英文缩写是什么？"加性"、"白"、"高斯"的含义是什么？

2. 狭义平稳随机过程是如何定义的？广义平稳随机过程又是如何定义的？它们之间关系如何？

3. 平稳随机过程的自相关函数是如何定义的？从自相关函数可以得到随机过程的哪些数字特征？

4. 平稳随机过程通过线性系统时，输出随机过程和输入随机过程的均值及功率谱密度有什么关系？

四、综合题（每题 10 分，共 40 分）

1. 随机变量 X 在 $(-a, +a)$ 区间内均匀分布，求其数学期望和方差。

2. 设有两个随机过程 $S_1(t) = X(t)\cos 2\pi f_0 t$，$S_2(t) = X(t)\cos(2\pi f_0 t + \theta)$，$X(t)$ 是广义平稳过程，θ 是对 $X(t)$ 独立的、均匀分布于 $(-\pi, \pi)$ 上的随机变量。求 $S_1(t)$、$S_2(t)$ 的自相关函数，并说明它们的平稳性。

3. 考虑随机过程 $Z(t) = X\cos 2\pi f_0 t - Y\sin 2\pi f_0 t$，其中 X,Y 是独立的高斯随机变量，二者均值为 0，方差是 σ^2。试说明 $Z(t)$ 也是高斯的，且均值为 0，方差为 σ^2，自相关函数 $R_Z(\tau) = \sigma^2 \cos 2\pi f_0 \tau$。

4. 将一个均值为 0、功率谱密度为 $P_n(f) = n_0/2$ 的高斯白噪声加到题 3.4.4 图所示的理想带通滤波器上。

（1）求滤波器输出噪声的自相关函数；

（2）写出输出噪声的一维概率密度函数。

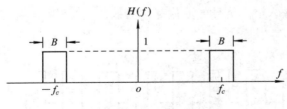

题 3.4.4 图

第4章 信 道

4.1 引 言

消息由一个地点传送到另一个地点,是通过传输携带有消息的电信号来实现的。电信号的传输需要通道,一般把传输电信号的通道称作信道。

信道按其媒质的不同可分为两大类:有线信道和无线信道。有线信道的主要传输媒质有同轴电缆、光纤、双绞线等,无线信道的传输媒质有地波传播、短波电离层反射、超短波及微波视距中继、宇宙空间中继及各种散射信道等。

在通信过程中,信号还必须经过很多设备(如发射机、接收机、放大器、滤波器、调制和解调器等)进行各种处理,这些设备显然也是信号经过的途径。因此在通信系统的研究中,为了简化系统的模型和突出重点,常常根据所研究的问题把信道的范围适当扩大,除了传输媒质外,还可以包括有关的部件和电路,这种范围扩大了的信道称为广义信道。与广义信道相对应,传输媒质则称为狭义信道。在讨论通信系统的一般原理时,常采用广义信道。

4.2 广义信道的定义及其数学模型

广义信道根据其所包含的部件不同,可分很多种类。常用的广义信道是调制信道和编码信道。调制信道的范围是从数字调制器的输出端至数字解调器的输入端,其输入输出都是取值连续的信号,常称为连续信道。编码信道的范围是从信道编码器的输出端到信道译码器的输入端,其输入输出信号的取值都是离散的,故常称其为离散信道,如图 4.2.1 所示。

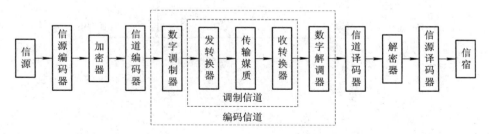

图 4.2.1　信道模型的划分

1. 调制信道模型

对研究调制解调性能而言，不管信号在调制信道中作何变换、通过何种媒质，只需知道通过调制信道的输出信号与输入信号间的关系即可。

对调制信道进行大量考察，发现调制信道有以下共性：

(1) 有一对(或多对)输入端和一对(或多对)输出端。

(2) 绝大多数的信道都是线性的，即满足线性叠加原理。

(3) 信号通过信道有一定的时间延迟，而且它还会受到固定的或时变的损耗。

(4) 即使没有信号输入，在信道的输出端仍可能有一定的噪声输出。

根据上述共性，我们可以用一个二对端(或多对端)的时变线性网络来表示调制信道，该网络称为调制信道模型，如图 4.2.2 所示。

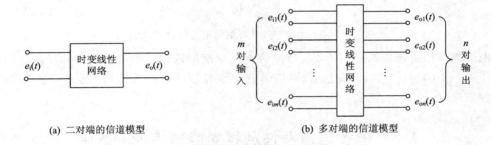

(a) 二对端的信道模型　　　　　　(b) 多对端的信道模型

图 4.2.2　调制信道模型

对二对端的调制信道模型，设输入已调信号为 $e_i(t)$，单通道总输出信号为 $e_o(t)$，噪声为 $n(t)$，则其输入输出关系有

$$e_o(t) = k(t)e_i(t) + n(t) \qquad (4-2-1)$$

式(4-2-1)中，$k(t)$ 依赖于信道特性，与 $e_i(t)$ 相乘反映网络特性对 $e_i(t)$ 的作用。$k(t)$ 对 $e_i(t)$ 来说是一种干扰，称为乘性干扰；$n(t)$ 称为 $e_i(t)$ 的加性干扰。

通常乘性干扰 $k(t)$ 是一个复杂的函数，它可能包含各种线性畸变、非线性畸变。同时由于信道的延迟特性和损耗特性随时间作随机变化，故 $k(t)$ 往往只能用随机过程来表述。不过，经大量的观察发现，有些信道的 $k(t)$ 基本不随时间变化，也就是说，信道对于信号的影响是固定的或变化极其缓慢的，这类信道称为恒参信道；而另外一些信道，它们的 $k(t)$ 是随机快变化的，这类信道称为随(变)参信道。

2. 编码信道模型

编码信道的输入和输出都是离散的数字序列，编码信道对信号的影响则是使输出数字序列发生差错。由于编码信道包含调制信道，故它会受调制信道的影响，调制信道越差，即特性越不理想且加性噪声越严重，发生错误的概率就越大。因此，编码信道模型可以用数字的转移概率来描述。

对于二进制数字传输系统，简单的编码信道模型如图 4.2.3 所示。在这个模型中，$P(0/0)$、$P(1/0)$、$P(0/1)$、$P(1/1)$ 称为信道转移概率。其中，$P(0/0)$、$P(1/1)$ 为正确转移概率；$P(1/0)$、$P(0/1)$ 为错误转移概率，且有

$$P(0/0) = 1 - P(1/0)$$
$$P(1/1) = 1 - P(0/1)$$
$$P_e = P(0)P(1/0) + P(1)P(0/1)$$

简单编码信道是指错误的发生互相独立，且无记忆的信道。如果编码信道是有记忆的，即信道码元发生错误的事件是非独立事件，则编码信道模型要比图 4.2.3 所示的模型复杂得多，这里不做讨论。

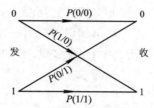

图 4.2.3　二进制编码信道模型

由于编码信道包含调制信道，且它的特性也紧密地依赖于调制信道，故有必要对调制信道作进一步的讨论。如前所述，调制信道分为恒参信道和随参信道，因此下面分别讨论这两种信道。

4.3　恒参信道特性及其对信号传输的影响

有线通信中的架空明线、对称电缆、同轴电缆、光纤等均属于恒参信道。在无线通信中，超短波和微波波段视距中继信道、卫星中继信道等也属于恒参信道。

恒参信道对信号传输的影响是确定的或缓慢变化的，因此，可以把恒参信道等效为一个线性时不变网络。我们只要得到这个网络的传输特性，那么利用信号通过线性系统的分析方法，即可得到信号通过恒参信道的变化规律。

恒参信道的传输特性通常用其幅频特性和相频特性来描述。

1. 无失真传输

无失真传输是指信号通过信道后波形形状并未发生改变，即输出信号的波形与输入信号波形相比只是幅度成比例地缩小(或放大)和时间上的延迟。因此，无失真传输时，输入输出信号之间的关系为

$$y(t) = kx(t - t_d) \qquad (4-3-1)$$

式中，k 和 t_d 均为常数，k 是衰减(或放大)系数，t_d 为固定的时延。

对式(4-3-1)进行傅氏变换，得到

$$Y(f) = F[y(t)] = F[kx(t - t_d)] = k \cdot X(f)e^{-j2\pi ft_d}$$

因此，传输特性为

$$H(f) = \frac{Y(f)}{X(f)} = k \cdot e^{-j2\pi ft_d} = |H(f)| e^{-j\phi(f)} \qquad (4-3-2)$$

式(4-3-2)表明，要保证信号通过信道不产生失真，信道传输特性必须具备下列两个条件：

(1) 幅频特性为一条水平直线，即 $|H(f)| = k$(常数)。

（2）相频特性是一条通过原点且斜率为 $2\pi t_d$ 的直线，或者其群时延特性是一条水平直线（常数），即

$$\phi(f) = 2\pi f t_d \quad \text{或} \quad \tau(f) = \frac{1}{2\pi} \cdot \frac{\mathrm{d}\phi(f)}{\mathrm{d}f} = t_d \quad （常数）$$

无失真传输系统的幅频特性和群时延特性如图 4.3.1 所示。幅频特性为常数意味着信号的不同频率成分经过信道后受到相同的衰减；群时延特性为常数意味着信号的不同频率成分经过信道传输后受到相同的时延。显然，这样的理想信道实际是不存在的。但现实中通过信道的信号所包含的频率成分是有限的，所以在实际应用中，只要信号通过信道时每个频率成分受到的幅度衰减和时间延迟是相同的，即可认为信道是无失真的。

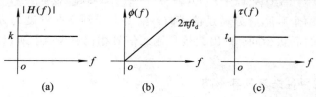

图 4.3.1　无失真信道的幅频、相频及群时延特性曲线

例 4.3.1　设有信号 $x(t) = 2\cos 2000\pi t \cos 1000\pi t$，分别通过图 4.3.2(a)、(b) 所示的信道。求输出信号的时间表达式并说明输出信号有无失真。

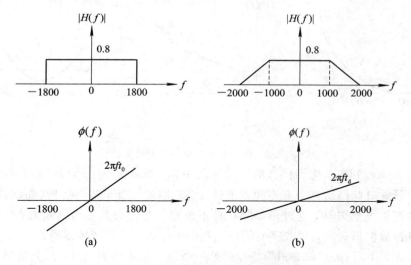

图 4.3.2　信道的幅频特性和相频特性

解　首先分析输入信号中所包含的频率成分。根据三角公式得

$$x(t) = 2\cos 2000\pi t \cos 1000\pi t$$
$$= \cos 3000\pi t + \cos 1000\pi t$$
$$= \cos(2\pi \cdot 1500t) + \cos(2\pi \cdot 500t)$$

可见，输入信号 $x(t)$ 含有两个离散的频率成分，频率分别为 1500 Hz 和 500 Hz，幅度都为 1。

（1）$x(t)$ 通过图 4.3.2(a) 所示的信道后，输出端两个频率成分的幅度都衰减到 0.8，时间上都延迟 t_0，所以输出信号为

$$y(t) = 0.8\cos[\,2\pi \cdot 1500(t - t_0)\,] + 0.8\cos[\,2\pi \cdot 500(t - t_0)\,]$$
$$= 1.6\cos 2000\pi(t - t_0)\cos 1000\pi(t - t_0)$$
$$= 0.8x(t - t_0)$$

输出信号与输入信号相比,只有幅度上的衰减和时间上的延迟,波形形状是相同的,所以输出信号没有失真,图 4.3.2(a)所示的信道对此输入信号 $x(t)$ 来说是个无失真信道。

(2) $x(t)$ 通过图 4.3.2(b)所示的信道后,两个频率成分受到的幅度衰减是不一样的,1500 Hz 频率成分的幅度由 1 衰减到 0.4,500 Hz 频率成分的幅度由 1 衰减到 0.8。两个频率成分受到的时间延迟都是 t_d,所以输出信号为

$$y(t) = 0.4\cos[2\pi \cdot 1500(t - t_d)] + 0.8\cos[2\pi \cdot 500(t - t_d)]$$

输入信号中的两个频率成分通过信道时,幅度上受到不同程度的衰减,输出信号的形状不再与输入信号的形状相同,输出信号与输入信号相比有失真。所以此信道对 $x(t)$ 来说是个有失真信道。

2. 恒参信道的两种失真及其影响

下面以典型恒参信道——电话信道为例,讨论恒参信道的两种失真及其对信号的影响。图 4.3.3 所示是典型音频电话信道的传输特性。

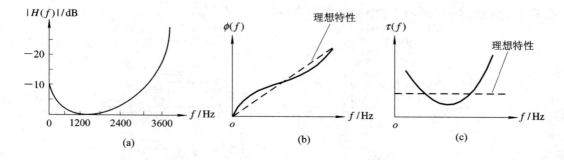

图 4.3.3　典型音频电话信道的传输特性

由图 4.3.3(a)可知,电话信道的幅频特性并非一条水平线,即 $|H(f)| \neq k$(常数),故不同频率分量通过此信道将会有不同程度的衰减。因此,当非单频信号(如话音信号)通过该信道时将产生波形失真,这种由幅频特性不理想引起的失真称为幅频失真。幅频失真对模拟通信将造成波形失真;对数字通信将引起码间干扰,从而产生误码。

由图 4.3.3(b)、(c)可知,相频特性并非一条通过原点的斜直线,故其群时延特性也不是一条水平直线(常数),因此不同频率分量通过此信道将会有不同程度的时间延迟。当非单频信号通过该信道时会产生波形失真,这种由相频特性不理想引起的失真称为相频失真(也称为群时延失真)。图 4.3.4 是相频失真引起波形失真的示意图,为方便起见,设信号中含有两个频率分量,基波和其二次谐波,如图 4.3.4(a)所示。两个频率分量经过有相频失真的信道后,所产生的延迟不同,如图 4.3.4(b)所示的基波和谐波,两者间的相对关系发生了变化,因此,与图 4.3.4(a)中的合成信号相比,它们的合成信号发生了畸变。

相频失真对模拟话音通信的影响并不显著,因为人耳对相频失真并不敏感。而相频失真对数字通信的影响则较大,尤其当数字信号的传输速率较高时,会引起严重的码间干扰,造成大量误码。

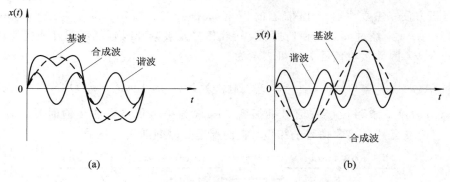

图 4.3.4　相频失真对传输信号的影响

3．克服失真的措施

对模拟通信系统，克服失真的常用方法是采用频域均衡技术，使信道、均衡器联合传输特性在信号频率范围内满足无失真传输条件，消除失真。

对数字通信系统，克服失真的常用方法是合理设计收、发滤波器，消除信道产生的码间干扰。当信道特性缓慢变化时，采用时域均衡器，使码间干扰降到最小，且能够自适应随着信道特性的变化而变化。

4.4　随参信道特性及其对信号传输的影响

4.4.1　随参信道特性

随参信道是指参数随时间变化的信道。它主要包括短波电离层反射信道、对流层散射信道、陆地移动信道等。

随参信道的特性比恒参信道复杂得多，对信号的影响也要严重得多，其根本原因是它包含了复杂的传输媒质。一般来说，随参信道传输媒质通常具有以下特点：

（1）对信号的衰耗随时间变化。

（2）对信号的时延随时间变化。

（3）具有多径传播。

4.4.2　多径传播及其影响

短波电离层反射信道是典型的随参信道，信号通过短波电离层反射信道传输的示意图如图 4.4.1 所示。其特点是：由发送端发射的信号可能经过多条路径到达接收端，接收端收到的信号是来自多条路径信号的合成，这种现象称为多径传播。由于每条路径不同，因此信号通过每条路径受到的衰减和时延也是不同的，而且就每条路径而言，对信号的衰减和时延也不是固定不变的，而是随电离层特性的变化而变化的。因此，随参信道的多径传播将对信号的传输产生严重的影响。

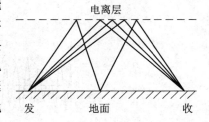

图 4.4.1　电离层反射传输示意图

为分析方便，建立多径传播信道的模型如图 4.4.2 所示。设发射波形为单频信号 $s(t)=A\cos\omega_c t$，则经过 n 条路径传播后，接收信号是衰减和时延都不同且随机变化的各路径信号的合成，因此接收信号 $r(t)$ 可表示为

$$r(t) = \sum_{i=1}^{n} a_i(t)\cos\omega_c\big[t-\tau_i(t)\big] = \sum_{i=1}^{n} a_i(t)\cos\big[\omega_c t + \varphi_i(t)\big] \qquad (4-4-1)$$

式中，$a_i(t)$ 为第 i 条路径接收信号的振幅，$\tau_i(t)$ 为第 i 条路径的传输时延，而 $\varphi_i(t) = -\omega_c\tau_i(t)$ 为第 i 条路径接收信号的相位，它们都是随时间随机变化的。

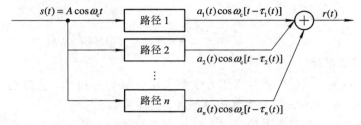

图 4.4.2 随参信道的多径传播模型

式(4-4-1)可改写成

$$r(t) = \sum_{i=1}^{n} a_i(t)\cos\varphi_i(t)\cos\omega_c t - \sum_{i=1}^{n} a_i(t)\sin\varphi_i(t)\sin\omega_c t$$

令

$$X_I(t) = \sum_{i=1}^{n} a_i(t)\cos\varphi_i(t)$$

$$X_Q(t) = \sum_{i=1}^{n} a_i(t)\sin\varphi_i(t)$$

则有

$$r(t) = X_I(t)\cos\omega_c t - X_Q(t)\sin\omega_c t = V(t)\big[\cos\omega_c t + \varphi(t)\big]$$

式中，$V(t)$ 为合成波 $r(t)$ 的包络，$\varphi(t)$ 为合成波 $r(t)$ 的相位。

经大量观察发现，$V(t)$ 和 $\varphi(t)$ 都是缓慢变化的随机过程。因此，$r(t)$ 可看做是一个包络作缓慢变化的窄带随机过程，其波形(一个样本)和功率谱示意图如图 4.4.3(c)、(d)所

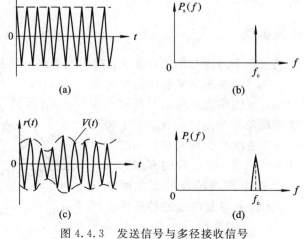

图 4.4.3 发送信号与多径接收信号

示，为与发送信号对比，图 4.4.3(a)、(b)中给出了发送信号的波形及功率谱示意图。由此可见，与幅度恒定、频率单一的发射信号相比，接收信号的包络有了起伏，频率也不再单一，而是扩展为一个窄带信号。这种经过多径传播后信号包络的起伏现象称为多径衰落，而单一频率变成一个窄带频谱的现象称为频率扩散(展)。

大多数情况下，多径传播中各路信号的强度相差不大，当 n 足够大时，接收信号的包络 $V(t)$ 服从瑞利分布，故多径衰落也常称为瑞利衰落。但当多径传播存在一路特别强的信号时，如陆地移动信道收发信机之间存在一条直射波通路，接收信号 $r(t)$ 的包络 $V(t)$ 将趋于莱斯分布。

多径传播不仅会造成多径衰落及频率扩散，同时还可能发生频率选择性衰落。所谓频率选择性衰落，是指传输信号频谱中的某些分量被衰落的一种现象，其结果会引起传输信号波形的失真。下面通过一个简单的例子来说明这个概念。

设多径传播的路径只有两条，且具有相同的衰减和一个相对时延差，信道模型如图 4.4.4 所示。

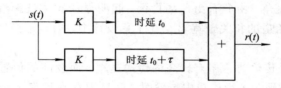

图 4.4.4　两径传播信道

设发射信号为 $s(t)$，则到达接收点的两条路径信号可分别表示为 $Ks(t-t_0)$ 及 $Ks(t-t_0-\tau)$，接收信号为

$$r(t) = Ks(t-t_0) + Ks(t-t_0-\tau) \qquad (4-4-2)$$

对应的频域表示为

$$R(f) = KS(f)e^{-j2\pi ft_0} + KS(f)e^{-j2\pi f(t_0+\tau)}$$

从而，信道传输特性为

$$H(f) = \frac{R(f)}{S(f)} = Ke^{-j2\pi ft_0}(1+e^{-j2\pi f\tau})$$

可见，信道的幅频特性为

$$\begin{aligned}
|H(f)| &= |Ke^{-j2\pi ft_0}(1+e^{-j2\pi f\tau})| \\
&= K|1+\cos2\pi f\tau - j\sin2\pi f\tau| \\
&= 2K|\cos(\pi f\tau)| \qquad (4-4-3)
\end{aligned}$$

示意图如图 4.4.5 所示。由此可见，两径传播信道的幅频特性不为常数，这意味着，信号中不同的频率分量通过两径信道后会受到不同的衰减。例如，频率为 $f=\dfrac{2n+1}{2\tau}$ $(n=0,1,2,3,\cdots)$ 的分量通过两径信道后将被衰减至零，这样的频率点称为传输零点，而 $f=\dfrac{n}{\tau}$ $(n=0,1,2,\cdots)$ 则称为传输极点。显然，具有一定带宽的信号通过这种信道时，其频谱将产生失真。尤其当信号的频谱宽于 $1/\tau$(相邻传输零点间的频率间隔)时，有些频谱分量必然会被信道衰减到零，造成严重的频率选择性衰落。

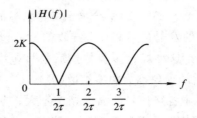

图 4.4.5　两径传播信道幅频特性

上述概念可以推广到实际的多径传播中去，尽管这时的传输特性要复杂得多，但其基本规律是相同的。多径传播时的相对时延差(简称多径时延差)通常用最大多径时延差来表征，并用它来估算传输零极点在频率轴上的位置。设最大多径时延差为 τ_m，则定义多径传播信道的相关带宽为

$$B_c = \frac{1}{\tau_m} \text{(Hz)} \qquad (4-4-4)$$

它表示信道传输特性相邻零点间的频率间隔。如果传输信号的频谱宽于 B_c，则该信号将产生明显的频率选择性衰落。由此看出，为了不引起明显的频率选择性衰落，传输信号的频带必须小于多径传播信道的相关带宽 B_c。在工程设计中，通常选择信号带宽为相关带宽的 $1/5 \sim 1/3$。

一般地，数字信号传输时希望有较高的传输速率，而较高的传输速率对应有较宽的信号频带。因此，数字信号在多径信道中传输时，容易因存在频率选择性衰落而引起严重的码间干扰。为了减小码间干扰的影响，通常要限制数字信号的传输速率。

随参信道对信号造成的衰落会严重降低通信系统的性能。为了提高随参信道的有效性和可靠性，必须采取一定的技术措施。

4.5　随参信道特性的改善技术

目前，改善随参信道特性的主要措施有以下四种。

(1) 自适应技术。包括频率自适应、速率自适应、功率自适应、自适应均衡等。其中频率自适应是目前抗多径和抗干扰最有效的措施。

(2) 抗衰落性能良好的调制技术。如时频调制技术、扩频调制技术等等。

(3) 差错控制技术。在数据传输系统中加入某种类型的差错控制系统，使接收端具有检测和纠正信息部分错误的能力，从而提高系统的通信质量。

(4) 分集接收技术。在给定信号形式的条件下，接收端通过对接收信号的某些处理来提高系统的抗衰落和抗干扰能力。按广义信道的含义来说，分集接收可看做是随参信道的组成部分或是一种改造形式，改造后的随参信道，衰落特性将得到改善。

目前，明显有效且常用的措施之一是分集接收技术。

分集接收技术的基本思想是，如果在接收端同时接收获得几个不同路径的信号，将这些信号适当合并构成总信号，则能大大减小衰落的影响。分集的含义是分散得到几个信号并集中(合并)这些信号的意思。只要被分集的几个信号之间是统计独立的，那么通过适当的合并就能减小衰落的影响，提高系统性能。

从分集接收技术的基本思想可以看出，分集接收技术包括两个方面的内容：一是信号

的分散传输。把空间、频率、时间、角度等方面分离得足够远的随参信道，衰落可以认为是相互独立的，所以利用信号分散传输，在接收端获得的各路信号不可能同时发生深衰落。这样分集接收能克服快衰落，达到可靠传输的目的。二是信号合并。接收端把在不同情况下收到的多个相互独立衰落的各路信号按某种方法合并，然后再从中提取信息。只要各分支信号相互独立，就可以在衰落情况下起相互补偿作用，从而使接收性能得到改善。

1. 分集方式

分集的方式就是指信号分散传输的方式，常用的方式有：

（1）空间分集。接收端架多副天线，每副天线间相隔 100 个信号波长以上，以保证各路接收的信号相互独立。

（2）频率分集。多个载频传送同一消息，各路频率之差大于相关带宽，这样接收到的信号基本不相关，不可能同时发生深衰落。

（3）时间分集。用同一频率在不同时刻传输同一信息，在不同时刻不可能同时衰落同一载频信号。

（4）角度分集。用多个方向性天线，从不同角度接收来自同一发射点的信号，使接收到的多个信号统计独立。

信号分散传输的路数称为分集重数。原则上分集重数不受限制。但兼顾到性能和设备的复杂程度，目前常用的是二重、四重，个别的高达八重。

2. 合并方式

分集接收效果的好坏除与分集方式、分集重数有关外，还与接收端采用的合并方式有关。若收到的各路信号分别为 $f_1(t)$，$f_2(t)$，$\cdots$，$f_m(t)$，则合并后的信号为

$$f(t) = \sum_{i=1}^{m} a_i f_i(t)$$

式中，a_i 为加权系数。

合并方式正是按选用的加权系数来分类的，据此可分为：

（1）选择式合并。选择信噪比最强的一路输出，舍弃其它各路信号，即加权系数中只有一项不为零，此时，有

$$f(t) = a_i f_i(t) \qquad a_i \neq 0, \ a_j = 0 \qquad (j \neq i)$$

（2）等增益合并。各路信号合并时的加权系数都相等，即 $a_1 = a_2 = \cdots = a_m = a$。此时，有

$$f(t) = a \sum_{i=1}^{m} f_i(t)$$

（3）最大比值合并。各路信号合并时，加权系数按各路信号的信噪比大小自适应地成比例调整，以求合并后获得最大信噪比输出。

就抗衰落效果而言，最大比值合并效果最好，等增益合并其次，而选择式合并效果最差。目前在短波通信中，选择式合并和等增益合并由于电路比较简单而被广泛应用，尤其是选择式和等增益混合合并方式最流行，它是把信噪比低于某个门限值的信号支路自动切断，不参与合并，而其余支路采用等增益合并。

4.6　信　道　容　量

信号必须经过信道才能传输，单位时间内信道上所能传输的最大信息量称为信道容

量。信道容量是信道的极限信息传输速率。

早在 1948 年和 1949 年，香农(Shannon)就对信源和信道进行了大量的分析并得出了著名的香农公式，即在信号平均功率受限的高斯白噪声信道中，通信系统的极限信息传输速率(或信道容量)为

$$C = B \, \mathrm{lb}\left(1 + \frac{S}{N}\right) \tag{4-6-1}$$

其中，C 是信道容量(bit/s)，B 是信道带宽(Hz)，N 是噪声功率(W)，S 是信号功率(W)。

香农公式给出了高斯白噪声信道的极限信息传输速率，是信息传输中非常重要的公式。它告诉我们：只要实际的传输速率低于信道容量，一定能够实现无差错传输；但如果实际传输速率高于信道容量，那么无论怎样努力都不可能实现信息的可靠传输。

设信道中噪声的单边功率谱密度为 n_0(W/Hz)，则噪声功率 $N = n_0 B$，可得香农公式的另一种形式为

$$C = B \, \mathrm{lb}\left(1 + \frac{S}{n_0 B}\right) \tag{4-6-2}$$

由上式可见，一个连续信道的信道容量受 B、n_0、S"三要素"的限制。只要这三要素确定，信道容量也就随之确定。下面我们来讨论信道容量与"三要素"之间的关系。

(1) 给定 B、n_0，增大信号功率 S，则信道容量也增加，若信号功率趋于无穷大，则信道容量也趋于无穷大。

(2) 给定 B、S，减小噪声功率谱密度 n_0，则信道容量增加，对于无噪信道，即 $n_0 \to 0$，信道容量趋于无穷大。

(3) 给定 n_0、S，增加信道带宽 B，则信道容量也增加，但当带宽 B 趋于无穷大时，信道容量的极限值为

$$\lim_{B \to \infty} C = \lim_{B \to \infty} B \, \mathrm{lb}\left(1 + \frac{S}{n_0 B}\right) \approx 1.44 \frac{S}{n_0} \tag{4-6-3}$$

上式表明，增加信道带宽可在一定范围内增加信道的容量，也就是说可以用带宽 B 的增加来换取信噪比 S/N 的降低，这正是扩频通信的理论基础。同时，信道容量 C 并不随带宽 B 无限制地增加，这是因为信道带宽增加时，噪声功率 N 也随之增加。另外需要注意的是，带宽与信噪比的互换不是自动的，必须变换信号使之具有所要求的带宽。实际上这是由各种类型的调制和编码来完成的，调制和编码就是实现带宽与信噪比互换的手段。

通常，把实现了上述极限信息速率的通信系统称为理想通信系统。但是，香农定理只证明了理想系统的"存在性"，却没有指出这种通信系统的实现方法。因此，理想系统通常只能作为实际系统的理论界限。另外，上述讨论都是在信道噪声为高斯白噪声的前提下进行的，对于其它类型的噪声，香农公式需要加以修正。

例 4.6.1 某终端有 128 个可能的输出符号，这些符号相互独立且等概出现。终端的输出送给计算机，终端与计算机的连接采用话音级电话线，带宽为 $B = 3000$ Hz，输出信噪比 $S/N = 10$ dB。

(1) 求终端与计算机之间信道的容量。

(2) 求终端允许输出的最大符号速率。

解 (1) 首先进行信噪比的单位转换，根据分贝单位的定义，有

$$\left(\frac{S}{N}\right)_{dB} = 10 \lg \left(\frac{S}{N}\right)$$

得 $\frac{S}{N} = 10$，代入香农公式得信道容量为

$$C = B \text{ lb}\left(1 + \frac{S}{N}\right) = 3000 \text{ lb}(1 + 10) \approx 10\,378 \text{ (b/s)}$$

（2）设终端输出的符号速率为 R_s，每个符号携带的信息量为

$$I = \text{lb}\frac{1}{P} = \text{lb}128 = 7 \text{ (bit)}$$

所以终端输出的信息速率为 $7R_s$，由于信道容量是允许传输的最大信息速率，故应满足

$$7R_s \leqslant 10\,378$$

得 $R_s \leqslant 1482$ 符号/秒，可见终端所允许的最大输出符号速率为 1482 符号/秒。

例 4.6.2 设某连续信道的信道容量为 10^4 b/s。如果将信道带宽由 3 kHz 提高到 10 kHz，在保持信道容量不变的情况下，信噪比可降低多少？

解 当 $C = 10^4$ b/s 且 $B = 3$ kHz $= 3000$ Hz 时，由式（4-6-1）可得所需的信噪比为

$$S/N = 2^{\frac{C}{B}} - 1 = 2^{\frac{10000}{3000}} - 1 = 2^{\frac{10}{3}} - 1 \approx 9$$

若保持 $C = 10^4$ b/s，信道带宽提高到 $B = 10$ kHz $= 10\,000$ Hz，则所需的信噪比为

$$S/N = 2^{\frac{C}{B}} - 1 = 2^{\frac{10\,000}{10\,000}} - 1 = 2 - 1 = 1$$

显然，信噪比降低了 8。

可见，在保持信道容量不变时，提高信道带宽可降低对信噪比的要求。这种信噪比和带宽的互换在通信工程中有很大的作用。例如，在宇宙飞船与地面的通信中，飞船上的发射机功率不可能很大，因此可用增大带宽的方法来降低信噪比。相反，若信道频带受限，如有线载波电话信道，这时主要考虑频带利用率，可通过提高信号功率增大信噪比，从而降低对信道带宽的要求。

习 题

1. 什么是狭义信道？什么是广义信道？

2. 什么是调制信道？其模型和输入输出关系为何？

3. 什么是恒参信道？举出两个恒参信道的例子。

4. 无失真恒参信道的传输特性有何特点？实际恒参信道可能存在什么失真？对数字信号的传输产生什么影响？

5. 什么是随参信道？举出两个随参信道的例子。

6. 随参信道的传输特性有何特点？随参信道的多径传播对等幅单频波的影响是什么？

7. 多径传播信道的相关带宽是如何定义的？为避免出现严重的频率选择性衰落，对传输信号的带宽有何限制？

8. 设二路径传输模型如图所示。试求：

（1）传输特性 $H(f)$；

（2）幅频特性零点、极点所对应的频率。

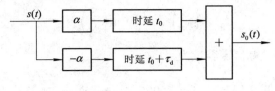

题 8 图

9. 已知有线电话信道带宽为 3.4 kHz。

(1) 若信道的输出信噪比为 30 dB，求该信道的最大信息传输速率 R_b。

(2) 若要在该信道中传输 33.6 kb/s 的数据，试求所要求的最小信噪比。

10. 已知每张静止图片含有 7.8×10^5 个像素，每个像素具有 16 个灰度电平，且所有这些灰度电平等概出现。若要求每秒钟传输 24 幅静止图片，设信道输出信噪比为 30 dB，试计算所要求的信道最小带宽(提示：$\mathrm{lb}x = 3.32 \lg x$)。

本章知识点小结

1. 信道分类

(1) 狭义信道与广义信道。

① 狭义信道：各种物理传输媒质，可分为有线信道和无线信道。

② 广义信道：除传输媒介外还包括了其它部件的信道，目的是便于研究一些特定的问题。常见广义信道有：调制信道和编码信道。

(2) 有线信道与无线信道。

① 有线信道：同轴电缆、光纤、双绞线等。

② 无线信道：可以传输电磁波的自由空间或介质。如短波电离层反射信道、超短波及微波视距中继信道、卫星中继信道等。

(3) 调制信道和编码信道。

① 调制信道：用来研究调制与解调问题，其范围从调制器输出端到解调器输入端。

② 编码信道：用于研究信道编码与译码问题，其范围从编码器输出端至译码器输入端。

(4) 恒参信道与随参信道。

① 恒参信道：信道特性参数随时间缓慢变化或不变化。有线信道和卫星信道等部分无线信道是恒参信道。

② 随参信道：信道特性参数随时间随机变化。如短波电离层反射信道、陆地移动信道等都是随参信道。

2. 信道模型

(1) 调制信道模型：可用一个时变线性网络来表示。输出与输入关系表达式为 $e_0(t) = k(t)e_i(t) + n(t)$，其中 $k(t)$ 为乘性干扰，随信号出现，反映了信道对信号产生的失真情况。根据 $k(t)$ 随时间的变化快慢将调制信道分为恒参信道和随参信道。$n(t)$ 在表达式中以相加的形式出现，称为加性噪声(干扰)，它独立于信号出现。

(2) 编码信道模型：可用转移概率来表示。错误转移概率的大小表示信道的性能，编码信道的性能由包含于其中的调制信道和调制解调器的性能决定。二进制编码信道的误码率为 $P_e = P(0)P(1/0) + P(1)P(0/1)$。

3. 恒参信道特性及其对信号的影响

(1) 传输特性：$H(f) = |H(f)|e^{-j\phi(f)}$，$|H(f)| \sim f$ 为幅频特性；$\phi(f) \sim f$ 为相频特性。

(2) 无失真信道特性。

① 幅频特性为一条水平直线，即 $|H(f)| = k$（常数）。

② 相频特性是一条通过原点且斜率为 $2\pi t_d$ 的直线，或者其群时延特性是一条水平直线，即 $\tau(f) = t_d$（常数）。

(3) 两种失真及其影响。

① 幅频失真：$|H(f)| \neq k$，表示信号中不同频率的分量通过信道受到不同的衰减。幅频失真使模拟信号失真，使数字通信产生码间干扰而使误码率上升。

② 相频失真：相频特性不是斜直线或群时延特性不为常数。相频失真对话音信号影响不大，对视频信号有影响，但会使数字信号产生严重的码间干扰而使误码率上升。

幅频失真和相频失真均为线性失真，可采用均衡技术加以补偿。

4. 随参信道特性及其对信号的影响

(1) 随参信道特性。

① 对信号的衰耗随时间的变化而变化；

② 对信号的时延随时间的变化而变化；

③ 具有多径传播。

(2) 多径效应。

① 多径衰落：等幅波变成包络缓慢起伏的随机过程（衰落信号）。由于包络的瞬时值通常服从瑞利分布，故又称多径衰落为瑞利衰落。

② 频率扩散：单根频谱线变成了窄带频谱。

③ 频率选择性衰落：信号中的某些频率分量受到严重衰落。定义相关带宽为 $B_c = \dfrac{1}{\tau_m}$（Hz）。

为避免出现严重的频率选择性衰落，信号带宽应为 $(1/5 \sim 1/3)B_c$。

(3) 改善随参信道特性最有效的方法是分集技术。

① 分集的含义：分开接收，集中合并。

② 分集方式：空间分集、频率分集、时间分集等。

③ 合并方式：选择式合并、等增益合并、最大比值合并等。

5. 信道容量

(1) 含义：无差错传输时信道能够传输的极限速率。

(2) 香农公式：$C = B\,\mathrm{lb}\left(1 + \dfrac{S}{N}\right) = B\,\mathrm{lb}\left(1 + \dfrac{S}{n_0 B}\right)$（b/s）。

① 增大信号功率，能提高信道容量，且有 $S \to \infty$，则 $C \to \infty$；

② 降低信道噪声功率谱密度，能提高信道容量，且有 $n_0 \to 0$，则 $C \to \infty$；

③ 增加信道带宽，可在一定范围内增加信道的容量，且有 $B \to \infty$，则 $C \to 1.44 \dfrac{S}{n_0}$；

④ 维持同样的信道容量 C,带宽 B 与信噪比 S/N 可互换。如利用宽带信号来换取所要求的信噪比的下降,广泛应用的扩谱通信就基于这一点。

本章自测自评题

一、填空题(每空 1.5 分,共 60 分)

1. 按传输媒质可将信道分成无线信道和有线信道,典型的无线信道有超短波视距中继信道、_____等,典型的有线信道有_____、_____等;按传输媒质的特性可将信道分成恒参信道和随参信道,在短波电离层反射信道、卫星中继信道、光纤信道、陆地移动信道中,属于恒参信道的是_____,属于随参信道的是_____。

2. 在通信系统的一般模型中,仅包含传输媒质的信道称为_____;从信源输出端到信宿输入端的信号通路也可以看成信道,这样的信道称为_____。

3. 调制信道可用一个时变线性网络来等效,信号通过时会受到_____干扰和_____干扰的影响。

4. 在图 4.2.3 所示的二进制编码信道模型中,若 $P(0)=P(1)=0.5$,错误转移概率 $P(1/0)=P(0/1)=0.1$,则信道正确传输的概率 P_c 为_____。

5. 题 4.1.5 图所示的两个信道中,传输能性较好的信道是_____。

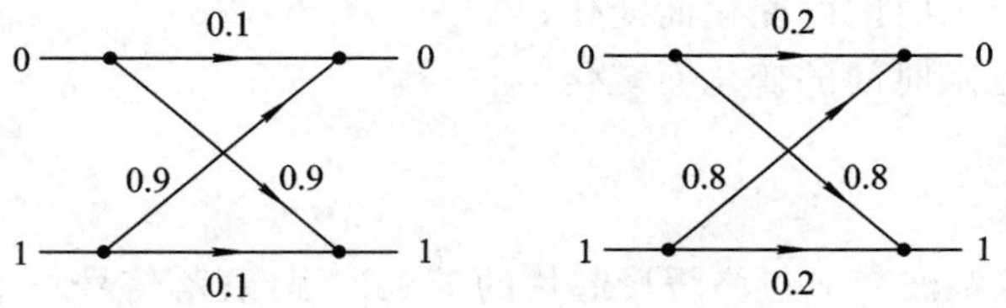

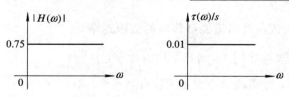

（a) 信道 1 模型　　　　　　　　（b) 信道 2 模型

题 4.1.5 图

6. 有线信道有架空明线、双绞线(对称电缆)、同轴电缆、光纤。常用到的网线是_____;有线电视的视频电缆是_____。

7. 信号通过时不产生失真的信道称为理想信道。理想信道的幅频特性为_____,其物理意义是_____;相频特性为_____,群时延特性为_____,其物理意义是_____。

8. 若信道的幅频特性和群时延特性如题 4.1.8 图所示。信道输入端的信号为 $s(t)=2\cos20\pi t+3\cos10\pi t$,则信道输出端的信号为_____。

题 4.1.8 图

9. 实际的一些恒参信道，如电话信道，同时存在幅频失真和相频失真。幅频失真是由_____引起的，相频失真是由_____引起。幅频失真和相频失真都不会使信号产生新的频率成分，所以都是_____失真，这种失真可用_____加以补偿。

10. 随参信道有三个特点，一是对信号的衰减程度随时间而变，二是_____随时间而变，三是_____。

11. 随参信道的多径传播会引起_____衰落、_____衰落和频率_____。

12. 两条传播时延差为 1 ms 的多径信道，引起频率选择性衰落最严重的最小频率为_____赫兹。

13. 由两条传播路径构成的多径信道，设每条路径的幅度衰减比例为 0.5，时延差为 2(ms)，则此多径信道的幅频特性为_____，两个零点之间的间隔为_____。

14. 改善随参信道传输特性最有效的措施是分集接收。分集中分散传输的目的是_____；常用的分集方式有_____、_____、_____等；常用的合并方式有_____、_____和_____。

15. 某受到加性高斯白噪声干扰的连续信道，带宽为 3 kHz，信噪比为 1023，则此信道能够传输信息的最高速率为_____。如果信号功率为 3.069 mW，则信道上白噪声的单边功率谱密度为_____。

二、简答题(每题 10 分，共 40 分)

1. 什么是恒参信道？信号通过恒参信道时可能产生哪些失真？通常采用什么方法减小这些失真？

2. 随参信道有哪些特点？对信号传输有何影响，如何改善？

3. 请写出著名的香农连续信道容量公式，并说明各个参数的含义及单位。

4. 假设某随参信道有两条路径，路径时差为 $\tau = 1$ ms，试求该信道在哪些频率上传输损耗最大？哪些频率传输信号最有利？

第 5 章　模拟调制系统

5.1　引　言

一般来说，直接从文本、语音、图像等消息源转换的电信号是频率很低的信号。这类信号低频成分非常丰富(如话音信号的频率范围在 $0.3\sim3.4$ kHz)，有时还包括直流分量，这种信号通常称为基带信号。基带信号可以直接通过架空明线、电缆或光缆等有线信道传输，但是不可能直接在无线信道中传输，这是因为，基带信号是低通信号，而无线信道是带通信道。为了使基带信号能够在带通信道上传输，必须对基带信号进行频谱搬移，将基带信号的频谱搬移到给定信道的通带范围之内，这个频谱的搬移过程称为调制，相应地，在接收端把已搬移到给定信道通带内的频谱还原为基带信号频谱的过程称为解调。调制和解调在通信系统中总是同时出现的，因此往往将调制和解调合称为调制系统。图 5.1.1 是模拟调制系统的基本方框图。

图 5.1.1　模拟调制系统的基本方框图

调制的实现方法是用基带信号去控制载波的某一个参数，使载波参数随着基带信号变化。基带信号称为调制信号，参数受控后的载波称为已调信号。根据调制信号和载波的不同，调制可分为以下几类：

(1) 模拟调制和数字调制。若调制信号是连续变化的模拟信号，则称为模拟调制；若调制信号是数字信号，则称为数字调制。

(2) 正弦载波调制和脉冲载波调制。载波为正弦波(或余弦波)的调制称为正弦载波调制；载波为脉冲序列的调制称为脉冲调制。

本章讨论载波为正弦波的模拟调制，载波为正弦波的数字调制将在第 8 章中介绍。

由于正弦波有三个参数，分别是幅度、频率和相位，因此根据模拟调制信号所控制载波参数的不同，模拟调制分为幅度调制(调幅)、频率调制(调频)和相位调制(调相)。

本章将主要讨论各种已调信号的时域波形、频谱结构、调制与解调原理及抗噪声性能，最后介绍频分复用。

5.2　幅　度　调　制

幅度调制是用调制信号 $m(t)$ 控制高频载波 $c(t)$ 的振幅，使载波的振幅随调制信号作线性变化。

在模拟调制系统中幅度调制包括标准调幅（AM）、抑制载波的双边带调制（DSB）、单边带调制（SSB）以及残留边带调制（VSB），它们都属于线性调制。

5.2.1　标准调幅（AM）

1. AM 信号的时域表示式和波形

产生 AM 信号的调制器如图 5.2.1 所示。调制信号 $m(t)$ 叠加直流 A_0 后与载波 $c(t)=\cos2\pi f_c t$ 相乘，就可形成标准调幅（AM）信号，其中 $m(t)$ 是零均值的调制信号，即 $\overline{m(t)}=0$。

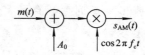

图 5.2.1　AM 调制器模型

由图 5.2.1 可见，AM 信号的时域表达式为

$$s_{AM}(t) = [A_0 + m(t)]\cos2\pi f_c t = A(t)\cos2\pi f_c t \qquad (5-2-1)$$

其波形如图 5.2.2 所示。

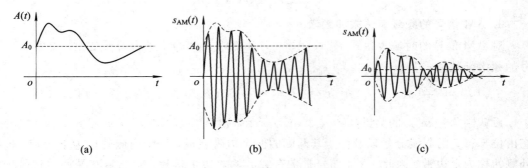

(a)　　　　　　　　　　　(b)　　　　　　　　　　　(c)

图 5.2.2　AM 信号的波形

由图 5.2.2(b) 可知，当满足 $|m(t)|_{max} \leqslant A_0$ 时，AM 信号振幅包络的形状与基带信号形状一致，即 AM 信号的振幅包络随基带信号的瞬时值变化。所以接收端用包络检波的方法对 AM 信号进行解调，是能够恢复出原始的调制信号的。如果不满足 $|m(t)|_{max} \leqslant A_0$，则将会出现过调幅现象而产生包络失真，如图 5.2.2(c) 所示。

因此，调幅波包络不失真的条件为

$$|m(t)|_{max} \leqslant A_0$$

幅度调制一个重要的参数是调幅度 m，调幅度 m 的定义为

$$m = \frac{[A(t)]_{max} - [A(t)]_{min}}{[A(t)]_{max} + [A(t)]_{min}} \qquad (5-2-2)$$

正常调幅时，$m<1$；当 $m=1$ 时，称为满调幅，或称 100% 调幅，此时 $|m(t)|_{max}=A_0$，调幅波的最小瞬时振幅为零；当 $m>1$ 时，$[A(t)]_{min}$ 为负值，AM 信号包络过零点处载波相位反相，包络和基带信号不再保持线性关系，产生了过调幅失真，此时信号不能用包络检波器进行解调，为了保证无失真解调，只能采用同步解调。

调幅度 m 是用来衡量调制程度的，也称为调幅系数。为了使调幅波的包络不失真，调幅系数 m 应该小于等于 1。工程上通常取 m 为 $0.3 \sim 0.8$。

例 5.2.1 已知调幅波瞬时振幅的最大值和最小值分别为 $[A(t)]_{max} = 5$ V，$[A(t)]_{min} = 1$ V，求调幅系数 m。

解
$$m = \frac{[A(t)]_{max} - [A(t)]_{min}}{[A(t)]_{max} + [A(t)]_{min}} = \frac{5-1}{5+1} = 0.67$$

例 5.2.2 已知调幅波 $s_{AM}(t) = (100 + 30\cos\Omega + 20\cos3\Omega t)\cos2\pi f_c t$ (V)，求其调幅系数。

解 此调幅波的瞬时振幅为
$$A(t) = 100 + 30\cos\Omega t + 20\cos3\Omega t$$

当 $t = 0$ 时，瞬时振幅有最大值
$$A(t)_{max} = 100 + 30 + 20 = 150 \text{ (V)}$$

当 $t = \pi/\Omega$ 时，瞬时振幅有最小值
$$A(t)_{min} = 100 - 30 - 20 = 50 \text{ (V)}$$

因此
$$m = \frac{150 - 50}{150 + 50} = 0.5$$

2. AM 信号的频域表达式和频谱

对 AM 信号的时域表达式 $s_{AM}(t) = [A_0 + m(t)]\cos2\pi f_c t$ 进行傅氏变换，得到 AM 信号的频谱函数为

$$S_{AM}(f) = \frac{A_0}{2}[\delta(f + f_c) + \delta(f - f_c)] + \frac{1}{2}[M(f + f_c) + M(f - f_c)] \quad (5-2-3)$$

设调制信号 $m(t)$ 的频谱如图 5.2.3(a) 所示，则 AM 信号的频谱如图 5.2.3(b) 所示，它由位于 $\pm f_c$ 的载波分量以及位于其两侧的两个边带组成，位于内侧的称为下边带，位于外侧的称为上边带。因此，AM 信号是带有载波的双边带信号，它的带宽是调制信号带宽 f_m 的两倍，即

$$B_{AM} = 2f_m \quad (5-2-4)$$

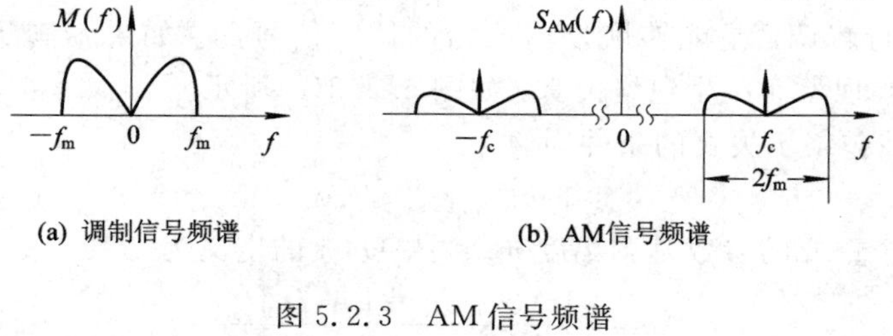

(a) 调制信号频谱   (b) AM信号频谱

图 5.2.3 AM 信号频谱

3. AM 信号的功率和调制效率

AM 信号在 1 Ω 电阻上的平均功率应等于 $s_{AM}(t)$ 的均方值，即

$$P_{AM} = \overline{s_{AM}^2(t)} = \frac{1}{2}\overline{[A_0 + m(t)]^2} = \frac{1}{2}A_0^2 + \frac{1}{2}\overline{m^2(t)} = P_c + P_s \quad (5-2-5)$$

其中，载波功率 $P_c = \dfrac{1}{2} A_0^2$，边带功率 $P_s = \dfrac{1}{2} \overline{m^2(t)}$。

由于调幅信号中携带调制信号信息的不是载波分量，而是边带分量，因此将边带功率与调幅信号平均功率的比值称为调幅信号的调制效率，即

$$\eta_{AM} = \frac{P_s}{P_c + P_s} \qquad\qquad (5-2-6)$$

显然，调制效率 $\eta_{AM} < 1$。调制效率越大，表明调幅信号平均功率中真正携带信息的部分越多。在"满调幅"条件下，如果 $m(t)$ 为矩形波形，则最大可得到 $\eta_{AM} = 50\%$；如果 $m(t)$ 为正弦波，则可得到 $\eta_{AM} = 33.3\%$。这说明 AM 信号的功率利用率比较低，载波分量占据大部分信号功率，而含有信息的两个边带占有的功率较小。但 AM 信号有个很大的优点是，除了采用同步（相干）解调外，还可以采用设备简单、不需本地同步载波信号的包络检波法解调。

5.2.2　抑制载波双边带调制（DSB）

AM 信号的调制效率比较低，是因为不含信息的载波分量占据大部分信号功率。如果只传送两个边带分量，而抑制载波分量，就能够提高功率利用率，这种抑制载波的调幅（DSB-SC）也称为双边带调制（DSB）。其产生原理框图如图 5.2.4 所示。

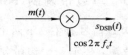

图 5.2.4　DSB 调制器模型

1. DSB 信号的时域表示式和波形

由图 5.2.4 即可得到双边带信号的时域表达式

$$s_{DSB}(t) = m(t)\cos 2\pi f_c t \qquad\qquad (5-2-7)$$

其波形如图 5.2.5 所示。

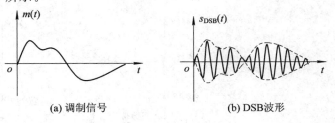

(a) 调制信号　　　　　　　　　(b) DSB波形

图 5.2.5　调制信号及 DSB 波形

DSB 波形的特点：

（1）过零点处，双边带信号的载波相位出现反相。

（2）双边带信号的包络不再与调制信号的变化规律保持一致，所以 DSB 信号不能用包络检波器解调（包络解调），只能采用同步解调。

2. DSB 信号的频域表达式和频谱

将 DSB 信号的时域表达式进行傅氏变换，得到其频域表示式

$$S_{DSB}(f) = \frac{1}{2}[M(f + f_c) + M(f - f_c)] \qquad\qquad (5-2-8)$$

其频谱如图 5.2.6 所示。

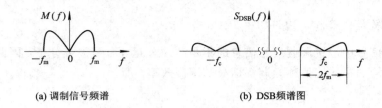

(a) 调制信号频谱　　　　　　　　　(b) DSB频谱图

图 5.2.6　DSB 信号频谱

DSB 信号的带宽也是调制信号带宽 f_m 的两倍，即

$$B_{DSB} = 2f_m$$

由频谱图可知，DSB 信号虽然节省了载波功率，功率利用率提高了，但它的频带宽度仍是调制信号带宽的两倍，与 AM 信号带宽相同。由于 DSB 信号的上、下两个边带是完全对称的，它们都携带了调制信号的全部信息，因此仅传输其中一个边带即可，这就是提出单边带调制的原因。

5.2.3　单边带调制(SSB)

DSB 信号有上、下两个边带，且这两个边带包含的信息相同，所以，从信息传输的角度来考虑，传输一个边带就够了。这种只传输一个边带的通信方式称为单边带通信。

1. 滤波法产生 SSB 信号

滤波法产生 SSB 信号的调制器模型如图 5.2.7 所示。与 DSB 调制器相比，SSB 调制器增加了一个滤波器。如果需要上边带输出，则将图 5.2.7 中的滤波器 $H(f)$ 设计成图 5.2.8(a)所示的理想高通特性 $H_{USB}(f)$，这时输出的 SSB 信号为上边带(USB)信号；如果需要下边带输出，则滤波器设计成如图5.2.8(b)所示的理想低通特性 $H_{LSB}(f)$，这时输出的 SSB 信号为下边带(LSB)信号。

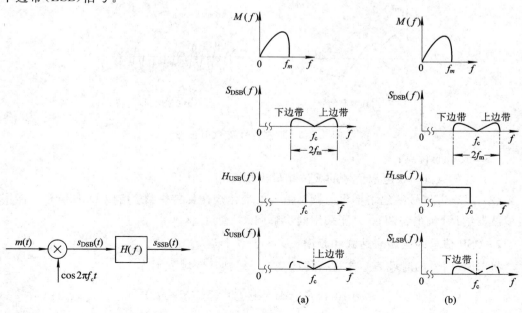

图 5.2.7　滤波法产生 SSB 信号模型　　　　　　图 5.2.8　SSB 信号的频谱

用滤波法形成 SSB 信号的技术难点是，当调制信号具有丰富的低频成分时，DSB 信号的上、下边带之间的间隔很窄，这就要求单边带滤波器在 f_c 附近具有陡峭的频率截止特性，才能有效地抑制另一个边带。这种滤波器的设计和制作很困难，有时甚至难以实现，为此，在工程中往往采用多级调制滤波的方法。

2. 相移法产生 SSB 信号

数学上可以证明，图 5.2.8(a)、(b)所示的上、下边带频谱所对应的时间表达式为

$$s_{SSB}(t) = \frac{1}{2} m(t) \cos 2\pi f_c t \mp \frac{1}{2} \hat{m}(t) \sin 2\pi f_c t \qquad (5-2-9)$$

式中"－"表示上边带信号，"＋"表示下边带信号，$\hat{m}(t)$ 是调制信号 $m(t)$ 中所有频率分量相移－π/2 后的信号，称为 $m(t)$ 的希尔伯特变换。

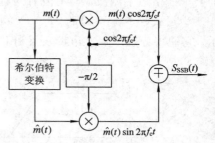

式(5-2-9)称为单边带信号的正交表达式，由此表达式可得到 SSB 信号的另一种产生方法——相移法，如图 5.2.9 所示。

图 5.2.9 相移法产生 SSB 信号

用相移法产生 SSB 信号的困难在于希尔伯特变换器的实现，当调制信号 $m(t)$ 频谱很宽(含有丰富的频率成分)时，要对 $m(t)$ 中的所有频率分量均严格相移－π/2 是很困难的。

单边带调制的优点：

(1) 节省了发射功率。因为只发射一个边带，相比较其它幅度调制，节约了发射功率。

(2) 减少了占用的信道带宽。SSB 信号的带宽 $B_{SSB} = f_m$，即与调制信号的带宽相同，比 AM 和 DSB 信号的带宽减少了一半。

5.2.4 残留边带调制(VSB)

如果调制信号的频谱很宽，并且低频分量的振幅又很大，比如电视图像基带信号的频谱带宽达 6 MHz，且低频分量振幅很大，上、下边带连在一起，在这种情况下，不论是滤波法 SSB 调制还是相移法 SSB 调制均不易实现，这时一般采用 VSB 调制。

VSB 信号的频谱如图 5.2.10(b)所示，图中虚线表示相应的 SSB 信号的频谱。

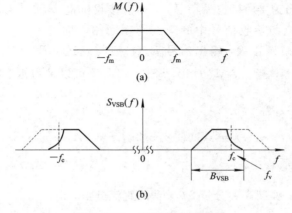

图 5.2.10 VSB 信号的频谱

由此可见，VSB 信号不像 SSB 那样完全抑制一个边带，而是残留一小部分(残留部分带宽为 f_v)。因此，滤波器的边缘特性不要求完全陡峭，实现上比 SSB 要容易。VSB 信号带宽介于 DSB 和 SSB 信号带宽之间，即 $B_{VSB}=f_m+f_v$。

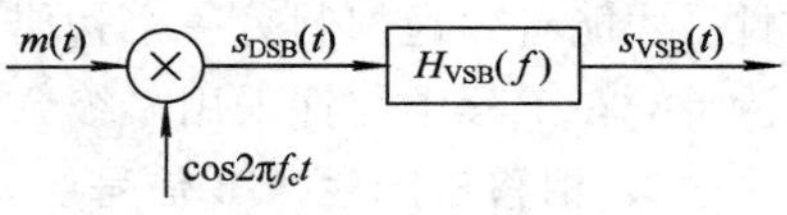

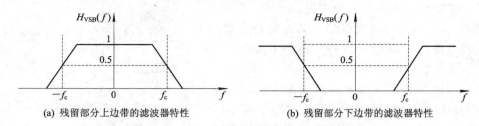

图 5.2.11　VSB 调制器模型

VSB 信号的产生采用滤波法，其调制器模型如图 5.2.11 所示。为使接收端能正确解调出调制信号，残留边带滤波器的传输特性 $H_{VSB}(f)$ 必须满足

$$H_{VSB}(f+f_c)+H_{VSB}(f-f_c)=常数 \qquad |f|\leqslant f_m \qquad (5-2-10)$$

即要求残留边带滤波器具有互补对称特性。

满足式(5-2-10)的 $H_{VSB}(f)$ 可以是低通型的，也可以是高通型的，如图 5.2.12 所示，它们将分别产生上边带残留和下边带残留的 VSB 信号。

(a) 残留部分上边带的滤波器特性　　　　(b) 残留部分下边带的滤波器特性

图 5.2.12　残留边带滤波器特性

需要指出的是，为便于清楚观察，此处将图 5.2.12 中滤波器的过渡带画成了直线。事实上，过渡带也可以具有其它的滚降特性，只要满足式(5-2-10)所示的互补对称特性即可。目前应用最多的是直线和余弦滚降。例如，在电视信号传输和数据信号传输中，就分别使用了直线互补特性和余弦滚降互补特性。

5.2.5　调幅信号的解调

接收端从接收到的已调信号中恢复原调制信号的过程称为解调。调幅信号的解调方法有两种：相干解调和非相干解调。

1. 调幅信号的相干解调

相干解调也称为同步解调，图 5.2.13 是调幅信号相干解调的原理框图，$s_r(t)$ 为接收的已调信号，$c(t)$ 为接收机提供的本地相干载波，它与接收信号中的载波同频同相，即 $c(t)=\cos2\pi f_c t$。如果解调正确，输出信号 $m_o(t)$ 应与发送

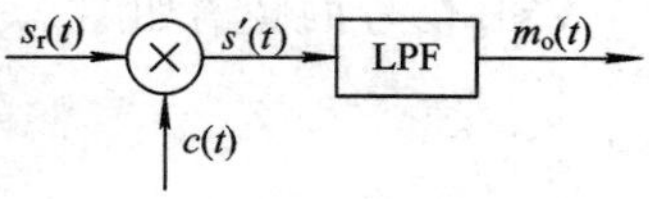

图 5.2.13　相干解调原理框图

的调制信号 $m(t)$ 呈线性关系。AM、DSB、SSB、VSB 均可以采用相干解调方式恢复出原始信号。

(1) AM 信号相干解调：//

$$s'(t)=s_r(t)\cdot c(t)=s_{AM}(t)\cdot \cos2\pi f_c t=[A_0+m(t)]\cos^2 2\pi f_c t$$

$$=\frac{1}{2}[A_0+m(t)]+\frac{1}{2}[A_0+m(t)]\cos(2\pi\cdot 2f_c t)$$

通过低通滤波器 LPF，抑制高频分量 $2f_c$，消除直流分量，得

$$m_o(t)=\frac{1}{2}m(t)$$

（2）DSB 信号相干解调：

$$s'(t) = s_r(t) \cdot c(t) = s_{DSB}(t) \cdot \cos 2\pi f_c t$$
$$= m(t) \cos^2(2\pi f_c t)$$
$$= \frac{1}{2}m(t) + \frac{1}{2}m(t) \cos(2\pi \cdot 2f_c t)$$

通过低通滤波器 LPF，抑制高频分量 $2f_c$，得

$$m_o(t) = \frac{1}{2}m(t)$$

（3）SSB 信号相干解调：

$$s'(t) = s_r(t) \cdot c(t) = s_{SSB}(t) \cdot \cos 2\pi f_c t$$
$$= \frac{1}{2}[m(t) \cos(2\pi f_c t) \mp \hat{m}(t) \sin 2\pi f_c t] \cdot \cos(2\pi f_c t)$$
$$= \frac{1}{4}m(t) + \frac{1}{4}m(t) \cos(2\pi \cdot 2f_c t) \mp \frac{1}{4}\hat{m}(t) \sin(2\pi \cdot 2f_c t)$$

通过低通滤波器 LPF，抑制高频分量 $2f_c$，得

$$m_o(t) = \frac{1}{4}m(t)$$

（4）VSB 信号相干解调：

$$s'(t) = s_r(t) \cdot c(t) = s_{VSB}(t) \cdot \cos 2\pi f_c t$$

当残留边带滤波器传输特性 $H_{VSB}(f)$ 满足式（5 - 2 - 10）时，通过分析可以得到 $m_o(t) = \frac{1}{4}m(t)$。

2. 调幅信号的非相干解调

调幅信号中的 AM 信号在不发生过调制时可采用包络解调，原理图如图 5.2.14(a)所示，这是一种非相干解调。所谓非相干解调是指解调过程中不需要本地相干载波。因此，相对于相干解调，非相干解调实现简单。

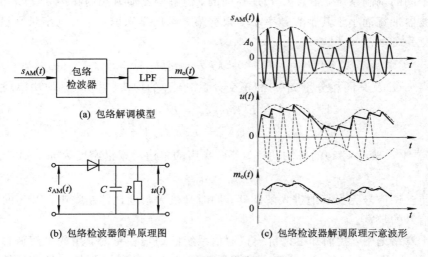

(a) 包络解调模型

(b) 包络检波器简单原理图

(c) 包络检波器解调原理示意波形

图 5.2.14　调幅系统非相干解调

包络检波器的简单原理如图 5.2.14(b)所示。其工作过程是：在输入信号的正半周，二极管导通，电容器很快充电到输入信号的峰值。当输入信号小于二极管导通电压时，二极管截止，电容器通过电阻缓慢放电，直到下一个正半周输入信号大于电容器两端的电压，使二极管再次导通为止，电容器又被充电到新的峰值，如此不断重复。只要电容、电阻选值恰当，电容器两端就可以得到一个与输入信号的包络十分相近的输出电压，如图 5.2.14(c)中的 $u(t)$。通常检波器输出含有载波频率的波纹，通过低通滤波器(LPF)可以把它滤除，恢复调制信号，如图 5.2.14(c)中的 $m_o(t)$。

由于包络检波电路比较简单，因而广泛用于 AM 信号的解调。但是只有在包络不失真的前提条件下，才能不失真地恢复原调制信号。如不满足包络不失真条件，则不能正确恢复原调制信号，而必须用相干解调。

5.2.6　幅度调制系统的抗噪声性能

由于信道中存在噪声，因此，解调器输出信号会受到噪声的干扰，本节简要介绍各种调制系统的抗噪声性能。

1. 调制系统抗噪声性能的分析模型

调制系统抗噪声性能的分析模型如图 5.2.15 所示。图中，$s_r(t)$ 为接收的已调信号，$n(t)$ 为高斯白噪声。带通滤波器 BPF 的作用是滤除已调信号频带以外的噪声，它的传输特性是幅度为 1、带宽为 B 的矩形。经过带通滤波器后，到达解调器输入端的信号仍可认为是 $s_r(t)$，噪声为 $n_i(t)$。解调器输出的有用信号为 $m_o(t)$，噪声为 $n_o(t)$。

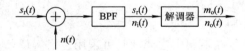

图 5.2.15　调制系统抗噪声性能分析模型

对于不同的调制系统，信号 $s_r(t)$ 是不同的，但解调器输入端的噪声 $n_i(t)$ 是相同的，由于带通滤波器带宽远小于其中心频率 f_c，根据第 3 章所学知识，$n_i(t)$ 为窄带平稳高斯白噪声，它的表示式为

$$n_i(t) = n_I(t)\cos 2\pi f_c t - n_Q(t)\sin 2\pi f_c t \tag{5-2-11}$$

且窄带噪声 $n_i(t)$ 及其同相分量 $n_I(t)$ 和正交分量 $n_Q(t)$ 的均值、方差(平均功率)相同。即

$$E[n_I(t)] = E[n_Q(t)] = E[n_i(t)] = 0 \tag{5-2-12}$$

$$E[n_I^2(t)] = E[n_Q^2(t)] = E[n_i^2(t)] = \sigma_n^2 = N_i \tag{5-2-13}$$

N_i 为解调器输入噪声 $n_i(t)$ 的平均功率。若白噪声的单边功率谱密度为 n_0，则

$$N_i = n_0 B \tag{5-2-14}$$

为了使已调信号无失真地进入解调器，同时又最大限度地抑制噪声，BPF 的带宽 B 应等于已调信号的带宽。

在第 1 章绪论中，我们知道评价模拟通信系统的通信质量时，用的是解调器的输出信噪比 S_o/N_o。显然，S_o/N_o 越大，则通信质量越好。但是 S_o/N_o 不仅与解调器输入端的输入信噪比 S_i/N_i 有关，还与解调方式有关。因此，为了比较各种调制系统的性能，还可用输出信噪比和输入信噪比的比值 G 来表示，G 称为调制制度增益。

输入信噪比为

$$\frac{S_i}{N_i} = \frac{解调器输入端信号功率}{解调器输入端噪声功率} = \frac{\overline{s_r^2(t)}}{E[n_i^2(t)]}$$

输出信噪比为

$$\frac{S_o}{N_o} = \frac{解调器输出端信号功率}{解调器输出端噪声功率} = \frac{\overline{m_o^2(t)}}{E[n_o^2(t)]}$$

调制制度增益为

$$G = \frac{S_o/N_o}{S_i/N_i} \tag{5-2-15}$$

G 越大，则说明这种解调器对输入信噪比的改善就越多。

下面讨论各种幅度调制系统的抗噪声性能，并对它们作简要比较。

2. 幅度调制系统相干解调器的抗噪声性能

当幅度调制信号采用相干解调时，相应的抗噪声性能分析模型如图 5.2.16 所示。相乘器输出端的噪声为

$$n_i(t)\,\cos2\pi f_c t = [n_I(t)\,\cos2\pi f_c t - n_Q(t)\,\sin2\pi f_c t]\,\cos2\pi f_c t$$
$$= \frac{1}{2}n_I(t) + \frac{1}{2}[n_I(t)\,\cos4\pi f_c t - n_Q(t)\,\sin4\pi f_c t]$$

通过 LPF，滤除 $2f_c$ 分量，得解调器输出噪声和噪声平均功率为

$$n_o(t) = \frac{1}{2}n_I(t)$$

$$N_o = E[n_o^2(t)] = \frac{1}{4}E[n_I^2(t)] = \frac{1}{4}N_i$$

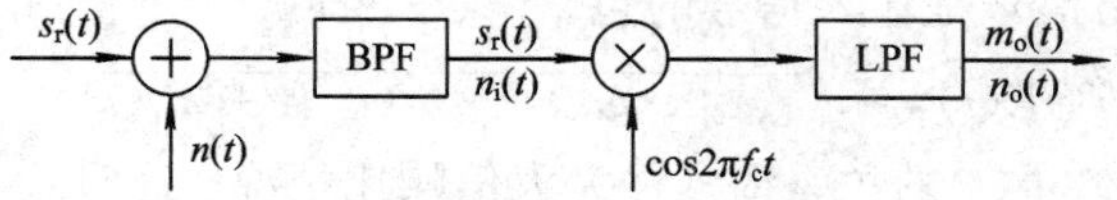

图 5.2.16 相干解调器抗噪声性能分析模型

有了解调器输入输出端的噪声功率 N_i 和 N_o，再根据各种已调信号及它们相干解调时输出信号的表达式，求出解调器输入信号功率 S_i 及输出信号功率 S_o，就可得到解调器的输入输出信噪比及调制制度增益，限于篇幅，这里不再展开，读者可自行完成，有关结论如表 5-2-1 所示。

表 5-2-1 各种调制系统抗噪声性能

	AM 信号	DSB 信号	SSB 信号
$\dfrac{S_i}{N_i}$	$\dfrac{A_0^2 + \overline{m^2(t)}}{4n_0 f_m}$	$\dfrac{\overline{m^2(t)}}{4n_0 f_m}$	$\dfrac{\overline{m^2(t)}}{4n_0 f_m}$
$\dfrac{S_o}{N_o}$	$\dfrac{\overline{m^2(t)}}{2n_0 f_m}$	$\dfrac{\overline{m^2(t)}}{2n_0 f_m}$	$\dfrac{\overline{m^2(t)}}{4n_0 f_m}$
G	$\dfrac{2\,\overline{m^2(t)}}{A_0^2 + \overline{m^2(t)}}$	2	1

关于各种相干解调系统的抗噪声性能，还需要说明三点：

（1）虽然 $G_{DSB}=2G_{SSB}$，但两种调制系统的抗噪声性能是相同的。这是因为，SSB 解调器中的带通滤波器的带宽是 DSB 解调器中带通滤波器带宽的一半，因此，在相同的输入信号功率 S_i，相同的噪声功率谱密度 n_0，相同的调制信号带宽 f_m 条件下，SSB 解调器中带通滤波器输出端的噪声只有 DSB 中的一半，所以 SSB 解调器中的输入信噪比（即带通滤波器输出端的信噪比）是 DSB 中的 2 倍。显然，在相同 S_i、n_0 和 f_m 时，SSB 和 DSB 两种解调器的输出信噪比是相同的，故两者的抗噪声性能是相同的。但 SSB 的带宽只有 DSB 的一半，故具有更高的有效性。

（2）VSB 抗噪声性能的定量分析比较复杂，但在残留边带不是太大时，其性能与 SSB 的近似。

（3）AM 的调制制度增益较低。例如，对于单音调制信号 $m(t)=A_m\cos2\pi Ft$，且满调幅时，调制制度增益最大为 $G=2/3$。

3. 幅度调制系统非相干解调器的抗噪声性能

AM 信号的包络解调属于非相干解调，其抗噪声性能分析模型如图 5.2.17 所示。

图 5.2.17 非相干解调抗噪声性能分析模型

AM 信号非相干解调时，解调器输入端的输入信噪比与相干解调时的相同，现在分析非相干解调时的输出信噪比。

包络检波器输入为 AM 信号与窄带高斯白噪声之和，即

$$s_{AM}(t)+n_i(t)=[A_0+m(t)+n_I(t)]\cos2\pi f_c t-n_Q(t)\sin2\pi f_c t$$
$$=E(t)\cos[2\pi f_c t+\psi(t)]$$

包络检波器的输出信号是输入信号的包络 $E(t)$，即

$$E(t)=\sqrt{[A_0+m(t)+n_I(t)]^2+n_Q^2(t)}$$

当满足 $A_0+m(t)\gg n_i(t)$ 的关系时，称为大信噪比情况。这时

$$A_0+m(t)\gg n_I(t),\ A_0+m(t)\gg n_Q(t)$$

检波器输出信号 $E(t)$ 可简化为

$$E(t)\approx A_0+m(t)+n_I(t)$$

低通滤波器滤除直流分量 A_0 后输出 $m(t)+n_I(t)$，其中输出信号 $m_o(t)=m(t)$，输出噪声 $n_o(t)=n_I(t)$。故解调器输出信噪比为

$$\frac{S_o}{N_o}=\frac{\overline{m^2(t)}}{E[n_I^2(t)]}=\frac{\overline{m^2(t)}}{n_0 B}=\frac{\overline{m^2(t)}}{2n_0 f_m}$$

此输出信噪比也与 AM 相干解调时的相同，故大信噪比时，AM 非相干解调系统具有与相干解调系统相同的抗噪声性能。

当满足 $A_0+m(t)\ll n_i(t)$ 的关系时，称为小信噪比情况。这时

$$n_I(t)\gg A_0+m(t)$$
$$n_Q(t)\gg A_0+m(t)$$

包络可简化为

$$E(t)\approx R(t)+[A_0+m(t)]\cos\theta(t)$$

其中，$R(t) = \sqrt{n_1(t)^2 + n_Q^2(t)}$，$\cos\theta(t) = \dfrac{n_1(t)}{R(t)}$。

可见，对解调器输出信号进行分析得到：检波器输出端没有单独的信号项，只有受到 $\cos\theta(t)$ 调制的 $m(t)$ 项。由于 $\cos\theta(t)$ 是一个依赖于噪声变化的随机函数，因此实际上它就是一个随机噪声。即有用信号 $m(t)$ 被包络检波器扰乱，致使 $m(t)\cos\theta(t)$ 也只能看做是噪声，因此输出信噪比急剧下降，这种现象称为门限效应，开始出现门限效应的输入信噪比称为门限值。这种门限效应是由包络检波器的非线性解调作用引起的。

非相干解调一般都存在门限效应，门限值的大小没有严格的定义，一般可认为门限在 10 dB 左右。

那么相干解调存不存在门限效应呢？答案是否定的。因为相干解调信号时，解调过程可视为信号与噪声分别解调，因此解调器输出端总是单独存在有用信号项。

由对 AM 信号非相干解调的分析，我们得到这样的结论：在大信噪比情况下，AM 信号包络检波器的性能与相干解调法相同。但随着输入信噪比的减小，包络检波器将在一个特定输入信噪比值上出现门限效应。一旦出现门限效应，解调器的输出信噪比将急剧恶化。

5.3　角　度　调　制

前面我们讨论了幅度调制，即用高频载波的幅度携带调制信号。而一个正弦载波有幅度、频率和相位三个参量，如果用载波的频率去携带调制信号，则称为频率调制；如果用载波的相位去携带调制信号，则称为相位调制。因为频率调制或相位调制都会使载波的角度随着调制信号变化，故都属于角度调制。

角度调制的已调信号频谱不再是原调制信号频谱的线性搬移，而是产生了新的频率成分，频谱的搬移过程是非线性变换，故又称为非线性调制。

5.3.1　角度调制的基本概念

1. 角度调制信号的时域表示式

角度调制信号的一般表示式为

$$s(t) = A_0 \cos[\omega_c t + \varphi(t)]$$

式中，A_0 是载波的恒定幅度；$\theta(t) = \omega_c t + \varphi(t)$ 是瞬时相位；$\varphi(t)$ 是相对于载波相位 $\omega_c t$ 的瞬时相位偏移。$\omega(t) = \dfrac{\mathrm{d}\theta(t)}{\mathrm{d}t} = \omega_c + \dfrac{\mathrm{d}\varphi(t)}{\mathrm{d}t}$ 是瞬时角频率；$\dfrac{\mathrm{d}\varphi(t)}{\mathrm{d}t}$ 是相对于载波角频率 ω_c 的瞬时角频率偏移。

所谓频率调制(FM)，简称为调频，是指瞬时角频率偏移随调制信号 $m(t)$ 成比例变化的调制方式，即

$$\frac{\mathrm{d}\varphi(t)}{\mathrm{d}t} = K_f m(t)$$

式中，K_f 为调频灵敏度，单位为 rad/s/v，$m(t)$ 为基带信号。故有

$$\varphi(t) = \int_{-\infty}^{t} K_f m(\tau)\mathrm{d}\tau$$

代入角调制信号一般表示式，得 FM 信号的时域表达式为

$$s_{\text{FM}}(t) = A_0 \cos\left[2\pi f_c t + K_f \int_{-\infty}^{t} m(\tau)\,\mathrm{d}\tau\right] \qquad (5-3-1)$$

为了对 FM 信号的波形有一个直观的认识,我们假设 $m(t)$ 为图 5.3.1(a)所示的三角波;图 5.3.1(b)是瞬时角频率的变化曲线;图 5.3.1(c)为 FM 的波形示意图。图中,$t=a$ 处 $m(t)$ 最大,这时 $s_{\text{FM}}(t)$ 的瞬时角频率最高,故波形最密。由此可见,FM 波形实际是一个疏密在变化的等幅波,其疏密的变化反映调制信号的变化规律。

所谓相位调制(PM),简称为调相,是指瞬时相位偏移随调制信号 $m(t)$ 成比例变化的调制方式,即

$$\varphi(t) = K_p m(t)$$

式中,K_p 为调相灵敏度,单位为 rad/v,故 PM 信号的时域表达式为

$$s_{\text{PM}}(t) = A_0 \cos\left[2\pi f_c t + K_p m(t)\right] \qquad (5-3-2)$$

PM 信号的瞬时角频率为

$$\omega(t) = \omega_c + \frac{\mathrm{d}\varphi(t)}{\mathrm{d}t} = 2\pi f_c + K_p \frac{\mathrm{d}m(t)}{\mathrm{d}t}$$

图 5.3.2 是 PM 信号的波形示意图。图中可见,PM 波也是一个疏密变化的等幅波,但它的疏密变化不直接反映调制信号的变化规律,而是反映导数 $\mathrm{d}m(t)/\mathrm{d}t$ 的变化规律。

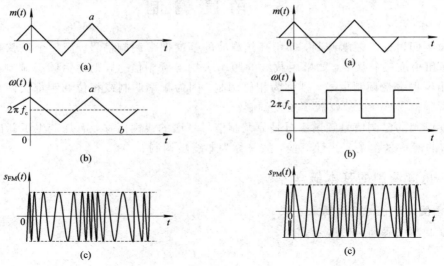

图 5.3.1 FM 信号波形   图 5.3.2 PM 信号波形

由式(5-3-1)、(5-3-2)可见,对调制信号 $m(t)$ 积分后进行调相即为 $m(t)$ 的调频信号,同样,对 $m(t)$ 先微分再进行调频,即可得到 $m(t)$ 的调相信号。所以,调频和调相并无本质区别,两者间可以互相转换。鉴于在实际应用中多采用调频信号,下面将集中讨论频率调制。

2. 调频信号的两个重要参量

最大频率偏移和最大相位偏移是调频信号的两个重要参量,它决定了调频信号的调制程度。

最大频率偏移定义为调频信号瞬时频率偏移的最大值,即

$$\Delta f = \frac{1}{2\pi} \cdot K_f \left| m(t) \right|_{\max} \qquad (5-3-3)$$

最大相位偏移定义为调频信号瞬时相位偏移的最大值，即

$$m_{\mathrm{f}} = K_{\mathrm{f}} \left| \int_{-\infty}^{t} m(\tau) \mathrm{d}\tau \right|_{\max} \tag{5-3-4}$$

调频信号的最大相位偏移称为调频指数。

调频信号的带宽由调频指数决定。一般认为，当调频指数满足

$$m_{\mathrm{f}} = K_{\mathrm{f}} \left| \int_{-\infty}^{t} m(\tau) \mathrm{d}\tau \right|_{\max} \ll \frac{\pi}{6} (或 0.5) \tag{5-3-5}$$

时，调频信号的带宽窄，称为窄带调频（NBFM），反之，则称为宽带调频（WBFM）。

例 5.3.1　已知某调角波为 $s(t) = 2\cos(10^7\pi t + 5\cos10^4\pi t)$，$f_{\mathrm{c}} = 5 \times 10^6$ Hz 求

（1）调制指数 m 和最大频率偏移 Δf。

（2）如果 $s(t)$ 是 PM 信号，且 $K_{\mathrm{p}} = 2$ rad/v，求调制信号 $m(t)$。

（3）如果 $s(t)$ 是 FM 信号，且 $K_{\mathrm{f}} = 2000$ rad/s/v，求调制信号 $m(t)$。

解　（1）因为

$$\theta(t) = 10^7\pi t + 5\cos10^4\pi t$$

$$\Delta\theta = |\theta(t) - \omega_{\mathrm{c}}t|_{\max} = |5\cos10^4\pi t|_{\max} = 5$$

所以

$$m = \Delta\theta = 5$$

瞬时角频率为

$$\omega(t) = \frac{\mathrm{d}\theta(t)}{\mathrm{d}t} = 10^7\pi - 5 \times 10^4\pi \sin10^4\pi t$$

最大角频率偏移为

$$\Delta\omega = |\omega(t) - \omega_{\mathrm{c}}|_{\max} = |-5 \times 10^4\pi \sin10^4\pi t|_{\max} = 5 \times 10^4\pi$$

最大频率偏移 Δf 为

$$\Delta f = \frac{\Delta\omega}{2\pi} = \frac{1}{2\pi} \times 5 \times 10^4\pi = 25 \times 10^3 (\mathrm{Hz})$$

（2）对于 PM 有

$$\varphi(t) = K_{\mathrm{p}}m(t) = 5\cos10^4\pi t$$

$$m(t) = \frac{5}{2}\cos10^4\pi t \ (\mathrm{V})$$

（3）对于 FM 有

$$\frac{\mathrm{d}\varphi(t)}{\mathrm{d}t} = K_{\mathrm{f}}m(t) = -5 \times 10^4\pi \sin10^4\pi t$$

$$m(t) = -25\pi \sin10^4\pi t \ (\mathrm{V})$$

5.3.2　窄带调频（NBFM）

由式（5-3-1）可知，FM 信号的一般表示式为

$$s_{\mathrm{FM}}(t) = A_0 \cos\left[2\pi f_{\mathrm{c}}t + K_{\mathrm{f}} \int_{-\infty}^{t} m(\tau) \mathrm{d}\tau\right]$$

为方便起见，这里假设 $A_0 = 1$，则有

$$s_{\mathrm{FM}}(t) = \cos\left[2\pi f_c t + K_f \int_{-\infty}^{t} m(\tau)\mathrm{d}\tau\right]$$

$$= \cos2\pi f_c t \cdot \cos\left[K_f \int_{-\infty}^{t} m(\tau)\mathrm{d}\tau\right] - \sin2\pi f_c t \cdot \sin\left[K_f \int_{-\infty}^{t} m(\tau)\mathrm{d}\tau\right]$$

对于窄带调频，$m_f \ll 0.5$，而上式中的 m_f 为

$$m_f = \left| K_f \int_{-\infty}^{t} m(\tau)\mathrm{d}\tau \right|_{\max} \ll 0.5$$

则

$$\cos\left[K_f \int_{-\infty}^{t} m(\tau)\mathrm{d}\tau\right] \approx 1, \ \sin\left[K_f \int_{-\infty}^{t} m(\tau)\mathrm{d}\tau\right] \approx K_f \int_{-\infty}^{t} m(\tau)\mathrm{d}\tau$$

所以 $s_{\mathrm{FM}}(t)$ 可简化为

$$s_{\mathrm{NBFM}}(t) \approx \cos2\pi f_c t - \left[K_f \int_{-\infty}^{t} m(\tau)\mathrm{d}\tau\right]\sin2\pi f_c t \tag{5-3-6}$$

可得窄带调频信号的频域表示式为

$$s_{\mathrm{NBFM}}(f) = \frac{1}{2}\left[\delta(f+f_c) + \delta(f-f_c)\right] + \frac{K_f}{2}\left[\frac{M(f-f_c)}{2\pi(f-f_c)} - \frac{M(f+f_c)}{2\pi(f+f_c)}\right]$$

$$\tag{5-3-7}$$

由此可以看出，NBFM 信号的频谱是由 $\pm f_c$ 处的载频和位于载频两侧的边频组成的，如图 5.3.3 所示。

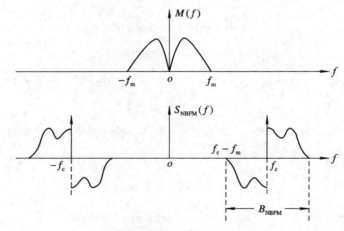

图 5.3.3　NBFM 信号的频谱

与 AM 信号的频谱比较，可清楚地看出两种已调信号频谱的异同点：

（1）相同点：两者都含有一个载波和位于 $\pm f_c$ 处的两个边带，所以它们的带宽相同，都是调制信号最高频率的两倍。即

$$B_{\mathrm{NBFM}} = 2f_m \tag{5-3-8}$$

（2）不同点：NBFM 的两个边频分别乘了因式 $\frac{1}{f-f_c}$ 和 $\frac{1}{f+f_c}$，由于因式是频率的函数，因此这种加权是频率加权，加权的结果引起已调信号频谱的失真，而且负频域的边频和 AM 的反相。

由于 NBFM 信号最大相位偏移较小，占据的带宽较窄，使得 FM 调制抗干扰性能强的优点不能充分发挥，因此目前仅用于抗干扰性能要求不高的短距离通信中。或者作为宽带

调频的前置级，即先进行窄带调频，然后再倍频，形成宽带调频。在长距离高质量的通信系统中，如微波或卫星通信、调频立体声广播、超短波电台等，多采用宽带调频。

5.3.3　宽带调频（WBFM）

1. WBFM 信号的带宽

宽带调频信号不能像窄带调频一样对表达式进行简化，因而其频谱的分析较为困难，下面我们以单音调制信号为例来考察宽带调频信号的特点，从而确定宽带调频信号的带宽。

设单音调制信号为

$$m(t) = A_m \cos 2\pi f_m t$$

代入式（5 - 3 - 1）得单音宽带调频信号表达式为

$$s_{FM}(t) = A_0 \cos[2\pi f_c t + m_f \sin 2\pi f_m t] \tag{5 - 3 - 9}$$

通过三角函数变换、傅氏级数展开等一系列较为复杂的数学运算，上式可写成

$$s_{FM}(t) = \sum_{n=-\infty}^{+\infty} A_0 J_n(m_f) \cos[2\pi(f_c + nf_m)t] \tag{5 - 3 - 10}$$

式中 $J_n(m_f)$ 称为第一类 n 阶贝塞尔（Bessel）函数，其函数值可查表得到。

由式（5 - 3 - 10）可见，单音宽带调频信号含有载波频率 f_c 及无穷多个分布于载波频率两侧的频率为 nf_m 的边频分量，这些频率分量的幅度等于函数值 $A_0 J_n(m_f)$。所以，严格来说调频信号的带宽为无限宽。然而，实际上边频分量的幅度随 n 的增大而减小，当 $n > m_f + 1$ 时，其对应的边频分量很小，可以忽略不计。故单音宽带调频波的带宽为

$$B_{WBFM} = 2(m_f + 1)f_m = 2(\Delta f + f_m) \tag{5 - 3 - 11}$$

此式称为卡森公式。当其应用于一般调制信号时，f_m 为调制信号的最高频率。

例如，调频立体声广播中，音乐信号最高频率为 $f_m = 15\ \text{kHz}$，最大频偏 $\Delta f = 75\ \text{kHz}$，故音乐调频信号的带宽为 $2(75 + 15) = 180\ \text{kHz}$。

2. WBFM 信号的解调及抗噪声性能

由于调频信号的瞬时角频率偏移正比于调制信号，因而调频解调器应能从调频信号中将瞬时角频率偏移检测出来，即当解调器的输入端输入为

$$s_{FM}(t) = A \cos\left[2\pi f_c t + K_f \int_{-\infty}^{t} m(\tau)\,d\tau\right]$$

时，解调器的输出应当为

$$m_o(t) \propto K_f m(t)$$

对于宽带调频信号，一般采用鉴频器来完成解调，这是一种非相干解调方法，原理图如图5.3.4 所示。

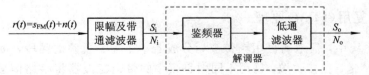

图 5.3.4　调频信号非相干解调器

图 5.3.4 中，限幅器消除调频波在传输过程中引起的幅度变化，带通滤波器让调频信号通过，而滤除带外噪声。鉴频器检测出调频信号的瞬时角频率偏移，再经低通滤波后输出与原调制信号成比例的信号，此信号通常表达为

$$m_o(t) = K_d K_f m(t) \qquad (5-3-12)$$

式中，K_d 为鉴频器灵敏度，单位是 V/rad/s。

衡量调频系统抗噪声性能是输出信噪比，输出信噪比等于输入信噪比与调制制度增益的乘积，即

$$\frac{S_o}{N_o} = \frac{S_i}{N_i} \cdot G_{FM} \qquad (5-3-13)$$

其中，G_{FM} 是调频解调器的调制制度增益。对于一般调频信号，对 G_{FM} 的分析非常复杂。但当输入大信噪比时，可推得调频信号的调制制度增益为

$$G_{FM} = 3m_f^2(m_f + 1) \qquad (5-3-14)$$

例如在调频广播中，调频指数 $m_f = 5$，$f_m = 15$ kHz，则调制制度增益为

$$G_{FM} = 3m_f^2(m_f + 1) = 450$$

所需带宽为

$$B_{FM} = 2 \times (5+1) \times 15 = 180 \ (kHz)$$

可见，当 m_f 越大时，G_{FM} 越大，系统抗噪声性能越好，但信号带宽 B_{FM} 也越宽。这说明调频信号抗噪声性能的改善是以增加传输带宽得到的。尽管这样，宽带调频系统在调频广播、空间通信、移动通信，以及模拟微波中继通信等领域仍获得了广泛的应用。

还需要指出的是，调频信号的非相干解调器也同样存在"门限效应"。即当输入信噪比低到一定程度时，输出信噪比会急剧下降，以致系统无法正常工作。因此，调频系统一般工作于大信噪比条件下。

对各种模拟调制系统的主要性能进行比较：FM 系统抗噪声性能最好，SSB 和 DSB 系统的抗噪声性能次之，AM 系统的抗噪声性能最差。FM 信号的调频指数 m_f 越大，抗噪声性能越好，但所占的传输带宽也越宽，因此从传输有效性指标来说，SSB 调制传输带宽最窄，有 $B_{SSB} = f_m$，f_m 为调制信号的最高频率；DSB、AM 和 NBFM 的其次，有 $B_{DSB} = B_{AM} = B_{NBFM} = 2f_m$；WBFM 的最宽，为 $B_{WBFM} = 2(m_f + 1)f_m$。因此 WBFM 的优越抗噪声性能是以牺牲带宽换来的。

5.4 频分复用（FDM）

当信道带宽远大于单路信号的带宽时，在同一信道上可以同时传输多路独立信号，这种传输方式称为多路复用。常用的多路复用方式有：频分复用、时分复用和码分复用等，本节仅介绍频分复用（FDM）。

5.4.1 频分复用（FDM）原理

在 FDM 系统中，信道的可用频带被划分成若干个互不重叠的频段，每路信号使用其中的一个频段传送。在接收端，采用不同中心频率的带通滤波器将多路信号分开，分别进行解调后得到所需信号。

　　FDM 系统原理框图如图 5.4.1 所示。设有 n 路话音信号进行复用,发送端各路话音信号首先通过 LPF,使其频率受限在 f_m(对话音信号,一般为 3.4 kHz)以内,然后将各路信号分别对不同的载波频率进行调制,这些载波(f_{c1}, f_{c2}, …, f_{cn})称为副载波。调制方式可以是任意连续波调制,但最常用的是 SSB 调制,因为 SSB 方式最节省频带。各路 SSB 调制器输出信号相加,形成复用信号 $s(t)$。复用信号原则上可以直接在信道中传输,但在某些场合,还需进行主载波调制。主载波调制器可以是任意调制方式,但为了提高抗干扰能力,通常采用 FM 方式。在接收端将主调制信号进行解调成为频分复用信号 $s(t)$,然后通过中心频率分别为 f_{c1}、f_{c2}、…、f_{cn} 的带通滤波器(BPF)分路和 SSB 解调,恢复各路信号 $m_1(t)$, $m_2(t)$, …, $m_n(t)$。

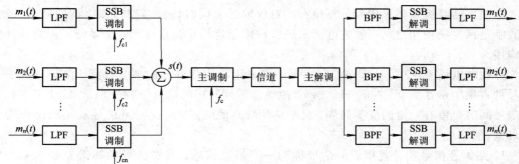

图 5.4.1　FDM 系统原理框图

　　采用 SSB 调制的频分复用信号 $s(t)$ 的频谱如图 5.4.2 所示,图中 f_m 为单路基带信号的带宽,f_g 为邻路间的保护频带。

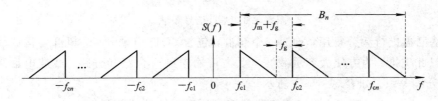

图 5.4.2　复用信号频谱结构示意图

　　显然,n 路频分复用信号的带宽为

$$B_n = nf_m + (n-1)f_g \tag{5-4-1}$$

　　例 5.4.1　现有 60 路模拟话音信号采用频分复用方式传输。已知每路话音信号频率范围为 0～4 kHz(已含保护带),副载波采用 SSB 调制,主载波采用 FM 调制,调制指数 $m_f = 2$。

　　(1) 试计算副载波调制合成信号的带宽。

　　(2) 试求信道传输信号的带宽。

　　(3) 试求宽带调频的调制增益。

　　解　(1) 由于副载波采用 SSB 调制,故每路 SSB 信号的带宽等于每路信号(含保护带)的带宽,即为 4 kHz,因此,60 路话音频分复用后的总带宽为

$$B_{60} = 60 \times 4 = 240 \text{ (kHz)}$$

(2) 主载波调制采用宽带 FM 调制，故调频波的带宽为

$$B_{\mathrm{FM}} = 2f_{\mathrm{m}}(m_{\mathrm{f}}+1) = 2 \times 240 \times (2+1) = 1440 \ (\mathrm{kHz})$$

其中，$f_{\mathrm{m}} = B_{60} = 240$ kHz。

(3) 将 $m_{\mathrm{f}} = 2$ 代入式(5-3-14)得宽带调频的调频增益为

$$G_{\mathrm{FM}} = 3m_{\mathrm{f}}^2(m_{\mathrm{f}}+1) = 3 \times 2^2 \times (2+1) = 36$$

5.4.2　频分复用应用实例

频分复用可广泛应用于长途载波电话、立体声调频、广播电视和空间遥测等领域。下面以载波电话系统为例，介绍频分复用技术在实际系统中的应用。

载波电话系统是指采用频分复用在一对传输线上同时传输多路模拟电话的通信系统。在数字电话系统使用之前，载波电话系统曾被广泛应用于长途通信，是频分复用的一种典型应用。

在载波电话系统中，为节省传输频带，常采用单边带调制的频分复用。由于每路语音信号的占用频带在 300～3400 Hz 之间，故单边带调制后的信号带宽为 3100 Hz。考虑到各路信号间需要留有一定的保护间隔，易于应用分路滤波器，因此每路信号取 4 kHz 作为标准带宽。

12 路语音信号频分复用后的信号称为一个基群信号，基群信号的频谱如图 5.4.3 所示，占据 60～108 kHz 的频带范围，总带宽为 48 kHz，图中的每个三角形表示一路语音信号的频谱。

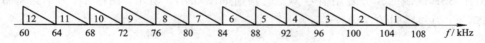

图 5.4.3　基群信号频谱

5 个基群再进行频分复用，构成一个超群，包含 60 路电话。2 个超群可构成 120 路复用信号，以此类推。为方便大容量载波电话在传输中进行合路和分路，载波电话系统有一套标准的分群等级，如表 5-4-1 所示。

表 5-4-1　多路载波电话系统标准分群等级

分群等级	容量(话路数量)	带　宽	基本频带范围
基群	12	48 kHz	60～108 kHz
超群	60(5×12)	240 kHz	312～552 kHz
基本主群	300(5×60)	1200 kHz	812～2044 kHz
基本超主群	900(3×300)	3600 kHz	8516～12388 kHz

需要指出，表 5-4-1 中的基本频带指的是单边带调制后群路信号的频率范围，并非在实际信道中传输的频带。因为在送入信道前，群路信号有可能还要进行一次频率搬移，即主载波调制，以适合于实际信道的通带范围。

长途载波电话系统实现多路复用的设备称为载波机，图 5.4.4 给出了长途载波通信系统连接示意图。

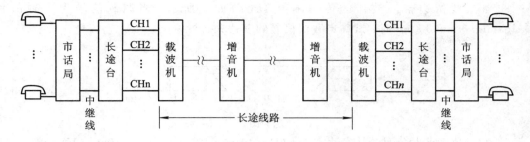

图 5.4.4　长途载波通信系统连接示意图

1. 什么是过调幅？过调幅对幅度调制（AM）有哪些影响？

2. 什么是调制效率，其物理意义是什么？

3. 已知线性调制信号表示式如下所示：

(1) $\cos\Omega t \cos\omega_c t$；

(2) $(1+0.5\cos\Omega t)\cos\omega_c t$。

其中，$\omega_c = 6\ \Omega$，试分别画出其波形图和频谱图。

4. 调制信号波形如图所示，画出 DSB 及 AM 信号的波形图，并比较它们分别通过包络检波器后的波形差别。

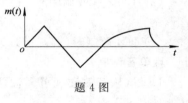

题 4 图

5. 已知调制信号 $m(t)=\cos 2000\pi t+\cos 4000\pi t$，载波为 $\cos 10^4\pi t$，进行单边带调制，试确定该上边带信号的表示式，并画出其频谱图。

6. 调幅波 $s_m(t)=(1+\cos\Omega t)\cos\omega_c t$ 通过某滤波器后，载频分量的幅度未变，而边频分量的幅度降为原来的一半。

(1) 求滤波器输出调幅信号的调幅系数；

(2) 求滤波器输出调幅信号的功率；

(3) 写出滤波器输出信号的时域表示式。

7. 调制方框图和信号 $m(t)$ 的频谱如图所示，载频 $f_1 \ll f_2$，$f_1 > f_H$，且理想低通滤波器的截止频率为 f_1，试求输出信号 $s(t)$，并说明 $s(t)$ 为何种已调制信号。

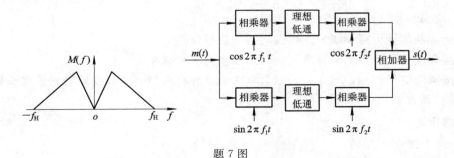

题 7 图

8. 如果残留边带滤波器的传输函数 $H(f)$ 如图所示。当调制信号为：$m(t) = A[\sin 100\pi t + \sin 6000\pi t]$ 时，试确定残留信号的表达式。

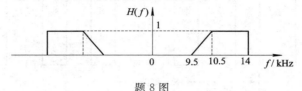

题 8 图

9. 有一角度调制信号，其表达式为 $x(t) = 10\cos[10^8\pi t + 6\sin 2\pi 10^3 t]$ (V)，求：

(1) 平均功率。

(2) 最大频偏、调制指数。

(3) 如果 $x(t)$ 为调相波，且 $K_p = 2$ rad/v，求调制信号 $m(t)$。

(4) 如果 $x(t)$ 为调频波，且 $K_f = 2000$ rad/s/v，求调制信号 $m(t)$。

10. 假设音频信号 $x(t)$ 经过调制后在高斯通道进行传输，要求接收机输出信噪比 $S_o/N_o = 50$ dB。已知信道中信号功率损失为 50 dB，信道噪声为带限高斯白噪声，其双边功率谱密度为 10^{-12} W/Hz，音频信号 $x(t)$ 的最高频率 $f_x = 15$ kHz，并有：$E[x(t)] = 0$，$E[x^2(t)] = 1/2$，$|x(t)|_{max} = 1$，求

(1) DSB 调制时，已调信号的传输带宽和平均发送功率。(采用同步解调)

(2) SSB 调制时，已调信号的传输带宽和平均发送功率。(采用同步解调)

(3) 100% AM 调制时，已调信号的传输带宽和平均发送功率。(采用包络解调，且单音调制)

(4) FM 调制时(调制指数为 5)，已调信号的传输带宽和平均发送功率。(采用鉴频解调，且单音调制)

11. 试从有效性和可靠性两方面比较模拟调制系统(AM、DSB、SSB、VSB、FM)的性能。

本章知识点小结

1. 调制概念

(1) 调制的目的：实现基带信号在带通信道上的传输。

(2) 调制实现方法：用基带信号控制高频载波的某个参量，使受控参量随基带信号变化。

(3) 调制的分类。

① 按调制信号可将调制分为模拟调制和数字调制。

② 按载波信号可将调制分为正(余)弦载波调制和脉冲调制。

③ 按调制信号所控制的正(余)弦载波参数，可将调制分为幅度调制和角度调制(频率调制和相位调制)。

2. 幅度调制

(1) 标准调幅(AM)。

① AM 时域表达式：$s_{AM}(t) = [A_0 + m(t)]\cos 2\pi f_c t$，其中 $\overline{m(t)} = 0$，且 $|m(t)|_{max} \leqslant A_0$。

② AM 频谱：$s_{AM}(f) = \dfrac{A_0}{2}[\delta(f-f_c) + \delta(f+f_c)] + \dfrac{1}{2}[M(f-f_c) + M(f+f_c)]$，由直流谱和两个边带组成。

③ 调幅度：$m = \dfrac{A(t)_{max} - A(t)_{min}}{A(t)_{max} + A(t)_{min}}$，此参数衡量调制深度，当 $m=1$ 时称为满调幅。

④ AM 带宽：$B_{AM} = 2f_m$，f_m 是模拟调制信号的最高频率。

⑤ AM 信号的功率：$P_{AM} = \dfrac{A_0^2}{2} + \dfrac{\overline{m^2(t)}}{2} = P_c + P_s$，即等于载波功率与边带功率之和。

⑥ 调制效率：$\eta_{AM} = \dfrac{P_s}{P_c + P_s}$，此值越大，表明调幅信号平均功率中真正携带信息的部分越多。AM 信号的最大调制效率 $\eta_{AM} = 50\%$（满调幅，且调制信号为方波时）。

⑦ AM 信号的解调有相干解调或包络解调（是一种非相干解调方法）。实际应用中，AM 常采用包络解调。包络解调由于使用了非线性部件因而存在门限效应，即当输入信噪比小于门限值时，输出信噪比急剧下降。

⑧ 调制制度增益：$G_{AM} = \dfrac{2\,\overline{m^2(t)}}{A_0^2 + \overline{m^2(t)}}$，最大 $G_{AM} = \dfrac{2}{3}$（正弦满调幅）。

（2）抑制载波双边带调制（DSB）。

① DSB 信号表达式：$s_{DSB}(t) = m(t)\cos 2\pi f_c t$，其中 $\overline{m(t)} = 0$。

② DSB 频谱：$S_{DSB}(f) = \dfrac{1}{2}[M(f-f_c) + M(f+f_c)]$，包含两个信号边带。

③ DSB 带宽：$B_{DSB} = 2f_m$，与 AM 信号带宽相同。

④ 调制效率：$\eta_{AM} = \dfrac{P_s}{P_{DSB}} = 1$。

⑤ DSB 解调：只能采用相干解调。调制制度增益为 $G_{DSB} = 2$。

（3）单边带调制（SSB）。

① 表达式：$s_{SSB}(t) = \dfrac{1}{2}m(t)\cos 2\pi f_c t \mp \dfrac{1}{2}\hat{m}(t)\sin 2\pi f_c t$，其中"－"代表上边带，"＋"代表下边带。

② SSB 信号的带宽是 DSB 信号带宽的一半，即 $B_{SSB} = \dfrac{1}{2}B_{DSB} = f_m$。

③ SSB 信号的产生方法：滤波法（用滤波器滤除一个边带）和相移法（根据表达式合成产生）。

④ 解调：只能采用相干解调。调制制度增益为 $G_{SSB} = 1$。

⑤ SSB 有节省发射功率（只发送一个边带），减少占用信道的带宽的优点。其缺点是实现较难。

（4）残留边带调制（VSB）。

① VSB 带宽：介于 DSB 和 SSB 信号带宽之间，即 $B_{SSB} < B_{VSB} < B_{DSB}$。

② 为确保正确解调，要求边带滤波器具有互补对称特性，即

$$H_{VSB}(f+f_c) + H_{VSB}(f-f_c) = C \mid f \mid \leqslant f_m$$

③ 解调：只能采用相干解调。解调性能可近似认为与 SSB 相同。

综合上述，有如下结论：

① SSB 占用带宽最少,故频带利用率(有效性)最高。

② DSB 与 SSB 的抗噪声性能相同,优于 AM 调制。

③ AM 包络解调最易实现,而 SSB 的实现最为困难。

3. 角度调制

(1) 角度调制基本概念。

角度调制有调频(FM)和调相(PM)两种。FM 信号的瞬时角频率偏移随调制信号线性变化;PM 信号的瞬时相位偏移随调制信号线性变化。

① 表达式。

• 调频信号:$s_{FM}(t) = A_0 \cos\left[2\pi f_c t + K_f \int_{-\infty}^{t} m(\tau)d\tau\right]$。

• 调相信号:$S_{PM}(t) = A_0 \cos\left[2\pi f_c t + K_p m(t)\right]$。

• 调角信号:$c(t) = A_0 \cos\theta(t)$,其中 $\theta(t)$ 为瞬时相位,$\omega(t) = \dfrac{d\theta(t)}{dt}$ 为瞬时角频率。

② 调频信号两个重要参量。

• 最大频率偏移:$\Delta\omega = |\omega(t) - \omega_c|_{max}$(角频率偏移)及 $\Delta f = \Delta\omega/2\pi$(频率偏移)。

• 最大相位偏移:$\Delta\theta = |\Delta\theta(t)|_{max} = |\theta(t) - 2\pi f_c t|_{max}$,称为调制指数。对于调频信号有 $m_f = K_f \left|\int_{-\infty}^{t} m(\tau)d\tau\right|_{max}$。

(2) 窄带调频(NBFM)。

① 定义:$m_f = \left|K_f \int_{-\infty}^{t} m(\tau)d\tau\right|_{max} \ll 0.5$。

② 带宽:$B_{NBFM} = 2f_m$,与 AM 信号带宽相同。

(3) 宽带调频(WBFM)。

① 定义:当调频指数 $m_f = \left|K_f \int_{-\infty}^{t} m(\tau)d\tau\right|_{max} \gg 0.5$ 时称为宽带调频。

② 带宽:$B_{WBFM} = 2(m_f + 1)f_m = 2(\Delta f + f_m)$,$f_m$ 为调制信号的最高频率。

③ 功率:$P_c = \dfrac{1}{2}A_0^2$,等于载波功率,与调制信号无关。

④ 抗噪声性能:$G_{FM} = 3m_f^2(m_f + 1)$,m_f 越大,G_{FM} 越大,抗噪声性能越好,但 $B_{FM} = 2(m_f + 1)f_m$ 也越大。可见,宽带调频信号抗噪声性能的提高是以增加传输带宽换取的。鉴频法也存在门限效应。

4. 频分复用

若干路独立信号在同一信道中传输称为复用。频分复用的方法是将信道的可用频带分成若干互不重叠的频段,通过调制(频谱搬移)使每路信号占据其中的一个频段。在接收端用适当的滤波器将多路信号区分开,再通过解调还原各路独立信号。频分复用提高了信道的利用率,但增加了设备的复杂性,还会产生路际串扰。

本章自测自评题

一、填空题(每题 2 分,共 20 分)

1. 设调制信号是最高频率为 3.4 kHz 的语音信号,则 AM 信号的带宽为 _____,

SSB 信号的带宽为_____，DSB 信号的带宽为_____。

2．在 AM、DSB、SSB、FM 中，可靠性最好的是_____，与 DSB 具有相同有效性的调制方式是_____，与 DSB 具有相同可靠性的是_____。

3．在残留边带调制系统中，为了不失真地恢复信号，残留边带滤波器的传输特性应满足_____。

4．对于 AM 系统，大信噪比时常采用_____解调，此解调方式在小信噪比时存在_____效应。

5．已知 FM 波的表达式为 $s(t) = 10\cos(2 \times 10^6 \pi t + 10\cos 2000\pi t)(\text{V})$，其带宽为_____，单位电阻上已调波的功率为_____，调制制度增益为_____。

6．在 FM 广播系统中，规定每个电台的标称带宽为 180 kHz，调频指数为 5，这意味着其音频信号最高频率为_____。

7．4 种线性调制系统中，_____可用非相干解调，而_____必须用相干解调。利用非相干解调的条件是已调波的包络正比于调制信号。

8．当调频指数满足_____时称为窄带调频，反之则称为宽带调频。设宽带调频的调频指数为 5，则调制制度增益为_____。

9．线性调制系统的已调波功率均决定于_____的功率。角度调制的已调信号功率则取决于_____，与调制信号功率的关系为_____。

10．10 路带宽为 4 kHz 的话音信号通过 SSB 调制组成频分复用信号，然后经宽带调频后传输，设调频指数为 $m_f = 9$，则调频前后信号的带宽之比为_____，接收端鉴频器输入输出端的信噪比之比为_____。

二、选择题（每题 2 分，共 20 分）

1．在 AM、DSB、SSB、VSB 四个通信系统中，有效性最好的通信系统是_____。

    A．AM　　　　　　B．DSB　　　　　　C．SSB　　　　　　D．VSB

2．下面列出的调制方式中，属于非线性调制的是_____。

    A．单边带调制 SSB　　　　　　　　B．双边带调制 DSB

    C．残留边带调制 VSB　　　　　　　D．频率调制 FM

3．设均值为零的调制信号为 $m(t)$，载波为 $2\cos\omega_c t$，$A_0 \geqslant |m(t)|_{\max}$，则 SSB 上边带信号的表达式为_____。

    A．$[A_0 + m(t)]\cos\omega_c t$　　　　　　B．$m(t)\cos\omega_c t$

    C．$m(t)\cos\omega_c t - \hat{m}(t)\sin\omega_c t$　　　　D．$m(t)\cos\omega_c t + \hat{m}(t)\sin\omega_c t$

4．下列模拟调制系统中，不存在门限效应的系统是_____。

    A．AM 信号的非相干解调　　　　　　B．FM 信号的非相干解调

    C．AM 信号的相干解调　　　　　　　D．A 和 B

5．在 AM、DSB、SSB、FM 四种系统中，可靠性相同的系统是_____。

    A．AM 和 DSB　　　　　　　　　　B．DSB 和 SSB

    C．AM 和 SSB　　　　　　　　　　D．AM 和 FM

6．某调角信号为 $s(t) = 10\cos(2 \times 10^6 \pi t + 10\cos 2000\pi t)$，其最大频偏为_____。

    A．1 MHz　　　　B．2 MHz　　　　C．1 kHz　　　　D．10 kHz

7. 在标准调幅系统中，令调制信号为正弦单音信号。当采用包络解调方式时，最大调制制度增益 G 为_____。

    A. $1/3$ B. $1/2$ C. $2/3$ D. 1

8. 下列关于模拟调制系统的正确描述是_____。

    A. 标准调幅系统中，不可以选用同步解调方式

    B. DSB 的解调器增益是 SSB 的 2 倍，所以，DSB 系统的抗噪声性能优于 SSB 系统

    C. FM 信号和 DSB 信号的有效带宽是 SSB 信号有效带宽的 2 倍

    D. 采用鉴频器对调频信号进行解调时可能产生"门限效应"

9. 某单音调频信号 $s(t) = 20 \cos[\ 2\times10^8 \pi t + 8\cos(4000\pi t)]$V，则调频指数为_____。

    A. $m_f = 2$ B. $m_f = 4$ C. $m_f = 6$ D. $m_f = 8$

10. 频分复用信号中各路基带信号在频域_____，在时域_____。

    A. 不重叠，重叠   B. 重叠，不重叠

    C. 不重叠，不重叠   D. 其它

三、简答题(每题 5 分，共 20 分)

1. 简述通信系统中采用调制的目的和实现方法。

2. 试从有效性和可靠性两个方面比较 AM、DSB、SSB、VSB 和宽带 FM 调制技术。

3. 什么是门限效应？AM 信号采用包络解调法为什么会产生门限效应？

4. 试简述频分复用的目的及应用。

四、综合题(每题 10 分，共 40 分)

1. 设标准调幅信号 $s(t) = (2+2\cos20\pi t)\cos200\pi t$，求：

(1) 调幅度(调幅系数)m；

(2) 频谱表达式 $S(f)$ 并画出频谱示意图；

(3) 画出此信号相干解调方框图，求出抑制直流后的输出 $m_o(t)$；

(4) 调制效率 η。

2. 在 DSB 信号相干解调器中，当本地载波存在相位误差 $\Delta\theta$ 时，DSB 解调器的输出为多少？试分别求当 $\Delta\theta$ 为 0、$\pi/3$、$\pi/2$ 时解调器输出信号的大小。

3. 一角调制信号 $s(t) = 500\cos[2\pi f_c t + 5\cos(2\pi f_m t)]$，其中 $f_m = 1$ kHz，$f_c = 1$ MHz。

(1) 若已知 $s(t)$ 是调制信号 $m(t)$ 的调相信号，其调相灵敏度 $K_p = 5$ rad/V，请写出调制信号 $m(t)$ 的表达式；

(2) 若已知 $s(t)$ 是调制信号为 $m(t)$ 的调频信号，其调频灵敏度 $K_f = 5000$ rad/s/v，请写出调制信号 $m(t)$ 的表达式；

(3) 请写出 $s(t)$ 的近似带宽 B；

(4) 求其调制制度增益 G_{FM}。

4. 频分复用系统框图如图 5.4.1 所示。设复用的话音有 15 路，每路话音的最高频率为 3.4 kHz，复用时两路之间留有保护频带 0.6 kHz，带通信道的中心频率为 1 MHz。求：

(1) 复用信号 $s(t)$ 的带宽；

(2) 若主调制采用 DSB 调制，则所需信道的带宽为多少？

(3) 主调制所采用的载波频率为多少？

第 6 章　模拟信号的数字传输

6.1　引　　言

实际应用中需要传输的许多原始信号都是模拟信号，如语音信号、图像信号、温度及压力传感器的输出信号等。由第 1 章介绍的数字通信系统模型可知，要想实现模拟信号在数字通信系统上的传输，需要信源编码器将模拟信源输出的模拟信号转换为数字信号（此数字信号通常是由"1"、"0"码元组成的二进制数字序列），这个过程称为模/数转换。相应地，在接收端，信源译码器会将接收到的数字信号还原为模拟信号，完成数/模转换。这种模拟信号经过数字化后在数字通信系统中的传输，称为模拟信号的数字传输，相应的系统称为模拟信号的数字传输系统，如图 6.1.1 所示。

图 6.1.1　模拟信号的数字传输系统

从图 6.1.1 可以看出，模拟信号的数字传输是通过三个步骤完成的。首先，模/数（A/D）转换器将模拟信源输出的模拟信号转换成数字信号；然后，该数字信号通过数字通信系统传输；最后，在接收端由数/模（D/A）转换器将收到的数字信号还原为模拟信号。数字通信系统将在第 7、8 等章中学习，本章只讨论模/数转换和数/模转换。

电话业务是最早发展起来的，到目前还依然在通信中占有最大的业务量，所以语音信号的数字化（通常称为语音编码）在模拟信号的数字化中占有重要的地位。现有的语音编码技术大致可分为波形编码和参量编码两类。波形编码是直接把时域波形变换为数字代码序列，数据速率通常在 16～64 kb/s 范围内，接收端重建信号的质量好。参量编码是利用信号处理技术，提取语音信号的特征参量，再将它们变换为数字代码传到接收端，接收端将数字代码还为相应的特征参量，用这些特征参量去控制语音信号的合成电路，合成得到发送端发送的语音信号，其数字化后的比特速率在 16 kb/s 以下，最低可达 1 kb/s 甚至更低，显著提高了信号传输的有效性。但接收端重建信号的质量不高，声码器即属此类传输。

本章首先重点讨论波形编码的两种具体方法，即脉冲编码调制（PCM）和增量调制（ΔM），最后介绍多路数字信号在同一信道上传输的时分复用技术及其在电话系统中的应用。

6.2　脉冲编码调制(PCM)

脉冲编码调制(PCM)是波形编码中最重要的一种,广泛应用于光纤通信、数字微波通信和卫星通信等领域。采用 PCM 数字化方法的模拟信号数字传输系统称为 PCM 系统,如图 6.2.1所示。

图 6.2.1　PCM 系统原理框图

PCM 数字化方法包括取样、量化和编码三个步骤。数字化后的二进制码元序列称为 PCM 代码,此代码经数字通信系统传输后到达接收端,通过译码器和低通滤波器还原发送的模拟信号,实现了模拟信号在数字通信系统上的传输。

下面用图 6.2.2来简要说明取样、量化和编码的过程。所谓取样,就是按一定的时间间隔对信号取值。设取样间隔为 T_s,即每隔 T_s 对信号取样一次,得到一个取样值。又设模

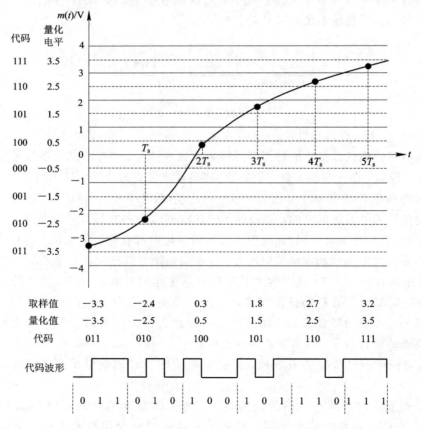

图 6.2.2　取样、量化及编码的过程

拟信号的变化范围为 $-4 \sim 4$ V，将此范围等间隔分成 8 个区间，正、负电压方向各 4 个区间（如图 6.2.2 中横向实线所示），将每个区间的中间电压值设置为量化电平（如图 6.2.2 中横向虚线所示），共有 8 个量化电平。量化就是用最接近于取样值的量化电平表示取样值。可见此例中量化后的样值电平只有 8 个。编码就是用二进制代码表示量化电平。由于只有 8 个量化电平，故每个量化电平可用 3 位二进制来编码，量化电平与代码之间的关系如图 6.2.2 所示。这样，每个取样值经量化、编码后都可表示成 3 位二进制代码。如在 $t=0$ 时刻对模拟信号取样，得到取样值 -3.3 V，最接近它的量化电平是 -3.5 V，将取样值 -3.3 V 量化为 -3.5 V，由于量化电平 -3.5 V 的代码是 011，所以，取样值经量化、编码后可用 011 来表示。由此可见，模拟信号经取样、量化及编码后可以转换成二进制数字信号。

下面对取样、量化和编码进行深入讨论。

6.2.1　取样

取样是将时间上连续的模拟信号变换为时间上离散的样值序列，其实现方法是将模拟信号乘以一个周期性的冲激脉冲序列。取样过程及波形示意图如图 6.2.3(a)、(b) 和 (c) 所示，图中 $m(t)$ 为模拟信号，$\delta_{T_s}(t)$ 为周期性冲激脉冲序列，$m_s(t)$ 为离散的样值序列，T_s 为取样间隔，其倒数 $f_s = 1/T_s$ 称为取样速率或取样频率，单位是次/秒或赫兹。

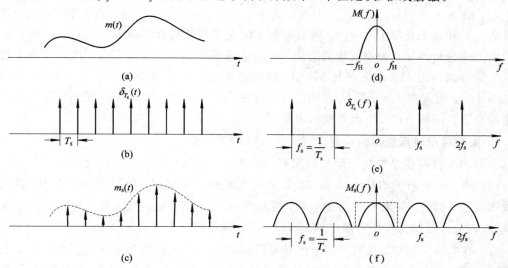

图 6.2.3　取样过程的时间函数和对应的频谱图

那么，在接收端，能否由离散的样值序列重建原始的模拟信号呢？换句话说，离散样值序列中是否含有原模拟信号的全部信息呢？奈奎斯特取样定理回答了这个问题，该定理包含低通信号取样定理和带通信号取样定理两种。

1. 低通信号的取样定理

低通信号取样定理描述为：一个频带限制在 $0 \sim f_H$ 内的连续信号 $m(t)$，如果取样速率 $f_s \geqslant 2f_H$，则可以由离散样值序列 $m_s(t)$ 无失真地重建原模拟信号 $m(t)$。

下面我们从频域对取样定理进行证明，从而进一步理解取样定理的含义。

根据取样过程，有

$$m_s(t) = m(t) \cdot \delta_{T_s}(t) \qquad (6-2-1)$$

应用频率卷积特性式(2-4-1)得到 $m_s(t)$ 的频谱为

$$M_s(f) = M(f) * \delta_{T_s}(f) \qquad (6-2-2)$$

由例 2.3.1 可知周期冲激序列的频谱为

$$\delta_{T_s}(f) = \frac{1}{T_s} \sum_{n=-\infty}^{\infty} \delta(f - nf_s) \qquad (6-2-3)$$

将式(6-2-3)代入式(6-2-2)，得到取样后信号的频谱为

$$M_s(f) = \frac{1}{T_s} \sum_{n=-\infty}^{\infty} M(f - nf_s) \qquad (6-2-4)$$

式(6-2-4)说明：取样后信号的频谱 $M_s(f)$ 是由无穷多个间隔为 f_s 的 $\frac{1}{T_s}M(f)$ 频谱叠加而成的。$M(f)$、$\delta_{T_s}(f)$、$M_s(f)$ 频谱如图 6.2.3(d)、(e)、(f)所示。

从图 6.2.3(f)可清楚看出：

(1) 当 $f_s \geqslant 2f_H$ 时，$M_s(f)$ 中周期重复出现的 $M(f)$ 频谱之间不会产生混叠，此时我们可利用低通滤波器很方便地从 $M_s(f)$ 中滤出 $M(f)$ 频谱，低通滤波器传输特性如图 6.2.3(f)中虚线所示，从而恢复出原模拟信号 $m(t)$。

(2) 但当 $f_s < 2f_H$ 时，$M_s(f)$ 中周期重复出现的 $M(f)$ 频谱之间会产生混叠，此时已无法从 $M_s(f)$ 中提取出 $M(f)$ 频谱，所以也就无法恢复原模拟信号 $m(t)$。

由上述分析可知，为使取样后的信号中包含原模拟信号的全部信息，或者说为了能从取样后信号的频谱 $M_s(f)$ 中恢复 $M(f)$，取样速率必须大于或等于信号最高频率的 2 倍，即 $f_s \geqslant 2f_H$。通常称 $f_s = 2f_H$ 为奈奎斯特取样速率，它是取样的最低速率；称 $T_s = 1/f_s$ 为奈奎斯特取样间隔，它是所允许的最大取样间隔。

2. 实际应用时应注意的问题

实际的取样和信号恢复与理想情况有一定差距，需注意以下几个方面：

(1) 理想取样时的取样函数 $\delta_{T_s}(t)$ 是周期性冲激脉冲序列，但在实际应用中，这是不可能实现的。因此，一般都用高度有限，宽度很窄的脉冲代替。当窄脉冲的宽度远小于其周期 T_s 时，可近似为周期冲激序列 $\delta_{T_s}(t)$，可以应用以上取样结果。

(2) 在实际应用中，接收端用于恢复原模拟信号的低通滤波器不可能是理想的。为能较好地恢复信号，要求发端取样器的取样速率 $f_s > 2f_H$（理论上 $f_s = 2f_H$ 就可以了），否则会使信号失真。考虑到实际滤波器的可实现特性，一般 f_s 取 $2.5f_H \sim 3f_H$。例如语音信号最高频率 f_H 一般为 3000~3400 Hz，取样速率 f_s 一般取 8000 Hz。

(3) 实际被取样的信号波形往往是时间受限的信号，因而它们不是频带受限信号。但它们的能量主要集中在有限的频带内，因此在实际取样时，应使用一个带限的低通滤波器先对要取样的模拟信号 $m(t)$ 进行滤波，滤除 f_H 以上的少量频率成分，否则取样后会产生混叠。因此，此低通滤波器也称为抗混叠滤波器。

3. 带通信号的取样定理

实际中除了低通信号外还有许多带通信号。那么对带通信号又该如何进行取样呢？

设有带通信号 $m(t)$，其频率范围为 $f_L \sim f_H$，带宽 $B = f_H - f_L$ 远小于其中心频率。如果按低通取样定理规定的取样速率 $f_s \geqslant 2f_H$ 对 $m(t)$ 进行取样，那么取样后的信号的频谱同样是原带通信号频谱的周期重复，带通信号 $m(t)$ 的频谱 $M(f)$ 及取样后信号的频谱 $M_s(f)$ 如图 6.2.4 所示。图中取 $f_s > 2f_H$。

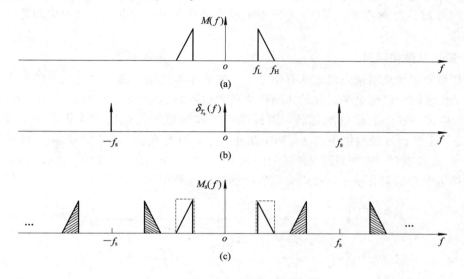

图 6.2.4　带通信号的取样频谱图

由图 6.2.4 可以看出：

（1）可以用低通信号取样定理所规定的取样速率对带通信号进行取样，所不同的是，恢复原带通信号 $m(t)$ 时要用带通滤波器(带通滤波器的传输特性如图 6.2.4 频谱图中虚线所示)。由于带通信号的最高频率 f_H 通常很高，所以此时的取样速率 $f_s \geqslant 2f_H$ 非常高，实现起来相当困难，甚至无法实现。

（2）取样后的频谱图上有许多空隙没有充分利用，也就是说，f_s 没有必要选得那样高，只要取样后的频谱不出现重叠并能用滤波器取出原信号的频谱即可。

那么对带通信号取样时，该如何选取取样速率 f_s 呢？

带通取样定理描述为：一个带通信号 $m(t)$ 具有带宽 B 和最高频率 f_H，如果取样速率 $f_s = 2f_H/m$，m 是一个不超过 f_H/B 的最大整数，那么 $m(t)$ 可以用样值序列 $m_s(t)$ 来表示。

下面分两种情况对带通取样定理稍作讨论，以便对其有更好的理解。

（1）当最高频率是带宽的整数倍，即 $f_H = nB$，此时 $f_H/B = n$ 是整数，$m = n$，所以 $f_s = 2f_H/m = 2B$，即取样速率为 $2B$。

（2）当最高频率不等于带宽的整数倍时，即

$$f_H = nB + kB$$

其中，$0 < k < 1$。

此时，$f_H/B = n + k$，m 是不超过 $(n+k)$ 的最大整数，显然取 $m = n$，所以

$$f_s = \frac{2f_H}{m} = \frac{2(nB + kB)}{m} = 2B + \frac{2kB}{n} = 2B\left(1 + \frac{k}{n}\right)$$

当 n 很大时，k/n 趋近于 0，此时 $f_s \approx 2B$。

6.2.2　量化

模拟信号 $m(t)$ 进行取样以后，其样值还是随信号幅度连续变化的，即取样值 $m(kT_s)$ 有无穷多种可能的取值。这种样值无法用有限位二进制编码来表示，因为 n 位二进制编码最多能表示 $M = 2^n$ 种电平。所以，必须对取样后的样值进行量化。实现量化功能的部件称为量化器。

1. 量化及量化噪声

所谓量化，就是用预先规定的有限个电平来表示取样值。这些预先规定的电平称为量化电平。相邻两个量化电平之间的间隔称为量化台阶(或称为量化间隔)。量化的具体过程是：将取样值与各个量化电平比较，用最接近于取样值的量化电平来表示此取样值。图 6.2.5 是一个量化过程的例子。设有四个量化电平，如图所示。模拟信号 $m(t)$ 按照适当取样速率 f_s 进行取样，取样间隔 $T_s = 1/f_s$，在各取样时刻的取样值用"·"表示。将取样值量化到最接近于它的量化电平，相应的取样值的量化电平用"。"表示。

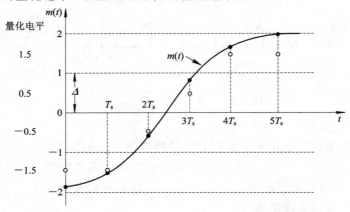

图 6.2.5　量化过程示意图

由图 6.2.5 可见：

（1）量化将取值连续的样值序列变成取值离散(只有有限的几种量化电平)的样值序列，所以量化将模拟信号变成了数字信号。

（2）量化后的信号是对取样信号的近似。量化电平与取样值之间的差称为量化误差，量化误差一旦形成，在接收端是无法去掉的。这个量化误差像噪声一样影响通信质量，因此也称为量化噪声。量化噪声对通信质量的影响可用量化信噪比来衡量。

2. 均匀量化时的量化信噪比

等间隔设置量化电平的量化称为均匀量化。在均匀量化中量化台阶是相同的，通常用 Δ 表示。由图 6.2.5 也可以看出，均匀量化时，量化误差限制于 $\pm\Delta/2$ 之间。

量化信噪比定义为 S_q/N_q，S_q 代表量化信号功率；N_q 代表量化噪声功率。只要分别求出 S_q 和 N_q，便能确定量化信噪比。

首先求出量化信号的功率 S_q。假定模拟信号 $m(t)$ 的取值范围为 $(-a, a)$，且均匀分布(各种样值出现的可能性相同)，设在 $(-a, a)$ 内等间隔地设置 Q 个量化电平，分别是 $\pm\dfrac{\Delta}{2}$、$\pm\dfrac{3\Delta}{2}$、…、$\pm\dfrac{(Q-1)\Delta}{2}$，如图 6.2.6 所示。

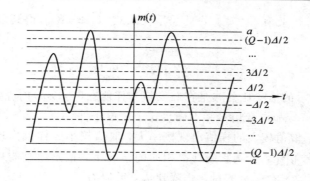

图 6.2.6　量化电平示意图

　　由于信号是均匀分布的，取样值落在每个区间(相邻横实线间)的概率相等，所以量化后的信号中各量化电平是等概出现的，即 Q 个电平中每个电平的出现概率都是 $1/Q$，因此量化后的信号实际上是一个有 Q 个取值的离散随机变量，用 X 表示。其取值及相应的概率如下

$$\begin{bmatrix} X \\ P(x) \end{bmatrix} = \begin{bmatrix} -\dfrac{(Q-1)}{2}\Delta, & \cdots, & -\dfrac{3\Delta}{2}, & -\dfrac{\Delta}{2}, & \dfrac{\Delta}{2}, & \dfrac{3\Delta}{2}, & \cdots, & \dfrac{(Q-1)}{2}\Delta \\ \dfrac{1}{Q}, & \cdots, & \dfrac{1}{Q}, & \dfrac{1}{Q}, & \dfrac{1}{Q}, & \dfrac{1}{Q}, & \cdots, & \dfrac{1}{Q} \end{bmatrix}$$

由第 3 章式$(3-2-5)$和式$(3-2-9)$可得信号功率为

$$S_q = E[X^2] = \frac{2}{Q}\left\{ \left(\frac{\Delta}{2}\right)^2 + \left(\frac{3\Delta}{2}\right)^2 + \cdots + \left[\frac{(Q-1)}{2}\Delta\right]^2 \right\}$$

$$= \frac{2}{Q}\left(\frac{\Delta}{2}\right)^2 \left[1^2 + 3^2 + \cdots + (Q-1)^2\right]$$

运用 $1^2 + 3^2 + \cdots + (2n-1)^2 = \dfrac{1}{3}n(4n^2-1)$，可得

$$S_q = \frac{(Q^2-1)}{12}\Delta^2 \approx \frac{Q^2}{12}\Delta^2 \tag{6-2-5}$$

　　再求量化噪声功率 N_q。量化噪声用 X' 表示，其取值限制于 $\pm\dfrac{\Delta}{2}$ 之间，由于信号样值等概出现，所以 X' 是一个在 $-\dfrac{\Delta}{2} \sim \dfrac{\Delta}{2}$ 范围内均匀分布的连续随机变量，概率密度函数 $f(x') = \dfrac{1}{\Delta}$，由式$(3-2-6)$和式$(3-2-9)$可得量化噪声 X' 的功率为

$$N_q = E[X'^2] = \int_{-\frac{\Delta}{2}}^{\frac{\Delta}{2}} x'^2 \frac{1}{\Delta}\mathrm{d}x' = \frac{\Delta^2}{12} \tag{6-2-6}$$

可见，量化噪声功率只与量化台阶有关。

　　由式$(6-2-5)$、$(6-2-6)$得量化信噪比为

$$\frac{S_q}{N_q} = Q^2 \tag{6-2-7}$$

若用对数来表示式$(6-2-7)$，则

$$\left(\frac{S_q}{N_q}\right)_{\mathrm{dB}} = 10\lg\frac{S_q}{N_q} = 20\lg Q \tag{6-2-8}$$

式$(6-2-8)$量化信噪比的单位为分贝(dB)。为了表示 Q 个不同的电平，每个电平必须要

用 k 位二进制表示,因此有 $Q=2^k$,将此关系代入式(6-2-8),得到以分贝为单位的量化信噪比为

$$\left(\frac{S_q}{N_q}\right)_{dB} = 20\lg Q = 20k\lg 2 \approx 6k \qquad (6-2-9)$$

式(6-2-9)所示的信噪比公式是在假设信号样值在$(-a, a)$内等概出现时得到的,但实际应用中的正弦信号和语音信号并不满足这个假设条件。

对于正弦信号,取值较大的样值出现概率大,取值较小的样值出现概率较小。所以与上述均匀分布的信号相比,在其它条件都相同的情况下,正弦信号的功率要大些,故量化信噪比也要比式(6-2-9)所示的量化信噪比大,近似为

$$\left(\frac{S_q}{N_q}\right)_{dB} \approx 6k+2 \qquad (6-2-10)$$

对于用得最多的语音信号,由于值较小的样值出现概率大,而值大的样值出现概率反而小,所以与均匀分布时相比,在其它条件都相同的情况下信噪比将减小,其近似值为

$$\left(\frac{S_q}{N_q}\right)_{dB} \approx 6k-9 \qquad (6-2-11)$$

由式(6-2-9)~式(6-2-11)可知,编码位数每增加一位,量化信噪比就增加 6 分贝。为什么呢?这是因为每增加一位编码,意味着量化电平数 Q 就增加一倍,所以量化台阶 Δ 变为原来的1/2。由式(6-2-6)可知,量化噪声功率与量化台阶 Δ 的平方成正比,因此量化噪声功率缩小到原来的 1/4,此时信号功率不变,结果量化信噪比为原来的 4 倍,用分贝表示,即信噪比增加了 $10\lg 4 = 6$ 分贝。

均匀量化广泛应用于线性 A/D 变换接口。例如,在计算机的 A/D 变换中,常用的有 $k=8$ 位、12 位、16 位等不同精度。另外,在遥控遥测系统、仪表、图像信号的数字化接口等设备中,也都使用均匀量化器。

但需要强调的是,由式(6-2-9)~式(6-2-11)得到的量化信噪比都是指最大量化信噪比,即信号的正峰到达 a,负峰到达 $-a$,在$(-a, a)$内设置 Q 个电平,如图 6.2.6 所示。但实际应用中,有时信号的峰值达不到量化器所设计的最大值,如图 6.2.7 所示。此时信号功率 S_q 要下降,而量化噪声功率却不变(它只与台阶有关),因此量化信噪比 S_q/N_q 也要下降。例如,若输入信号功率下降(和最大时相比)10 dB,则量化信噪比也相应地下降 10 dB。

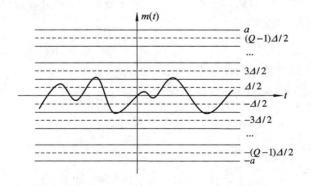

图 6.2.7 信号峰值达不到量化器所设计的最大值示意图

　　由于上述原因，在 PCM 电话系统中，话音信号的数字化并不采用均匀量化。这是因为电话通信中，不同发话人的音量是不同的，加上发话人情绪的影响，会使语音信号的音量变化很大。我们称信号音量（功率）变化范围为信号的动态范围，语音信号的动态范围约为 40 dB，换句话说，语音信号功率最小时会下降 40 dB（与最大时相比），故最小输出信噪比为 $6k-9-40$（dB）。而高质量的长途电话通信要求信噪比大于等于 26 dB。由此可见，如果对语音信号采用均匀量化，为满足正常通信所要求的信噪比及语音信号所要求的动态范围，量化器的编码位数至少应为 12 位，即一个取样值经量化后至少要用 12 位二进制码表示。而编码位数越多，信号数字化后的信息速率也就越高，所需要的传输带宽也越宽，所以一般不希望编码位数太多。那么有没有一种既能满足信噪比及语音信号动态范围要求，同时编码位数又较少的量化方法呢？非均匀量化就是其中的一种方法。

3. 非均匀量化

　　在均匀量化中，量化电平是等间隔设置的，所以量化台阶都相同。又由式（6-2-6）可知，量化噪声功率仅与量化台阶有关，当量化台阶相同时，量化噪声功率也相同。因此，在均匀量化中必然有这样的结果：大信号时，量化信噪比很高，远远高出 26 dB 的通信要求；小信号时，量化信噪比却很低，不能满足正常通信的要求。为克服均匀量化存在的不足，提出了非均匀量化。非均匀量化的基本思想是：不等间隔地设置量化电平，大信号时用大台阶，小信号时用小台阶，如图 6.2.8 所示，量化台阶设置为 $\Delta_1<\Delta_2<\Delta_3<\Delta_4$。这样，在保持量化电平数不变的情况下，提高了小信号时的量化信噪比，扩大了量化器的动态范围（即满足输出信噪比要求所允许的输入信号功率的变化范围）。当然，由于大信号时采用了较大的台阶，所以使大信号时的量化信噪比有所下降。图 6.2.9 给出了 $k=8$ 时均匀量化和非均匀量化两种情况下的量化信噪比曲线。由图可见，采用非均匀量化后，量化器的动态范围提高到了 38 dB，可满足语音信号动态范围的要求。

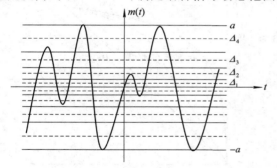 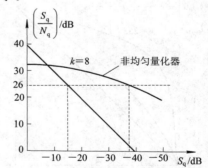

　　　图 6.2.8　非均匀量化示意图　　　　　　图 6.2.9　均匀量化与非均匀量化性能比较曲线

　　非均匀量化可以采用"压缩＋均匀量化"的方法来实现。即先对要量化的取样值进行压缩处理，然后再对处理后的样值进行均匀量化。非均匀量化器的原理如图 6.2.10 所示。压缩器的作用是对小信号进行放大，对大信号不放大甚至压缩，所以压缩器的传输特性是一条向上拱的曲线，如图 6.2.11 所示。

　　对压缩器的输出 y 进行均匀量化，即将图 6.2.11 中的纵坐标分成四等分，$\Delta y_1=\Delta y_2=\Delta y_3=\Delta y_4$。把各分界点对应到输入端 x，即对应到横坐标，则发现 $\Delta x_1<\Delta x_2<\Delta x_3<\Delta x_4$。这说明对压缩器输出端信号 y 进行均匀量化，等效为对输入端信号 x 进行非均匀量化，而且是当输入信号大时量化台阶也大，当输入信号小时量化台阶也小，正好符

合对非均匀量化台阶的要求。

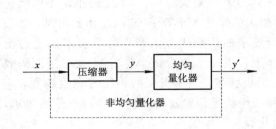

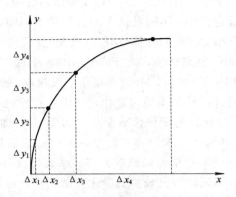

图 6.2.10　非均匀量化的实现原理　　　　图 6.2.11　压缩器的传输特性曲线

常用的压缩特性曲线有两种,一种是 μ 律压缩特性,另一种是 A 律压缩特性。

μ 律压缩特性的数学表达式为

$$y = \frac{\ln(1+\mu x)}{\ln(1+\mu)}$$

式中,y 是归一化压缩器输出电压,它是压缩器输出电压与最大输出电压之比,所以 y 的最大值为 1;x 为归一化压缩器输入电压,它是压缩器输入电压与最大输入电压之比,其最大值也为 1;μ 为压缩系数,$\mu=0$ 时无压缩,μ 越大压缩效果越明显。不同 μ 值的压缩特性如图 6.2.12(a)所示。在国际标准中取 $\mu=255$。当量化电平数 $Q=256$ 时(即 $k=8$),对小信号的信噪比改善值为 33.5 dB。

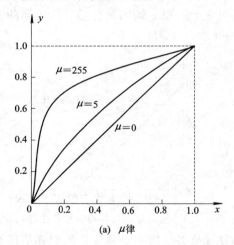

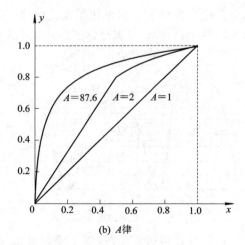

(a) μ 律　　　　　　　　　　　　　　(b) A 律

图 6.2.12　对数压缩特性

A 律压缩特性的数学表达式为

$$y = \begin{cases} \dfrac{Ax}{1+\ln A}, & 0 \leqslant x \leqslant \dfrac{1}{A} \\[2mm] \dfrac{1+\ln Ax}{1+\ln A}, & \dfrac{1}{A} \leqslant x \leqslant 1 \end{cases}$$

式中,A 为压缩系数,$A=1$ 时无压缩,A 越大压缩效果越明显。在国际标准中取 $A=87.6$。A 律特性曲线如图 6.2.12(b)所示。

经过压缩后的信号已产生了失真，要补偿这种失真，接收端需要对接收到的信号进行扩张，以还原为压缩前的信号。扩张特性与压缩特性应互补，所以扩张特性是向下凹的曲线，它凹陷的程度与压缩特性上拱的程度是对应的。

采用"压缩＋均匀量化"的 PCM 系统框图如图 6.2.13 所示。

图 6.2.13　采用"压缩＋均匀量化"的 PCM 系统

4. 对数压缩特性的折线近似——数字压扩技术

早期的 A 律和 μ 律压缩器与扩张器都是由非线性模拟电路来实现的。压缩和扩张特性受温度影响严重，两者特性难以完全补偿，因此很难满足高质量通信的要求。在目前的实际应用中，采用折线来逼近 A 律和 μ 律的压缩特性，这样可用数字技术来实现非均匀量化，这种技术称为数字压扩技术。

采用折线逼近压缩特性有两种国际标准，一种是用 13 根折线逼近 $A=87.6$ 的 A 律压缩特性，称为 13 折线 A 律特性；另一种是用 15 根折线来逼近 $\mu=255$ 的 μ 律特性，称为 15 折线 μ 律特性。我国和欧洲常采用 A 律压缩，美国、加拿大、日本等常采用 μ 律压缩。国际电报电话咨询委员会(CCITT)建议 G.711 规定在国际间数字系统相互连接时，以 13 折线 A 律为标准。由于两种技术在原理上是一样的，下面以 13 折线为例介绍用数字技术实现非均匀量化的方法。

1) 13 折线 A 律特性

采用 13 根折线来逼近 A 律特性如图 6.2.14 所示。输入信号幅度归一化范围为 $(-1, 1)$，图中只画出了输入信号为正时的情形。把输入信号的 $(0, 1)$ 区间分成 8 段：首先将 $(0, 1)$ 区间二等分，分成两个等长区间 $(0, 1/2)$ 和 $(1/2, 1)$，再将 $(0, 1/2)$ 区间二等分，分成 $(0, 1/4)$ 和 $(1/4, 1/2)$ 两个等长区间，然后将 $(0, 1/4)$ 区间二等分，继续下去，直到将 $(0, 1/64)$ 区间二等分，得到 $(0, 1/128)$ 和 $(1/128, 1/64)$ 两个区间。

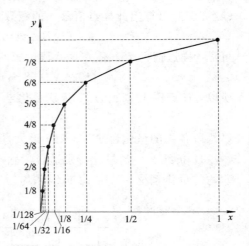

图 6.2.14　13 折线 A 律特性

这样横轴上共得到 8 段，第一段为 $(0, 1/128)$，第八段为 $(1/2, 1)$，第一段与第二段长度相同。同样，将纵轴上的 $(0, 1)$ 区间也分成 8 段，但这 8 段是等间隔划分的。将横轴与纵上同一段号的两组边界线的交点连接起来，这样共得到 8 段线段，由于其中第一段与第二段的斜率相同而合成为一段线段，这样在输入信号为正的第一象限内共有 7 段斜率不同的折线。当输入信号为负时情况与此完全相同，即在第三象限内也同样有 7 段斜率不同的折线。由于第一象限内的第一段折线与第三象限内的第一段折线斜率也相同，因此两个象限内的 14 根折线实际合并为 13 根折线，所以称其为 13 折线 A 律特性。

2）13 折线量化

13 折线量化是一种直接非均匀量化方法，其量化电平的设置方法是：对 x 轴上的每一段 16 等分，每个等分称为一个量化级，正负方向共有 $16 \times 16 = 256$ 量化级，在每个量化级的中点设置量化电平，共有 256 个量化电平。但需要明确的是，这种量化方式相当于输入信号经图 6.2.14 所示的 A 律特性压缩后，再经均匀量化。

为便于量化，256 个量化级中的最小量化级（最小段的 16 分之一）用一个 $\triangle$ 来表示，即 $\triangle = 1/2048$。这样，每个段的起始电平、终止电平、每个量化级的大小（量化台阶）均可用 $\triangle$ 表示，正信号部分的情况如表 6-2-1 所示（负信号与之对称）。

表 6-2-1　13 折线量化时正向八段的起止电平及量化台阶

	第一段	第二段	第三段	第四段	第五段	第六段	第七段	第八段
起电平	0	$16\triangle$	$32\triangle$	$64\triangle$	$128\triangle$	$256\triangle$	$512\triangle$	$1024\triangle$
止电平	$16\triangle$	$32\triangle$	$64\triangle$	$128\triangle$	$256\triangle$	$512\triangle$	$1024\triangle$	$2048\triangle$
量化台阶	$\triangle$	$\triangle$	$2\triangle$	$4\triangle$	$8\triangle$	$16\triangle$	$32\triangle$	$64\triangle$

例 6.2.1　设输入信号最大值为 5 V，现有样点值 3.6 V，采用 13 折线量化，求此样点值的量化电平（以 $\triangle$ 为单位）。

解　首先将样点值归一化。3.6 V 电压的归一化值为

$$3.6 \div 5 = 0.72$$

第八段的止电平为 $2048\triangle$，它对应归一化值 1，所以归一化值 0.72 对应

$$0.72 \times 2048\triangle \approx 1475\triangle$$

由表 6-2-1 可见，此样点值落入第八段，由于第八段还分了十六个级，每个级长度为 $64\triangle$，由此可算出此样点值落入的级数

$$(1475\triangle - 1024\triangle) \div 64\triangle = 7 \cdots\cdots 余 3\triangle$$

可见，样点值 $1475\triangle$ 落在第八段的第八级，量化电平设置在第八级的中间点，为

$$1024\triangle + (8-1) \times 64\triangle + 64\triangle \div 2 = 1504\triangle$$

所以，样点值 $1475\triangle$ 的 13 折线量化电平为 $1504\triangle$，量化误差为

$$1504\triangle - 1475\triangle = 29\triangle$$

第八段各级的量化台阶为 $64\triangle$，最大量化误差为量化台阶的一半，为 $32\triangle$。

13 折线非均匀量化特别适合于软件实现，其性能近似于使用 $A = 87.6$ 的 A 律特性的非均匀量化系统。采用 13 折线非均匀量化的 PCM 系统框图如图 6.2.15 所示。

图 6.2.15　采用 13 折线非匀量化的 PCM 系统

6.2.3　编码

把量化后得到的样值的量化电平值转换成二进制码组的过程称为编码；接收端将收到的二进制码组还原为量化电平值的过程称为译码。译码是编码的逆过程。下面主要介绍编码。

1. 常用的二进制码

常用的二进制码包括自然二进制码、折叠二进制码和格雷码三种。

为便于讨论，假定在双极性信号（如语音信号）的正负取值范围内各设置 8 个量化电平，量化电平间可以是等间隔的（均匀量化），也可以是非等间隔的（非均匀量化），图 6.2.16 给出了这三种二进制码的各个码组与 16 个量化电平的对应关系。

量化电平编号	量化电平	自然二进制码	折叠二进制码	格雷码
15	$15\Delta/2$	1111	1111	1000
14	$13\Delta/2$	1110	1110	1001
13	$11\Delta/2$	1101	1101	1011
12	$9\Delta/2$	1100	1100	1010
11	$7\Delta/2$	1011	1011	1110
10	$5\Delta/2$	1010	1010	1111
9	$3\Delta/2$	1001	1001	1101
8	$\Delta/2$	1000	1000	1100
7	$-\Delta/2$	0111	0000	0100
6	$-3\Delta/2$	0110	0001	0101
5	$-5\Delta/2$	0101	0010	0111
4	$-7\Delta/2$	0100	0011	0110
3	$-9\Delta/2$	0011	0100	0010
2	$-11\Delta/2$	0010	0101	0011
1	$-13\Delta/2$	0001	0110	0001
0	$-15\Delta/2$	0000	0111	0000

图 6.2.16　16 个量化电平所对应的三种编码方法

由图 6.2.16 可知，自然二进制码就是量化电平号的二进制表示。折叠二进制码的左边第一位表示正负号，"1"表示正量化电平，"0"表示负量化电平；第二位至最后一位表示量化电平的绝对值大小，这部分采用自然二进制码表示。在折叠二进制码中，如将码组中的第一位除外，正负量化电平的码组是对称的，所以称其为折叠二进制码。格雷码的特点是任何相邻量化电平的码组中只有一位二进制位发生变化。

编码后的二进制信号经信道传输到达接收端。当接收码组中有误码时，各种编码方法下的码组在译码时产生的后果是不同的。如码组的第一位发生误码，自然码译码后，误差为信号最大值的 1/2，这样会使恢复出来的模拟电话信号出现明显的噪声，在小信号时，这种噪声的影响尤为明显。而对于折叠码来说，在小信号时，译码后出现的误差要小得多。因为语音信号中小信号出现的概率大，所以从统计的观点看，折叠码因误码产生的噪声功率最小。另外，折叠码的极性码可由极性判决电路决定。这样，在编码位数相同时，折叠码编码器与其它编码器相比少编一位码，使编码电路更为简单。由于这些原因，在 PCM 系统中采用折叠码编码方法。但自然二进制码是折叠二进制码的基础，因为当信号的极性由折叠二进制码第一位表示后，信号的绝对值就按自然二进制码编码了。

2. 13 折线编码

用 8 位二进制码表示 13 折线量化电平的过程称为 13 折线编码。13 折线编码采用折叠二进制码。前文已述，13 折线量化共设置量化电平 256 个，所以每个量化电平要用 8 位二进制码表示。设 8 位二进制码为 $x_1x_2x_3x_4x_5x_6x_7x_8$，在 13 折线编码时，这 8 位码的安排如下：

(1) x_1 表示量化电平的极性，称为极性码。$x_1=1$ 表示极性为"正"；$x_1=0$ 表示极性为"负"。当然，也可采用相反的表示方法。

(2) $x_2x_3x_4$ 表示量化电平绝对值所在的段号，称为段码。三位二进制共有 8 种组合，分别表示 8 个段号。三位二进制与段号的对应关系如表 6-2-2 所示。

(3) $x_5x_6x_7x_8$ 表示段内的 16 个量化级，称为量化级码。每一段内等间隔分成 16 个量化级，每个量化级设置一个量化电平，共 16 个量化电平，落在某一级内的所有样值都量化成同一个量化电平，所以编码时只要知道样值落在哪个量化级就可以。16 个量化级要用四位二进制表示。四位二进制与 16 个量化级之间的关系如表 6-2-3 所示。

表 6-2-2　段码

段号	段码 $x_2x_3x_4$
1	0 0 0
2	0 0 1
3	0 1 0
4	0 1 1
5	1 0 0
6	1 0 1
7	1 1 0
8	1 1 1

表 6-2-3　量化级码

量化级号	量化级码 $x_5x_6x_7x_8$	量化级号	量化级码 $x_5x_6x_7x_8$
1	0 0 0 0	9	1 0 0 0
2	0 0 0 1	10	1 0 0 1
3	0 0 1 0	11	1 0 1 0
4	0 0 1 1	12	1 0 1 1
5	0 1 0 0	13	1 1 0 0
6	0 1 0 1	14	1 1 0 1
7	0 1 1 0	15	1 1 1 0
8	0 1 1 1	16	1 1 1 1

由此可见，13 折线编码每取样一次编 8 位码，需经三个步骤：

(1) 确定样值的极性。

(2) 确定样值的段号。

(3) 确定样值在某段内的级号。

例 6.2.2　设某样值为 $+843\Delta$，若进行 13 折线编码，求所编的 8 位码组、译码输出电平及量化误差。

解　(1) 首先求极性码。

由于 $+843\Delta$ 为"正"，所以极性码 $x_1=1$。

(2) 再求段码。

由表 6-2-1 可知，第七段的起、止电平分别为 512Δ 和 1024Δ。所以，样值 $+843\Delta$ 落在第七段，即样值 $+843\Delta$ 所在的段号为 7。由表 6-2-2 可知，三位段码为 $x_2x_3x_4=110$。

(3) 最后求段内量化级码。

由于第七段的量化台阶（即每级的间隔）为 32Δ，起电平为 512Δ，有

$$(843\Delta - 512\Delta) \div 32\Delta = 10 \cdots\cdots 余 11\Delta$$

由此式可知，样值位于第 $(10+1)=11$ 级，根据表 6-2-3 可得段内量化级码 $x_5x_6x_7x_8=1010$。所以，样值 $+843\Delta$ 经 13 折线编码后所得码组为 $x_1x_2x_3x_4x_5x_6x_7x_8=11101010$。

(4) 译码器输出电平等于代码 11101010 所对应的量化电平，即第 7 段第 11 级的量化

电平，其值为

$$(512\Delta + 10 \times 32\Delta) + 32\Delta \div 2 = 848\Delta$$

（5）样值与量化电平之间的差值即为量化误差，故量化误差为

$$|843\Delta - 848\Delta| = 5\Delta$$

再次强调，原理上，非均匀量化是由压缩和均匀量化来实现的。然而在实际应用中，压缩、均匀量化和编码是通过非均匀量化(非等间隔划分台阶)和编码直接完成的，13 折线量化编码就是一个典型的例子，而且有大量的集成电路芯片可实现 13 折线量化编码和译码，如 TP3067、TP3057、MC14400 系列、MC145 系列、MT8961 等器件，这些器件的使用都十分方便。当然，非均匀量化和编码也可用软件来实现，若想通过软件编程来实现 13 折线编码及译码，算法及流程可参考上述两个例子。

6.2.4　PCM 系统误码噪声

在 PCM 系统中，有两类噪声，一类是量化引起的量化噪声，另一类是数字通信系统的误码引起的误码噪声。

代表某样值的 n 位二进制码组发生误码时，"1"码可能变为"0"码，"0"码也可能变为"1"码。由于 PCM 的每一个码组代表一个样值的量化值，因此误码会使译码后的样值产生误差。如例 6.2.2 中的码组 11101010 代表量化值 $+848\Delta$，如果此码组在传输过程中不发生误码，则接收端译码器将其译成 $+848\Delta$，没有误码引起的误差；但如果此码组经数字系统传输后发生了误码，接收端收到码组 10101010，译码器将其译成位于第三段第十一级的量化电平值 $+53\Delta$，此时引入了很大的误差。当然，发生错码的位置不同，引入的误差大小也不同，而且即使同一位置发生错误，编码时所用的码型不同，产生的误差大小也不同。

误码误差(噪声)对系统性能的影响用误码信噪比来衡量。通过分析可以得到，当信号均匀分布，并且采用均匀量化时，自然二进制编码的误码信噪比近似为

$$\frac{S_q}{N_e} = \frac{1}{4P_e} \tag{6-2-12}$$

而折叠二进制码的误码信噪比则近似为

$$\frac{S_q}{N_e} = \frac{1}{5P_e} \tag{6-2-13}$$

其中，P_e 为数字系统的误码率。可见，误码信噪比与数字通信系统误码率成倒数，误码率越大，误码信噪比越小，可靠性越差。

由式(6-2-12)及式(6-2-13)可见，当信号均匀分布时，自然二进制码的误码信噪比优于折叠二进制码的误码信噪比。但对语音信号而言(小信号出现概率大)，折叠二进制码的误码信噪比更高，故实际的 PCM 电话系统中采用折叠二进制码。

同时考虑量化噪声和误码噪声时，PCM 系统输出端总信噪比为

$$\frac{S_q}{N} = \frac{S_q}{N_q + N_e} = \frac{1}{\left(\dfrac{S_q}{N_q}\right)^{-1} + \left(\dfrac{S_q}{N_e}\right)^{-1}} \tag{6-2-14}$$

有了量化信噪比和误码信噪比公式以后，我们来对两种信噪比作一比较。以折叠二进制码为例，当 $k=7\sim8$ 时，量化信噪比 $S_q/N_q = 2^{2k} = 16\ 384 \sim 65\ 536$，即约为 $1.6 \times 10^4 \sim 6.6 \times 10^4$；当 $P_e = 10^{-5} \sim 10^{-6}$ 时，由式(6-2-13)可得误码信噪比 $S_q/N_e = 20\ 000 \sim 200\ 000$，

即 $2×10^4 \sim 2×10^5$。

由此可见，$P_e = 10^{-5} \sim 10^{-6}$ 时的误码信噪比与 $k = 7 \sim 8$ 位编码时的量化信噪比差不多。当 $P_e < 10^{-6}$ 时，由误码引起的噪声可以忽略不计；当 $P_e > 10^{-5}$ 时，误码噪声变成主要的噪声。所以，PCM 对数字通信系统提出了较高的要求，即要求传 PCM 数字信号的数字系统其误码率应小于 10^{-6}，否则就会使 PCM 在降低量化噪声上所做的努力付诸东流。

6.3　增量调制（ΔM）

增量调制简称为 ΔM，它是继 PCM 后出现的又一种语音信号数字化的方法。与 PCM 相比，ΔM 的编码器和译码器较简单，对后继数字通信系统的误码性能要求较低，因而广泛应用于军事和其它一些专用通信网中。

6.3.1　增量调制编码译码原理

基于 ΔM 的模拟信号数字化同样要经过取样、量化和编码三种步骤。其数字化过程可用图 6.3.1 加以说明，图中 $m(t)$ 是需要数字化的模拟信号，按一定的取样速率对模拟信号取样，每得到一个取样值，将其与前一取样值的量化电平(起始量化电平可设为 0)进行比较，如果该取样值大于前一个样值的量化电平，则该取样值的量化电平在前一个量化电平的基础上上升一个台阶 δ，编码输出"1"，反之，如果该取样值小于前一个样值的量化电平，则该取样值的量化电平在前一个量化电平的基础上下降一个台阶 δ，同时编码输出"0"，图中 $m'(t)$ 表示由各取样值的量化电平所确定的阶梯波形。

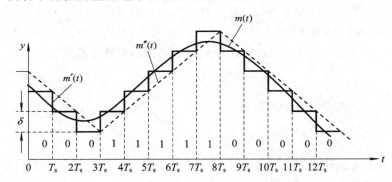

图 6.3.1　ΔM 编码原理示意图

接收端收到二进制代码后恢复阶梯波形的过程称为译码。译码方法是：每收到一个代码"1"，译码器的输出相对于前一个时刻的值上升一个台阶 δ；每收到一个代码"0"就下降一个台阶 δ。如果台阶的上升或下降是在瞬间完成的，则译码输出信号是个阶梯波，如图 6.3.1 中的 $m'(t)$。如果使用积分器来实现在一个码元宽度(取样间隔)内线性地上升或下降一个台阶 δ，则译码输出信号是个锯齿波，如图 6.3.1 中的 $m''(t)$。不管是 $m'(t)$ 还是 $m''(t)$，都需经过低通滤波器滤去高频成分，使波形得到平滑，从而恢复原模拟信号。

采用积分器的 ΔM 编码与译码的方框图如图 6.3.2 所示。发送端的编码器是由加法器、判决器、积分器及脉冲发生器(极性变换电路)组成的一个闭环电路。加法器实际上实现相减运算，其作用是求出差值 $e(t) = m(t) - m''(t)$。判决器也称比较器或数码形成器，它

的作用是对差值 $e(t)$ 的极性进行识别和判决,以便在取样时刻 T_s,$2T_s$,$3T_s$,$\cdots$,nT_s 输出二进制编码,即当 $e(t) > 0$ 时,编码器输出"1"码;当 $e(t) < 0$ 时,编码器输出"0"码。积分器和脉冲发生器组成本地译码器,它的作用是根据二进制数码形成信号 $m''(t)$,即编码器输出"1"码时,$m''(t)$ 上升一个台阶 δ;编码器输出"0"码时,$m''(t)$ 下降一个台阶 δ,进而与 $m(t)$ 在加法器中进行幅度比较。接收端译码器由脉冲发生器、积分器和低通滤波器组成。其中,脉冲发生器和积分器的作用与发送端的本地译码器相同,即将接收到的二进制代码序列转换成信号 $m''(t)$。低通滤波器的作用是滤除 $m''(t)$ 中的高频成分(即平滑波形),使滤波后的信号更加接近于原模拟信号 $m(t)$。

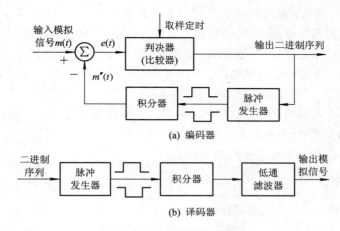

图 6.3.2　增量调制系统

综上所述,在一定条件下可以用传送信号 $m'(t)$ 或 $m''(t)$ 来代替传送模拟信号 $m(t)$,而 $m'(t)$ 或 $m''(t)$ 可用二进制代码序列表示,从而实现了模拟信号到数字信号的转换;接收端根据收到的二进制代码序列恢复信号 $m'(t)$ 或 $m''(t)$,完成数字信号到模拟信号的转换。而 $m(t)$ 与信号 $m'(t)$ 或 $m''(t)$ 之间的差异就是在这种转换过程中产生的误差,即所谓的量化误差或量化噪声。

6.3.2　增量调制系统中的量化噪声

ΔM 系统中的量化噪声有两种形式:一种称为一般量化噪声,另一种称为过载量化噪声。

当模拟信号 $m(t)$ 急剧变化,即 $m(t)$ 斜率的绝对值很大时,量化信号 $m'(t)$ 跟不上 $m(t)$ 的变化,使量化信号 $m'(t)$ 与信号 $m(t)$ 之间的差值很大,这种现象称为斜率过载现象,简称为过载。发生过载时的误差称为过载量化误差或过载量化噪声。斜率过载现象的示意图如图 6.3.3 所示。

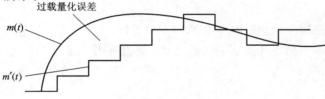

图 6.3.3　ΔM 系统斜率过载示意图

在正常通信时,不希望出现过载现象。为避免过载,必须使量化信号 $m'(t)$ 的最大跟踪斜率大于模拟信号 $m(t)$ 的最大斜率。当取样速率为 $f_s = 1/T_s$,量化台阶为 δ 时,量化信号 $m'(t)$ 的最大跟踪斜率为

$$k = \frac{\delta}{T_s} = \delta \cdot f_s \qquad (6-3-1)$$

输入信号 $m(t)$ 的最大斜率为 $\left| \frac{\mathrm{d}m(t)}{\mathrm{d}t} \right|_{\max}$,所以 ΔM 系统不发生过载的条件是

$$\left| \frac{\mathrm{d}m(t)}{\mathrm{d}t} \right|_{\max} \leqslant \delta \cdot f_s \qquad (6-3-2)$$

由式(6-3-2)可见,要保证不发生过载,必须有足够大的 $\delta \cdot f_s$,使式(6-3-2)成立。增大台阶 δ 或提高取样速率 f_s 都能增大 $\delta \cdot f_s$ 的值,但增大台阶 δ 会使一般量化噪声增大;提高取样速率则会使数字化后的数据速率增大,占据数字通信系统较宽的频带,降低了有效性。当然,在 $\delta \cdot f_s$ 一定时,也可以对信号进行限制,使式(6-3-2)成立,从而避免系统工作时出现过载现象。

例 6.3.1 设输入模拟信号 $m(t) = A\cos(2\pi f_0 t)$,取样速率为 f_s,量化台阶为 δ。求不发生过载时所允许的最大信号幅度。

解 由题意,信号斜率绝对值的最大值为

$$\left| \frac{\mathrm{d}m(t)}{\mathrm{d}t} \right|_{\max} = |A \cdot 2\pi \cdot f_0 \cdot \sin(2\pi f_0 t)|_{\max} = A \cdot 2\pi \cdot f_0$$

根据式(6-3-2)可知,不发生过载时应满足

$$A \cdot 2\pi \cdot f_0 \leqslant \delta \cdot f_s$$

所以,不发生过载时所允许的最大信号幅度为

$$A_{\max} = \frac{\delta \cdot f_s}{2\pi \cdot f_0}$$

在不发生过载的情况下,模拟信号 $m(t)$ 与其量化信号 $m'(t)$ 之间的差值信号 $e(t)$ 就是一般量化误差。从图 6.3.1 或图 6.3.3 可以看出,在不发生过载的区域,$e(t)$ 的幅度总在 $\pm\delta$ 内,假设随时间随机变化的误差信号 $e(t)$ 在区间 $(-\delta, \delta)$ 内均匀分布(当 δ 很小时,这种假设是合理的),其概率密度为 $1/(2\delta)$,则没有经过低通滤波器时一般量化噪声功率为

$$N_q' = \int_{-\delta}^{\delta} e^2 \cdot \left(\frac{1}{2\delta} \right) \mathrm{d}e = \frac{\delta^2}{3} \qquad (6-3-3)$$

可见,一般量化噪声功率与台阶 δ 的平方成正比,δ 越大,量化引起的噪声功率就越大。所以,要降低一般量化噪声功率,应采用较小的 δ。

实践证明,量化噪声功率 N_q' 在 $0 \sim f_s$ 之间近似均匀分布,故经截止频率为 f_m 的低通滤波器后的输出量化噪声功率为

$$N_q = \frac{\delta^2 f_m}{3 f_s} \qquad (6-3-4)$$

估算语音信号的量化噪声功率时,可取 $f_m = 3000$ Hz。

由误码产生的噪声功率计算起来比较复杂,这里不作介绍,直接给出结论。低通滤波器输出端的误码噪声功率为

$$N_e \approx \frac{2\delta^2 P_e f_s}{\pi^2 f_1}$$

式中，f_1 是低通滤波器的低端截止频率，通常取 $f_1 = 300$ Hz。

例 6.3.2 设输入信号为 $m(t) = A\cos(2\pi f_0 t)$，ΔM 系统取样速率为 f_s，量化台阶为 δ，系统输出端低通滤波器的截止频率为 f_m。求 ΔM 输出端的最大量化信噪比 $(S_o/N_q)_{max}$ 及最大误码信噪比 $(S_o/N_e)_{max}$。

解 由例 6.3.1 得到，不发生过载时所允许的最大信号振幅为

$$A_{max} = \frac{\delta f_s}{2\pi f_0}$$

当信号有最大振幅时，信号功率达到最大值，最大信号功率为

$$S_{max} = \frac{1}{2}A_{max}^2 = \frac{\delta^2 f_s^2}{8\pi^2 f_0^2}$$

低通滤波器输出端量化噪声功率如式（6-3-4）所示，可得输出端的最大量化信噪比为

$$\left(\frac{S_o}{N_q}\right)_{max} = \frac{3}{8\pi^2} \cdot \frac{f_s^3}{f_0^2 f_m} \approx 0.04 \frac{f_s^3}{f_0^2 f_m} \qquad (6-3-5)$$

若用分贝表示，上式可以写成

$$\left(\frac{S_o}{N_q}\right)_{max} \approx (30\,\lg f_s - 20\,\lg f_0 - 10\,\lg f_m - 14)\ \text{dB} \qquad (6-3-6)$$

最大误码信噪比为

$$\left(\frac{S_o}{N_e}\right)_{max} = \frac{f_1 f_s}{16 P_e f_0^2} \qquad (6-3-7)$$

式（6-3-5）和式（6-3-6）是 ΔM 中最重要的关系式。由关系式可知，在 ΔM 系统中，量化信噪比与 f_s 的立方成正比，即取样速率每提高一倍，量化信噪比就提高 9 dB，通常记作 9 dB/倍频程。同时，量化信噪比与信号频率的平方成反比，即信号频率每提高一倍，量化信噪比下降 6 dB，记作 -6 dB/倍频程。由于以上两个原因，ΔM 的取样速率在 32 kHz 时量化信噪比才满足一般语音通信质量的要求，而且在语音信号高频段量化信噪比明显下降。

例 6.3.3 增量调制系统输入信号 $m(t) = A\cos(2\pi f_0 t)$，取样速率为 f_s，量化台阶为 δ。

(1) 试求 ΔM 的最大跟踪斜率 k。

(2) 若要使系统不出现过载现象并能正常编码，输入信号 $m(t)$ 的幅度范围应如何？

(3) 若 ΔM 系统输出代码为 111001011，试画出本地译码器输出信号 $m''(t)$ 的波形（设初始电平为零）。

解 (1) 根据式（6-3-1）可求出 ΔM 系统的最大跟踪斜率为

$$k = \delta \cdot f_s$$

(2) 要使系统不出现过载现象，信号的幅度应满足

$$A \leqslant \frac{\delta \cdot f_s}{2\pi \cdot f_0}$$

当信号变化范围很小时，如直流信号，ΔM 系统的发送端编码器输出将为 1、0 交替码。而且，即使输入的模拟信号不是直流信号，只要信号变化范围不超过台阶 δ，都不会在 ΔM 系统的编码器输出中有所反映（即编码输出仍为 1、0 交替码），因此，要使编码器能正常编码，信号的幅度应满足

$$2A > \delta, \quad A > \frac{\delta}{2}$$

所以，为使 ΔM 系统不发生过载现象并能正常编码，$m(t)$ 的幅度应为

$$\frac{\delta}{2} < A \leqslant \frac{\delta \cdot f_s}{2\pi \cdot f_0}$$

（3）本地译码器输出波形如图 6.3.4 所示。

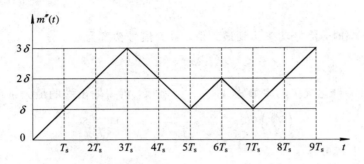

图 6.3.4　本地译码器输出波形

6.3.3　自适应增量调制

由前面的分析可知，当信号及取样速率一定时（即 $\left|\dfrac{\mathrm{d}m(t)}{\mathrm{d}t}\right|_{\max}$ 及 f_s 一定时），必须有足够大的台阶 δ 才能确保 ΔM 系统不发生过载现象。另一方面，一般量化噪声功率与台阶 δ 的平方成正比，减小台阶 δ 就能降低一般量化噪声功率。而在 ΔM 系统中，台阶 δ 是固定大小的，所以必然会出现这样的情况：

（1）采用大 δ，能避免过载的发生，避免引入过载量化噪声，但大的 δ 会使一般量化噪声增大，如图 6.3.5(a) 所示；

（2）采用小 δ，能降低一般量化噪声功率，但会出现过载现象，会引入大的过载量化噪声，如图 6.3.5(b) 所示。

由此可见，在 ΔM 系统中，不管如何选择台阶 δ，都会带来较大的量化噪声。克服 ΔM 系统这一问题的方法是采用自适应增量调制（AΔM）方案。AΔM 的基本思想是：根据信号斜率的不同自动改变台阶。即当信号变化快时，用大台阶 δ；当信号变化慢时，用小台阶 δ，如图 6.3.5(c) 所示，这样既能避免过载发生又能减小一般量化噪声。

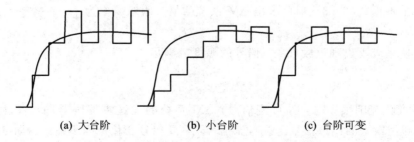

(a) 大台阶　　　　　　(b) 小台阶　　　　　　(c) 台阶可变

图 6.3.5　自适应增量调制台阶与增量调制台阶

　　台阶的改变方法有瞬时压扩和音节压扩两种。瞬时压扩的 δ 值随着信号斜率的变化立即变化，这种方法较难实现。音节压扩的 δ 值随语音信号一个音节(即语音信号包络变化周期，约为 10 ms)内信号平均斜率变化，即在一个音节内，δ 保持不变，而在不同音节内 δ 是变化的。音节压扩也称为连续可变斜率增量调制，记作 CVSD。

　　与台阶固定不变的 ΔM 系统相比，CVSD 系统能适应信号更大的变化范围，故其动态范围更大。

6.3.4　PCM 与 ΔM 系统性能比较

1. 编码原理

　　PCM 和 ΔM 都是模拟信号数字化的具体方法。但 PCM 是对样值本身编码，其代码序列反映模拟信号的幅度信息；而 ΔM 是对相邻样值的差值编码，其代码序列反映了模拟信号的微分(变化)信息。

2. 取样速率

　　PCM 的取样速率 f_s 可根据奈奎斯特取样定理确定。若信号的最高频率为 f_H，则取 $f_s \geqslant 2f_H$，故语音信号的取样速率为 8000 次/秒。而在 ΔM 系统中，每个取样值只进行 1 位编码，为了减小量化失真必须提高取样速率，所以语音信号 ΔM 的取样速率 $f_s \geqslant 32$ kHz，远比 PCM 的取样速率高。

3. 码元速率

　　以 1 路语音信号为例，数字化后的二进制码元速率分别为

$$\text{PCM：} R_s = kf_s = 8 \times 8000 = 64 \text{ kB} \qquad k = 8, f_s = 8 \text{ kHz}$$

$$\Delta\text{M：} R_s = kf_s = 1 \times 32\,000 = 32 \text{ kB} \qquad k = 1, f_s = 32 \text{ kHz}$$

可见，ΔM 的有效性高于 PCM 的有效性。

4. 量化信噪比

　　比较的前提是数字化后的二进制码元速率相同，即有效性相同。

　　以正弦信号为例，PCM 系统的量化信噪比公式为

$$\left(\frac{S_o}{N_q}\right)_{\text{PCM}} = 6k + 2 \quad (\text{dB}) \tag{6-3-8}$$

当取样速率为 $f_{s\text{PCM}} = 8000$ Hz 时，码元速率为 $R_{s\text{PCM}} = 8000k$。

　　ΔM 系统的量化信噪比公式为

$$\left(\frac{S_o}{N_q}\right)_{\Delta\text{M}} = 10\lg\left[0.04\frac{f_{s\Delta\text{M}}^3}{f_0^2 f_m}\right] \quad (\text{dB}) \tag{6-3-9}$$

ΔM 的码元速率为 $R_{s\Delta\text{M}} = f_{s\Delta\text{M}}$。

　　当 PCM 和 ΔM 码元速率相同，即 $R_{s\Delta\text{M}} = R_{s\text{PCM}}$ 时，$f_{s\Delta\text{M}} = 8000k$，同时取 $f_0 = 800$ Hz、$f_m = 3000$ Hz，代入式(6-3-9)得到用 k 表示的 ΔM 的量化信噪比为

$$\left(\frac{S_o}{N_q}\right)_{\Delta\text{M}} = 10\lg\left[0.04\frac{(8000k)^3}{(800)^2 \times 3000}\right] = 30\lg k + 10.3 \quad (\text{dB}) \tag{6-3-10}$$

　　由式(6-3-8)和式(6-3-10)可计算出不同码元速率(相当于不同的 k)时的量化信噪比如表 6-3-1 所示。

表 6 - 3 - 1　两种数字化方法的量化信噪比

码元速率 R_s/kBaud	16	24	32	40	48	56	64	72
PCM 码位数 k	2	3	4	5	6	7	8	9
$(S_o/N_q)_{PCM}$/dB	14	20	26	32	38	44	50	56
$(S_o/N_q)_{\Delta M}$/dB	19.3	24.6	28.4	31.3	33.6	35.7	37.4	38.9

从表 6 - 3 - 1 可看出，当码位数 $k=4\sim5$ 时，PCM 和 ΔM 系统的量化信噪比差不多；当 $k<4$ 时，ΔM 系统的量化信噪比高于 PCM 系统的量化信噪比；当 $k>5$ 时，PCM 系统的量化信噪比高于 ΔM 系统的量化信噪比。因为实际应用中，PCM 系统的编码位数 $k=7\sim8$，所以 PCM 系统的量化信噪比高于 ΔM 系统的量化信噪比。

5. 误码信噪比

根据前面的分析，当信道误码率为 P_e 时，PCM 和 ΔM 的误码信噪比分别为

$$\left(\frac{S_o}{N_e}\right)_{PCM} = \frac{1}{4P_e} \qquad 与 R_s 无关$$

$$\left(\frac{S_o}{N_e}\right)_{\Delta M} = \frac{f_1 f_s}{16 P_e f_0^2} \qquad 与 R_s = f_s 有关（成正比）$$

取 $f_1 = 300$ Hz，$f_0 = 800$ Hz，代入上式，经对比分析发现，当 $R_s = 8.5$ kB 时，两种系统的误码信噪比相当；当 $R_s > 8.5$ kB 时，ΔM 的误码信噪比比 PCM 误码信噪比高，而且随着 R_s 的增大，$(S_o/N_e)_{\Delta M}$ 比 $(S_o/N_e)_{PCM}$ 大得越多。由于在实际应用中，两种系统的码元速率 R_s 都远高于 8.5 kB，因而 $(S_o/N_e)_{\Delta M}$ 比 $(S_o/N_e)_{PCM}$ 高得多。这说明，在抗误码性能上，ΔM 系统比 PCM 系统要好得多。所以，ΔM 要求数字通信系统的误码小于等于 10^{-3} 就可以了，而不像 PCM 对数字通信系统提出了误码率小于等于 10^{-6} 的要求。定性地说，在 ΔM 系统中，每个误码只造成一个台阶的误差，而 PCM 系统的每个误码会造成较大的误差(可能有许多个台阶)，所以 PCM 系统对数字通信系统的误码较为敏感。

综上所述，PCM 系统适用于要求传输质量较高、且具有充裕频带资源的场合，故一般用于大容量的干线通信。ΔM 系统由于具备有效性高、抗误码性能好等优点，用于一些专用通信网中。

除了上述介绍的 PCM 和 ΔM 外，实际应用中还有其它类型的波形编码技术。增量脉冲编码调制(DPCM)是一种综合了 PCM 和 ΔM 编码思想的波形编码方法，在这种编码方式中，将相邻样值的差值分为 M 个台阶，设置 M 个量化电平，每个误差值量化到其中的一个电平，用 $N = lbM$ 比特来编码。因此它既有 ΔM 的特点(对差值编码)，又有 PCM 的特点(有多个量化电平)。若 $M=2$，$N=1$，即为 ΔM，因此 ΔM 也可看成是 DPCM 的特例。如果在 DPCM 中引入自适应系统，使量化台阶自适应地随信号变化，则为自适应 DPCM，即 ADPCM。ADPCM 与 PCM 相比，在维持相同语音质量下，ADPCM 的编码速率为 32 kb/s，是标准 64 kb/s PCM 速率的一半。因此，CCITT 建议 32 kb/s 的 ADPCM 为长途传输中的一种新型国际通用的语音编码方法。

6.4　时分复用（TDM）

为了提高信道的利用率，通常将多个信号合路后在同一个信道上传输，这种技术称为多路复用技术。在第 5 章中已对频分复用技术进行了介绍，本节详细介绍时分复用技术。

6.4.1　时分复用原理

时分复用是利用不同时隙在同一信道上传输多路数字信号的技术。其具体的实现方法是：将一条通信线路的工作时间周期性地分割成若干个互不重叠的时隙（时间段或时间片），每路信号分别使用指定的时隙传输其样值。

图 6.4.1 给出了三路语音信号的时分复用原理框图。设语音信号的取样速率 $f_s=$ 8000 次/秒，则 $T_s=1/f_s=125\ \mu s$，开关 S_1 在 $T_s=125\ \mu s$ 旋转一周，依次对三路语音信号取样一次，得到三个取样值，每个样值的传输时间是 $T_s=125\ \mu s$ 的三分之一，相当于将 T_s 分成三个时隙，每个时隙传输一个样值。其时隙图如图 6.4.2 所示，①、②、③号时隙分别传输第一路、第二路和第三路语音信号的样值。

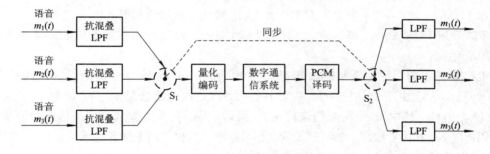

图 6.4.1　时分复用原理

图 6.4.2　三路语音信号时分复用时隙图

量化编码器依次对每个样值量化并进行编码。如果采用 13 折线编码，即每个样点用 8 位二进制表示，则编码器在 125 μs 时间里输出 $3\times8=24$ 个二进制码元。因此，三路语音信号时分复用后的信息速率为 $R_b=3\times64$ kb/s。由此可见，如果复用的路数为 N，则合路后 PCM 信号的信息速率为 $N\times64$ kb/s，是单路语音信号数字化信息速率的 N 倍。

接收端的 PCM 译码器对收到的 PCM 码组进行译码，译码后是三路合在一起的样值序列。只要旋转开关 S_2 与发端的旋转开关 S_1 同步，它就能将混合样值序列中的样值加以区分，并把各路的样值送到各自的输出端。每路信号的样值序列经低通滤波后还原为发送的语音信号。

综上所述，时分复用的各路信号在时间上是严格分开的，这也是时分复用名称的由来。

例 6.4.1 对 10 路带宽均为 $300\sim3400$ Hz 的语音信号进行 PCM 时分复用传输。取样速率为 8000 Hz(次/秒),取样后进行 256 级量化,并编为折叠二进制码。试求此时分复用 PCM 信号的二进制码元速率。

解 先求一路语音信号经 PCM 数字化后的二进制码元速率。

已知语音信号的取样速率为 8000 次/秒,又知量化级数为 256,即 $Q=2^8=256$。所以,每个样值要用 8 位二进制表示。可得一路语音信号经 PCM 后的二进制码元速率为

$$R'_s = 8000 \times 8 = 64\ 000\ \text{码元} / \text{秒} = 64\ (\text{kB})$$

10 路语音信号时分复用后的 PCM 信号其码元速率为

$$R_s = 10 \times 64 = 640\ (\text{kB})$$

需要注意的是,码元速率和信息速率使用不同的单位,但对于二进制来说,码元速率与信息速率在数值上是相同的。这是因为,一个二进制码元携带一个比特的信息量。

6.4.2 时分复用应用实例

采用时分复用的 PCM 数字电话系统是一个典型的时分复用应用实例。目前国际上推荐的 PCM 时分复用数字电话的复用制式有两种,即 PCM 30/32 路(采用 A 律压扩特性)制式和 PCM 24 路(采用 μ 律压扩特性)制式,并规定,国际通信时,以 A 律压扩特性为标准。我国采用 PCM 30/32 路制式。下面对 PCM 30/32 路时分复用数字电话的复用方法作一简单介绍。

根据取样定理,每个话路的取样速率为 $f_s=8000$ Hz,即每个话路的取样间隔 $T_s=1/8000=125\ \mu s$。由于 PCM 30/32 路数字电话系统复用的路数是 32 路,因此 $125\ \mu s$ 要分割成 32 个时隙,其中 30 个时隙用来传送 30 路话,另外两个时隙分别用来传送帧同步码和信令码。这 32 个时隙称为一帧,帧长为 $125\ \mu s$。PCM 30/32 路数字电话的帧结构(时隙分配图)如图 6.4.3 所示。

图 6.4.3 PCM 30/32 路数字电话帧结构

32 个时隙分别用 TS0~TS31 表示。其中 TS1~TS15 和 TS17~TS31 这 30 个时隙用来传送 30 路电话信号的样值代码。TS0 用于传输帧同步码组,可建立正确的路序。TS16 专用于传送话路信令(如占用、被叫摘机、主叫挂机等)。每个时隙包含 8 位码,一帧共有 256 个比特,因此 PCM 30/32 路时分复用数字电话系统的信息传输速率为

$$R_b = \frac{256}{125 \times 10^{-6}} = 2.048\ \text{Mb/s} = 32 \times 64\ (\text{kb/s})$$

可见,PCM 30/32 路时分复用数字电话系统的信息传输速率等于 32 路数字语音信号的合路速率。

在 PCM 30/32 路制式中,32 路信号(其中话音 30 路)时分复用构成的合路信号称为基群或一次群。如果要传输更多路的数字电话,则需要将若干个一次群数字信号通过数字复

接设备复合成二次群，二次群再复合成三次群等。根据 ITU－T 建议，由 4 个一次群复接为一个二次群，包括 120 路用户数字话，传输速率为 8.448 Mb/s。由 4 个二次群复接为一个三次群，包括 480 路用户数字话，传输速率为 34.368 Mb/s。由 4 个三次群复接为一个四次群，包括 1920 路用户数字话，传输速率为 139.264 Mb/s。由 4 个四次群复接为一个五次群，包括 7680 路用户数字话，传输速率为 565.148 Mb/s。

ITU－T 建议标准的每一等级群路可以用来传输多路数字电话，也可以用来传送其它相同速率的数字信号，如可视电话、数字电视等。

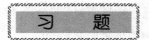

1. 一个带限低通信号 $m(t)$ 具有如下的频谱特性：$M(f) = \begin{cases} 1 - \dfrac{|f|}{200}, & |f| \leqslant 200 \text{ Hz} \\ 0, & \text{其它 } f \end{cases}$

（1）若取样频率 $f_s = 300$ Hz，画出对 $m(t)$ 进行理想取样时，在 $|f| \leqslant 200$ Hz 范围内已取样信号 $m_s(t)$ 的频谱。

（2）若取样频率 $f_s = 400$ Hz 呢？

2. 一个信号 $m(t) = 2 \cos 400\pi t + 6 \cos 4\pi t$，用 $f_s = 500$ Hz 的取样频率对它理想取样，取样后的信号经过一个截止频率为 400 Hz、幅度为 1/500 的理想低通滤波器。求：

（1）低通滤波器输出端的频率成分。

（2）低通滤波器输出信号的时间表达式。

3. 有信号 $m(t) = 10 \cos(20\pi t) \cdot \cos(200\pi t)$，用每秒 250 次的取样速率对其进行取样。

（1）画出已取样信号的频谱。

（2）求出用于恢复原信号的理想低通滤波器的截止频率。

4. 已知某信号的时域表达式为 $m(t) = 200 \text{Sa}^2(200\pi t)$，对此信号进行取样。求：

（1）奈奎斯特取样频率 f_s。

（2）奈奎斯特取样间隔 T_s。

（3）画出取样频率为 500 Hz 时的已取样信号的频谱。

（4）当取样频率为 500 Hz 时，画出恢复原信号的低通滤波器的传递特性 $H(f)$ 示意图。

5. 设单路语音信号 $m(t)$ 的频率范围为 300～3400 Hz，取样频率为 $f_s = 8$ kHz，量化级数 $Q = 128$。试求 PCM 信号的二进制码元速率为多少？

6. 已知某 13 折线量化编码器输入样值为 +785 mV，若最小量化级为 1 mV，试求 13 折线量化编码器输出的码组。

7. 13 折线量化编码，收到的码组为 11101000，若最小量化级为 1 mV，求译码器输出电压值。

8. 下图是一个对单极性模拟信号进行 PCM 编码后的输出波形。最小量化电平为 0.5 V，量化台阶为 1 V，编码采用自然二进制码。图中正、负脉冲分别表示"1"码和"0"码。每三个码元组成一个 PCM 码组。试画出此 PCM 波形译码后的样值序列。

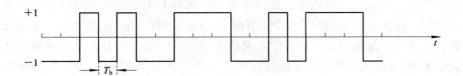

题 8 图

9. 设增量调制系统的量化台阶 $\delta = 50$ mV，取样频率为 $f_s = 32$ kHz，求当输入信号为 800 Hz 的正弦波时，允许的最大振幅为多大？

10. 信号 $m(t) = A \sin 2\pi f_0 t$ 进行增量调制，若台阶 δ 和取样频率选择得既要保证不过载，又要保证不致因为信号振幅太小而使增量调制器不能正常编码，试证明此时要求 $f_s > \pi f_0$。

11. 增量调制系统中，已知输入模拟信号 $m(t) = A \cos 2\pi f_0 t$，取样速率为 f_s，量化台阶为 δ。

(1) 试求增量调制的最大跟踪斜率 k。

(2) 若系统不出现过载失真且能正常编码，则输入信号幅度范围为多少？

(3) 如果收到码序列为 11011110001，按阶梯信号方式画出译码器输出信号的波形（设初始电平为 0）。

12. 24 路语音信号进行时分复用，并经 PCM 编码后在同一信道传输。每路语音信号的取样速率为 $f_s = 8$ kHz，每个样点量化为 256 个量化电平中的一个，每个量化电平用 8 位二进制编码，求时分复用后的 PCM 信号的二进制码元速率。

本章知识点小结

数字通信系统有许多优点。模拟信号要想在数字通信系统上传输，必须首先将它们转换成数字信号。模拟信号数字化需经三个步骤：取样、量化和编码。

1. 脉冲编码调制（PCM）

1）取样

① 取样的定义：将时间上连续的模拟信号变换为时间上离散的样值序列的过程。

② 取样的实现：用一个周期为 T_s 的冲激脉冲序列与被取样信号相乘。T_s 称为取样周期，$f_s = 1/T_s$ 称为取样频率。

③ 样值序列的频谱：是原模拟信号频谱以间隔 f_s 重复（幅度乘以 $1/T_s$）。

④ 取样定理：一个频带限制在 $0 \sim f_H$ 的低通信号 $m(t)$，只要取样频率 $f_s \geqslant 2f_H$，则可由样值序列无失真地重建 $m(t)$。取样定理是模拟信号数字化的理论基础，$f_s = 2f_H$ 称为奈奎斯特取样速率，相应的取样间隔称为奈奎斯特取样间隔。实际应用中，$f_s = (2.5 \sim 3)f_H$，例如语音信号的取样频率为 8000 次/秒。

2）量化

① 量化的定义：用最接近于取样值的量化电平来表示取样值。若设置的量化电平间隔相同，则称为均匀量化；否则称为非均匀量化。

② 量化的作用：将模拟信号转换成数字信号。量化产生了误差，称为量化误差，最大

量化误差为台阶 Δ 的一半。

③ 量化误差的衡量：量化信噪比 S_q/N_q，即量化信号功率/量化噪声功率。

均匀量化时：量化噪声功率 $N_q = \Delta^2/12$。

若信号均匀分布：$\left(\dfrac{S_q}{N_q}\right)_{dB} \approx 6k(dB)$。

若信号为正弦波：$\left(\dfrac{S_q}{N_q}\right)_{dB} \approx 6k+2(dB)$。

若信号为语音：$\left(\dfrac{S_q}{N_q}\right)_{dB} \approx 6k-9(dB)$。

3）非均匀量化

① 非均匀量化的目的：提高小信号的量化信噪比，从而扩大量化器的动态范围。

② 基本思想：小信号时用小台阶，大信号时用大台阶。

③ 实现方法："压缩＋均匀量化"、13 折线量化。

④ 压缩器特性：A 律、μ 律。

⑤ 13 折线量化：用 13 根折线近似 $A = 87.6$ 的 A 律特性，正负方向共设置 256 个量化台阶，最小量化台阶为 Δ，最大量化台阶为 64Δ。

4）编码

用二进制代码表示量化电平值。若量化电平个数为 Q，则每个量化电平需要 $k = \mathrm{lb}Q$ 位二进制代码表示。

① 常用二进制代码：自然二进制码、折叠二进制码、格雷码等。

② 应用：语音信号的 13 折线量化编码采用折叠二进制码，即用第 1 位表示样值的极性，用接下来的 3 位表示样值所在的段，用最后 4 位表示样值在段内所在的级。

5）PCM 系统的误码噪声

PCM 系统误码噪声对系统性能的影响用误码信噪比来表示。当信号均匀分布且采用均匀量化时，关于误码信噪比有如下结论：

① 采用自然二进制码时：$\dfrac{S_q}{N_e} \approx \dfrac{1}{4P_e}$。

② 采用折叠二进制码时：$\dfrac{S_q}{N_e} \approx \dfrac{1}{5P_e}$。

③ PCM 系统要求数字传输的误码率 $P_e \leqslant 10^{-6}$。

2. 增量调制（$\triangle$M）

（1）方法：若取样值大于前一个样值的量化电平，编码为 1，否则编码为 0。

（2）码元速率：取样一次，编码输出 1 位二进制码，故数字化后码元速率 $R_s = f_s$，增量调制中的取样速率通常较大，如 32 kHz。

（3）量化噪声：一般量化噪声和过载量化噪声。

① 一般量化噪声：与量化台阶 δ 有关。正弦信号不发生过载时的最大量化信噪比为

$$\left(\frac{S_o}{N_q}\right)_{max} \approx (30\ \lg f_s - 20\ \lg f_0 - 10\ \lg f_m - 14)\ dB$$

可见，取样速率提高一倍，量化信噪比提高 9 dB；信号频率提高一倍，量化信噪比下降 6 dB。

② 避免过载的条件：$\left|\dfrac{\mathrm{d}m(t)}{\mathrm{d}t}\right|_{max} \leqslant \delta \cdot f_s$，其中 $k = \delta \cdot f_s$ 为最大跟踪斜率。

（4）误码噪声：与误码率 P_e 成正比。ΔM 要求 $P_e < 10^{-3}$。

（5）自适应增量调制（$A\Delta M$）。

① 基本思想：信号变化快时用大台阶，信号变化慢时用小台阶。

② 目的：扩大量化器的动态范围。

3. PCM 与 ΔM 系统性能比较

（1）量化信噪比：当 $k < 4$ 时（码元速率小于 32 kb/s），ΔM 较优；反之，当 $k > 5$，如 $k = 7 \sim 8$ 时（码元速率为 $56 \sim 64$ kb/s），PCM 系统较优。

（2）误码信噪比：ΔM 优于 PCM。

4. 时分复用（TDM）

（1）时分复用目的：在同一信道上同时传输多路独立信号，提高信道的利用率。

（2）实现方法：将一条通信线路的工作时间，周期性地分割成若干个互不重叠的时隙，每个信号分别使用指定的时隙传输其样值。

（3）时分复用信号的特点：

① 各路信号的样值在时间上是两两分离的。

② 各路信号的频谱重叠在一起，无法区分。

③ 合路后信号的二进制码元速率是每路信号的二进制码元速率之和。

（4）PCM 30/32 路系统帧结构。

① 时隙数：一帧共有 32 个时隙，其中 30 个时隙用于传输 30 路电话，另 2 个时隙用于传输帧同步码和信令。

② 数码率：

· 一路电话：$R_{b1} = 64$ kb/s。

· 32 路信号：$R_b = 32R_{b1} = 2.048$ Mb/s（称为基群速率或一次群速率）。

· 多次群：4 个一次群组成二次群，4 个二次群组成三次群等。

本章自测自评题

一、填空题（每空 1 分，共 20 分）

1. 模拟信号数字化过程经过的三个步骤是 _____ 、 _____ 和编码。

2. 一个语音信号，其频谱范围为 $300 \sim 3400$ Hz，对其取样时，取样频率最小为 _____。实际应用中，语音信号的取样频率为 _____。

3. 量化过程会引入误差，此误差如噪声一样会影响通信的质量，所以也称为量化噪声。量化噪声一旦引入无法消除。为控制量化过程引入的量化噪声，可以通过减小 _____ 来实现，这是因为量化噪声功率等于 _____。

4. 在均匀量化 PCM 中，若保持取样频率 8 kHz 不变，而编码后的比特率由 32 kb/s 提高到 64 kb/s，则量化信噪比增加了 _____ dB，编码位数增加了 _____ 位。

5. 设语音信号的变化范围为 $-4 \sim 4$ V，在语音信号的这个变化范围内均匀设置 256 个量化电平，此时量化器输出端的信噪比为 _____ 分贝。当量化器不变，输入到量化器的语音信号的功率下降 10 分贝，则量化器输出端的信噪比为 _____ 分贝。

6. 13 折线量化编码中，采用_____（均匀/非均匀）量化，这种量化方式可以扩大量化器的_____范围。

7. 对一个语音信号进行增量调制，设取样速率为 32 000 Hz，则数字化后数字信号的信息速率为_____。

8. 一音乐信号 $m(t)$ 的最高频率分量为 20 kHz，以奈奎斯特速率取样后进行 A 律 13 折线 PCM 编码，所得比特率为_____b/s，若将此数字信号转换为十六进制，则码元速率为_____。

9. 32 路语音信号时分复用，每路信号的取样速率为 8000 次/秒，采用 13 折线量化编码，则合路后信号的二进制码元速率为_____。

10. 设量化器设置有 8 个量化电平，分别为 ±0.5、±1.5、±2.5、±3.5，现有取样值的大小为 2.05，则此取样值的量化电平和量化误差分别为_____和_____。如果用自然二进制码来表示，则代码为_____，如果用折叠二进制码来表示，则代码为_____。

二、选择题（每题 2 分，共 20 分）

1. 若均匀量化器的量化间隔为 Δ，则均匀量化的最大量化误差为_____。

　　A. $\Delta/2$　　　　　　　　　　　　　B. 大于 $\Delta/2$

　　C. Δ　　　　　　　　　　　　　　D. 有时 $\Delta/2$，有时大于 $\Delta/2$

2. A 律 13 折线编码中，当段码为 001 时，则它的起始电平为_____。

　　A. 16Δ　　　　　B. 32Δ　　　　　C. 8Δ　　　　　D. 64Δ

3. 均匀量化 PCM 中，取样速率为 8000 Hz，输入单频正弦信号时，若编码后比特速率由 16 kb/s 增加到 64 kb/s，则量化信噪比增加_____。

　　A. 36 dB　　　　　B. 48 dB　　　　　C. 32 dB　　　　　D. 24 dB

4. 对语音信号进行均匀量化，每个量化值用一个 7 位代码表示，则量化信噪比为_____。

　　A. 42 dB　　　　　B. 44 dB　　　　　C. 33 dB　　　　　D. 35 dB

5. 13 折线量化编码时，所采用的代码是_____。

　　A. 自然二进制码　　　　　　　　　B. 折叠二进制码

　　C. 格雷码　　　　　　　　　　　　D. 8421BCD 码

6. 在增量调制中，设取样速率为 $f_s=1/T_s$，量化台阶为 δ，则译码器的最大跟踪斜率为_____。

　　A. δ/f_s　　　　　B. f_s/δ　　　　　C. $f_s\delta$　　　　　D. δT_s

7. 设输入信号最大值为 5（V），现有样点值为 3.6（V），采用 13 折线量化编码，则此样点值的量化量平为_____。

　　A. 1504Δ　　　　　B. 1472Δ　　　　　C. 1536Δ　　　　　D. 2048Δ

8. PCM 这种数字化方法对数字通信系统提出的要求_____。

　　A. 比 ΔM 高　　B. 比 ΔM 低　　B. 与 ΔM 一样高　　D. 不确定

9. 在增量调制中，若取样频率由 16 kHz 增加到 64 kHz，输入信号幅度相同，量化信噪比增加_____dB。

A. 9   B. 12   C. 15   D. 18

10. PCM 30/32 数字电话系统中,二次群包含的电话路数为_____。

    A. 30 路   B. 32 路   C. 128 路   D. 120 路

三、简答题(每题 5 分,共 20 分)

1. 模拟信号数字化要经过哪些步骤?画出示意图并说明在这个过程中信号在时间和幅度上的形式是如何变化的。

2. 模拟信号数字化的理论基础是什么?它是如何表述的?

3. 什么是量化和量化噪声?量化噪声的大小与哪些因素有关?衡量量化噪声对通信质量影响的性能指标是什么?

4. 试简述脉冲编码调制(PCM)和增量调制(ΔM)这两种模拟信号数字化方法的异同点(至少各写两条)。

四、综合题(每题 10 分,共 40 分)

1. 如果 A 律 13 折线编码器的过载电压为 4.096 V。

(1) 求取样值 3.01 V 和 −0.03 V 的二进制代码;

(2) 二个取样值的代码传输到接收端,求译码后的电平值。

2. 对模拟信号 $m(t)$ 进行增量调制,取样速率为 f_s,量化台阶为 δ。

(1) 若输入信号为 $m(t) = A\cos 2\pi f_k t$,试确定不发生过载时的最大振幅值;

(2) 若输入信号频率为 $f_k = 3000$ Hz,取样速率为 $f_s = 32$ kHz,量化台阶为 $\delta = 0.1$ V,试确定该编码器的最小编码电平和编码范围;

(3) 若取样速率 $f_s = 64$ kHz,增量调制器输出的"1"、"0"码元的概率分别为 3/4 和 1/4,试求增量调制器输出信息的平均速率。

(4) 若要使增量调制器输出的数据序列携带输入信号的幅度信息,试问需采用何措施?

3. 信号 $x(t)$ 的最高频率 $f_H = 25$ kHz,按奈奎斯特取样速率取样,采用线性 PCM 量化编码,量化级数 $Q = 256$,自然二进制编码,若系统的平均误码率 $P_e = 10^{-3}$,试求:

(1) 传输 10 s 后错码的数目;

(2) 若 $x(t)$ 为频率 $f_H = 25$ kHz 的正弦波,求 PCM 系统总的输出信噪比 $(S_o/N_o)_{dB}$。

4. 32 路 PCM 信号时分复用后通过某高斯信道传输,设信道带宽 $B = 224$ kHz,信噪比 $S/N = 255$ 倍,求单路 PCM 信号的最高传码率?若在 PCM 处理中,均匀量化电平数为 128,则最高取样速率为多少?

第 7 章　数字信号的基带传输

7.1　引　　言

所谓基带信号，就是频谱集中在零频（直流）或某个低频附近的信号。由物理信号（如大气压强、环境温度、人的声音等）直接转换过来的电信号绝大多数是基带信号。基带信号可以是模拟信号，也可以是数字信号。如果基带信号是模拟信号，称为模拟基带信号，如声音通过麦克风转换后的语音信号；如果基带信号是数字信号，称为数字基带信号，如计算机输出的二进制序列，或由语音信号数字化转换而来的数字语音信号。实际中，传输信号的信道通常有两种：低通型信道和带通型信道。通常有线信道是低通型信道，无线信道是带通型信道。数字基带信号通过低通型信道的传输称为数字信号的基带传输，这样的传输系统称为数字基带系统。

学习数字基带系统我们关心的是数字基带系统的构成和数字基带系统的有效性与可靠性，在数字基带系统中，有效性和可靠性分别用频带利用率和误码率来表示，因此本章将围绕这两个方面展开讨论。

7.2　数字基带系统的构成

图 7.2.1 是典型的数字基带系统组成方框图。系统主要由信道信号形成器、信道、接收滤波器、位定时提取电路、取样判决器和码元再生器六个功能部件组成，系统的输入信号是数字基带信号。下面对各个组成部件的功能作简要介绍。

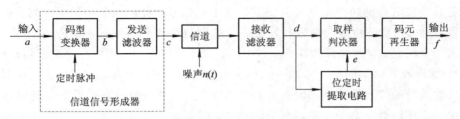

图 7.2.1　数字基带系统组成方框图

1. 信道信号形成器

由于输入的数字基带信号通常不适合直接在信道上传输，如大多数数字基带信号含有丰富的低频分量、直流分量，而信道通常有隔直流电容等元部件，因而不能传输直流和低频成分，这就需要在信号传输前对其进行变换，使其适合信道的传输。又如接收端的位定时(位同步)提取电路要从接收到的基带信号中提取用于取样判决的位定时信号，所以要求发端发送的信号中含有位定时成分，如果基带信号中没有这样的分量，也需要对这样的数字基带信号进行变换，使接收端便于提取位定时信号。所有这些，都需要有一个部件，将输入的数字基带信号变换成适合于信道传输的基带信号，信道信号形成器就是这样的一个功能部件。它采用的方法是对输入的数字基带信号进行码型变换和波形变换。码型变换的作用是将输入的数字基带信号变换成适合于信道传输的码型，不同码型的数字基带信号具有不同的特点。波形变换的作用是形成适合于信道传输的波形，使其具有较高的频带利用率及较强的抗码间干扰能力。这种波形变换也称为波形成形。

2. 信道

基带传输的信道通常为有线信道，其传递函数为 $C(f)$，它具有低通型的传输特性，可看做一个低通滤波器，由于它通常是不理想的，所以信号通过它会产生失真。另外，信道中还会引入噪声 $n(t)$。一般认为噪声 $n(t)$ 是零均值的高斯白噪声。基带系统中的其它部件也会产生噪声，但它们和信道中的噪声 $n(t)$ 相比小得多，所以在通信系统的分析中一般只考虑信道中的噪声。

3. 接收滤波器

发端发送的信号经过信道后，由于信道的不理想及信道中的噪声，使信号产生了失真，同时还混入了大量的噪声，如果对这样的信号不加处理直接进行判决，会产生大量的错误，因此在取样判决前必须经过一个接收滤波器。接收滤波器的作用有两个：一个是滤除信号频带以外的噪声；另一个是对失真的信号进行校正，以便得到有利于取样判决器判决的波形。

4. 取样判决器和码元再生器

取样判决器的功能是在规定的时刻(由位定时脉冲控制)对接收滤波器输出的信号进行取样，然后根据预先确定的判决规则对取样值进行判决，确定发端发的是"1"码还是"0"码。由于信号的失真及噪声的影响，判决器会发生错判，如发端发送的是"1"码，而判决器判决出"0"码，这种现象称为误码。码元再生器的功能是将判决器判决出的"1"码及"0"码变换成所需的数字基带信号形式。

5. 位定时提取电路

位定时提取电路的功能是从接收滤波器输出的信号中提取用于控制取样判决时刻的位定时信号，要求提取的位定时信号和发送的二进制数字序列同频同相。所谓同频，就是发送端发送一个码元，接收端应判决出一个码元，即位定时信号的周期应等于码元周期(码元宽度)，这样收发两端的码元才能一一对应不会搞错。所谓同相，就是位定时信号的脉冲应对准接收信号的最佳取样判决时刻，使取样器取到的样值最有利于做出正确的判决。

为进一步理解数字基带系统各部分的功能，图 7.2.2 给出了数字基带系统方框图中各点的波形示意图。图 7.2.2(a)是输入的数字基带信号，其波形为矩形，码型为单极性全占空码，码元间隔为 T_s。经码型变换器后为双极性半占空信号，如图 7.2.2(b)所示。波形变换后的信号如图 7.2.2(c)所示，矩形波形变换成了升余弦波形，这个波形是真正加到信道输入端的信号。接收滤波器输出端的信号如图 7.2.2(d)所示，它是滤除了大量带外噪声并且得到校正后的信号，此信号用于取样判决。图 7.2.2(e)是位定时提取电路提取的定时信号，控制取样判决时刻。图 7.2.2(f)是接收端恢复的信号，其中有一个误码，这是因为信道的不理想及噪声干扰引起的。实际传输系统总会有误码。

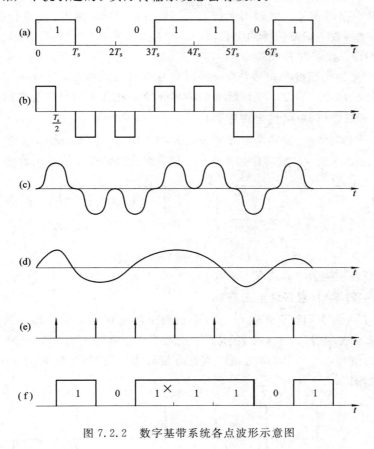

图 7.2.2　数字基带系统各点波形示意图

7.3　数字基带信号的码型和波形

数字基带信号是数字信息的电脉冲表示。数字信息的表示方式和电脉冲的形状多种多样，对于相同的数字信息，采用不同的表示方式和电脉冲形状，可得到不同特性的数字基带信号。数字信息的表示方式称为数字基带信号的码型，相应的电脉冲形状称为数字基带信号的波形。

7.3.1　数字基带信号的码型

不同码型的数字基带信号具有不同的频谱特性，因此，要合理地设计码型使之适合于给定信道的传输特性。那么基带传输系统的信道对数字基带信号的码型有什么要求呢？归纳起来主要有以下几点：

（1）由于大多数基带信道低频端的传输特性都不好，不利于含有直流和丰富低频分量的信号传输，所以要求选用合适的码型，使数字基带信号中不含直流成分，且低频分量少。

（2）由于接收端的位定时提取电路从接收信号中提取位定时信号，所以通常要求数字基带信号中含有位定时信息。

（3）要求数字基带信号的功率谱主瓣宽度窄，以节省传输频带，从而提高频带利用率。

（4）要求数字基带信号的频谱不受信源统计特性的影响。例如，不管信源输出的"1"码和"0"码是否等概，数字基带信号均无直流。

（5）要求编译码设备尽量简单。

数字基带信号的码型种类很多，每一种码型有它自己的特点，实际中应根据具体的传输信道选择合适的码型。下面以矩形脉冲为波形介绍一些常用的码型及它们的特点。

1. 单极性不归零码（单极性全占空码）

在单极性不归零码中，用一个宽度等于码元间隔 T_s 的正脉冲表示信息"1"，没有脉冲表示信息"0"。反之亦然。设数字序列为 1010110，则其单极性不归零码如图 7.3.1 所示。

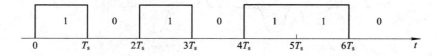

图 7.3.1　单极性不归零码

用这种码型表示的数字基带信号，其直流分量不为零。

2. 双极性不归零码（双极性全占空码）

双极性不归零码用宽度等于码元间隔 T_s 的两个幅度相同但极性相反的矩形脉冲来表示信息，如正脉冲表示"1"，负脉冲表示"0"；也可以用正脉冲表示"0"，负脉冲表示"1"。用这种码型表示的信号，当"1"、"0"等概时直流分量等于 0。设数字序列为 1010110，则其双极性不归零码如图 7.3.2 所示。

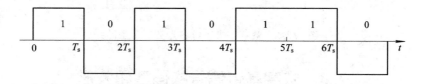

图 7.3.2　双极性不归零码

3. 单极性归零码

信息为 1010110 的单极性归零码如图 7.3.3 所示，它与单极性不归零码类似，也是用脉冲的有无来表示信息的，所不同的只是脉冲的宽度不等于码元间隔而是小于码元间隔。因此，每个脉冲都在相应的码元间隔内回到零电位，所以称为单极性归零码。当脉冲的宽度等于码元间隔的一半时，称它为单极性半占空码。码元间隔相同时，归零码的脉冲宽度比不归零码的窄，因而它的带宽比不归零码的带宽要宽。这种码型的基带信号，其直流分量也不等于零。

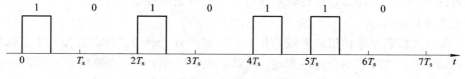

图 7.3.3　单极性归零码

4. 双极性归零码

双极性归零码如图 7.3.4 所示，它与双极性不归零码相似，所不同的也只是脉冲的宽度小于码元间隔。因此，在码元间隔相同的情况下，用双极性归零码表示的信号，其带宽也要大于双极性不归零码信号的带宽。"1"、"0"码等概时，双极性归零码也无直流分量。

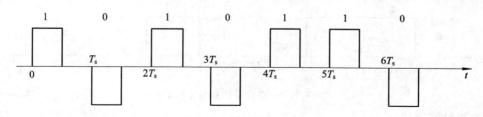

图 7.3.4 双极性归零码

5. 差分码

差分码是用相邻码元的变化与否来表示原数字信息的。通常采用这样的编码规则：差分码相邻码元发生变化表示信息"1"，差分码相邻码元不发生变化表示"0"。根据这个编码规则，差分码 b_n 与原数字信息 a_n 之间有这样的关系

$$b_n = a_n \oplus b_{n-1} \qquad (n = 1, 2, 3, \cdots) \qquad (7-3-1)$$

其中，$\oplus$ 为异或运算或模 2 运算。

所以，当给定信息序列 a_n 时，可根据式（7-3-1）求相应的差分码。

例 7.3.1 求数字信息序列 1010110 的差分码。

解 根据给定的数字信息序列，我们知道

$$a_1 = 1, \ a_2 = 0, \ a_3 = 1, \ a_4 = 0, \ a_5 = 1, \ a_6 = 1, \ a_7 = 0$$

根据式（7-3-1），得到

$$b_1 = a_1 \oplus b_0 = 1 \oplus 0 = 1 \qquad b_2 = a_2 \oplus b_1 = 0 \oplus 1 = 1$$
$$b_3 = a_3 \oplus b_2 = 1 \oplus 1 = 0 \qquad b_4 = a_4 \oplus b_3 = 0 \oplus 0 = 0$$
$$b_5 = a_5 \oplus b_4 = 1 \oplus 0 = 1 \qquad b_6 = a_6 \oplus b_5 = 1 \oplus 1 = 0$$
$$b_7 = a_7 \oplus b_6 = 0 \oplus 0 = 0$$

所以，数字信息 1010110 的差分码为 01100100。

在编码时，差分码中的第一位即 b_0 任意设定，可设为"0"也可设为"1"。本例中我们设 b_0 为"0"。设 b_0 为"1"时的差分码请读者自己求解，并注意比较两者的结果，找出它们之间的关系。

对差分码的表示可以采用单极性码，也可采用双极性码；可以采用不归零码，也可以采用归零码。图 7.3.5 采用单极性不归零码画出了原数字信息与它的差分码的示意图。

观察图 7.3.5 中差分码相邻码元的变化情况及它与信息码之间的关系，显然差分码相邻码元有变化表示信息"1"，相邻两码元不发生变化表示信息"0"。由于信息携带于差分码的相对变化上，所以差分码也称为相对码，与此对应，原数字信息就称为绝对码。

接收端收到相对码 b_n 后，可由 b_n 恢复绝对码 a_n。根据式（7-3-1）可得

$$a_n = b_n \oplus b_{n-1} \qquad (7-3-2)$$

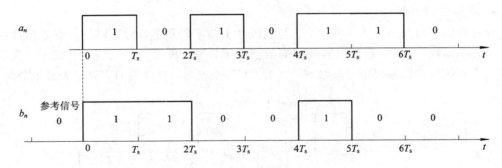

图 7.3.5　原数字信息与差分码

6. 极性交替码

极性交替码又称 AMI 码，它用无脉冲表示"0"，而"1"则交替地用正、负极性的脉冲（可以为归零，也可以为不归零）表示。如图 7.3.6 所示，第一个"1"用正脉冲表示还是用负脉冲表示自己设定，一旦设定，后面的"1"就依次极性交替。显然，极性交替码没有直流分量，不管"1"与"0"是否等概。所以极性交替码可以看做是双极性码的一种改进。

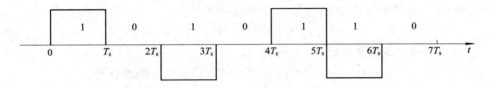

图 7.3.6　AMI 码

AMI 码的缺点是：当信息中出现长串连"0"时，由于 AMI 码的波形长时间处于零电平，此时接收端将难于从中获取位定时信息。

解决长码"0"问题的有效方法之一是将二进制信息先进行随机化处理（见第 10 章 m 序列的应用——扰码），再进行 AMI 编码。ITU 建议北美系列的一、二、三次群接口码都使用经扰码后的 AMI 码。解决该问题的另一个有效办法是采用 AMI 码的改进码型——三阶高密度双极性码。

7. 三阶高密度双极性码

三阶高密度双极性码又称 HDB_3 码，它在保持 AMI 码优点的基础上，切断 AMI 码中的长连"0"，从而克服了 AMI 码遇到长连"0"时难于获取位定时信息的缺点。其编码方法是：当连续出现四个"0"，即在输入的二进制数字信息中出现"0000"时，用一个包含有极性破坏脉冲"V"的特殊序列来代替"0000"序列。HDB_3 码使用的特殊序列有"000V"和"100V"两种。那么到底是用"000V"还是用"100V"来代替"0000"呢？选择原则是：第一个"0000"可任意选择"000V"或"100V"来代替；对于第二个及以后的"0000"，若前一个"V"至当前"0000"之间有偶数个"1"，则用"100V"代替"0000"，反之，用"000V"代替"0000"。当数字信息中有很长的连"0"时，可连续使用特殊序列。为确保这种码型的数字基带信号无直流分量，数字序列中的"1"应极性交替，破坏脉冲"V"也要极性交替。但为了接收端译码器能方便地找到插入的特殊序列，第一个"V"的极性与其前的"1"码极性相同。总之，HDB_3 码应确保：

（1）数字序列中没有长连"0"出现。

（2）插入的特殊序列应能被容易识别。

（3）数字基带信号无直流分量。

例 7.3.2　设输入二进制数据序列为 101100000100000000，求其 HDB$_3$ 码。

解　HDB$_3$ 码的编码过程分三个步骤。

第一步，找出四连"0"组，为清楚起见，用方框框出，如图 7.3.7(a)所示。

第二步，用特殊序列代替连"0"序列，第一个特殊序列可任意选择，"100V"或"000V"均可，本例中第一个特殊序列选择"100V"，如图 7.3.7(b)所示。

第三步，将"1"和"V"标上极性"+1"或"-1"，如图 7.3.7(c)所示。具体标法是：输入数据中的"1"和特殊序列中的"1"作为一个整体极性交替，第一个"1"的极性可任意选择，本例中选择"-1"。第一个特殊序列中的"V"的极性与其前一个"1"的极性相同，后面的"V"则依次极性交替。

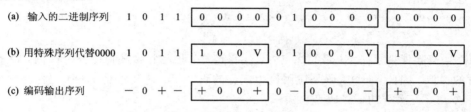

图 7.3.7　编码过程

由于第一个特殊序列和第一个"1"的极性均可任意选择，所以同一数据序列的 HDB$_3$ 码可有四种不同的形式。

上述 HDB$_3$ 码的波形图如图 7.3.8 所示。

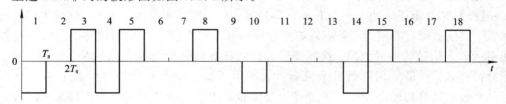

图 7.3.8　HDB$_3$ 码的波形

在接收端，将接收到的 HDB$_3$ 码序列恢复为原输入二进制数据序列的过程称为译码。对 HDB$_3$ 码而言，译码的关键就是找到编码时插入的特殊序列并将它恢复为"0000"。仔细观察图 7.3.7(c)和图 7.3.8 可以发现，只要按上述规则编码，"V"码的极性一定与其前一个"1"码的极性相同，基于这点，就可以找出"V"码，从而找出插入的特殊序列。

HDB$_3$ 码的译码过程可分为两个步骤：

（1）找出特殊序列。在接收到的 HDB$_3$ 码中如果有连续两个同极性码，则两个同极性码的后一个即为"V"，此"V"与其前三位码就是一个特殊序列，将特殊序列还原为"0000"。

（2）将正、负脉冲都恢复为"1"，零电平恢复为"0"。

例 7.3.3　接收 HDB$_3$ 码的波形如图 7.3.9(a)所示。求原信息序列。

解　第一步，根据译码方法首先确定"V"的位置，如图 7.3.9(b)所示。

第二步，将"000V"和"100V"中的"1"和"V"改为"0"，如图 7.3.9(c)所示。

第三步，将正、负脉冲都恢复为"1"，零电平恢复为"0"，如图 7.3.9(d)所示。

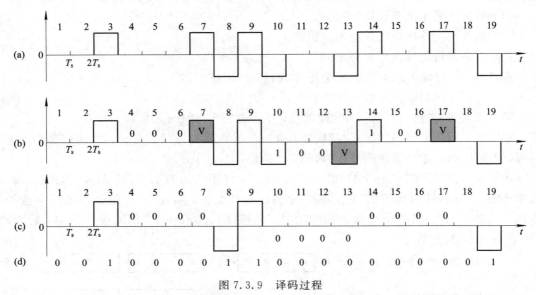

图 7.3.9　译码过程

HDB$_3$ 码除保持了 AMI 码的优点外，还将连"0"码元个数限制在三个以内，故有利于位定时的提取。因此，HDB$_3$ 码是应用最为广泛的码型，ITU 建议将 HDB$_3$ 码作为欧洲系列 PCM 一、二、三次群的传输码型。

7.3.2　数字基带信号的波形

上面介绍的各种常用码型都是以矩形脉冲为基础的，这些数字基带信号可以直接通过基带信道传输，也可以对载波进行调制后在频带信道上传输(数字调制技术在下一章中介绍)。但我们知道矩形脉冲由于上升和下降是突变的，高频成分比较丰富，这样占用的频带比较宽。当信道带宽有限时，采用以矩形脉冲为基础的数字基带信号就不合适了，而需要采用更适合于信道传输的波形，这些波形包括变化比较平滑的升余弦脉冲、钟型脉冲、三角形脉冲等，其中最常用的是升余弦脉冲。产生适合于信道传输波形的过程称为波形成形，它由数字基带传输系统中的发送滤波器完成，故发送滤波器也称为波形成形器或成形滤波器。

7.4　数字基带信号的功率谱分析

上一节介绍了数字基带信号的码型和波形，这是数字基带信号的时域表示形式。从信号传输的角度来看，还需要进一步了解这样的时域波形它的功率主要集中在什么区域、这个区域有多宽、这个区域以外的功率分布如何等情况。要想了解信号的这些情况，必须对信号进行功率谱分析。

7.4.1　二元数字基带信号的功率谱分析

二元数字基带信号中只有两个不同的符号，常称为"1"码和"0"码。设"1"码的基本波形为 $g_1(t)$，出现的概率为 p，"0"码的基本波形为 $g_2(t)$，概率为 $1-p$，码元宽度(码元间隔)为 T_s，$f_s = 1/T_s$，前后码元统计独立。经数学分析得二元数字基带信号的双边功率谱

表达式为

$$P(f) = f_s p(1-p) \mid G_1(f) - G_2(f) \mid^2 + f_s^2 \sum_{n=-\infty}^{\infty} \mid pG_1(nf_s)$$
$$+ (1-p)G_2(nf_s) \mid^2 \delta(f - nf_s) \qquad\qquad (7-4-1)$$

这里，$G_1(f)$、$G_2(f)$ 分别是 $g_1(t)$ 与 $g_2(t)$ 的频谱函数。

从功率谱公式可看出二元数字基带信号的功率谱包括两大部分：

（1）连续谱。

$$f_s p(1-p) \mid G_1(f) - G_2(f) \mid^2$$

根据连续谱可以确定二元数字基带信号的带宽。在实际通信时，选取的"1"码及"0"码波形不可能相同，即 $g_1(t) \neq g_2(t)$，因此 $G_1(f) \neq G_2(f)$，故连续谱总是存在的。

（2）离散谱。

$$f_s^2 \sum_{n=-\infty}^{\infty} \mid pG_1(nf_s) + (1-p)G_2(nf_s) \mid^2 \delta(f - nf_s)$$

离散谱由很多的离散分量构成，所以根据离散谱可以确定二元数字基带信号是否包含直流分量（$n=0$）及定时分量（$n=\pm1$）。其中，直流分量为 $f_s^2 \mid pG_1(0) + (1-p)G_2(0) \mid^2 \delta(f)$，定时分量为 $2f_s^2 \mid pG_1(f_s) + (1-p)G_2(f_s) \mid^2 \delta(f - f_s)$。对于某个具体的数字基带信号，其直流分量及定时分量是否存在要看这两项的计算结果。

例 7.4.1　已知某单极性不归零随机脉冲序列，如图 7.4.1(a) 所示。其码元速率为 $R_s = 1000$ B，"1"码波形是宽度为码元间隔、幅度为 A 伏的矩形脉冲，"0"码为 0，且"1"码概率为 0.4。求该数字基带信号的功率谱、带宽、直流分量及位定时分量的大小。

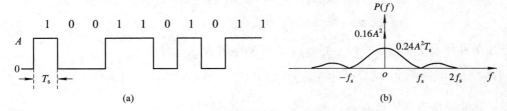

图 7.4.1　单极性不归零码及其功率谱示意图

解　（1）根据题意有

$$p = 0.4, \ T_s = \frac{1}{R_s} = \frac{1}{1000} = 0.001 \text{ s}, \ f_s = 1000 \text{ (Hz)}$$
$$G_1(f) = F[g_1(t)] = AT_s \text{Sa}(\pi f T_s)$$
$$G_2(f) = 0$$

将上述已知条件代入功率谱公式(7-4-1)，得功率谱为

$$P(f) = 1000 \times 0.4 \times 0.6 \mid G_1(f) \mid^2 + 1000^2 \sum_{n=-\infty}^{\infty} \mid 0.4G_1(nf_s) \mid^2 \delta(f - nf_s)$$

当 $f = nf_s$ 时，$G_1(nf_s)$ 有以下几种取值情况：

① 当 $n = 0$ 时，$G_1(nf_s) = AT_s \text{Sa}(0) = AT_s \neq 0$，因此离散谱中有直流分量。

② 当 n 是不为零的整数时，$G_1(nf_s) = AT_s \text{Sa}(n\pi) = 0$，离散谱除直流外都为零，所以没有定时分量。

综合上述分析，得功率谱表达式为

$$P(f) = 0.24A^2 T_s \mathrm{Sa}^2(\pi f T_s) + 0.16A^2 \delta(f)$$

功率谱示意图如图 7.4.1(b)所示。

(2) 信号的带宽由连续谱确定。由图 7.4.1(b)可知,如果用连续谱的第一个零点频率来定义带宽,则此信号的带宽为 $B = f_s = 1000$ Hz,数值上等于码元速率 R_s。

(3) 直流分量是功率谱公式中 $n=0$ 的项,即 $0.16A^2 \delta(f)$,此项为直流功率谱,直流功率应为此项的积分,等于 $0.16A^2$ W,相应的直流分量幅度为 $0.4A$ V。

(4) 由于此数字基带信号中不含有位定时分量,所以定时分量大小为 0。

单极性不归零矩形信号不含有位定时分量,而归零码表示的信号中则含有位定时分量。

例 7.4.2　分析 0、1 等概的单极性归零码的功率谱。已知"1"码的波形是幅度为 A 伏的半占空矩形脉冲。

解　设"1"码的波形为 $g_1(t)$,"0"码的波形为 $g_2(t)$,则 $g_1(t)$、$g_2(t)$ 波形如图 7.4.2 所示。

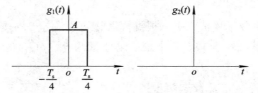

图 7.4.2　波形图

对两种波形作傅氏变换得

$$G_1(f) = A \frac{T_s}{2} \mathrm{Sa}\left(\pi f \frac{T_s}{2}\right)$$

$$G_2(f) = 0$$

将上述条件代入功率谱公式(7-4-1),可得功率谱表达式为

$$P(f) = \frac{A^2 T_s}{16} \mathrm{Sa}^2\left(\pi f \frac{T_s}{2}\right) + \frac{A^2}{16} \sum_{n=-\infty}^{\infty} \mathrm{Sa}^2\left(\frac{n\pi}{2}\right)\delta(f - nf_s)$$

从此功率谱表达式可看到:

(1) $n=0$ 时,$\mathrm{Sa}^2\left(\frac{n\pi}{2}\right) \neq 0$,故存在直流分量,直流谱为 $\frac{A^2}{16}\delta(f)$,直流幅度为 $\frac{A}{4}$ V。

(2) n 为奇数时,$\mathrm{Sa}(n\pi/2) \neq 0$,此时有离散谱。其中 $n=1$ 时,$\mathrm{Sa}(\pi/2) \neq 0$,所以离散谱中有位定时分量。

(3) n 为除 0 以外的偶数时,$\mathrm{Sa}(n\pi/2) = 0$,此时无离散谱。

(4) 综合上述分析,可画出功率谱示意图如图 7.4.3 所示。此谱的第一个零点在 $f = 2/T_s = 2f_s$ 处,所以信号的带宽为 $2f_s$,此带宽是不归零码信号带宽的 2 倍。由此可见,归零码信号在传输时需占据信道更宽的带宽。

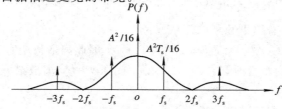

图 7.4.3　单极性半占空码的功率谱示意图

7.4.2　其它数字基带信号的功率谱分析

上面给出的功率谱分析公式只适用于二元数字基带信号，且要求码元间相互独立。那么对于多进制数字基带信号以及码元间相关的数字基带信号，它们的功率谱又该如何来分析呢？

1. 多进制数字基带信号的功率谱分析

M 进制数字基带信号有 M 个电平，可将 M 进制数字基带信号分解为若干个在时间上不重叠的二进制数字基带信号。当码元之间相互独立时，M 进制数字基带信号的功率谱就等于这分解出来的若干个二进制数字基带信号的功率谱之和。以图 7.4.4(a)所示的四进制波形为例，它是由 0、1、2、3 四个电平的脉冲构成的，可以将它分解为三个单极性脉冲序列(0 电平没有画出)，它们都是二进制随机序列，"1"脉冲的电平分别为 1、2 和 3，如图 7.4.4(b)、(c)、(d) 所示。求出每个二进制随机序列的功率谱，将它们相加即可得到四进制数字基带信号的功率谱。尽管相加后的功率谱表达式可能比较复杂，但就功率谱的零点位置及主瓣宽度而言，四进制数字基带信号与由它分解出来的任何一个二进制数字基带信号是相同的。显然，推广到 M 进制，当 M 进制码元的宽度为 T_s 时，其带宽(功率谱第一个零点)为

$$B = \frac{1}{T_s} = R_s(\text{Hz})$$

可见，带宽在数值上等于码元速率。

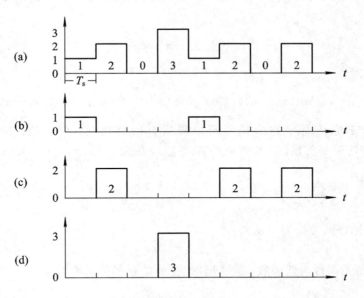

图 7.4.4　四进制单极性数字基带信号可分解为三个二进制数字基带信号

根据以上分析得出一个非常重要的结论：在码元速率相同，基本波形相同的条件下，M 进制数字基带信号的信息速率是二进制数字基带信号信息速率的 $\text{lb}M$ 倍，但所需的信道带宽却是相同的。

2. 码元间有相关性的数字基带信号的功率谱分析

式(7-4-1)只适用于码元之间统计独立的数字基带信号,而实际传输系统中使用的许多码型,如 AMI 码、HDB$_3$ 码等,前后码元之间并不独立,故不能用式(7-4-1)来分析它们的功率谱。那么,码元间有相关性的数字基带信号的功率谱又该如何求得呢?

由第 3 章式(3-3-9)可知,随机信号自相关函数与其功率谱密度之间是一对傅氏变换。可见,求一般数字基带信号功率谱的方法是先求得其自相关函数,再求傅氏变换即可。

设数字基带信号为

$$X(t) = \sum_{k=-\infty}^{\infty} A_k v(t - kT_s) \qquad (7-4-2)$$

其中,A_k 是广义平稳随机序列,T_s 为码元宽度,$v(t)$ 是基本波形,可以为矩形脉冲,也可以为升余弦等其它脉冲。经推导可得式(7-4-2)表示的数字基带信号的功率谱为

$$P_X(f) = \frac{1}{T_s} | V(f) |^2 \sum_{n=-\infty}^{\infty} R_A(n) \exp(-j2\pi nfT_s) \qquad (7-4-3)$$

其中,$V(f)$ 是基本波形 $v(t)$ 的傅氏变换,$R_A(n)$ 为 A_k 序列的自相关函数,$R_A(n)$ 定义为

$$R_A(n) = E[A_k A_{k-n}]$$

下面以此方法求解 AMI 码的功率谱。

根据式(7-4-3),只要求出 AMI 码序列的自相关函数 $R_A(n)$ 就可以得到 AMI 码数字基带信号的功率谱。

为方便起见,设原信息序列中"1"、"0"码等概,则 AMI 码中$+a$、$-a$、0 这三个电平出现的概率为

$$p(A_k = a) = \frac{1}{4}, \quad p(A_k = -a) = \frac{1}{4}, \quad p(A_k = 0) = \frac{1}{2}$$

因此,当 $n=0$ 时,

$$E[A_k^2] = (a)^2 p(A_k = a) + (0)^2 p(A_k = 0) + (-a)^2 p(A_k = -a) = \frac{a^2}{2}$$

当 $n=1$ 时,由于原信息序列中相邻两位码只有四种情况:$(0, 0)$、$(0, 1)$、$(1, 0)$、$(1, 1)$,且这种情况是等概的,出现概率各为 $1/4$,因此,在 AMI 码中乘积 $A_k A_{k-1}$ 为 0、0、0 和 $-a^2$,所以有

$$E[A_k A_{k-1}] = 3 \times (0) \times \frac{1}{4} + (-a^2) \times \frac{1}{4} = -\frac{a^2}{4}$$

当 $n>1$ 时,用同样的方法容易求得

$$E[A_k A_{k-n}] = 0$$

又因为自相关函数为偶函数,故 AMI 码序列的自相关函数为

$$R_A(n) = \begin{cases} \dfrac{a^2}{2} & n = 0 \\[2mm] -\dfrac{a^2}{4} & n = \pm 1 \\[2mm] 0 & n = \pm 2, \pm 3, \cdots \end{cases}$$

将此自相关函数代入式(7-4-3),同时设 AMI 码的基本波形为幅度为 1 的全占空矩形脉冲,则 AMI 码表示的数字基带信号的功率谱表达式为

$$P_X(f) = T_s \operatorname{Sa}^2(\pi f T_s)\left\{\frac{a^2}{2} - \frac{a^2}{4}\left[\exp(\mathrm{j}2\pi f T_s) + \exp(-\mathrm{j}2\pi f T_s)\right]\right\}$$

$$= \frac{a^2 T_s}{2} \operatorname{Sa}^2(\pi f T_s)[1 - \cos(2\pi f T_s)]$$

$$= a^2 T_s \operatorname{Sa}^2(\pi f T_s)\sin^2(\pi f T_s) \qquad\qquad (7-4-4)$$

此功率谱曲线如图 7.4.5 所示。为便于比较，同时也画出了双极性不归零信号的功率谱曲线。从曲线可以看出，AMI 信号的功率主要分布于 $0\sim f_s$（$f_s = 1/T_s$，数值上等于码元速率 R_s）之间，这一点与双极性全占空码的分布特性是一样的，但双极性全占空码主要功率分布于零频率附近，而 AMI 码的主要功率却分布于 $0.5f_s$ 附近，所以 AMI 码更适合在低频特性不够理想的信道上传输。

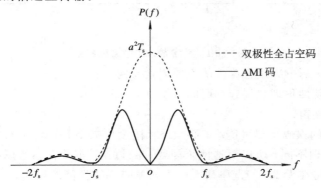

图 7.4.5　AMI 码功率谱示意图

这种求数字基带信号功率谱的方法同样适用于码元间独立的数字基带信号。如码元间独立的双极性二元码序列，设"1"、"0"等概，"1"码用幅度为 a 的全占空矩形脉冲表示，"0"码用幅度为 $-a$ 的全占空矩形脉冲表示，则其序列的自相关函数为

$$R_A(n) = \begin{cases} a^2 & n = 0 \\ 0 & n \neq 0 \end{cases}$$

因为基本波形为全占空矩形脉冲，所以其傅氏变换为

$$V(f) = T_s \operatorname{Sa}(\pi f T_s)$$

将上述条件代入式（7-4-3）得双极性全占空数字基带信号的功率谱为

$$P_X(f) = a^2 T_s \operatorname{Sa}^2(\pi f T_s) \qquad\qquad (7-4-5)$$

这个结果与用式（7-4-1）求出的功率谱完全一样，请读者自己验证。

由式（7-4-3）～式（7-4-5）可知，数字基带信号的功率谱的形状取决于基本波形的频谱函数及码型。例如矩形波的频谱函数为 $\operatorname{Sa}(x)$，功率谱形状为 $\operatorname{Sa}^2(x)$，同时码型会起到加权作用，使功率谱形状发生变化。如上述的 AMI 码功率谱，其加权函数为 $\sin^2(\pi f T_s)$，使 AMI 码的功率谱在零频附近分量很小。所以在数字基带传输中，经常需要对随机序列进行相关编码，用来控制编码后的数字基带信号的功率谱形状，以适应其在基带信道中传输的要求，AMI 码和 HDB$_3$ 码就是其中的两个例子。

对于自相关函数求取困难的码型（如 HDB$_3$ 码），还可采用计算机仿真的方法分析功率谱。基本方法是：产生足够长的二进制随机序列，按编码规则对其进行编码，再对得到的码序列进行快速傅里叶变换（FFT）即可得到该码型的功率谱。通过计算机仿真证实，

HDB$_3$码与 AMI 码具有几乎相同的功率谱。

7.5　无码间干扰传输

从信号传输的角度上看,数字基带系统可简化为如图 7.5.1 所示的模型。$d(t)$是码型变换器输出的数字基带信号。不失一般性,同时也便于分析,设该信号的波形为冲激脉冲。系统的总传输特性为 $H(f)=H_T(f)H_C(f)H_R(f)$。$y(t)$用于取样判决。

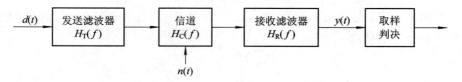

图 7.5.1　数字基带传输系统模型

研究分析表明,影响判决正确性的主要因素有两个:

(1) 系统传输特性不理想引起的码间干扰(ISI)。

(2) 信道中的噪声。

为使基带系统的误码率尽可能小,必须最大限度地减小 ISI 和噪声的影响。由于 ISI 和信道噪声产生的机理不同,所以对这两个问题分开讨论。本节在不考虑噪声条件下研究码间干扰问题,下节再在无 ISI 情况下研究噪声对基带系统性能的影响。

7.5.1　码间干扰产生的原因及其对系统性能的影响

码间干扰就是前面码元的接收波形蔓延到后续码元的时间区域,从而对后续码元的取样判决产生干扰,如图 7.5.2 所示。图 7.5.2(a)为发送波形 $d(t)$,对应信息 110;发送端

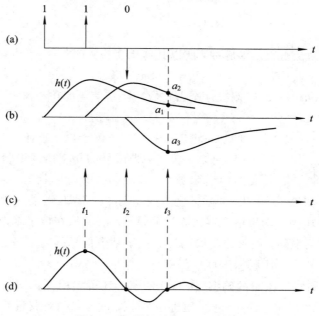

图 7.5.2　码间干扰(ISI)示意图

每发送一个冲激脉冲，接收滤波器输出一个冲激响应 $h(t) \leftrightarrow H(f)$，如图 7.5.2(b)所示。若在每个码元的结束时刻取样，则在 $t = t_3$ 时，取样值为 $a_1 + a_2 + a_3$，其中 $a_1 + a_2$ 是第一、二个码元蔓延到第三个码元取样时刻的值，这个值就是码间干扰，它会对第三个码元的判决产生影响。如果码间干扰足够大，可能会出现 $a_1 + a_2 + a_3 > 0$，此时判决结果即为"1"（双极性信号的判决门限为 0），从而出现误码。

由此可知，码间干扰产生的根本原因是系统总传输特性 $H(f)$ 不理想，导致接收码元波形畸变、展宽和拖尾。因此，消除码间干扰首先想到的方法是：使每个码元的输出波形限制在一个码元宽度内，即不产生蔓延。这样可行吗？不行！这是因为任何一个实际系统都是带限系统，也就是说，任何信号通过实际系统后其频谱是有限的，因此其时域波形必然是无限延伸的。事实上，只要数字基带系统的冲激响应 $h(t)$ 仅在本码元的取样时刻有最大值，并在其它码元的取样时刻上均为 0，就不会对后续码元的取样判决产生干扰，即可实现无码间干扰，如图 7.5.2(d)所示，这样的波形 $h(t)$ 称为无码间干扰传输波形，相应的系统称为无码间干扰系统。

7.5.2　无码间干扰传输波形

由上述分析可见，只要合理设计系统，使其传输波形满足如下条件：

$$h(nT_s) = \begin{cases} \text{不为零的常数} & n = 0 \\ 0 & n \neq 0 \end{cases} \tag{7-5-1}$$

即冲激响应在本码元取样时刻不为零，而在其它码元的取样时刻其值均为零，则系统就是无码间干扰的。下面介绍几种常见的无码间干扰传输波形及其对应的传输特性。

1. 理想低通滤波器的冲激响应

设理想低通滤波器的传输特性 $H(f)$ 为

$$H(f) = \begin{cases} \dfrac{1}{2B} & |f| \leqslant B \\ 0 & |f| > B \end{cases}$$

其中，B 为理想低通滤波器的带宽，如图 7.5.3(a)所示。

根据频谱分析知识可得理想低通滤波器的冲激响应为

$$h(t) = \int_{-\infty}^{\infty} H(f) e^{j2\pi ft} df = \int_{-B}^{B} \frac{1}{2B} e^{j2\pi ft} df = \text{Sa}(2\pi Bt)$$

$h(t)$ 的波形图如图 7.5.3(b)所示。

由图 7.5.3(b)可知，理想低通滤波器的冲激响应 $h(t)$ 在 $t = n/(2B)$（$n \neq 0$ 的整数）时有周期性零点。如果发送码元波形的时间间隔为 $1/(2B)$（码元速率为 $R_s = 2B$（Baud）），接收端在 $t = n/(2B)$ 时刻对第 n 个码元取样，如图 7.5.3(c)所示，则前后码元的输出波形在这点刚好都是零点，因而是无码间干扰的。

此 $h(t)$ 是一个无码间干扰的传输波形，相应的系统 $H(f)$ 称为无码间干扰传输系统。但需要注意的是，即使是无码间干扰传输系统，也只能按某些特定速率传输码元，才能达到无码间干扰的目的，那些特定的速率称为无码间干扰传输速率。那么，对于上述带宽为 B 的理想低通系统，无码间干扰速率有哪些呢？

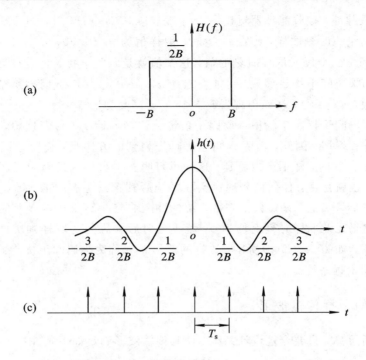

图 7.5.3　理想低通传输特性及冲激响应

由图 7.5.3(c)可知，当发送码元的间隔小于 $\frac{1}{2B}$ 时，任一码元的取样时刻都不在其它码元输出波形的零点上，此时系统有码间干扰。因此，$\frac{1}{2B}$ 是确保无码间干扰的最小码元间隔，此时的码元速率 $2B$（Baud）称为最大无码间干扰速率。从图 7.5.3 也可以看出，当码元的发送间隔为 $\frac{1}{2B}$ 的正整数倍时，即码元间隔 $T_s = \frac{n}{2B}$（n 为正整数）时，在任一码元的取样点上，其它码元的输出波形也都刚好是零点，码间干扰也为零。因此，带宽为 B 的理想低通系统其无码间干扰速率为

$$R_s = \frac{2B}{n} \qquad n = 1, 2, 3, \cdots \qquad (7-5-2)$$

$n = 1$ 对应最大无码间干扰速率 $2B$（Baud）波特，此速率称为奈奎斯特速率，对应的码元间隔 $\frac{1}{2B}$ 称为奈奎斯特间隔，此时频带利用率 $\eta = \dfrac{传输速率}{系统带宽} = \dfrac{R_s}{B} = \dfrac{2B}{B} = 2 \text{ Baud/Hz}$，称为奈奎斯特频带利用率，这是数字基带系统的极限频带利用率，目前，任何一种实用系统的频带利用率都小于 2 Baud/Hz。

由以上分析可知，理想低通特性是一种无码间干扰传输特性，且可达到最大频带利用率。但是这种传输条件实际上不可能达到，因为理想低通的传输特性意味着有无限陡峭的过渡带，这在工程上是无法实现的。即使获得了这种传输特性，其冲激响应波形的尾部衰减特性很差，即波形的拖尾振荡大、衰减慢，这样就要求接收端的取样定时脉冲必须准确无误，若稍有偏差，就会引起较大的码间干扰。

2. 升余弦传输特性的冲激响应

设升余弦传输特性为

$$H(f) = \begin{cases} \dfrac{1}{2B}\left(1 + \cos\dfrac{\pi}{B}f\right) & |f| \leqslant B \\ 0 & |f| > B \end{cases} \qquad (7-5-3)$$

其中，B 是升余弦传输特性的截止频率，也就是系统的带宽。升余弦传输特性如图 7.5.4 (a)所示，对其作傅氏变换得系统的冲激响应为

$$h(t) = \frac{\mathrm{Sa}(2B\pi t)}{1 - 4B^2 t^2}$$

$h(t)$ 波形示意图如图 7.5.4(b)所示。

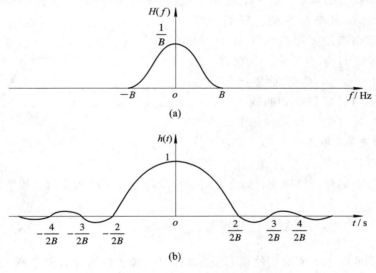

图 7.5.4 升余弦传输特性及其冲激响应

由图 7.5.4(b)可知，升余弦传输特性的冲击响应 $h(t)$ 在 $t = \pm\dfrac{n}{2B}(n=2,3,4,\cdots)$ 时有周期性零点。如果发送码元的时间间隔为 $\dfrac{n}{2B}(n=2,3,4,\cdots)$，则在每个码元的取样时刻($h(t)$最大值处)是无码间干扰的。因此，对具有升余弦传输特性的系统，其无码间干扰传输速率(发送码元时间间隔的倒数)为

$$R_\mathrm{s} = \frac{2B}{n} \qquad n = 2,3,\cdots \qquad (7-5-4)$$

由上式可知，最大无码间干扰速率为 $R_\mathrm{smax} = B$（Baud）。相应地，最大频带利用率为

$$\eta_\mathrm{max} = \frac{R_\mathrm{smax}}{B} = \frac{B}{B} = 1 \quad (\mathrm{Baud/Hz})$$

与具有理想低通传输特性的系统相比，升余弦传输特性系统的频带利用率降低了，但它的冲激响应的拖尾振荡小，衰减快，因此接收端对位定时准确性的要求相对较低。

理想低通传输特性和升余弦传输特性的共同特点是它们的冲激响应具有周期性的零点，很显然，这是无码间干扰接收波形的条件。除了上述介绍的两种无码间干扰传输特性外，还有很多传输特性也具有这种特点，它们也都是无码间干扰的传输特性。

7.5.3 无码间干扰传输特性

从前边的讨论我们知道，如果得到了系统的冲激响应 $h(t)$，我们就能判断此系统是否是无码间干扰系统(看是否有周期性的零点)以及无码间干扰的传输速率有哪些。但在通信系统的设计和实现中，经常用系统的传输特性 $H(f)$ 来描述系统。因此，现在要解决的问题是：当给定系统的传输特性 $H(f)$ 时，如何直接判断系统有码间干扰还是无码间干扰呢？如果是无码间干扰系统，那么，无码间干扰速率有哪些呢？

由于传输特性 $H(f)$ 与冲激响应 $h(t)$ 是一对傅氏变换，因此，要想使得 $h(t)$ 具有周期性的零点，$H(f)$ 必须具备某个特点。经数学推导证明：具有奇对称滚降特性的 $H(f)$，它的冲激响应有周期性的零点，是一种无码间干扰传输特性。

什么是奇对称滚降特性呢？我们以图 7.5.5 所示的升余弦滚降传输特性来说明这个问题。传输特性 $H(f)$ 从 b 点开始滚降，到 c 点截止。所谓奇对称，是指曲线 ac 绕中心点 a 顺时针或逆时针旋转能和曲线 ab 重合。所以升余弦滚降特性是一种无码间干扰传输特性，α 为滚降系数，取值在 0 与 1 之间，代表着滚降的速度。

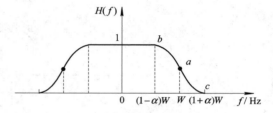

图 7.5.5　升余弦滚降传输特性

通过数学分析同样可以证明，具有奇对称滚降特性 $H(f)$ 的系统，按下列速率传输时是无码间干扰的：

$$R_{\mathrm{s}} = \frac{2W}{n} \qquad n = 1, 2, 3 \cdots \qquad (7-5-5)$$

其中，W 是滚降曲线中点所对应的频率，通常称等效理想低通滤波器带宽。此系统的带宽为 $B = (1+\alpha)W$，由式(7-5-5)可得它的最大无码间干扰速率为 $R_{\mathrm{smax}} = 2W$，所以此滚降系统的最大频带利用率为

$$\eta_{\max} = \frac{R_{\mathrm{smax}}}{B} = \frac{2W}{(1+\alpha)W} = \frac{2}{1+\alpha} \quad (\text{Baud/Hz})$$

显然，对于如图 7.5.5 所示的升余弦滚降系统，当 $\alpha = 0$ 时，最大频带利用率为 2 Baud/Hz，对应于理想低通传输特性；当 $\alpha = 1$ 时，最大频带利用率为 1 Baud/Hz，对应于升余弦传输特性。

由此可见，滚降系数 α 越小，系统的频带利用率越高，但其冲激响应拖尾的振荡幅度却越大、衰减越慢；反之，α 越大，系统的频带利用率越低，但其冲激响应拖尾的振荡幅度越小、衰减越快。为进一步理解滚降系数 α 与冲激响应拖尾衰减快慢间的关系，图 7.5.6 中以升余弦滚降特性为例，分别画出了 $\alpha = 0$、$\alpha = 0.5$ 和 $\alpha = 1$ 三种情况下升余弦滚降特性及其冲激响应示意图。

由图 7.5.6(b)可知，升余弦特性($\alpha = 1$)的冲激响应不仅具有其它冲激响应共有的全部零点，而且还在两两共有的零点之间增加了一个零点。因此，求升余弦特性系统的无码间干扰速率时应使用式(7-5-4)。否则，若使用式(7-5-5)会漏掉中间零点所对应的无码间干扰速率。

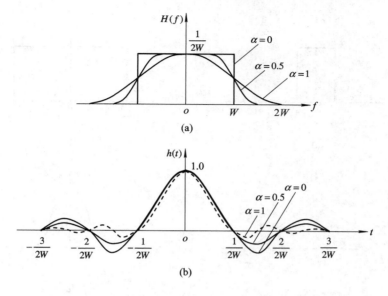

图 7.5.6　不同 α 值的升余弦滚降特性及冲激响应示意图

最后需要说明的是，尽管理论上符合无码间干扰条件的滚降特性有许多，但实际工程中主要采用升余弦滚降传输特性，而且为了减小取样定时脉冲误差所带来的影响，滚降系数 α 不能太小，通常选择 $\alpha \geqslant 0.2$。

例 7.5.1　某系统的传输特性 $H(f)$ 如图 7.5.7 所示。求此系统的最大无码间干扰速率及最大频带利用率。

解　滚降曲线以 a 点呈现奇对称，所以它为无码间干扰传输特性。

求最大无码间干扰速率的思路是：找出滚降特性呈现奇对称的中心点 a 所对应的频率值 W，然后用式（7-5-5）求出最大无码间干扰速率。

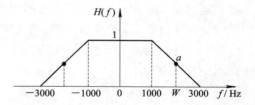

图 7.5.7　直线滚降（梯形）传输特性

所以，关键是求中心点 a 所对应的频率值 W。W 的简单求法是：找出传输特性滚降开始点的频率值及滚降结束点的频率值，本例题中分别为 1000 Hz 和 3000 Hz，然后再求这两个值的中间值，得到的这个中间值就是我们所要求的 W，所以

$$W = \frac{1000 + 3000}{2} = 2000 \quad (\text{Hz})$$

用式（7-5-5）得到此梯形传输特性系统的最大无码间干扰速率为

$$R_{\text{smax}} = 2W = 4000 \quad (\text{Baud})$$

最大频带利用率为

$$\eta_{\text{max}} = \frac{R_{\text{smax}}}{B} = \frac{4000}{3000} \approx 1.33 \quad (\text{Baud/Hz})$$

例 7.5.2　设基带传输系统的发送滤波器、信道及接收滤波器组成的系统总传输特性为 $H(f)$，若要求以 $2/T_s$ 波特的速率进行数据传输，试检验图 7.5.8 中各种 $H(f)$ 是否满足消除取样点上码间干扰的条件。

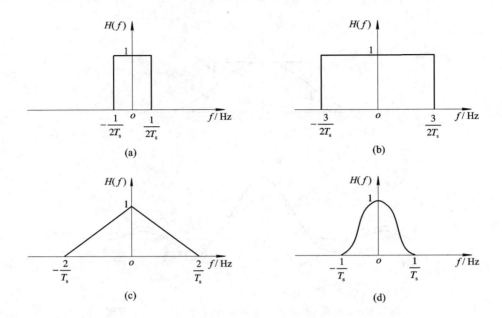

图 7.5.8 几种基带传输系统的传输特性

解 本题已知基带传输系统的传输特性，问 $2/T_s$ 码元速率是不是这些系统的无码间干扰速率。

解题思路：由 $H(f)$ 求出各系统的无码间干扰速率，看看 $2/T_s$ 是不是其中的一个无码间干扰速率，如果是，说明以 $2/T_s$ 码元速率进行数据传输，在取样点上是无码间干扰的。

(1) 由图 7.5.8(a)可知，理想低通特性的带宽 $B=1/(2T_s)$，根据式(7-5-2)得所有无码间干扰速率为

$$R_s = \frac{2B}{n} = \frac{1/T_s}{n} = \frac{1}{nT_s} \qquad n=1,2,3,\cdots$$

此系统的最大无码间干扰速率为 $R_{smax} = \dfrac{1}{T_s} < \dfrac{2}{T_s}$。所以，当传输速率为 $2/T_s$ 时，在取样点上是有码间干扰的。

(2) 由图 7.5.8(b)可知，理想低通特性的带宽 $B=3/(2T_s)$，根据式(7-5-2)得所有无码间干扰速率为

$$R_s = \frac{2B}{n} = \frac{3/T_s}{n} = \frac{3}{nT_s} \qquad n=1,2,3,\cdots$$

此系统的无码间干扰速率有 $3/T_s$，$3/(2T_s)$，$1/T_s$，$\cdots$。显然，$2/T_s$ 不是此系统的一个无码间干扰速率。所以，当传输速率为 $2/T_s$ 时，在取样点上也是有码间干扰的，尽管系统的最大无码间干扰速率大于 $2/T_s$。

(3) 由图 7.5.8(c)可知，滚降开始处的频率值为 0，滚降结束处的频率值为 $2/T_s$，所以滚降曲线中心点的频率为

$$W = \frac{0+(2/T_s)}{2} = \frac{1}{T_s}$$

根据式(7-5-5)得此系统的无码间干扰速率为

$$R_s = \frac{2W}{n} = \frac{2/T_s}{n} = \frac{2}{nT_s} \qquad n = 1, 2, 3, \cdots$$

可见，$2/T_s$ 是它的一个无码间干扰速率，所以，当传输速率为 $2/T_s$ 时，在取样点上是无码间干扰的。

（4）由图 7.5.8(d) 可知，这是一个升余弦传输特性，其所有无码间干扰速率为

$$R_s = \frac{2B}{n} = \frac{2/T_s}{n} = \frac{2}{nT_s} \qquad n = 2, 3, \cdots$$

它的最大无码间干扰速率为 $1/T_s$，所以，当传输速率为 $2/T_s$ 时，在取样点上是有码间干扰的。

7.6　无码间干扰时噪声对传输性能的影响

上节讨论了在不考虑信道噪声的情况下基带传输系统无码间干扰的传输条件，下面讨论在无码间干扰的情况下信道噪声对基带系统性能的影响。假设信道噪声为平稳的、均值为零的加性高斯白噪声。

1. 信号的传输及判决

数字基带系统模型如图 7.6.1 所示。它主要由发送滤波器、信道、接收滤波器和取样判决器四部分组成。设数字信息 a_n 经发送滤波器、信道和接收滤波器后的接收波形为 $s(t)$，信道中引入噪声 $n(t)$，接收滤波器输出端的噪声为 $n_i(t)$。如果只考虑噪声的影响，接收滤波器的输出是信号叠加噪声后的混合波形，即

$$x(t) = s(t) + n_i(t)$$

式中，$n_i(t)$ 为低通型高斯噪声。取样判决器将对 $x(t)$ 进行取样判决。

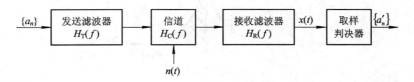

图 7.6.1　数字基带传输系统

设发送信号为单极性二元码，其幅度为 0 或 A，分别对应于码"0"或"1"，并假设信号在传输过程中没有衰耗。这样，$s(t)$ 在取样时刻的幅度值为 0 或 A，而用于判决的取样值（混有噪声）为

$$\begin{cases} x = A + n_i(t) & \text{发"1"码时} \\ x = n_i(t) & \text{发"0"码时} \end{cases} \qquad (7-6-1)$$

判决器设定一判决门限 d，判决规则为：如果 $x > d$，判定信号幅度为 A，即发送的是"1"码；如果 $x < d$，判定信号幅度为 0，即发送的是"0"码。只要噪声的值不导致判决的错误，那么经判决器判决后可去掉噪声，得到正确无误的数字信号。当然，实际的传输必须考虑噪声值过大时引起错误判决的情况。要想得到误码率与噪声值的关系式，必须要了解用于判决的取样值 x 的分布规律。

2. 发"0"码时取样值 x 的概率密度函数

由式（7-6-1）可知，发"0"码时，取样判决器的输入仅仅是噪声 $n_i(t)$，它来自信道的

零均值高斯白噪声，经接收滤波器后变为低通型高斯噪声，它仍然是零均值的高斯噪声。因此，送到判决器的取样值 x 的概率密度函数为

$$f_0(x) = \frac{1}{\sqrt{2\pi}\sigma_n} e^{-\frac{x^2}{2\sigma_n^2}}$$

式中，σ_n^2 是噪声的方差，其值为

$$\sigma_n^2 = \int_{-\infty}^{\infty} \frac{n_0}{2} \mid H_R(f) \mid^2 df$$

若接收滤波器为理想低通滤波器，即 $\mid H_R(f) \mid = 1$，带宽为 B，则

$$\sigma_n^2 = n_0 B$$

式中，n_0 为信道噪声的单边功率谱密度。$f_0(x)$ 的曲线如图 7.6.2 所示，它表示发"0"码时判决器输入电压的概率分布。

3. 发"1"码时取样值 x 的概率密度函数

由式(7-6-1)可知，发"1"码时，取样值为 $x = A + n_i(t)$，它是一个均值为 A、方差为 $\sigma_n^2 = n_0 B$ 的高斯随机变量，故取样值的概率密度函数为

$$f_1(x) = \frac{1}{\sqrt{2\pi}\sigma_n} e^{-\frac{(x-A)^2}{2\sigma_n^2}}$$

其曲线如图 7.6.2 所示。

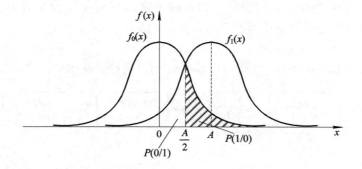

图 7.6.2　取样值概率密度函数示意图

4. 误码率公式

求误码率公式时，首先要确定判决门限和判决准则，对于单极性信号且"1"、"0"等概时，判决门限为 $A/2$，故判决准则为

$$\begin{cases} x > \dfrac{A}{2} & \text{判"1"} \\ x < \dfrac{A}{2} & \text{判"0"} \end{cases}$$

噪声的影响会产生误码，误码有两种情况：

(1) 发"0"码，错判成"1"码；

(2) 发"1"码，错判成"0"码。

因此，误码率可用下式计算

$$P_e = P(0)P(1/0) + P(1)P(0/1) \qquad (7-6-2)$$

其中，$P(1/0)$ 与 $P(0/1)$ 如图 7.6.2 中所示。显然，两部分的面积是相等的，有

$$P(0/1) = P(1/0) = \int_{-\infty}^{\frac{A}{2}} f_1(x)\mathrm{d}x = \int_{\frac{A}{2}}^{\infty} f_0(x)\mathrm{d}x = \frac{1}{2}\mathrm{erfc}\left(\frac{A}{2\sqrt{2}\sigma_n}\right)$$

代入式（7-6-2）可得误码率公式为

$$P_e = \frac{1}{2}\mathrm{erfc}\left(\frac{A}{2\sqrt{2}\sigma_n}\right) \qquad (7-6-3)$$

同理，当为双极性信号时，送到判决器的取样值为

$$\begin{cases} x = A + n_i(t) & \text{发“1”码时} \\ x = -A + n_i(t) & \text{发“0”码时} \end{cases} \qquad (7-6-4)$$

因此，发"1"码时，x 是均值为 A、方差为 σ_n^2 的高斯随机变量，与上述单极性发"1"码时的情况完全相同；发"0"码时，x 则是均值为 $-A$、方差为 σ_n^2 的高斯随机变量，其概率密度函数为

$$f_0(x) = \frac{1}{\sqrt{2\pi}\sigma_n}\mathrm{e}^{-\frac{(x+A)^2}{2\sigma_n^2}}$$

双极性信号时送给判决器的取样值的概率密度函数曲线如图 7.6.3 所示。

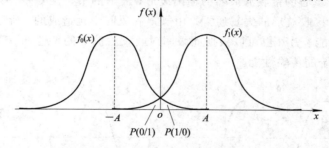

图 7.6.3　双极性时取样值概率密度函数示意图

此时，判决门限为 0，判决准则为

$$\begin{cases} x > 0 & \text{判“1”} \\ x < 0 & \text{判“0”} \end{cases}$$

可求出

$$P_e = P(0)P(1/0) + P(1)P(0/1) = \frac{1}{2}\mathrm{erfc}\left(\frac{A}{\sqrt{2}\sigma_n}\right) \qquad (7-6-5)$$

需要指出的是，两个误码率公式都是在"1"、"0"等概的情况下导出的，此时，双极性信号的最佳判决门限为 0，是个稳定的值。单极性信号的最佳判决门限为 $A/2$，当信道衰减发生变化时，A 是变化的，故最佳判决门限也随之变化，因此它不易保持在最佳状态，从而会导致误判概率增大。而且，当幅度均为 A 时，式（7-6-3）的值比式（7-6-5）的值大，因此实际的基带系统极少采用单极性信号进行传输。

　　例 7.6.1　设有一个二进制数字基带传输系统，二进制码元序列中"1"码判决时刻的信号值为 1 V，"0"码判决时刻的信号值为 0 V。已知噪声均值为零，方差 σ_n^2 为 80 mW，求系统误码率 P_e。

　　解　由题意可知，系统传输的是二进制单极性信号，且有如下参数：

$$a = 1, \sigma_n = \sqrt{80 \times 10^{-3}} = 2\sqrt{2} \times 10^{-1}$$

代入误码率公式(7-6-3)得

$$P_e = \frac{1}{2}\mathrm{erfc}\left(\frac{a}{2\sqrt{2}\sigma_n}\right) = \frac{1}{2}\mathrm{erfc}(1.25) = 3.855 \times 10^{-2}$$

7.7 眼 图

在实际工程中,由于部件调试不理想或信道特性发生变化等原因,不可能完全满足无码间干扰的要求。当码间干扰和噪声同时存在时,系统性能就很难定量分析。目前,人们通常是通过"眼图"来估计码间干扰的大小及噪声的影响,并借助眼图对电路进行调整。

将接收滤波器输出的波形加到示波器的输入端,调整示波器的扫描周期,使它与信号码元的周期同步,这样,接收滤波器输出的各码元的波形就会在示波器的显示屏上重叠起来,显示出一个像眼睛一样的图形,这个图形称为眼图。观察图 7.7.1 可以了解双极性二元码的眼图形成情况。图(a)为没有失真时的波形,示波器将此波形每隔 T_s 重复扫描一次,利用示波器的余辉效应,扫描所得的波形重叠在一起,结果形成图(b)所示的"开启"的眼图。图(c)是有失真时的接收滤波器的输出波形,波形的重叠性变差,眼图的张开程度变小,如图(d)所示。接收波形的失真通常是由噪声和码间干扰造成的,所以眼图的形状能定性地反映系统的性能。另外也可以根据此眼图对收发滤波器的特性加以调整,以减小码间干扰,从而改善系统的传输性能。

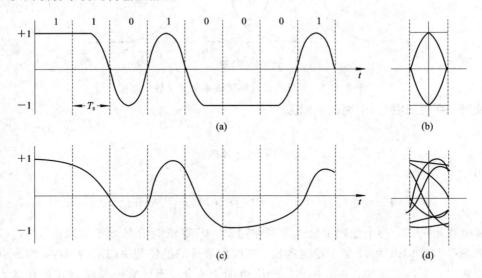

图 7.7.1 眼图形成示意图

眼图对数字基带传输系统的性能给出了很多有用的信息,为了说明眼图和系统性能之间的关系,可把眼图抽象为一个模型,称为眼图模型,如图 7.7.2 所示。

由眼图可以获得的信息是:

(1) 最佳取样时刻应选在眼图张开最大的时刻,此时的信噪比最大,判决引起的错误最小。

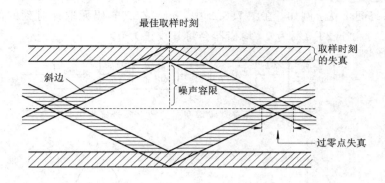

图 7.7.2　眼图模型

（2）眼图斜边的斜率反映出系统对位定时误差的灵敏度，斜边越陡，对位定时误差越灵敏，对位定时稳定度要求越高。

（3）在取样时刻，上、下两个阴影区的高度称为信号的最大失真量，它是噪声和码间干扰叠加的结果。

（4）在取样时刻，距门限最近的迹线至门限的距离称为噪声容限，噪声瞬时值超过它就可能发生判决错误。

（5）对于从信号过零点来得到位定时信息的接收系统，眼图斜线与横轴相交的区域的大小，表示零点位置的变动范围。这个变动范围的大小对提取位定时信息有重要的影响，过零点失真越大，对位定时提取越不利。

当码间干扰十分严重时，"眼睛"会完全闭合起来，系统的性能将急剧恶化，此时须对码间干扰进行校正。这就是下节要讨论的内容。

7.8　均　　衡

7.5 节讨论了消除码间干扰的方法，即将系统设计成无码间干扰传输系统。但是实际的信道特性不可能完全知道，而且信道特性也不是恒定不变的。这样，在实际的系统中总是存在不同程度的码间干扰。为此，往往在系统中加入可调滤波器，此可调滤波器通常称为均衡器，用以校正码间干扰。

均衡分为频域均衡与时域均衡。频域均衡的目标是校正系统的传输特性，使得包含均衡器在内的整个系统的传输特性满足无码间干扰条件；而时域均衡的目标是校正系统的冲激响应，使取样点上无码间干扰。随着数字信号处理技术和超大规模集成电路的发展，时域均衡已成为高速数据传输中所使用的主要方法。

7.8.1　时域均衡原理

时域均衡的方法是在接收机的取样器与判决器之间插入一个时域均衡器，如图 7.8.1 所示。设 $x(t)$ 是数字基带传输系统的冲激响应，$x(kT_s)$ 是其在各个码元取样时刻的值，由于系统传输特性不理想，$x(kT_s)$ 在其它码元取样时刻的值不为零，会影响其它码元的判决。均衡器对 $x(kT_s)$ 进行校正，使校正后的样值 $y(kT_s)$ 在其它码元取样点上的值为 0，从而减小或消除码间干扰。例如，在图 7.8.2 中，$x(t)$ 在其它码元取样时刻的值 $x(-2T_s)$、$x(-T_s)$、$x(T_s)$ 和 $x(2T_s)$ 不为 0，均衡器会将其校正为 0。

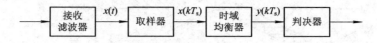

图 7.8.1　具有时域均衡器的数字基带接收机

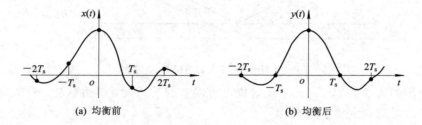

(a) 均衡前　　　　　　　　　　(b) 均衡后

图 7.8.2　均衡前后的波形对比

时域均衡器通常由横向滤波器构成，由一组带抽头的延迟单元及加权系数为 $\{c_n\}$ 的相乘器和相加器组成，具有 $2N+1$ 个抽头系数的横向滤波器如图 7.8.3 所示。

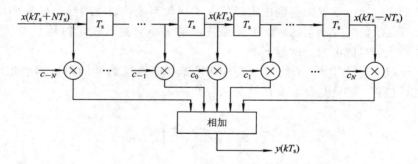

图 7.8.3　由横向滤波器构成的均衡器

由图 7.8.3 可得，第 k 个取样时刻均衡器的输出为

$$y(kT_s) = \sum_{n=-N}^{N} c_n x\big[(k-n)T_s\big]$$

上式简写为

$$y_k = \sum_{n=-N}^{N} c_n x_{k-n} \qquad (7-8-1)$$

由上式可知，y_k 由 $2N+1$ 个输入样值和抽头系数确定，对于有码间干扰的输入样值，可以选择适当的加权系数，在一定程度上减小均衡器输出 y_k 的码间干扰。

因此可以证明，由 $2N$ 个延迟单元组成的横向滤波器，可以消除前后各 N 个取样时刻上的码间干扰。因此，要想消除所有取样时刻上的码间干扰，则应使用无限长横向滤波器，这是无法实现的。故有限长时域均衡器只能降低码间干扰的程度，不能完全消除码间干扰。

一般常用峰值畸变来衡量均衡前后码间干扰的大小，输入峰值畸变定义为

$$D_x = \frac{1}{x_0} \sum_{\substack{k=-\infty \\ k \neq 0}}^{\infty} |x_k| \qquad (7-8-2)$$

输出峰值畸变定义为

$$D_y = \frac{1}{y_0} \sum_{\substack{k=-\infty \\ k \neq 0}}^{\infty} |y_k| \qquad (7-8-3)$$

峰值畸变表示在 $k \neq 0$ 的所有取样时刻，系统冲激响应的绝对值之和与 $k=0$ 取样时刻系统冲激响应值的比值，也可表示系统在某取样时刻受到前后码元干扰的最大可能值，即峰值。

输出峰值畸变表示系统码间干扰的大小，此值愈小愈好。而输出峰值畸变与输入峰值畸变之差表示均衡效果。

例 7.8.1　设有一个三抽头的均衡器，$c_{-1} = -1/4$，$c_0 = 1$，$c_{+1} = -1/2$。均衡器输入 $x(t)$ 在各取样点上的取值分别为：$x_{-1} = 1/4$，$x_0 = 1$，$x_{+1} = 1/2$，其余都为 0。试求均衡器输出 $y(t)$ 在各取样点上的值。

解　根据式(7-8-1)得

$$y_{-2} = x_{-1} c_{-1} = -\frac{1}{16}$$

$$y_{-1} = x_0 c_{-1} + x_{-1} c_0 = 0$$

$$y_0 = x_{+1} c_{-1} + x_0 c_0 + x_{-1} c_{+1} = \frac{3}{4}$$

$$y_{+1} = x_{+1} c_0 + x_0 c_1 = 0$$

$$y_{+2} = x_{+1} c_{+1} = -\frac{1}{4}$$

由上式可知，y_{-1} 及 y_{+1} 被校正为零，y_{-2} 和 y_{+2} 不为零，故均衡器的输出仍有码间干扰。

用式(7-8-2)和式(7-8-3)求得均衡前后信号的峰值畸变分别为

$$D_x = \frac{1}{x_0}(|x_{-1}| + |x_1|) = \frac{1}{4} + \frac{1}{2} = \frac{3}{4}$$

$$D_y = \frac{1}{y_0}(|y_{-2}| + |y_{-1}| + |y_1| + |y_2|) = \frac{4}{3}\left(\frac{1}{16} + \frac{1}{4}\right) = \frac{5}{12}$$

显然，经过均衡补偿后峰值畸变减小，相应的码间干扰也减小了。

7.8.2　均衡器抽头系数的确定

由以上分析可知，用时域均衡来消除一定范围内的码间干扰，关键是如何选择各抽头的加权系数 $\{c_n\}$。理论分析已证明，如果均衡前的峰值失真小于 1（即眼图不完全闭合），要想得到最小的峰值失真，输出 $y(t)$ 应满足下式要求：

$$y_k = \begin{cases} 1 & k = 0 \\ 0 & k = \pm 1, \pm 2, \cdots, \pm N \end{cases}$$

从这个要求出发，利用式(7-8-1)，列出 $2N+1$ 个联立方程，可解出 $2N+1$ 个抽头系数。将联立方程用矩阵形式表示为

$$
\begin{bmatrix}
x_0 & x_{-1} & \cdots & x_{-2N} \\
x_1 & x_0 & \cdots & x_{-2N+1} \\
\vdots & \vdots & \cdots & \vdots \\
x_N & x_{N-1} & \cdots & x_{-N} \\
\vdots & \vdots & \cdots & \vdots \\
x_{2N-1} & x_{2N-2} & \cdots & x_{-1} \\
x_{2N} & x_{2N-1} & \cdots & x_0
\end{bmatrix}
\begin{bmatrix}
c_{-N} \\
c_{-N+1} \\
\vdots \\
c_0 \\
\vdots \\
c_{N-1} \\
c_N
\end{bmatrix}
=
\begin{bmatrix}
0 \\
\vdots \\
0 \\
1 \\
0 \\
\vdots \\
0
\end{bmatrix}
\qquad (7-8-4)
$$

如果 x_{-2N}，…，x_0，…，x_{2N} 已知，则求解上式线性方程组可以得到 c_{-2N}，…，c_0，…，c_{2N} 共 $2N+1$ 个抽头系数值。使 y_k 在 $k=0$ 两边各有 N 个零值的调整叫做迫零调整，按这种方法设计的均衡器称为迫零均衡器，此时峰值失真 D 最小，调整达到了最佳效果。

当均衡器的输入波形 $x(t)$ 的形状随时间变化时，则必须相应地调整均衡器的抽头系数以适应 $x(t)$ 的变化，否则达不到均衡的目的。如果抽头系数的调整由均衡器自动完成，则这样的均衡器称为自适应均衡器。

例 7.8.2 已知输入信号的样值序列为 $x_{-2}=0$，$x_{-1}=0.2$，$x_0=1$，$x_1=-0.3$，$x_2=0.1$。试设计三抽头的迫零均衡器。求三个抽头的系数，并计算均衡前后的峰值失真。

解 因为 $2N+1=3$，根据式(7-8-4)，列出矩阵方程为

$$
\begin{bmatrix}
x_0 & x_{-1} & x_{-2} \\
x_1 & x_0 & x_{-1} \\
x_2 & x_1 & x_0
\end{bmatrix}
\begin{bmatrix}
c_{-1} \\
c_0 \\
c_1
\end{bmatrix}
=
\begin{bmatrix}
0 \\
1 \\
0
\end{bmatrix}
$$

将样值代入上式，得

$$
\begin{bmatrix}
1 & 0.2 & 0 \\
-0.3 & 1 & 0.2 \\
0.1 & -0.3 & 1
\end{bmatrix}
\begin{bmatrix}
c_{-1} \\
c_0 \\
c_1
\end{bmatrix}
=
\begin{bmatrix}
0 \\
1 \\
0
\end{bmatrix}
$$

由矩阵方程可列出方程组

$$
\begin{cases}
c_{-1} + 0.2c_0 = 0 \\
-0.3c_{-1} + c_0 + 0.2c_1 = 1 \\
0.1c_{-1} - 0.3c_0 + c_1 = 0
\end{cases}
$$

解联立方程可得

$$
c_{-1} = -0.1779, \quad c_0 = 0.8897, \quad c_{+1} = 0.2847
$$

再利用式(7-8-1)计算均衡器的输出响应，有

$$
y_{-3} = 0, \quad y_{-2} = -0.0356, \quad y_{-1} = 0, \quad y_0 = 1
$$
$$
y_1 = 0, \quad y_2 = 0.0153, \quad y_3 = 0.0285, \quad y_4 = 0
$$

输入峰值失真为 $D_x = 0.6$，输出峰值失真为 $D_y = 0.0794$。

迫零法设计的均衡器只确保峰值两侧各有 N 个零点。上述例子证实了这一点，在峰值两侧得到了所期望的零点($y_{-1}=0$，$y_1=0$)，但远离峰值的一些取样点上仍会有码间干扰($y_{-2}=-0.0356$，$y_2=0.0153$，$y_3=0.0285$)，这是因为这个例子中的均衡器仅有 3 个抽头，只能保证取样点两侧各一个零点。

7.9 部分响应系统

由前面的讨论知道，理想低通滤波器能够实现无码间干扰传输，同时频带利用率最高，达到 2 Baud/Hz。但是理想低通滤波器不易实现，并且其传输波形拖尾振荡大、衰减慢，位定时稍有偏差，就会引起较大的码间干扰。这样，人们不得不采用具有滚降的传输特性，如升余弦传输特性、升余弦滚降传输特性等，它们的"尾巴"减小了，但是频带利用率又随之下降了。由此可见，提高频带利用率和减小波形"尾巴"是矛盾的。那么能否找到频带利用率高、"尾巴"又小的传输波形呢？事实证明这种波形是存在的。通常将这种波形称为部分响应波形，相应的基带传输系统称为部分响应系统。

部分响应系统是一种可实现的基带传输系统，它允许存在一定的、受控制的码间干扰，而在接收端可加以消除，这样的系统能使频带利用率提高到理论上的最大值（2 Baud/Hz），又可降低对取样定时精度的要求。部分响应系统的种类很多，下面我们以第一类部分响应系统为例讨论部分响应系统的组成及工作原理。

7.9.1 第一类部分响应系统

第一类部分响应系统的冲激响应 $h(t)$ 是两个相隔一个码元间隔 T_s 的 $\mathrm{Sa}(\pi t/T_s)$ 的合成波形，如图 7.9.1(a)所示。$h(t)$ 的数学表达式为

$$
\begin{aligned}
h(t) &= \mathrm{Sa}\left(\frac{\pi t}{T_s}\right) + \mathrm{Sa}\left[\frac{\pi(t-T_s)}{T_s}\right] \\
&= \frac{\sin(\pi t/T_s)}{\pi t/T_s} + \frac{\sin[\pi(t-T_s)/T_s]}{\pi(t-T_s)/T_s} \\
&= \frac{T_s^2 \sin(\pi t/T_s)}{\pi t(T_s-t)}
\end{aligned}
\tag{7-9-1}
$$

由式(7-9-1)可知，$h(t)$ 的幅度约与 t^2 成反比，而 $\mathrm{Sa}(\pi t/T_s)$ 波形幅度则与 t 成反比，因此 $h(t)$ 波形拖尾的衰减速度加快了。从图 7.9.1(a)也可看到，相距一个码元间隔的两个 $\mathrm{Sa}(\pi t/T_s)$ 波形的拖尾正负相反而相互抵消，使得合成波形的拖尾迅速衰减，因此，由定时抖动产生的码间干扰就会大大减小。

对式(7-9-1)进行傅氏变换，可求出系统的传输特性为

$$
H(f) = \begin{cases} 2T_s \cos(\pi f T_s)\mathrm{e}^{-\mathrm{j}\pi f T_s} & |f| \leqslant \dfrac{1}{2T_s} \\[2mm] 0 & |f| > \dfrac{1}{2T_s} \end{cases}
\tag{7-9-2}
$$

上式所示的幅频特性如图 7.9.1(b)所示。由图可见，传输特性限制在 $\pm 1/(2T_s)$ 这个区间之内，而且呈余弦形。这种缓变的滚降过渡特性与陡峭衰减的理想低通特性有明显的不同。这时系统的带宽为

$$
B = \frac{1}{2T_s}
$$

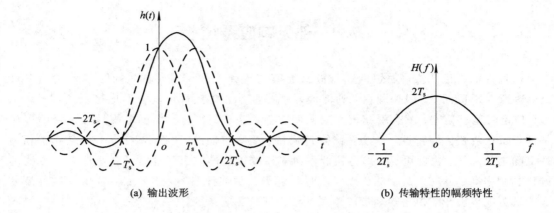

(a) 输出波形　　　　　　　　　　(b) 传输特性的幅频特性

图 7.9.1　第一类部分响应系统

当码元速率为 $R_s = 1/T_s$ 时，即码元间隔为 T_s 时，系统的频带利用率为

$$\eta = \frac{R_s}{B} = \frac{1/T_s}{1/2T_s} = 2 \text{ Baud/Hz}$$

达到了基带传输系统的极限频带利用率。

　　具有式(7-9-2)传输特性的系统框图如图 7.9.2 所示。系统由相关编码器和理想低通滤波器两部分组成。理想低通滤波器的传输特性为

$$H_c(f) = \begin{cases} T_s & |f| \leqslant \dfrac{1}{2T_s} \\ 0 & |f| > \dfrac{1}{2T_s} \end{cases}$$

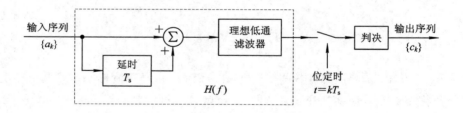

图 7.9.2　第一类部分响应系统方框图

　　下面讨论接收端的取样判决过程，进而理解部分响应系统的工作原理。

　　根据式(7-9-1)和图 7.9.1(a)可得到

$$h(t) = \begin{cases} 1 & t = 0,\ T_s \\ 0 & t = kT_s \quad (k \neq 0,\ 1) \end{cases}$$

即当 $t = kT_s$ 时，除 $k = 0$、1 以外的其它各点 $h(t)$ 均为零。所以，当发送码元间隔为 T_s 时，$t = 0$ 时的 $h(t)$ 值为信号的样值，$t = T_s$ 时的 $h(t)$ 值为本码元对后一码元的干扰，且此干扰值与信号值一样大。除此之外在其它 kT_s 处的 $h(t)$ 值都为零，因此无码间干扰。由此可见，当用 $h(t)$ 作为传输波形时，在取样时刻上仅将发生发送码元与其前后码元间的相互干扰，而与其它码元不发生干扰，如图 7.9.3 所示。

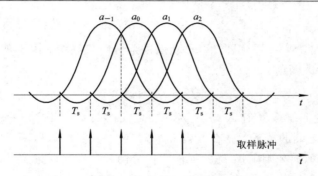

图 7.9.3　码元发生码间干扰示意图

由于存在前一码元留下的有规律的干扰，取样值与输入码元之间有如下关系：

$$c_k = a_k + a_{k-1} \tag{7-9-3}$$

式中，c_k 为第 k 个码元取样时刻的取样值；a_k 为第 k 个码元的信号样值；a_{k-1} 为前一码元在第 k 个码元取样时刻上的取样值，是前一码元对后一码元的干扰值。当采用二进制双极性码时，a_k 及 a_{k-1} 的取值有 +1 或 −1 两种。根据式(7-9-3)得到的 c_k 的可能取值为 +2、0、−2 三种电平。由 $\{a_k\}$ 到 $\{c_k\}$ 的形成过程如下所示：

二进制信码	1	0	1	1	0	0	0	1	0	1	1
a_k	+1	−1	+1	+1	−1	−1	−1	+1	−1	+1	+1
a_{k-1}		+1	−1	+1	+1	−1	−1	−1	+1	−1	+1
c_k		0	0	+2	0	−2	−2	0	0	0	+2

根据式(7-9-3)，由第 k 个码元的取样值 c_k 恢复原发送信息 a_k 的方法为

$$a_k = c_k - a_{k-1} \tag{7-9-4}$$

如果 a_{k-1} 码元已经判定，将取样值 c_k 减去 a_{k-1}，便可得到 a_k 的值。这个计算不断递推下去，就可判决出所有的发送码元。

上述判决方法虽然在原理上是可行的，但在实际应用时还存在两个问题：

(1) 错误传播。由式(7-9-4)可知，a_k 不仅与 c_k 有关，而且还与已经判决出来的 a_{k-1} 有关。所以，如果在传输过程中，$\{c_k\}$ 序列中某个取样值因干扰而发生差错，则不但会造成当前恢复的码元错误，而且会影响到以后恢复的所有码元。

仍以前面的信码为例，来说明差错传播现象。

输入信码	1	0	1	1	0	0	0	1	0	1	1
发送的 a_k	+1	−1	+1	+1	−1	−1	−1	+1	−1	+1	+1
没有错误的 c_k		0	0	+2	0	−2	−2	0	0	0	+2
实际取样值 c_k'		0	0	+2	0	−2	0×	0	0	0	+2
恢复的 a_k'	+1	−1	+1	+1	−1	−1	+1×	−1×	+1×	−1×	+3×

由上述过程可知，自取样值 c_k' 出现错误后，接收端恢复出来的 a_k' 全部是错误的。

(2) 在接收端恢复 a_k' 时还必须有正确的起始值 +1，否则也不可能恢复出正确的 a_k' 序列。

为了解决这两个问题，可在图 7.9.2 所示的部分响应系统前增加一个差分编码器，也称为预编码器。通过预编码器，将要发送的 a_k 变为 b_k，其规则是

$$b_k = a_k \oplus b_{k-1} \qquad\qquad (7-9-5)$$

这里，$\oplus$ 表示模 2 加。将 b_k 送到图 7.9.2 所示的部分响应系统，由于现在的输入为 b_k，所以此时式(7-9-3)改写为

$$c_k = b_k + b_{k-1} \qquad\qquad (7-9-6)$$

式(7-9-6)说明了取样值 c_k 与 b_k 及 b_{k-1} 之间的关系，而式(7-9-5)又说明了 b_k、b_{k-1} 与原始信息 a_k 之间的关系，显然 c_k 与 a_k 必然有关系。那么这两者之间到底存在什么样的关系呢？由 c_k 如何来判定 a_k 呢？下面我们分两种情况来讨论。

① 当采用二进制双极性码时。

我们用例子来说明接收端恢复 a_k' 的过程：

发送信息 a_k	1	0	1	1	0	0	0	1	0	1	1
b_k	0	1	1	0	1	1	1	1	0	0	1	0
双极性表示 b_k	-1	$+1$	$+1$	-1	$+1$	$+1$	$+1$	$+1$	-1	-1	$+1$	-1
c_k		0	$+2$	0	0	$+2$	$+2$	$+2$	0	-2	0	0
设取样得到的 c_k'		0	$+2$	0	0	$0^\times$	$+2$	$+2$	0	-2	0	0
恢复的 a_k'		1	0	1	1	$1^\times$	0	0	1	0	1	1

显然，由取样值 c_k' 恢复原发送信息 a_k' 的判决原则应该是

$$a_k' = \begin{cases} 0 & c_k' = \pm 2 \\ 1 & c_k' = 0 \end{cases}$$

即当取样值 c_k' 为 ± 2 时，判决发送信码为"0"；当取样值 c_k' 为 0 时，判决发送信码为"1"。

② 当采用二进制单极性码时。

再次引用上面的例子来说明单极性时的判决原则。

发送信息 a_k	1	0	1	1	0	0	0	1	0	1	1
b_k	0	1	1	0	1	1	1	1	0	0	1	0
单极性表示 b_k	0	$+1$	$+1$	0	$+1$	$+1$	$+1$	$+1$	0	0	$+1$	0
c_k		$+1$	$+2$	$+1$	$+1$	$+2$	$+2$	$+2$	$+1$	0	$+1$	$+1$
设取样得到的 c_k'		$+1$	$+2$	$+1$	$+1$	$+1^\times$	$+2$	$+2$	$+1$	0	$+1$	$+1$
恢复的 a_k'		1	0	1	1	$1^\times$	0	0	1	0	1	1

由此可见，采用单极性码时，由 c_k' 恢复 a_k' 的判决原则应为

$$a_k' = (c_k')_{\mathrm{mod}\, 2}$$

取样值有三个电平 0、1 和 2，对取样值作模 2 运算即可得到发送码元。

从上面的两个例子看到，c_k' 产生错误只影响本码元错判，差错不会向后蔓延。另外，接收端在判决时也不需要正确的起始位。这都是预编码器的作用。

根据部分响应系统原理框图 7.9.2 及上面的讨论，给出实际部分响应系统的组成如图 7.9.4 所示。

在实际部分响应系统中，原理图 7.9.2 中的理想低通滤波器是由发送滤波器、信道及接收滤波器三部分组成的，系统设计时，将这三部分总的传输特性设计成接近于理想低通滤波器的特性。

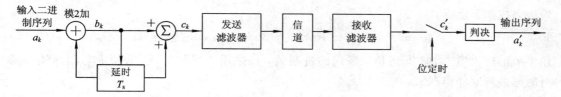

图 7.9.4　实用的第一类部分响应系统方框图

7.9.2　部分响应系统的一般形式

部分响应系统的传输波形一般可表示成 N 个相隔 T_s 的 $\mathrm{Sa}(\pi t/T_s)$ 波形之和，其数学表达式为

$$h(t) = R_1 \frac{\sin\frac{\pi}{T_s}t}{\frac{\pi}{T_s}t} + R_2 \frac{\sin\frac{\pi}{T_s}(t-T_s)}{\frac{\pi}{T_s}(t-T_s)} + \cdots + R_N \frac{\sin\frac{\pi}{T_s}[t-(N-1)T_s]}{\frac{\pi}{T_s}[t-(N-1)T_s]}$$

$$(7-9-7)$$

其中，加权系数 $R_1, R_2, \cdots, R_N$ 为整数。根据式($7-9-7$)，可以得到部分响应系统的一般形式，如图 7.9.5 所示。它由 $N-1$ 个时延为 T_s 的时延电路，N 个加权系数为 R_m 的相乘器及一个带宽为 $1/(2T_s)$ 的理想低通滤波器组成。

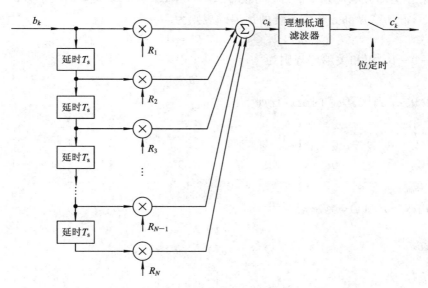

图 7.9.5　部分响应系统的一般形式

由图 7.9.5 可知，此部分响应系统的传输特性为

$$H(f) = \begin{cases} T_s \displaystyle\sum_{m=1}^{N} R_m \mathrm{e}^{-\mathrm{j}2\pi f(m-1)T_s} & |f| \leqslant \dfrac{1}{2T_s} \\ 0 & |f| > \dfrac{1}{2T_s} \end{cases} \qquad (7-9-8)$$

下面讨论接收端恢复信息码元的过程。设输入为 L 进制单极性码元。与第一类部分响应系统相似，为了克服错误传播等问题，加到部分响应系统的信号也要经过预编码，预编

码器完成如下运算：

$$a_k = [R_1 b_k + R_2 b_{k-1} + \cdots + R_N b_{k-(N-1)}]_{\bmod L} \qquad (7-9-9)$$

式中的加法为模 L 加，L 为信息采用的进制数，如采用二进制时，为模 2 加。输出端对输出波形进行取样得到 c_k，显然

$$c_k = R_1 b_k + R_2 b_{k-1} + \cdots + R_N b_{k-(N-1)} \qquad (7-9-10)$$

这里的加法是普通加法运算。当无传输错误时，$c_k' = c_k$，故有

$$[c_k']_{\bmod L} = [R_1 b_k + R_2 b_{k-1} + \cdots + R_N b_{k-(N-1)}]_{\bmod L}$$

将式(7-9-9)代入上式得到

$$[c_k']_{\bmod L} = a_k \qquad (7-9-11)$$

由式(7-9-11)可见，对 c_k' 进行模 L 运算便可求出 a_k。

不同的加权系数取值对应不同种类的部分响应系统。例如，当 $R_1 = R_2 = 1$，且其它加权系数为零时，系统为第一类部分响应系统；当 $R_1 = 1$、$R_3 = -1$，且其它加权系数均为零时，系统为第四类部分响应系统。这是两种较为常用的部分响应系统。

例 7.9.1　设输入信号 a_k 是四进制序列，即 $L = 4$，a_k 的取值为 0、1、2、3 四种。当采用第 Ⅳ 类部分响应系统时，列表说明从发 a_k 到恢复 a_k' 的全过程。

解　第 Ⅳ 类部分响应系统的加权系数为 $R_1 = 1$，$R_3 = -1$，其余加权系数都为 0。根据式(7-9-9)得到第 Ⅳ 部分响应系统的预编码规则为

$$a_k = [b_k - b_{k-2}]_{\bmod 4}, \qquad b_k = [a_k + b_{k-2}]_{\bmod 4}$$

根据式(7-9-10)得相关编码规则为

$$c_k = b_k - b_{k-2}$$

所以，由发送 a_k 到恢复 a_k' 的全过程如下：

a_k		0	1	3	2	1	0	3	2	3
b_k	0　0	0	1	3	3	0	3	3	1	2
c_k		0	1	3	2	−3	0	3	−2	−1
a_k'		0	1	3	2	1	0	3	2	3

根据式(7-9-11)，判决规则为

$$a_k' = (c_k)_{\bmod 4} = \begin{cases} 0 & c_k = 0 \\ 1 & c_k = 1, -3 \\ 2 & c_k = 2, -2 \\ 3 & c_k = 3, -1 \end{cases}$$

当传输过程不产生差错时，接收端取样得到的 c_k' 和发送的 c_k 相同，所以恢复的信码也与发送的信码相同，即 $a_k' = a_k$。本例中，参考信号设为 00。

习　题

1. 已知二元信息序列为 10011000001100000101，画出它所对应的单极性归零码、双极性全占空码、AMI 码、HDB$_3$ 码时的波形图(基本波形用矩形)。

2. 已知 HDB_3 码波形如图所示，求原基带信息。

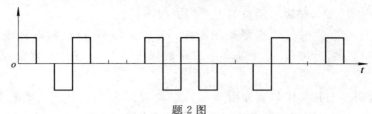

题 2 图

3. 试写出 16 位全 0 码，16 位全 1 码及 32 位循环码的 HDB_3 码（32 位循环码为 11101100011111001101001000001010）。

4. 已知一个以升余弦脉冲为基础的全占空双极性二进制随机脉冲序列，"1"码和"0"码分别为正、负升余弦脉冲，其宽度为 T_s，最大幅度为 2 V，"1"码概率为 0.6，"0"码概率为 0.4。

（1）画出该随机序列功率谱示意图（标出频率轴上的关键参数）。

（2）求该随机序列的直流电压。

（3）能否从该随机序列中提取 $1/T_s$ 频率成分？

（4）求该随机序列的带宽。

5. 已知矩形、升余弦传输特性如图所示。当采用以下速率传输时，指出哪些无码间干扰，哪些会引起码间干扰。

（1）$R_s = 1000$ B

（2）$R_s = 2000$ B

（3）$R_s = 1500$ B

（4）$R_s = 3000$ B

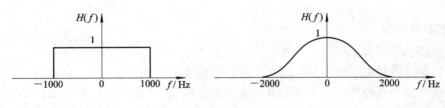

题 5 图

6. 设二进制基带系统的传输特性为

$$H(f) = \begin{cases} \tau_0 [1 + \cos(2\pi f \tau_0)] & |f| \leqslant \dfrac{1}{2\tau_0} \\ 0 & |f| > \dfrac{1}{2\tau_0} \end{cases}$$

试确定系统最高的无码间干扰传输速率 R_s 及相应的码元间隔 T_s。

7. 某无码间干扰的二进制基带传输系统，已知取样判决时刻信号电压为 100 mV，噪声的方差 $\sigma^2 = 0.8$ mW，分别求传输单极性信号和双极性信号时系统的误码率（注：$\text{erfc}(x)$ 函数值的求法参考附录 A）。

8. 有一速率为 $R_s = 1/T_s$ 的随机二进制序列，码元"1"对应的基带波形为升余弦脉冲，持续时间为 $2T_s$，码元"0"对应的基带波形恰好与"1"码波形极性相反。

（1）当示波器扫描周期 $T_0 = T_s$ 时，试画出示波器上看到的眼图。

（2）当 $T_0 = 2T_s$ 时，试画出示波器上看到的眼图。

9. 有一个三抽头的时域均衡器如图所示。若输入信号 $x(t)$ 的取样值为 $x_{-2} = 1/8$，$x_{-1} = 1/3$，$x_0 = 1$，$x_{+1} = 1/4$，$x_{+2} = 1/16$，其余取样值均为 0。求均衡器输入及输出波形的峰值失真。

10. 某预编码器与相关编码器如图所示。若 a_k 序列为 01011001，试求出 b_k、c_k 序列，并指出由 c_k 恢复 a_k 的判决规则（可采用单极性也可采用双极性）。

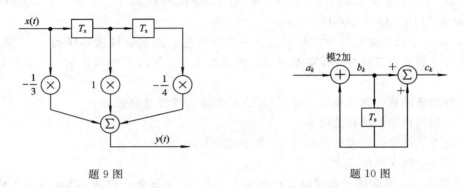

题 9 图　　　　　　　　　题 10 图

11. 设一个部分响应系统采用的相关编码表示式为 $c_k = b_k - b_{k-2}$，画出该部分响应系统的框图，并求出系统的单位冲激响应 $h(t)$ 和传输特性 $H(f)$。

本章知识点小结

1. 基本概念

（1）数字基带信号：频谱集中在零频附近的数字信号。

（2）数字基带传输：数字基带信号在低通信道上的传输。

（3）数字基带传输系统的组成：由信道信号形成器、信道、接收滤波器、位定时提取电路、取样判决器及码元再生器组成。各部分的作用如下：

① 信道信号形成器：对输入信号的码型和波形进行变换，使其适合于信道传输。

② 信道：传输媒介，且为低通信道。信号通过信道会产生失真且还会受到噪声干扰。

③ 接收滤波器：校正（均衡）接收信号的失真并滤除带外噪声。

④ 位定时提取电路：产生控制取样判决时刻的位定时信号。

⑤ 取样判决器：在位定时信号控制下对信号取样，并对取样值作出判决。

⑥ 码元再生器：完成译码并产生所需要的数字基带信号。

2. 数字基带信号的码型

（1）数字基带系统对码型有如下要求：

① 不含直流，且低频分量少。

② 含有位定时信息。

③ 功率谱主瓣宽度窄，以提高频带利用率。

④ 不受信息统计特性的影响等。

（2）常见码型。

① 单极性不归零（全占空）：含有直流分量。

② 双极性不归零码（全占空）："1"、"0"等概时无直流。

③ 单极性归零码：含有直流分量；带宽比不归零码的宽。

④ 双极性归零码："1"、"0"等概时无直流；带宽比不归零码的宽。

⑤ 差分码：用相邻码元的变化来表示信息。编、译码规则分别为 $b_n = a_n \oplus b_{n-1}$ 和 $a_n = b_n \oplus b_{n-1}$。

⑥ 极性交替码（AMI 码）：无直流分量。编码规则："0"码用零电平表示，"1"码则交替地用正负脉冲表示。

⑦ 三阶高密度双极性码（HDB$_3$）：克服了 AMI 码遇到长连 0 时无法提取位定时信息的缺点。其编码规则分三步：找出四连 0 组；用 000V 或 100V 代替；"1"和"V"各自极性交替。

3. 数字基带信号功率谱分析

二元独立数字基带信号功率谱公式：

$$P(f) = f_s p(1-p) \left| G_1(f) - G_2(f) \right|^2$$

$$+ f_s^2 \sum_{n=-\infty}^{\infty} \left| p G_1(nf_s) + (1-p) G_2(nf_s) \right|^2 \delta(f - nf_s)$$

（1）数字基带信号功率谱由连续谱（第一项）、离散谱线（第二项）组成。

（2）由连续谱可确定信号的带宽，常由谱的第一个零点计算。

（3）$n = 0$ 时的离散谱为直流功率谱 $f_s^2 \left| p G_1(0) + (1-p) G_2(0) \right|^2 \delta(f)$，直流功率为 $f_s^2 \left| p G_1(0) + (1-p) G_2(0) \right|^2$。

（4）$n = \pm 1$ 时的离散谱为位定时分量谱 $f_s^2 \left| p G_1(\pm f_s) + (1-p) G_2(\pm f_s) \right|^2 \delta(f \pm f_s)$，位定时信号功率为 $2 f_s^2 \left| p G_1(f_s) + (1-p) G_2(f_s) \right|^2$。

4. 无码间干扰传输

（1）码间干扰（ISI）：前面码元波形的拖尾蔓延到当前码元的取样时刻，从而对当前码元的判决造成干扰，产生误码。

（2）产生 ISI 的原因：系统传输特性（包括收、发滤波器和信道特性）不理想，导致码元波形畸变、展宽和拖尾。

（3）消除码间干扰方法：将系统设计成无码间干扰系统，即其冲激响应 $h(t)$ 应为

$$h(nT_s) = \begin{cases} 不为零的常数 & n = 0 \\ 0 & n \neq 0 \end{cases}$$

式中，nT_s 是第 n 个码元的取样时刻。此条件的含义是：冲激响应在本码元取样时刻不为 0，而在其它码元的取样时刻其值均为 0。

（4）无码间干扰传输特性实例

① 理想低通特性：若带宽为 B，则有如下结论：

• 无码间干扰速率　$R_s = \dfrac{2B}{n}$（$n = 1, 2, \cdots$）（Baud）

- 频带利用率　$\eta = \dfrac{2}{n}$ $(n=1,2,\cdots)$ (Baud/Hz)

- 奈奎斯特速率　$R_{smax} = 2B$ (Baud)

- 奈奎斯特频带利用率 $\eta_{max} = 2$ (Baud/Hz),是数字通信系统的最大频带利用率。

- 缺点:拖尾衰减慢;物理不可实现。

② 升余弦特性:若带宽为 B,则有如下结论:

- 无码间干扰速率　$R_s = \dfrac{2B}{n}$ $(n=2,3,\cdots)$ (Baud)

- 最大频带利用率　$\eta_{max} = 1$ (Baud/Hz)

- 优点:拖尾衰减快,可降低对位定时精度的要求;物理可实现。

③ 余弦(直线)滚降特性:若带宽为 B,滚降系数为 α,则有如下结论:

- 最大等效低通带宽　$W = \dfrac{B}{1+\alpha}$ (Hz)

- 最大无码间干扰速率　$R_{smax} = 2W = \dfrac{2B}{1+\alpha}$ (Baud)

- 最大频带利用率　$R_{smax} = \dfrac{2}{1+\alpha}$ (Baud/Hz)

5. 无码间干扰时噪声对传输性能的影响

当判决器输入端信号幅度为 A、噪声功率(方差)为 σ_n^2 时,可推导出"1"、"0"等概时的误码率公式为

① 单极性信号:$P_e = \dfrac{1}{2}\mathrm{erfc}\left(\dfrac{A}{2\sqrt{2}\sigma_n}\right)$

② 双极性信号:$P_e = \dfrac{1}{2}\mathrm{erfc}\left(\dfrac{A}{\sqrt{2}\sigma_n}\right)$

6. 眼图

眼图是接收滤波器输出波形在示波器上显示出来的类似于眼睛的图形。利用眼图可估计码间干扰和噪声的大小(即可定性评价系统性能)。若眼图线迹细而清晰,且张开程度越大,则系统性能越好;反之,系统性能越差。另外,从眼图上还可获得:① 最佳取样时刻;② 对位定时误差的灵敏度;③ 最大失真;④ 噪声容限;⑤ 过零点失真等。

7. 均衡

均衡器的作用是校正或补偿系统传输特性的不理想。有频域均衡和时域均衡两种。频域均衡的目标是校正系统的传输特性,使得包含均衡器在内的整个系统的传输特性满足无码间干扰条件;时域均衡的目标是校正系统的冲激响应,使取样点上无码间干扰。高速数据传输采用时域均衡。

时域均衡的实现采用横向滤波器,有 $2N+1$ 个抽头系数的均衡器能消除 $2N$ 个取样时刻的码间干扰。衡量时域均衡的性能指标有输入峰值畸变和输出峰值畸变。

8. 部分响应系统

(1) 特点:频带利用率达 2 Baud/Hz,冲激响应拖尾衰减快。但引入了可控的码间干扰。

(2) 系统组成:预编码、相关编码和理想低通传输系统。

(3) 预编码的作用:消除错误传播。

本章自测自评题

一、填空题（每题 2 分，共 20 分）

1. 数字基带系统由码型变换器、发送滤波器、信道、接收滤波器、位定时提取电路、取样判决器和码元再生器组成。其中码型变换器和发送滤波器的作用是_____，接收滤波的作用是_____。

2. 当 HDB$_3$ 码为 $-10+1-1+100+10-1000-1+100+1$ 时，原信息为_____。此信息的差分码为（初始位设为 1）_____。

3. 数字基带信号的功率谱由连续谱和离散谱两部分组成。数字基带信号的带宽由_____确定，而直流分量和位定时分量则由_____确定。设二进制数字基带信号的码型为单极性不归零码，波形是幅度为 A 伏的矩形脉冲，码元速率等于 1000 波特，"1"、"0" 等概，则数字基带信号的带宽为_____，直流分量为_____伏，位定时分量为_____伏。

4. 产生码间干扰的原因是_____，故通过设计系统可使其成为无码间干扰系统。如果要求在取样时刻 $t=kT_s$ 无码间干扰，则系统的冲激响应 $h(t)$ 应满足_____。

5. 对于带宽为 2000 Hz 的理想低通系统，其最大无码间干扰传输速率为_____，最大频带利用率为_____，此频带利用率称为_____，是数字通信系统的_____频带利用率。当传输信号为四进制时，理想低通传输系统的最大频带利用率为_____ bit/s/Hz。

6. 设基带系统具有带宽为 2000 Hz 的升余弦传输特性，则以_____速率传输信息都是无码间干扰的，其中最大无码间干扰速率为_____，最大频带利用率为_____，是理想低通传输系统频带利用率的_____。

7. 若数字基带系统具有梯形传输特性，其滚降系数 $\alpha=0.5$，带宽为 $B=3000$ Hz，则其最大无码间干扰速率为_____，最大频带利用率为_____，若传输十六进制信息，则最大信息传输速率为_____。

8. 数字通信系统产生误码的主要原因是码间干扰和噪声。若已知系统在取样时刻无码间干扰，且发 "1" 时，取样值为 $1+n$ 伏，发 "0" 时，取样值为 $-1+n$ 伏，其中 n 是零均值、方差等于 0.08 瓦的高斯白噪声，则 "1"、"0" 等概时判决器的判决门限为_____，此时判决误码率为_____。

9. 眼图是_____在示波器上显示的像 "眼睛" 一样的图形。通过眼图可得到：
① _____；② _____；③ _____；④ _____；⑤ _____等。

10. 在数字通信系统中，接收端采用均衡器的目的是补偿信道特性的不理想，从而减小_____，衡量系统码间干扰大小用_____。目前在高速数据传输中，一般采用时域均衡技术，时域均衡器可用_____来实现。

二、选择题（每题 2 分，共 20 分）

1. 数字基带系统中的信道是_____。

    A. 低通信道   B. 高通信道   C. 带通信道   D. 频带信道

2. 在下面所给的码型中，当 "1"、"0" 等概时，含有位定时分量的是_____。

A. 单极性不归零码   B. 单极性归零码

C. 双极性不归零码   D. 双极性归零码

3. 下面关于码型的描述中，正确的是_____。

A. "1"、"0"不等概时，双极性全占空矩形信号含有位定时分量

B. 差分码用相邻码元的变与不变表示信息的"1"和"0"码

C. AMI 码含有丰富的低频成分

D. HDB$_3$ 克服了 AMI 中长连"1"时不易提取位定时信息的缺点

4. 码元速率相同、波形均为矩形脉冲的数字基带信号，半占空码型信号的带宽是全占空码型信号带宽的_____倍。

A. 0.5   B. 1.5   C. 2   D. 3

5. 当信息中出现长连"0"码时，仍能提取位定时信息的码型是_____。

A. 双极性不归零码   B. 单极性不归零码

C. AMI 码   D. HDB$_3$ 码

6. 常见的无码间干扰传输特性有_____。

A. 理想低通特性   B. 升余弦特性

C. 升余弦滚降特性   D. 以上都是

7. 对于带宽为 B 的理想低通传输系统，下列关于无码间干扰速率的说法中错误的是_____。

A. 最大无码间干扰速率为 2B（Baud）

B. 大于 2B（Baud）的速率都有码间干扰

C. 理想低通特性是无码间干扰传输特性，因此，以任何速率传输信息都是无码间干扰的

D. 比 2B（Baud）低的传输速率中，还存在一些无码间干扰传输速率

8. 四进制数字系统的最大频带利用率为_____。

A. 2 b/s/Hz   B. 3 b/s/Hz

C. 4 b/s/Hz   D. 6 b/s/Hz

9. 设二进制数字基带系统传输"1"码时，接收端信号的取样值为 A，传送"0"码时，信号的取样值为 0，若"1"码概率大于"0"码概率，则最佳判决门限电平_____。

A. 等于 $A/2$ B. 大于 $A/2$

C. 小于 $A/2$ D. 等于 0

10. 具有 $2N+1$ 个抽头系数的横向滤波器能够消除_____个取样时刻的码间干扰。

A. $2N-1$ B. $2N$

C. $2N+1$ D. $2(N+1)$

三、简答题（每题 5 分，共 20 分）

1. 设输入二进制序列为 0010000110000000001，试编出相应的 HDB$_3$ 码，并简要说明该码的特点。

2. 与理想低通传输特性相比，升余弦传输特性的特点是什么？

3. 简述在数字基带系统中造成误码的主要因素和产生的原因。

4. 部分响应信号有何特点？如何解决误码扩散问题？

四、综合题（每题 **10** 分，共 **40** 分）

1. 已知某双极性不归零随机脉冲序列，其码元速率为 R_s，"1"、"0"等概，"1"码波形如题 7.4.1 图所示。

(1) 求其功率谱表达式，并画出示意图（标出关键频率点的值）；

(2) 求此数字基带信号的带宽；

(3) 求直流分量及位定时分量的功率。

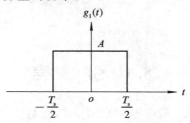

题 7.4.1 图

2. 设基带传输系统的发送滤波器、信道及接收滤波器传输特性为 $H(f)$，若要求以 2000 Baud 码元速率传输，那么题 7.4.2 图所示 $H(f)$ 是否满足取样点无码间干扰条件。

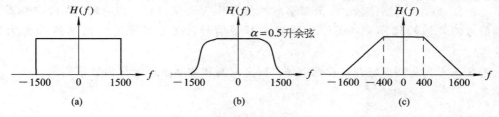

题 7.4.2 图

3. 某二进制数字基带系统所传送的是单极性基带信号，且数字信息"1"和"0"的出现概率相等。

(1) 若数字信息为"1"时，接收滤波器输出信号在取样时刻的值 $A=1$(伏)，且接收滤波器输出噪声是均值为 0、均方根值 $\sigma_n=0.2\sqrt{2}$(伏)的高斯噪声，试求这时的误码率 P_e；

(2) 若要求误码率 P_e 不大于 1.15×10^{-5}，试确定 A 至少应该是多少？

(3) 若将单极性信号改成双极性信号，其它条件不变，重做(1)、(2)并进行比较。

4. 一部分响应系统如题 7.4.4 图所示。理想低通滤波器的截止频率为 $1/(2T_s)$ Hz，通带增益为 T_s。

(1) 求系统的单位冲激响应 $h(t)$；

(2) 求系统的传输特性 $H(f)$，同时求 $|H(f)|$ 并画出其示意图。

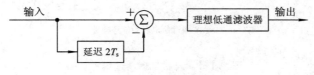

题 7.4.4 图

第 8 章 数字调制技术

8.1 引　言

由第 7 章的讨论我们知道,数字基带信号是低通型信号,其功率谱集中在零频附近,它可以直接在低通型信道中传输。然而,实际信道很多是带通型的,数字基带信号无法直接通过带通型信道。因此,在发送端需要把数字基带信号的频谱搬移到带通信道的通带范围内,以便信号在带通型信道中传输,这个频谱的搬移过程称为数字调制,频谱搬移前的数字基带信号称为调制信号,频谱搬移后的信号称为已调信号。相应地,在接收端需要将已调信号的频谱搬移回来,还原为原数字基带信号,这个频谱的反搬移过程称为数字解调。

图 8.1.1 为调制与解调过程示意图。数字调制和数字解调统称为数字调制。

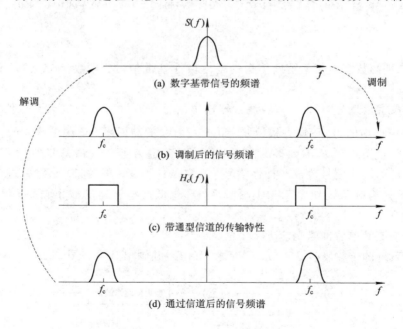

图 8.1.1　调制与解调过程示意图

数字基带信号通过带通型信道传输的系统如图 8.1.2 所示。和数字基带传输系统相对应,这个系统又称为数字频带传输系统。发送端的调制器完成数字基带信号频谱的搬移,接收端解调器完成已调信号频谱的反搬移。

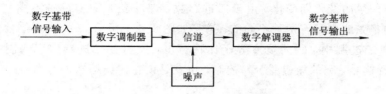

图 8.1.2　数字频带传输系统框图

　　调制的目的是实现频谱的搬移，而实现频谱搬移的方法是用基带信号去控制正弦波的某个参量，使这个参量随基带信号的变化而变化。由于基带信号可分为数字基带信号和模拟基带信号两种，因此，调制也分为数字调制和模拟调制两大类。模拟调制在前面第 5 章已做过详细介绍，本章讨论数字调制。由于正弦波有幅度、频率和相位三个参数，因此，和模拟调制技术相似，数字调制技术也有三种基本形式：数字振幅调制、数字频率调制和数字相位调制。由于数字信息只有离散的有限种取值，因此调制后的载波参量也只有离散的有限种取值。

　　数字调制的过程就像用数字信息去控制开关一样，从几个具有不同参量的独立振荡源中选择参量，所以常把数字调制称为"键控"。因此，分别称数字振幅调制、数字频率调制和数字相位调制为幅移键控（ASK）、频移键控（FSK）和相移键控（PSK）。当基带信号为二进制数字信号时，三种数字调制分别称为二进制幅移键控（2ASK）、二进制频移键控（2FSK）和二进制相移键控（2PSK）。

　　图 8.1.3 为三种数字调制的波形图。

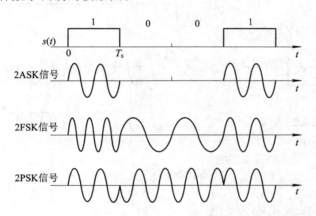

图 8.1.3　2ASK、2FSK 及 2PSK 波形图

　　本章主要讨论二进制数字调制信号的波形、功率谱密度、带宽、产生和解调方法，及它们的抗噪声性能，另外还要介绍几种具有代表性的高效数字调制技术。

8.2　二进制振幅调制（2ASK）

8.2.1　2ASK 信号的产生

　　二进制振幅调制就是用二进制数字基带信号控制正弦载波的振幅，使载波振幅随着二进制数字基带信号的变化而变化。由于二进制数字基带信号只有两种不同的码元(符号),因此受控后的正弦波也只有两种不同的振幅,如图8.2.1所示。$s(t)$为调制信号,每个码元宽度为 T_s,在二进制中,码元宽度等于比特宽度,所以在二进制数字调制中有$T_s = T_b$。$S_{2ASK}(t)$为已调信号,它的振幅受 $s(t)$ 控制,也就是说它的振幅携带有 $s(t)$ 的信息。

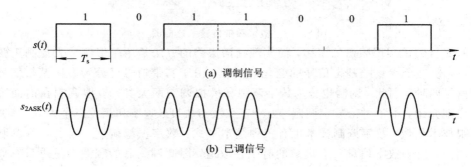

图 8.2.1　二进制振幅调制波形

产生已调信号 $s_{2ASK}(t)$ 的部件称为 2ASK 调制器。图 8.2.2 是用相乘器实现的 2ASK 调制器框图及 2ASK 信号产生过程的波形示意图。输入是二进制单极性全占空数字基带信号 $s(t)$,载波信号是 $c(t)$,输出是已调信号 $s_{2ASK}(t)$。此处特别说明,为便于讨论,在后续内容中,作图采用正弦波,表达式采用余弦波。

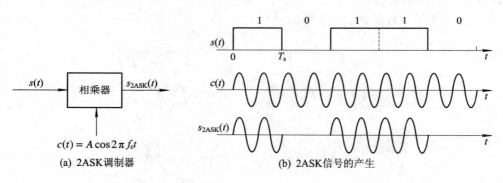

图 8.2.2　2ASK 调制器及 2ASK 信号的产生

8.2.2　2ASK 信号的功率谱和带宽

2ASK 信号 $s_{2ASK}(t)$ 的主要功率集中在什么频率范围? 传输这个信号的信道至少需要多少带宽? 要想了解 $s_{2ASK}(t)$ 的这些特性,必须对其进行功率谱分析。

由图 8.2.2 可以看到,$s_{2ASK}(t)$ 等于调制信号 $s(t)$ 乘以载波信号 $c(t)$,所以 $s_{2ASK}(t)$ 的数学表达式为

$$s_{2ASK}(t) = s(t) \cdot A \cos 2\pi f_c t \tag{8-2-1}$$

$s(t)$ 为二进制单极性全占空信号,根据第 7 章给出的功率谱公式可求出 $s(t)$ 的功率谱,用 $P(f)$ 来表示。根据式(8-2-1)及频移定理,得到 $s_{2ASK}(t)$ 信号的功率谱为

$$P_{2\text{ASK}}(f) = \frac{A^2}{4}[P(f+f_c) + P(f-f_c)] \tag{8-2-2}$$

图 8.2.3 给出了 2ASK 信号的功率谱示意图。

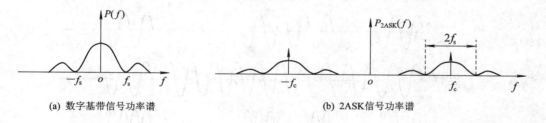

(a) 数字基带信号功率谱　　　　　　　**(b) 2ASK信号功率谱**

图 8.2.3　2ASK 信号的功率谱

由图 8.2.3 可知，2ASK 信号的功率谱是数字基带信号功率谱的线性搬移，其功率谱的主瓣宽度是数字基带信号功率谱主瓣宽度的两倍，即

$$B_{2\text{ASK}} = 2f_s \tag{8-2-3}$$

式中，$f_s = 1/T_s$ 是数字基带信号的带宽，在数值上等于数字基带信号的码元速率。

例 8.2.1　有码元速率为 2000 Baud 的二进制数字基带信号，对频率为 10 000 Hz 的载波进行 2ASK 调制，问传输这个已调信号的信道的带宽至少为多少？

解　因为数字基带信号的码元速率为 2000 Baud，所以 $f_s = 2000$ Hz，根据式(8-2-3)得此已调信号的带宽为

$$B_{2\text{ASK}} = 2f_s = 2 \times 2000 = 4000\ (\text{Hz})$$

所以，为传输这个已调信号，信道的带宽至少为 4000 Hz。

8.2.3　2ASK 信号的解调及抗噪声性能

从频域看，解调就是将已调信号的频谱搬回来，还原为调制前的数字基带信号。而从时域看，解调的目的就是将已调信号振幅上携带的数字基带信号检测出来，恢复发送的数字信息。完成解调任务的部件称为解调器。2ASK 信号的解调有两种方法，即相干解调和包络解调。

1. 2ASK 信号的相干解调

相干解调也称为同步解调，因为这种解调方式需要一个和接收信号中的载波同频同相的本地载波。为说明图 8.2.4 所示的 2ASK 信号的相干解调器能从已调 2ASK 信号中检测出原发送信息，我们在忽略噪声的情况下画出了方框图中各点的波形，如图 8.2.5 所示，为便于比较，图 8.2.5 中同时画出了原数字基带信号 $s(t)$。

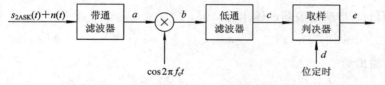

图 8.2.4　2ASK 信号的相干解调器

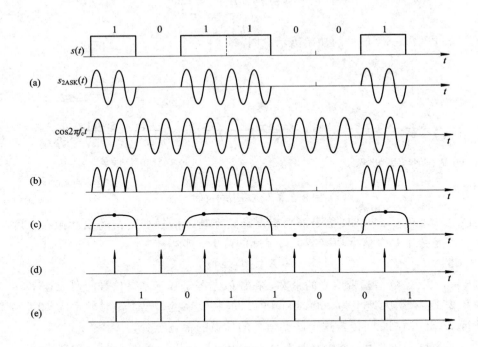

图 8.2.5　2ASK 相干解调器各点波形示意图

　　带通滤波器让信号通过的同时尽可能地滤除带外噪声，在不考虑噪声时，图 8.2.4 中 a 点波形就是接收的 2ASK 信号。位定时信号由位定时提取电路提供，位定时电路将在第 11 章中讨论。取样判决器在位定时信号的控制下对图 8.2.4 中 c 点波形进行取样，将取样得到的样值与设定的门限进行比较(取样值和门限都标在图 8.2.5(c)波形图上)，当取样值大于门限时，判决发送信号为"1"；当取样值小于门限时，判决发送信号为"0"，判决得到的信号如图 8.2.5(e)所示。由波形图看到，在没有噪声的情况下，这个解调器能正确无误地从接收到的 2ASK 信号中恢复原发送信息。但实际通信是有噪声的，噪声会使判决产生错误。下面对噪声引起的误码率进行数学分析。

　　为了求出图 8.2.4 所示的相干解调器的误码率，必须先得到用于判决的取样值的概率密度函数。下面分两种情况加以讨论。

　　1) 发"1"码

　　发"1"码时，输入的 2ASK 信号为 $a\cos2\pi f_c t$，它能顺利地通过带通滤波器。$n(t)$ 为零均值高斯白噪声，经带通滤波器滤波后变为窄带高斯噪声，用 $n_i(t)$ 表示，为

$$n_i(t) = n_I(t)\cos2\pi f_c t - n_Q(t)\sin2\pi f_c t$$

因此，发"1"码时，带通滤波器的输出为

$$a\cos2\pi f_c t + n_i(t) = [a + n_I(t)]\cos2\pi f_c t - n_Q(t)\sin2\pi f_c t$$

经乘法器后，输出为

$$\{[a + n_I(t)]\cos2\pi f_c t - n_Q(t)\sin2\pi f_c t\}\cos2\pi f_c t$$
$$= \frac{1}{2}[a + n_I(t)] + \frac{1}{2}[a + n_I(t)]\cos4\pi f_c t - \frac{1}{2}n_Q(t)\sin4\pi f_c t$$

经低通滤波器滤波后,高频成分被滤除。设输出为 $x(t)$,则

$$x(t) = a + n_1(t)$$

其中,$x(t)$ 用于取样判决。需要说明的是,忽略系数 $1/2$ 不会影响误码率的计算结果。

2) 发"0"码

发"0"码时,2ASK 信号为 0,带通滤波器只输出噪声 $n_i(t)$,所以乘法器的输出为

$$[n_I(t) \cos2\pi f_c t - n_Q(t) \sin2\pi f_c t] \cos2\pi f_c t$$

$$= \frac{1}{2} n_I(t) + \frac{1}{2} n_I(t) \cos4\pi f_c t - \frac{1}{2} n_Q(t) \sin4\pi f_c t$$

忽略系数 $1/2$ 后,低通滤波器的输出为

$$x(t) = n_I(t)$$

此输出用于取样判决。

综合上述分析,可得

$$x(t) = \begin{cases} a + n_1(t) & \text{发"1"码} \\ n_1(t) & \text{发"0"码} \end{cases} \tag{8-2-4}$$

3) 概率密度函数及误码率

式(8-2-4)中的 $n_1(t)$ 是均值为零的低通型高斯噪声,它的方差与 $n_i(t)$ 的方差相同,即 $\sigma_n^2 = n_0 B_{2ASK} = 2n_0 f_s$。$a + n_1(t)$ 是均值为 a 的低通型高斯噪声,所以,$n_1(t)$ 和 $a + n_1(t)$ 的取样值都是高斯随机变量,方差都为 σ_n^2,均值分别为 0 和 a。因此发"0"码和发"1"码时,用于判决的取样值的概率密度函数分别为

$$f_0(x) = \frac{1}{\sqrt{2\pi}\sigma_n} e^{-\frac{x^2}{2\sigma_n^2}}$$

$$f_1(x) = \frac{1}{\sqrt{2\pi}\sigma_n} e^{-\frac{(x-a)^2}{2\sigma_n^2}}$$

曲线示意图如图 8.2.6 所示。

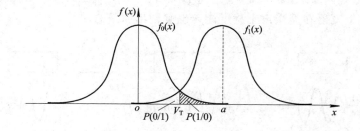

图 8.2.6　取样值概率密度函数示意图

误码率计算公式为

$$P_e = P(0)P(1/0) + P(1)P(0/1) \tag{8-2-5}$$

式中,$P(0)$、$P(1)$ 分别为发"0"码和发"1"码的概率;$P(1/0)$ 是发"0"码时误判为"1"码的概率;$P(0/1)$ 是发"1"码时误判为"0"码的概率。当 $P(0) = P(1)$ 时,最佳判决门限应选在两条曲线的交点处。由于这两条曲线形状完全相同,所以判决门限 V_T 为

$$V_T = \frac{a}{2}$$

根据图 8.2.6 及式(8-2-5)得 2ASK 相干解调器的误码率公式为

$$P_e = \frac{1}{2} \int_{a/2}^{\infty} f_0(x)\,\mathrm{d}x + \frac{1}{2} \int_{-\infty}^{a/2} f_1(x)\,\mathrm{d}x$$

$$= \int_{a/2}^{\infty} f_0(x)\,\mathrm{d}x$$

$$= \int_{-\infty}^{a/2} f_1(x)\,\mathrm{d}x$$

$$= \frac{1}{2}\mathrm{erfc}\left(\frac{a}{2\sqrt{2}\sigma_n}\right)$$

$$= \frac{1}{2}\mathrm{erfc}\left(\frac{\sqrt{r}}{2}\right) \qquad\qquad (8-2-6)$$

式中，r 定义为

$$r = \frac{a^2/2}{\sigma_n^2}$$

该值为带通滤波器输出端的信噪比。

2. 2ASK 信号的包络解调

包络解调是一种非相干解调，其原理如图 8.2.7 所示。

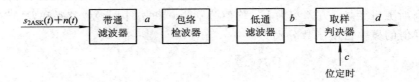

图 8.2.7　2ASK 信号的包络解调器

为说明图 8.2.7 能对 2ASK 信号正确解调，图 8.2.8 画出了图 8.2.7 中各点的波形（不考虑噪声的影响）。对比图 8.2.8 原信息波形 $s(t)$ 及恢复的信息波形图 8.2.8(d)发现，图 8.2.7 所示的解调器在无噪声干扰下能正确解调出原信息。

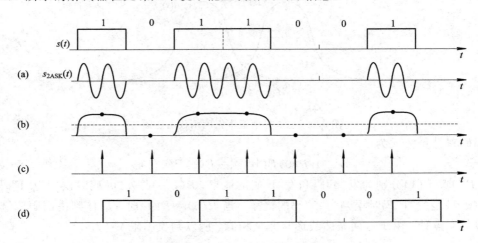

图 8.2.8　2ASK 包络解调器各点波形示意图

当存在噪声时，解调器会发生错误判决，产生误码。求误码率公式的方法与步骤：

（1）求出用于判决的取样值的概率密度曲线。

（2）确定判决门限。

（3）求出"1"码错判成"0"码的概率 $P(0/1)$，及"0"码错判成"1"码的概率 $P(1/0)$。

（4）根据公式 $P_e = P(0)P(1/0) + P(1)P(0/1)$ 求出平均误码率。

当发送"1"码时，考虑噪声后图 8.2.7 中 a 点波形的数学表达式为

$$a\cos2\pi f_c t + n_i(t) = [a + n_I(t)]\cos2\pi f_c t - n_Q(t)\sin2\pi f_c t \qquad (8-2-7)$$

此波形被送到包络检波器，包络检波器输出此波形的包络

$$x(t) = \sqrt{\{[a + n_I(t)]\}^2 + [n_Q(t)]^2} \qquad (8-2-8)$$

根据第 3 章介绍，正弦波加窄带高斯过程的包络的瞬时值服从莱斯分布。因此，式（8-2-8）所示包络信号送到取样器取样，取样值服从莱斯分布，其概率密度函数为

$$f_1(x) = \frac{x}{\sigma_n^2}I_0\left(\frac{ax}{\sigma_n^2}\right)e^{-\frac{x^2+a^2}{2\sigma_n^2}}$$

当发送"0"码时，包络检波器的输入只有窄带高斯噪声

$$n_i(t) = n_I(t)\cos2\pi f_c t - n_Q(t)\sin2\pi f_c t \qquad (8-2-9)$$

包络检波器的输出则为式（8-2-9）的包络，即窄带高斯噪声的包络。它服从瑞利分布，其概率密度函数为

$$f_0(x) = \frac{x}{\sigma_n^2}e^{-\frac{x^2}{2\sigma_n^2}} \qquad (8-2-10)$$

概率密度函数曲线如图 8.2.9 所示。

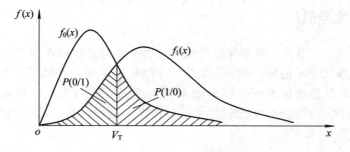

图 8.2.9　2ASK 包络解调器取样值的概率密度函数

当"1"、"0"等概时，使平均误码率最小的最佳判决门限 V_T 在两条概率密度函数的交点处，经分析得到

$$V_T \approx \frac{a}{2}\left(1 + \frac{8\sigma_n^2}{a^2}\right)^{\frac{1}{2}} \qquad (8-2-11)$$

当信噪比 $r = \frac{a^2/2}{\sigma_n^2} \gg 1$ 时，式（8-2-11）近似为 $V_T \approx \frac{a}{2}$，此时 $P(0/1)$、$P(1/0)$ 分别为

$$P(0/1) = \int_0^{a/2} f_1(x)\,\mathrm{d}x$$

$$P(1/0) = \int_{a/2}^{\infty} f_0(x)\,\mathrm{d}x$$

所以，在大信噪比时，包络解调的平均误码率为

$$P_e = P(0)P(1/0) + P(1)P(0/1) \approx \frac{1}{2}e^{-r/4}$$

由于在小信噪比条件下，包络解调的误码性能比相干解调差，所以包络解调方式主要用于大信噪比接收环境。

8.3 二进制频率调制(2FSK)

二进制频率调制就是用二进制数字信息控制正弦波的频率，使正弦波的频率随二进制数字信息的变化而变化。由于二进制数字信息只有两种不同的符号，所以调制后的已调信号有两种不同的频率 f_1 和 f_2，f_1 对应数字信息"1"，f_2 对应数字信息"0"。二进制数字信息及已调载波如图 8.3.1 所示。

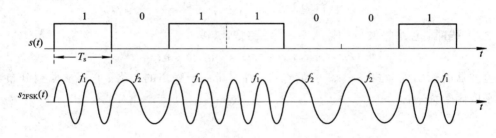

图 8.3.1　2FSK 信号

8.3.1　2FSK 信号的产生

在 2FSK 信号中，当载波频率发生变化时，载波的相位一般来说是不连续的，这种信号称为相位不连续 2FSK 信号。相位不连续的 2FSK 通常用频率选择法产生，如图 8.3.2 所示。两个独立的振荡器作为两个频率的载波发生器，它们受控于输入的二进制信号。二进制信号通过倒相器电路，控制其中的一个载波通过。调制器各点波形如图 8.3.3 所示。

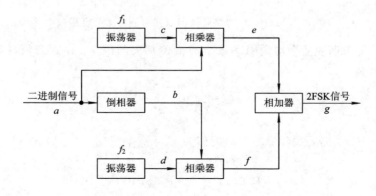

图 8.3.2　2FSK 信号调制器

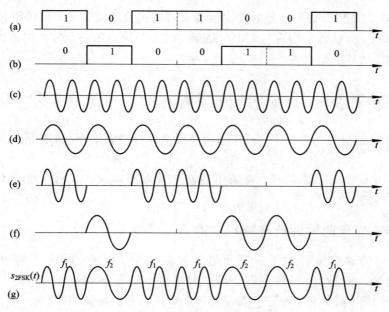

图 8.3.3　2FSK 调制器各点波形

由图 8.3.3 可知，波形(g)是波形(e)和(f)的叠加。所以，二进制频率调制信号 2FSK 可以看成是两个载波频率分别为 f_1 和 f_2 的 2ASK 信号的和。由于"1"、"0"统计独立，因此，2FSK 信号功率谱密度等于这两个 2ASK 信号功率谱密度之和，即

$$P_{2FSK}(f) = P_{2ASK}(f)\,|_{f_1} + P_{2ASK}(f)\,|_{f_2}$$

2FSK 信号的功率谱如图 8.3.4 所示。

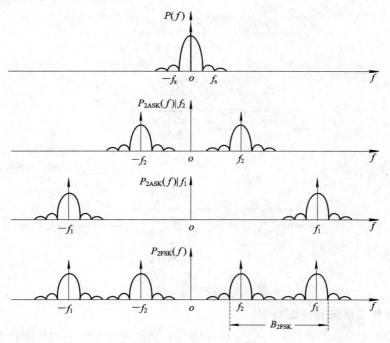

图 8.3.4　2FSK 信号的功率谱

由图 8.3.4 看出，2FSK 信号的功率谱既有连续谱又有离散谱，离散谱位于两个载波频率 f_1 和 f_2 处，连续谱分布在 f_1 和 f_2 附近，若取功率谱第一个零点以内的成分计算带宽，显然 2FSK 信号的带宽为

$$B_{2FSK} = |f_1 - f_2| + 2f_s \qquad\qquad (8-3-1)$$

为了节约频带，同时也能区分 f_1 和 f_2，通常取 $|f_1 - f_2| = 2f_s$，因此 2FSK 信号的带宽为

$$B_{2FSK} = |f_1 - f_2| + 2f_s = 4f_s$$

当 $|f_1 - f_2| = f_s$ 时，图 8.3.4 中 2FSK 的功率谱由双峰变成单峰，此时带宽为

$$B_{2FSK} = |f_1 - f_2| + 2f_s = 3f_s$$

对于功率谱是单峰的 2FSK 信号，可采用动态滤波器来解调。下面介绍功率谱为双峰的 2FSK 信号的解调。

8.3.2　2FSK 信号的解调及抗噪声性能

2FSK 信号的解调也有相干解调和包络解调两种。由于 2FSK 信号可看做是两个 2ASK 信号之和，所以 2FSK 解调器由两个并联的 2ASK 解调器组成。图 8.3.5 为相干 2FSK 和包络 2FSK 解调器方框图，其原理和 2ASK 信号的解调相同。

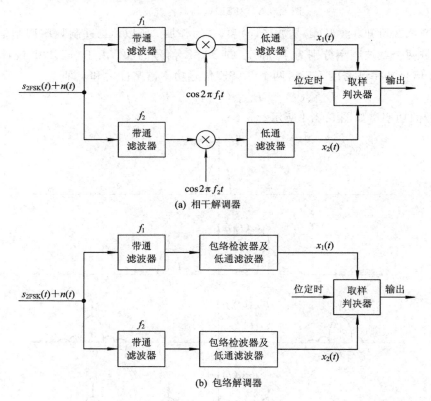

(a) 相干解调器

(b) 包络解调器

图 8.3.5　2FSK 信号解调器

1. 2FSK 相干解调器的误码率

2FSK 相干解调器的抗噪声性能分析方法和 2ASK 相干解调器的抗噪声性分析方法很相似。现将接收到的 2FSK 信号表示为

$$s_{2\text{FSK}}(t) = \begin{cases} a\cos2\pi f_1 t & \text{发 "1" 码时} \\ a\cos2\pi f_2 t & \text{发 "0" 码时} \end{cases}$$

当发送数字信息为"1"时，2FSK 信号的载波频率为 f_1，信号能通过上支路的带通滤波器。上支路带通滤波器的输出是信号和窄带噪声 $n_{i1}(t)$ 的叠加（噪声中的下标 1 表示上支路窄带高斯噪声），即

$$a\cos2\pi f_1 t + n_{i1}(t) = a\cos2\pi f_1 t + n_{I1}(t)\cos2\pi f_1 t - n_{Q1}(t)\sin2\pi f_1 t$$

此信号与同步载波 $\cos2\pi f_1 t$ 相乘，再经低通滤波器滤除其中的高频成分，送给取样判决器的信号为

$$x_1(t) = a + n_{I1}(t) \tag{8-3-2}$$

上式中未计入系数 1/2。与此同时，频率为 f_1 的 2FSK 信号不能通过下支路中的带通滤波器，因为下支路中的带通滤波器的中心频率为 f_2，所以下支路带通滤波器的输出只有窄带高斯噪声，即

$$n_{i2}(t) = n_{I2}(t)\cos2\pi f_2 t - n_{Q2}(t)\sin2\pi f_2 t$$

此噪声与同步载波 $\cos2\pi f_2 t$ 相乘，再经低通滤波器滤波后输出为

$$x_2(t) = n_{I2}(t) \tag{8-3-3}$$

上式中未计入系数 1/2。定义

$$x(t) = x_1(t) - x_2(t) = a + n_{I1}(t) - n_{I2}(t)$$

取样判决器对 $x(t)$ 取样，取样值为

$$x = a + n_{I1} - n_{I2}$$

其中，n_{I1}、n_{I2} 都是均值为 0、方差为 $\sigma_n^2 = n_0 B_{2\text{ASK}} = 2n_0 f_s$ 的高斯随机变量，所以 x 是均值为 a、方差为 $\sigma_x^2 = 2\sigma_n^2$ 的高斯随机变量，x 的概率密度函数为

$$f_1(x) = \frac{1}{\sqrt{2\pi}\sigma_x}\mathrm{e}^{-\frac{(x-a)^2}{2\sigma_x^2}} \tag{8-3-4}$$

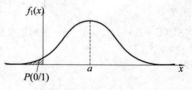

图 8.3.6　判决值的概率密度函数示意图

概率密度曲线如图 8.3.6 所示。

判决器对 x 进行判决，当 $x>0$ 时，判发送信息为"1"，此判决是正确的；当 $x<0$ 时，判决发送信息为"0"，显然此判决是错误的。由此可见，$x<0$ 的概率就是发"1"错判成"0"的概率，即

$$P(0/1) = P(x<0) = \int_{-\infty}^{0} f_1(x)\mathrm{d}x \tag{8-3-5}$$

当发送数字信号"0"时，下支路有信号，上支路没有信号。用与上面分析完全相同的方法，可得到发"0"码时错判成"1"码的概率 $P(1/0)$，容易发现，此概率与式(8-3-5)表示的 $P(0/1)$ 相同，所以解调器的平均误码率为

$$P_e = P(1)P(0/1) + P(0)P(1/0) = P(0/1)[P(1) + P(0)] = P(0/1)$$

由式(8-3-5)得

$$P_e = \frac{1}{2}\mathrm{erfc}\left(\sqrt{\frac{r}{2}}\right) \tag{8-3-6}$$

式中，$r = \dfrac{a^2/2}{\sigma_n^2}$。注意，式(8-3-6)无需"1"、"0"等概这一条件。

2. 2FSK 包络解调器的误码率

包络解调器如图 8.3.5(b)所示。参照 2ASK 包络解调的分析方法，要想求出此解调器的误码率，必须首先求出上、下两个支路中包络检波器输出端信号瞬时值的概率密度函数。

当发送信息"1"时，接收端收到频率为 f_1 的载波 $a\cos2\pi f_1 t$，此信号能通过上支路中的带通滤波器，但无法通过下支路中的带通滤波器，所以上支路带通滤波器的输出是信号和窄带高斯噪声的叠加，而下支路带通滤波器的输出却只有窄带高斯噪声。由第 3 章可知，上支路包络检波器输出 $x_1(t)$ 的瞬时值服从莱斯分布，下支路包络检波器输出 $x_2(t)$ 的瞬时值服从瑞利分布，所以上下两个支路的取样值 x_1、x_2 的概率密度函数分别为

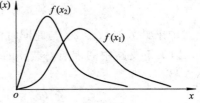

$$f(x_1) = \frac{x_1}{\sigma_n^2} I_0 \left(\frac{ax_1}{\sigma_n^2} \right) e^{-\frac{x_1^2 + a^2}{2\sigma_n^2}} \qquad (8-3-7)$$

$$f(x_2) = \frac{x_2}{\sigma_n^2} e^{-\frac{x_2^2}{2\sigma_n^2}} \qquad (8-3-8)$$

x_1 和 x_2 的概率密度曲线如图 8.3.7 所示。

图 8.3.7　2FSK 包络解调器取样值的概率密度函数

判决器的作用是比较两个取样值 x_1 和 x_2，当 $x_1 > x_2$ 时，判"1"，判决是正确的，不产生误码；当 $x_1 < x_2$ 时，判"0"，判决错误，产生误码，即发"1"错判成了"0"。由概率论知识可知，"1"码错判成"0"码的概率 $P(0/1)$ 为

$$P(0/1) = P(x_1 < x_2) = \int_0^\infty f(x_1) \int_{x_1}^\infty f(x_2) \mathrm{d}x_2 \mathrm{d}x_1 \qquad (8-3-9)$$

将式(8-3-7)、(8-3-8)代入式(8-3-9)，经繁琐的积分运算，得

$$P(0/1) = \frac{1}{2} e^{-\frac{r}{2}} \qquad (8-3-10)$$

式中，$r = \dfrac{a^2/2}{\sigma_n^2}$，与相干解调误码率公式中的 r 相同。

由包络解调器方框图可知，发"0"时，接收的 2FSK 信号为 $a\cos2\pi f_2 t$，下支路有信号，上支路无信号，因此下支路取样值服从莱斯分布，上支路取样值服从瑞利分布。当下支路的取样值小于上支路的取样值时，发生错判。显然，"0"错判成"1"的概率 $P(1/0)$ 与"1"错判成"0"的概率 $P(0/1)$ 是相等的，即

$$P(1/0) = P(0/1) = \frac{1}{2} e^{-\frac{r}{2}} \qquad (8-3-11)$$

将式(8-3-10)、(8-3-11)代入平均误码率公式 $P_e = P(1)P(0/1) + P(0)P(1/0)$ 得包络解调器平均误码率为

$$P_e = \frac{1}{2} e^{-\frac{r}{2}} \qquad (8-3-12)$$

同样，式(8-3-12)也不需要"1"、"0"等概这一条件。

8.4　二进制数字相位调制(2PSK、2DPSK)

二进制相位调制就是用二进制数字信息控制正弦载波的相位，使正弦载波的相位随着二进制数字信息的变化而变化。由于二进制数字信息控制载波相位的方法不同，二进制数

字相位调制又分为二进制绝对相位调制(2PSK)和二进制相对相位调制(2DPSK)两种。

由于数字相位调制信号在抗噪声性能上优于 ASK 和 FSK，而且频带利用率较高，因此数字相位调制方式在数字通信中，特别是在中、高速数字信息传输中得到广泛应用。

8.4.1　二进制绝对相位调制(2PSK)

1. 2PSK 信号的产生

二进制绝对相位调制是用数字信息直接控制载波的相位。例如，当数字信息为"1"时，使载波反相(即发生 180°变化)；当数字信息为"0"时，载波相位不变。图 8.4.1 为 2PSK 信号波形图(为作图方便，在一个码元周期内画两个周期的载波)。

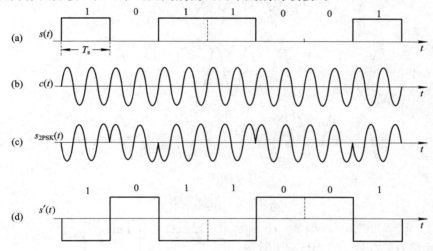

图 8.4.1　2PSK 信号波形图

图 8.4.1 中(a)为数字信息，(b)为载波，(c)为 2PSK 波形，(d)为双极性数字基带信号。从图中可以看出，2PSK 信号可以看成是双极性数字基带信号乘以载波而产生的，即

$$s_{2PSK}(t) = s'(t) \cdot A\cos 2\pi f_c t \qquad (8-4-1)$$

必须强调的是：2PSK 波形相位是相对于载波相位而言的。因此，画 2PSK 波形时，必须先把载波画好，然后根据数字信息与载波相位的对应关系，画出 2PSK 信号的波形。当码元宽度不为载波周期整数倍的情况下，先画载波，再画 2PSK 波形，这点尤为重要。否则无法画出 2PSK 波形。

例 8.4.1　画出数字信息 1100101 的 2PSK 信号的波形(调制规则自定)。

(1) 设码元周期是载波周期的整数倍(为画图方便设 $T_s = 2T_c$)。

(2) 设码元周期不是载波周期的整数倍(设 $T_s = 1.5T_c$)。

解　设调制规则为：数字信息为"1"，载波反相；数字信息为"0"，载波相位不变。这一规则常称作"1"变"0"不变。当然也可采用相反的规则：数字信息为"0"，载波反相；数字信息为"1"，载波相位不变，即"0"变"1"不变。

当 $T_s = 2T_c$ 和 $T_s = 1.5T_c$ 时的 2PSK 波形图如图 8.4.2(a)、(b)所示。

图 8.4.2 中，(c)是数字信息，(d)是 $T_s = 2T_c$ 时的载波，(e)是 $T_s = 2T_c$ 时的 2PSK 波形；(f)是 $T_s = 1.5T_c$ 时的载波，(g)是 $T_s = 1.5T_c$ 时的 2PSK 波形。

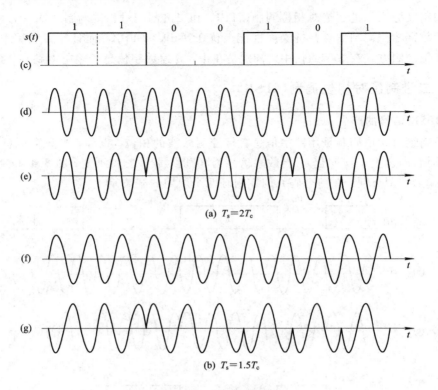

图 8.4.2　2PSK 波形图

　　理解了 2PSK 信号的波形后，下面介绍产生 2PSK 信号的部件，即 2PSK 调制器。由式(8-4-1)可知，2PSK 调制器可以采用相乘器来实现，其框图如图 8.4.3 所示。

　　图 8.4.3 中，单/双极性变换器的作用是将输入的数字信息变换成双极性全占空数字基带信号 $s'(t)$。但需要注意的是，相同的数字信息可变换成两种极性相反的全占空数字基带信号，如图 8.4.4 所示。一个调制器中只能采用其中的一种变换，至于采用哪一种变换，完全由调制规则决定。如采用"1"变"0"不变的调制规则，则单/双极性变换器将数字信息"1"变换成一个负的全占空矩形脉冲，将数字信息"0"变换成一个正的全占空矩形脉冲，如图 8.4.4(a)波形所示。图 8.4.4(b)波形对应的调制规则是"0"变"1"不变。

　　由式(8-4-1)及图 8.4.3 可知，双极性全占空数字基带信号 $s'(t)$ 乘以 $A\cos 2\pi f_c t$ 产生 2PSK 信号，所以，根据频谱变换原理，2PSK 信号的功率谱为

$$P_{2\text{PSK}}(f) = \frac{A^2}{4}\left[P_{s'}(f-f_c) + P_{s'}(f+f_c)\right]$$

其中，$P_{s'}(f)$ 为双极性全占空矩形脉冲序列 $s'(t)$ 的功率谱。功率谱 $P_{s'}(f)$ 及 $P_{2\text{PSK}}(f)$ 的示意图如图 8.4.5 所示。2PSK 信号的功率谱与 2ASK 信号的功率谱形状相同，只是少了一个离散的载波分量，这是由于双极性数字基带信号在"1"、"0"等概时直流分量等于零的缘故。

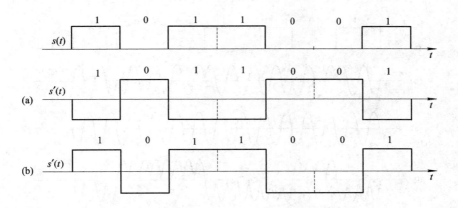

图 8.4.4　单/双极性变换器输入/输出波形

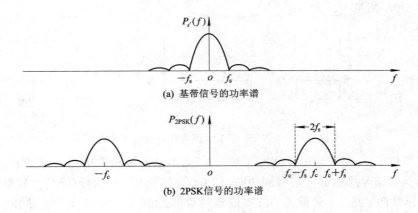

(a) 基带信号的功率谱

(b) 2PSK信号的功率谱

图 8.4.5　2PSK 信号的功率谱

由图 8.4.5 可知，2PSK 信号的带宽为

$$B_{2PSK} = 2f_s$$

即 2PSK 信号的带宽是数字信息码元速率值的两倍。

2. 2PSK 信号的解调及抗噪声性能

对于 2PSK 信号，由于信息携带在 2PSK 信号与载波的相位差上，因此，要想从 2PSK 信号上检测出它所携带的信息，必须要有相干载波作为参考信号。所以 2PSK 信号的解调只能采用相干解调，这种相干解调方法又称为极性比较法，框图如图 8.4.6 所示。

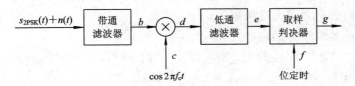

图 8.4.6　2PSK 信号的相干解调器

2PSK 信号解调过程中的波形如图 8.4.7 所示。为对比方便，图中画出了原调制信息 $s(t)$。

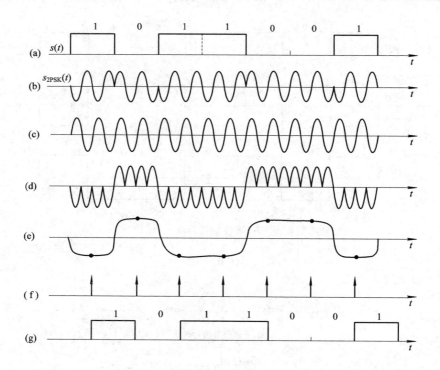

图 8.4.7 2PSK 相干解调器各点波形示意图

图 8.4.7 中，(b)是收到的 2PSK 波形；(c)是本地载波提取电路提取的载波信号，此载波信号与接收信号中的载波信号同频同相。(d)是接收 2PSK 信号(b)与本地载波(c)相乘得到的波形示意图，此波形经低通滤波器滤波后得低通信号(e)，取样判决器在位定时信号(f)的控制下对(e)波形取样，再与门限进行比较，作出相应的判决，得到恢复的信息(g)。需要强调的是：判决规则应与调制规则相一致。如当调制规则采用"1"变"0"不变时，判决规则相应为：当取样值大于门限 V_d 时判为"0"，当取样值小于门限 V_d 时判为"1"。当"1"、"0"等概时，判决门限 $V_d=0$。反之，当调制规则采用"0"变"1"不变时，判决规则应为：当取样值大于门限 V_d 时判为"1"，当取样值小于门限 V_d 时判为"0"。

以上说明图 8.4.6 所示的 2PSK 解调器在无噪声情况下能对 2PSK 信号正确解调。下面讨论此 2PSK 解调器在噪声干扰下的误码率。

误码率的基本分析方法是：

(1) 求出发"1"及发"0"时低通滤波器输出信号的数学表达式。

(2) 求出取样值的概率密度函数。

(3) 求出解调器的平均误码率公式。

设调制采用"1"变"0"不变规则。当发端发"1"时，收到的 2PSK 信号为

$$s_{2PSK}(t) = -a\cos2\pi f_c t$$

带通滤波器的输出是信号加窄带噪声

$$-a\cos2\pi f_c t + n_i(t) = [-a + n_I(t)]\cos2\pi f_c t - n_Q(t)\sin2\pi f_c t$$

上式与相干载波 $\cos2\pi f_c t$ 相乘，得

$$[-a \cos2\pi f_c t + n_i(t)] \cos2\pi f_c t = [-a + n_I(t)] \cos^2 2\pi f_c t - n_Q(t) \sin2\pi f_c t \cos2\pi f_c t$$

$$= \frac{1}{2}[-a + n_I(t)] + \frac{1}{2}[-a + n_I(t)] \cos4\pi f_c t$$

$$- \frac{1}{2} n_Q(t) \sin4\pi f_c t \qquad (8-4-2)$$

式(8-4-2)所示信号经低通滤波后得

$$x(t) = -a + n_I(t)$$

显然，$x(t)$ 的瞬时值是均值为 $-a$、方差为 $\sigma_n^2 = n_0 B_{2PSK} = 2n_0 f_s$ 的高斯随机变量。所以，$x(t)$ 的取样值的概率密度函数为

$$f_1(x) = \frac{1}{\sqrt{2\pi}\sigma_n} e^{-\frac{(x+a)^2}{2\sigma_n^2}} \qquad (8-4-3)$$

同理，发端发"0"时，收到的 2PSK 信号为

$$s_{2PSK}(t) = a \cos2\pi f_c t$$

带通滤波器的输出是信号加窄带高斯噪声，即

$$a \cos2\pi f_c t + n_i(t) = [a + n_I(t)] \cos2\pi f_c t - n_Q(t) \sin2\pi f_c t$$

上式与相干载波 $\cos2\pi f_c t$ 相乘，得

$$[a \cos2\pi f_c t + n_i(t)] \cos2\pi f_c t = [a + n_I(t)] \cos^2 2\pi f_c t - n_Q(t) \sin2\pi f_c t \cos2\pi f_c t$$

$$= \frac{1}{2}[a + n_I(t)] + \frac{1}{2}[a + n_I(t)] \cos4\pi f_c t$$

$$- \frac{1}{2} n_Q(t) \sin4\pi f_c t \qquad (8-4-4)$$

式(8-4-4)所示信号经低通滤波后得

$$x(t) = a + n_I(t)$$

$x(t)$ 的瞬时值是均值为 a、方差为 $\sigma_n^2 = n_0 B_{2PSK} = 2n_0 f_s$ 的高斯随机变量。所以，$x(t)$ 的取样值的概率密度函数为

$$f_0(x) = \frac{1}{\sqrt{2\pi}\sigma_n} e^{-\frac{(x-a)^2}{2\sigma_n^2}} \qquad (8-4-5)$$

式(8-4-3)及式(8-4-5)的概率密度函数曲线如图 8.4.8 所示。

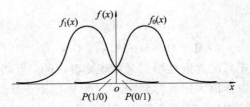

图 8.4.8　取样值概率密度函数示意图

当"1"、"0"等概时，最佳判决门限为 0。由图 8.4.8 可知，发"1"错判成"0"的概率为

$$P(0/1) = \int_0^\infty f_1(x)\mathrm{d}x = \frac{1}{2}\mathrm{erfc}(\sqrt{r})$$

"0"错判成"1"的概率等于"1"错判成"0"的概率，根据 $P_e = P(0)P(1/0) + P(1)P(0/1)$ 得解调器平均误码率为

$$P_e = \frac{1}{2}\mathrm{erfc}(\sqrt{r})[P(0) + P(1)] = \frac{1}{2}\mathrm{erfc}(\sqrt{r}) \qquad (8-4-6)$$

式中，$r = \dfrac{a^2/2}{\sigma_n^2}$。

3. 2PSK 解调器的反向工作问题

我们知道 2PSK 信号是以一个固定初相的未调载波作为参考的。因此，解调时必须有与此同频同相的本地载波。由于接收端恢复载波常常采用二分频电路，它存在相位模糊，即用二分频电路恢复的载波有时与发送载波同相，有时反相。当本地载波反相，变为 $\cos(2\pi f_c t + \pi)$ 时，则相乘器以后的输出波形都和载波同频同相时的情况相反，判决器输出的数字信号全错，与发送数码完全相反，这种情况称为反向工作。反向工作时的解调器工作波形见图 8.4.9。

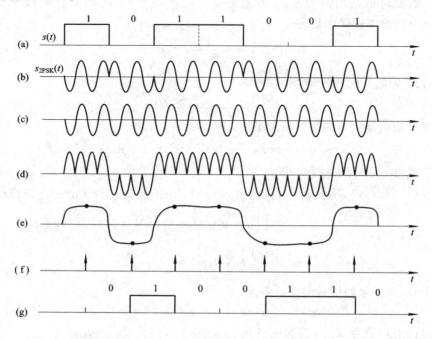

图 8.4.9　2PSK 相干解调器反向工作时各点波形示意图

将图 8.4.9 与图 8.4.7 作一对比，可看出当本地载波反相时，取样值的极性相反。由于判决规则是根据调制规则确定的，当调制规则采用"1"变"0"不变时，判决规则仍为：当取样值大于 0 时判"0"码，取样值小于 0 时判"1"码，所以判决出来的数字信息与原数字信息相反。这对于数字信号的传输来说当然是不能允许的。

为了克服相位模糊引起的反向工作问题，通常要采用相对相位调制。

8.4.2　二进制相对相位调制（2DPSK）

二进制相对相位调制是采用二进制数字信息控制相邻两个码元的载波相位差，使相邻两个码元的载波相位差随二进制数字信息而变化。相邻两个码元的载波相位差 $\Delta\varphi_n$ 是指当前码元的载波初相和前一码元的载波末相之差。当码元周期等于载波周期的整数倍时，前一码元的载波末相等于其初相，此时相邻码元的载波相位差也等于当前码元初相与前一码元初相之差。由于二进制数字信息只有"1"和"0"两个不同的码元，受二进制数字信息控制的载波相位差 $\Delta\varphi_n$ 也只有两个不同的值。通常选用 0° 和 180° 两个值。"1"码、"0"码和 0°、180° 之间有两种一一对应关系，如图 8.4.10 所示。

$$“1”码 \longrightarrow \Delta\varphi_n = 180° \qquad\qquad “1”码 \longrightarrow \Delta\varphi_n = 0°$$
$$“0”码 \longrightarrow \Delta\varphi_n = 0° \qquad\qquad “0”码 \longrightarrow \Delta\varphi_n = 180°$$

(1) (2)

图 8.4.10　二进制数字信息与相邻码元载波相位差之间的对应关系

图 8.4.10 中的两种对应关系都可用来进行 2DPSK 调制。下面的讨论中，2DPSK 调制都采用对应关系(1)，即当第 n 个数字信息为“1”码时，控制相位差 $\Delta\varphi_n = 180°$，也就是第 n 个码元的载波初相相对于第 $n-1$ 个码元的载波末相改变 $180°$；当第 n 个数字信息为“0”码时，控制 $\Delta\varphi_n = 0°$，也就是第 n 个码元的载波初相相对于第 $n-1$ 个码元的载波末相没有变化。所以此对应关系也称为“1”变“0”不变规则。2DPSK 波形如图 8.4.11 所示。设 $T_s = 2T_c$，即一个码元宽度里画两个周期的载波。

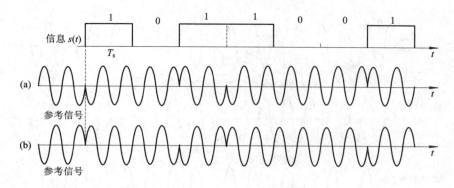

图 8.4.11　2DPSK 波形

由于 2DPSK 调制规则中的“变”与“不变”是相对于前一码元的载波末相而言的，所以画 2DPSK 波形时，无需画出调制载波的波形，但必须画出起始的参考信号，如图 8.4.11 所示。参考信号可任意设定，图 8.4.11(a)中设参考信号的末相为 $0°$，(b)中设参考信号的末相为 $180°$。两个波形表面上看不同，但前后码元载波相位的“变”与“不变”这一规律却完全一样，所以这两个波形携带有相同的数字信息。

2DPSK 信号的产生过程是，首先对数字基带信号进行差分编码，然后再进行 2PSK 调制。基于这种形成过程，二进制相对调相也称为二进制差分调相。2DPSK 调制器方框图及波形如图 8.4.12 所示。

通常采用的差分编码规则为

$$b_n = a_n \oplus b_{n-1} \tag{8-4-7}$$

式中，$\oplus$ 为模 2 加；b_{n-1} 为 b_n 的前一码元，最初的 b_{n-1} 可任意设定。由已调波形可知，当采用式(8-4-7)差分编码规则时，相应的 2DPSK 调制规则是“1”变“0”不变。

为便于比较，图 8.4.12 中同时画出了根据定义得到的 2DPSK 波形，如图 8.4.12(e)所示，此 2DPSK 波形与由差分码 b_n 经 2PSK 调制后得到的波形(d)完全相同。这说明采用图 8.4.12 所示的调制器可产生 2DPSK 信号。如果在差分编码时将参考码元设为“1”，调制器会产生怎样的 2DPSK 波形呢？还请读者自行验证。

由图 8.4.12 可见，2DPSK 调制器的输出信号对输入信息 a_n 而言是 2DPSK 信号，但对差分码 b_n 而言是 2PSK 信号，所以对于相同的数字信息序列，2PSK 信号和 2DPSK 信号具有相同的功率谱密度函数，因此，2DPSK 信号的带宽也为

$$B_{2DPSK} = 2f_s$$

其中，f_s 在数值上等于数字信息的码元速率。

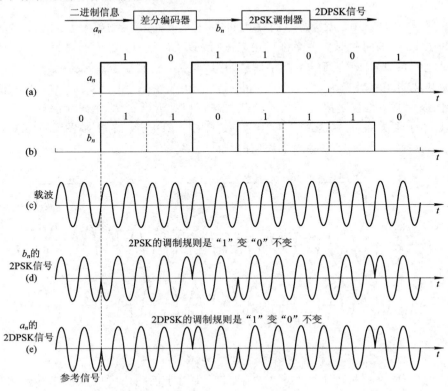

图 8.4.12　2DPSK 调制器及波形

2DPSK 信号的解调有两种方法：极性比较法和相位比较法。

极性比较法是一种根据 2DPSK 信号的产生过程来恢复原数字信息的方法。由图 8.4.12 中 2DPSK 调制器框图可知，差分码 b_n 进行 2PSK 调制得 a_n 的 2DPSK 信号，我们知道，解调是调制的反过程，所以 a_n 的 2DPSK 信号经 2PSK 解调可得差分码 b_n，再对差分码进行译码可得原调制信息 a_n。根据这一思想构成的 2DPSK 极性比较法解调器如图 8.4.13 所示。

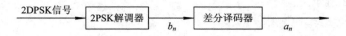

图 8.4.13　2DPSK 极性比较法解调器

由前面的讨论知道，2PSK 解调器有反向工作问题。但图 8.4.13 所示的解调器虽然包含有 2PSK 解调器，却没有反向工作问题，也就是说 2DPSK 这种调制方式克服了 2PSK 所存在的反向工作问题。下面我们用图 8.4.14 所示的例子来加以说明。

设发送端发送信息码 a_n 为 1011001，如图 8.4.14(a) 所示。此信息经差分编码器得差分码 b_n 为 01101110，如图(b) 所示。对差分码进行 2PSK 调制得发送信息码的 2DPSK 信号。接收端收到 2DPSK 信号后，对此 2DPSK 信号进行 2PSK 解调得差分码，如果 2PSK 解调器本地载波和调制用载波同频同相，则 2PSK 解调器解调出来的差分码与发端发出的差分码相同(不考虑噪声等的影响)，但如果本地载波和调制用的载波相差 180°，此时

2PSK 解调器解调出来的差分码与发端发出的差分码 b_n 完全相反,如图(c)所示。但差分码并不是最终的接收信息,对差分码进行差分译码才能得到发端发送的信息码。根据差分编码规则式(8-4-7)得差分译码规则为

$$a_n = b_n \oplus b_{n-1} \qquad\qquad (8-4-8)$$

用此差分译码规则对图 8.4.14(b)、(c)所示的差分码进行译码,我们发现,尽管两个波形所示的差分码完全相反,但译码后得到的信息 a_n 却完全相同,并不受 2PSK 解调器反向工作的影响,如图(d)所示。

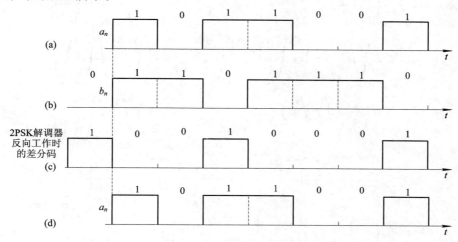

图 8.4.14　2DPSK 克服反向工作波形示意图

由此我们也可看出,2DPSK 信号解调之所以能克服载波相位模糊引起的反向工作问题,就是因为数字信息是用载波相位的相对变化来表示的。

由于 2DPSK 调制是用数字信息控制载波相邻两码元的相位差,换句话说,数字信息携带在载波相邻两码元的相位差上。所以,通过比较载波相邻两码元的相位即可恢复数字信息。根据这一思路构成的解调器称为相位比较法解调器,也称为差分相干解调器,其方框图及各点波形如图 8.4.15 所示。

由图 8.4.15 可见,用这种方法解调 2DPSK 信号时不需要恢复本地载波,只需由收到的信号单独完成。将 2DPSK 信号延迟一个码元间隔 T_s,然后与 2DPSK 信号本身相乘。相乘器起相位比较的作用,如果前后两个码元内的载波初相相反,则相乘结果为负;如果前后两个码元内的载波初相相同,则相乘结果为正。相乘结果经低通滤波后再取样判决,即可恢复原数字信息。

这里需要强调,相位比较法解调器是通过比较前后码元的载波初相来恢复信息的,但图 8.4.12 中调制器产生的 2DPSK 信号所携带的信息位于当前码元的载波初相与前一码元的载波末相之差上。可见,要想用相位比较法解调如图 8.4.12 所示的调制器所产生的 2DPSK 信号,须要求码元宽度等于载波周期的整数倍,此时一个码元内载波初相和末相相等。

下面讨论两种 2DPSK 解调器的误码率。

由图 8.4.13 可知,2DPSK 极性比较法解调器由 2PSK 解调器和码变换两部分组成。2PSK 解调器的误码率在 8.4.1 节中已作分析,所以只要再考虑码变换对误码率的影响,就可得到 2DPSK 解调器的误码率。

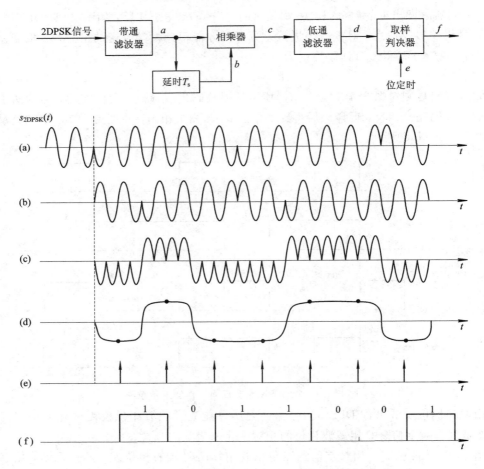

图 8.4.15　2DPSK 相位比较法解调器及各点波形示意图

设 2PSK 解调器输出的差分码有错,带有错误的差分码送差分译码器译码。由于差分译码器输出码元是输入两相邻码元的模二和,即 $a_n = b_n \oplus b_{n-1}$,因此其输出的错误情况与其输入密切相关,如图 8.4.16 所示。图中带"×"的码元表示错码。

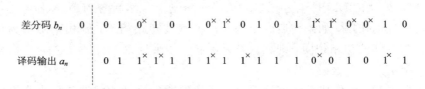

图 8.4.16　差分译码器发生错误的情况

若输入差分码中有单独一个码元错误,则输出将引起两个相邻码元错误;若输入差分码中有两个相继的错误,则输出也引起两个码元错误;若输入差分码中连续 k 个码元错误,则输出中仍引起两个码元错误。当差分码误码较少,即 2PSK 解调器的误码率 P_e 较小时,差分码中几乎没有连续误码的可能,此时差分码每一个错误将导致译码输出两个错误,所以 a_n 的误码率近似为 b_n 误码率的 2 倍,即 2DPSK 解调器的误码率近似为 2PSK 解调器误码率的 2 倍,为

$$P_e = 2 \times \frac{1}{2}\text{erfc}(\sqrt{r}) = \text{erfc}(\sqrt{r}) \qquad (8-4-9)$$

对 2DPSK 相位比较法解调器误码率的分析，基本方法仍然是：求出发"1"和发"0"时低通滤波器输出信号瞬时值的概率密度函数，再确定最佳判决门限，最后求出平均误码率。但这个过程比较繁琐，主要原因是和接收信号相乘的不是本地载波，而是前一码元的接收信号，该信号中混有噪声。所以本书直接给出结论，即

$$P_e = \frac{1}{2}e^{-r} \qquad (8-4-10)$$

8.5 二进制数字调制技术的性能比较

在前面几节中，已经分别研究了几种主要的二进制数字调制的波形、功率谱、带宽和它们的产生、解调电路及抗噪声性能。下面把它们的性能作简单比较。

(1) 频带宽度：当数字基带信号码元宽度为 T_s 时，2ASK、2PSK 和 2DPSK 信号的带宽近似地为 $2/T_s = 2f_s$，2FSK 信号的带宽为 $|f_1 - f_2| + 2/T_s = |f_1 - f_2| + 2f_s$。因此，从频带宽度或频带利用率的观点看，2FSK 调制方式最差。

(2) 抗噪声性能(误码率)：当调制信号受到零均值高斯白噪声干扰时，解调器会错判，产生误码。为便于比较，各种二进制调制技术的误码率列于表 8 - 5 - 1。

表 8 - 5 - 1 二进制数字调制系统的误码率比较

调制方式		2ASK	2FSK	2PSK	2DPSK
误码率 P_e	相干	$\frac{1}{2}\text{erfc}\left(\sqrt{\frac{r}{4}}\right)$	$\frac{1}{2}\text{erfc}\left(\sqrt{\frac{r}{2}}\right)$	$\frac{1}{2}\text{erfc}(\sqrt{r})$	$\text{erfc}(\sqrt{r})$
	非相干	$\frac{1}{2}e^{-\frac{r}{4}}$	$\frac{1}{2}e^{-\frac{r}{2}}$	—	$\frac{1}{2}e^{-r}$

由表 8 - 5 - 1 可见，各调制系统按抗噪声性能优劣的排列是 2PSK 相干解调、2DPSK 相干解调(极性比较法)、2DPSK 非相干解调(相位比较法)、2FSK 相干解调、2FSK 非相干解调、2ASK 相干解调、2ASK 非相干解调。

(3) 对信道特性变化的敏感性：选择数字调制方式时，还应考虑它的最佳判决门限对信道特性的变化是否敏感。在 2FSK 中是比较两个取样值的大小来确定"1"码还是"0"码的，没有人为设定门限，因而 2FSK 对信道的变化不敏感。在 2PSK 中，当 $P(0) = P(1)$ 时，判决门限为 0，通常选地电位，它很稳定，并且与输入信号幅度无关，接收机总能保证工作于最佳判决门限状态。然而对 2ASK，当 $P(0) = P(1)$ 时，最佳判决门限为 $a/2$，它与信号幅度有关。因此，在信道特性变化时，2ASK 方式不容易保证始终工作于最佳判决状态，所以它对信道特性变化敏感，性能最差。

(4) 设备的复杂程度：对于三种调制技术，发端设备的复杂程度相差不多，但接收端的复杂程度却和解调方式有密切关系。对同一种调制方式，相干解调的设备比非相干解调的设备要复杂得多，因为相干解调需要提取与调制载波同频同相的本地载波。对不同的调制方式，2FSK 解调相对较复杂，因为它要两个支路。

8.6 几种高效数字调制技术

前面我们讨论了二进制数字调制技术，它们是其它各种调制技术的基础，但它们的频带利用率较低。本节将介绍几种有较高频带利用率的数字调制技术，包括正交相移键控（QPSK）、偏移正交相移键控（OQPSK）、差分正交相移键控（DQPSK）、π/4 差分正交相移键控（π/4DQPSK）、最小频移键控（MSK）和正交振幅调制（QAM）。在学习这些数字调制技术时，应重点关注它们的波形、调制解调原理及频带利用率。

8.6.1 正交相移键控（QPSK）

1. QPSK 信号波形

正交相移键控（QPSK）就是四进制绝对相位调制 4PSK，即用四进制数字信息去控制载波的相位，使载波相位改变一个值 $\Delta\varphi_n$。由于四进制数字信息有"00"、"01"、"10"和"11"四种不同的取值，所以 $\Delta\varphi_n$ 就需要有四种取值与之对应。为使平均误码率尽可能小，$\Delta\varphi_n$ 应等间隔选取，通常有两种选择方案，一种称为 π/2 型，另一种称为 π/4 型，如图 8.6.1(a)所示。

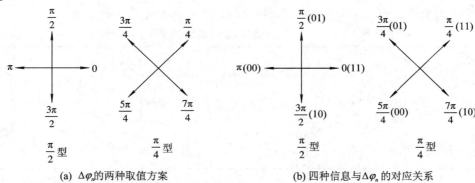

(a) $\Delta\varphi_n$ 的两种取值方案   (b) 四种信息与 $\Delta\varphi_n$ 的对应关系

图 8.6.1 四进制相位调制相位配置图

四种信息码元与四种相位值之间的一一对应关系很多，但必须采用格雷码的编码规则，即要求相邻两个相位值所表示的数字信息中只有一位不同。这样做的目的是降低系统的平均误比特率，因为在受到噪声等干扰影响时，一个相位值错判成其相邻相位值的可能性远比错判成其它相位值的可能性大，当采用格雷编码时，相邻相位值发生错判只会引起一位信息的错误。一种常用的相位配置如图 8.6.1(b)所示。

显然，相位配置、信息序列及载波给定，相应的 QPSK 调制波形就确定了。采用图 8.6.1(b)中 π/4 型相位配置的 QPSK 信号波形如图 8.6.2 所示。

从图 8.6.2 可见，QPSK 波形具有如下特点：

（1）信息携带在 QPSK 调制波形与载波的相位差上。

（2）QPSK 信号的相位是不连续的，最大相位突跳为±180°，发生在信息"01"与"10"、"00"与"11"之间的变化时。

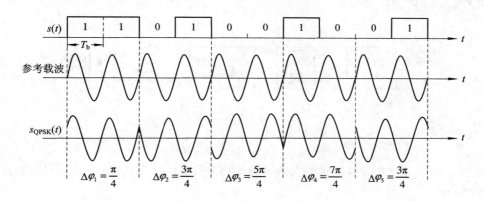

图 8.6.2　QPSK 波形(设 $T_c = T_b$)

2. QPSK 波形的产生

由上分析可见，当一个四进制码元的双比特信息 $a_n b_n$ 给定时，QPSK 相对于载波的相位差 $\Delta\varphi_n$ 就确定了，设此码元内的载波为 $A\cos(2\pi f_c t)$，则 QPSK 波形的表达式为

$$s_{QPSK}(t) = A\cos(2\pi f_c t + \Delta\varphi_n) \qquad (8-6-1)$$

QPSK 调制器的任务就是产生给定信息时的 QPSK 信号。QPSK 调制器的实现通常有两种方法：相位选择法和正交法。

相位选择法产生 QPSK 信号的框图如图 8.6.3 所示。载波发生器产生四种初相的载波，输入的数字信息经串/并变换成为双比特码元 $a_n b_n$(四进制码)，经逻辑选相电路，每次选择其中的一种载波作为输出。例如，双比特码元 $a_n b_n = 11$ 时，输出初相为 $\pi/4$ 的载波；双比特码 $a_n b_n = 01$ 时，输出初相为 $3\pi/4$ 的载波等。用数字电路或软件均能实现这种 QPSK 调制器。

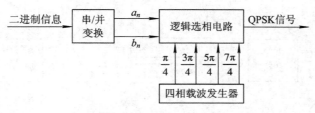

图 8.6.3　相位选择法 QPSK 调制器

正交法的基本思想是通过合成方法产生 QPSK 信号。将 QPSK 表达式(8-6-1)展开为

$$s_{QPSK}(t) = A\cos(2\pi f_c t) \cdot \cos\Delta\varphi_n - A\sin(2\pi f_c t) \cdot \sin\Delta\varphi_n$$

$$= I_n \cdot A\cos(2\pi f_c t) - Q_n \cdot A\sin(2\pi f_c t) \qquad (8-6-2)$$

式中，$I_n = \cos\Delta\varphi_n$ 称为同相分量，$Q_n = \sin\Delta\varphi_n$ 称为正交分量。可见只有 I_n 和 Q_n 与双比特信息 $a_n b_n$ 有关，当双比特信息 $a_n b_n$ 给定时，根据预先选定的相位配置即可确定 $\Delta\varphi_n$，继而就可得到 I_n 和 Q_n，再分别与余弦载波和正弦载波相乘，最后再相减即为 QPSK 信号。据此思路得到的 QPSK 产生器框图如图 8.6.4 所示。由于这种调制器由正交的两个支路组成，故称为正交调制器，因此四进制绝对调相(4PSK)通常称为正交相移键控(QPSK)。

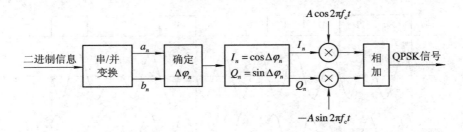

图 8.6.4　QPSK 正交调制器框图

图 8.6.4 中，串/并变换器将输入的串行比特流每 2 位分为一组，然后同时分别向两个支路送出。

选择合适的相位配置可使双比特信息 $a_n b_n$ 与 I_n 和 Q_n 之间的关系简化。表 8-6-1 列出了采用图 8.6.1(b)中 $\pi/4$ 型相位配置时的对应关系。

表 8-6-1　$a_n b_n$ 与 I_n、Q_n 之间的关系

$a_n\,b_n$	$\Delta\varphi_n$	I_n	Q_n
1 1	$\pi/4$	$+\sqrt{2}/2$	$+\sqrt{2}/2$
0 1	$3\pi/4$	$-\sqrt{2}/2$	$+\sqrt{2}/2$
0 0	$5\pi/4$	$-\sqrt{2}/2$	$-\sqrt{2}/2$
1 0	$7\pi/4$	$+\sqrt{2}/2$	$-\sqrt{2}/2$

从表 8-6-1 发现，I_n 与 a_n 之间有直接的对应关系，即当 a_n 为"0"时，I_n 为负；当 a_n 为"1"时，I_n 为正。同样，这样的关系也存在于 b_n 与 Q_n 之间。因此，图 8.6.4 所示的 QPSK 调制器可进一步简化，如图 8.6.5 所示。

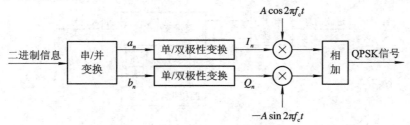

图 8.6.5　QPSK 正交调制器简化图

由于 QPSK 是由两路 2PSK 信号相加得到，又由于两路 2PSK 信号是互相独立的，所以 QPSK 的功率谱等于上、下两支路 2PSK 功率谱的叠加。"1"、"0"等概时的 QPSK 功率谱如图 8.6.6 所示。

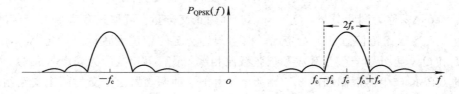

图 8.6.6　QPSK 信号的功率谱

由于上、下两个支路上的每个比特持续时间是输入信息比特的两倍，即 QPSK 调制时码元间隔为 $T_s = 2T_b$，所以图 8.6.6 中的 $f_s = 1/T_s$，在数值上它等于 QPSK 调制器输入端信息速率的一半。因此，当 QPSK 调制器输入信息速率为 R_b 时，QPSK 调制信号的主瓣带宽为

$$B_{QPSK} = 2f_s = R_b$$

由此可见，QPSK 调制信号的带宽在数值上等于输入的二进制信息速率，而 2PSK 调制信号的带宽是输入二进制信息速率的两倍（即 $2R_b$），所以，QPSK 的频带利用率比 2PSK 的频带利用率高一倍，为

$$\eta_{QPSK} = \frac{R_b}{B_{QPSK}} = 1 \text{ b/s/Hz}$$

2PSK 的频带利用率为

$$\eta_{2PSK} = \frac{R_b}{B_{2PSK}} = \frac{R_b}{2R_b} = 0.5 \text{ b/s/Hz}$$

频带利用率可定义为单位频带内的码元速率，也可定义为单位频带内的信息传输速率。为比较不同进制调制方式的频带利用率，通常采用后者。

3. QPSK 信号的解调

QPSK 解调过程是图 8.6.5 所示调制的反过程，解调器框图如图 8.6.7 所示。收到的 QPSK 信号分别送入上、下两个支路，与载波相乘后，再经低通滤波和取样判决恢复出信息，上、下支路的信息最后经并/串变换输出。

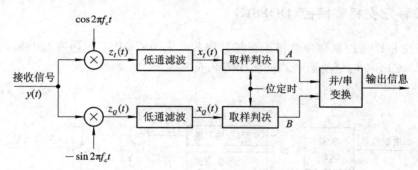

图 8.6.7　QPSK 解调器框图

下面对解调过程作简单数学分析。不考虑噪声及传输失真时，接收机收到的第 n 个码元内的 QPSK 信号表示为

$$y(t) = a \cos(2\pi f_c t + \Delta\varphi_n)$$

此信号在上、下支路中分别与 $\cos 2\pi f_c t$ 和 $-\sin 2\pi f_c t$ 相乘后为

$$z_I(t) = a \cos(2\pi f_c t + \Delta\varphi_n)\cos 2\pi f_c t = \frac{a}{2}\cos(4\pi f_c t + \Delta\varphi_n) + \frac{a}{2}\cos\Delta\varphi_n$$

$$z_Q(t) = -a \cos(2\pi f_c t + \Delta\varphi_n)\sin 2\pi f_c t = \frac{-a}{2}\sin(4\pi f_c t + \Delta\varphi_n) + \frac{a}{2}\sin\Delta\varphi_n$$

上、下支路低通滤波器的输出分别为

$$x_I(t) = \frac{a}{2}\cos\Delta\varphi_n$$

$$x_Q(t) = \frac{a}{2}\sin\Delta\varphi_n$$

列出 $\Delta\varphi_n$ 各种取值时对应的 $x_I(t)$、$x_Q(t)$ 的极性,再根据调制时的相位配置,就可得到直接从 $x_I(t)$、$x_Q(t)$ 判决信息的判决规则,如表 $8-6-2$ 所示。

表 $8-6-2$　QPSK 信号解调器的判决准则

$\Delta\varphi_n$	$\cos\Delta\varphi_n$的极性	$\sin\Delta\varphi_n$的极性	判决器输出	
			A	B
$\pi/4$	+	+	1	1
$3\pi/4$	−	+	0	1
$5\pi/4$	−	−	0	0
$7\pi/4$	+	−	1	0

可见,判决器可按极性来判决,即取样值为正判为"1",取样值为负判为"0"。两路判决器输出 A、B 经并/串变换器就可恢复串行信息。

再次强调,解调的目的就是要恢复携带在 $\Delta\varphi_n$ 上的原数字信息。所以解调器的判决规则完全是由调制规则确定的(所谓调制规则就是调制时信息 a_nb_n 与载波相位改变值 $\Delta\varphi_n$ 的关系,也就是相位配置)。换句话说,调制规则决定判决规则。

8.6.2　偏移正交相移键控(OQPSK)

偏移正交相移键控也称为交错正交相移键控,记为 OQPSK,它是 QPSK 的一种改进形式。产生 OQPSK 信号的调制器框图如图 8.6.8 所示。

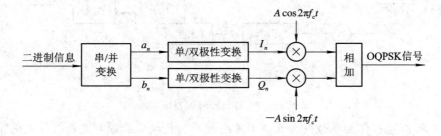

图 8.6.8　OQPSK 正交调制器简化图

图 8.6.8 所示 OQPSK 调制器产生 OQPSK 信号的过程是:每当串/并变换器收到二进制码元时,它就交替地送给上、下支路,上、下支路信息经单/双极性变换后对两个正交的载波进行调制,得到两个 2PSK 信号,这两个 2PSK 信号再相减即得到 OQPSK 调制信号。

需要注意的是,图 8.6.8 与图 8.6.5 在形式上完全相同,唯一的差别是串/并变换器的工作。QPSK 中的串/并变换器每收到 2 比特信息后"同时"向上、下支路各输出一个比特,而 OQPSK 中的串/并变换器则是每收到一个比特就轮流向上支路或下支路输出,即它是"交替地"向上、下支路输出信息,其工作原理如图 8.6.9 所示。

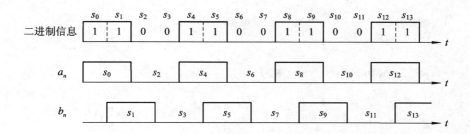

图 8.6.9　OQPSK 调制器中串/并变换器的工作原理

与 QPSK 信号的产生一样，OQPSK 信号也可以用相位选择法产生。用相位选择法产生 OQPSK 信号的原理图也与 QPSK 相位选择法原理图一样，所不同的仍然是串/并变换器"交替地"而不是"同时地"向上、下两个支路输出信息。

OQPSK 信号的解调可采用与 QPSK 信号解调相似的方法，解调框图如图 8.6.10 所示。与 QPSK 相比，只有两点不同：

（1）上、下两支路的取样判决时刻相隔一个比特宽度 T_b。这是因为调制前上、下两个支路的基带信号是相互交错的，错位一个比特宽度 T_b（参见图 8.6.9 所示的上、下支路信息波形）。

（2）并/串变换器交替地从上、下两个支路接收码元并输出。解调器中的并/串变换器的工作与调制器中的串/并变换器的工作刚好相反。

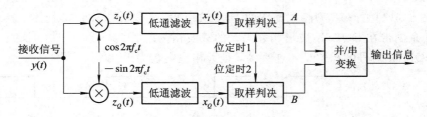

图 8.6.10　OQPSK 解调器框图

由于 OQPSK 调制器中串/并变换器交替地向上、下支路送出信息，使得 OQPSK 相邻两码元不可能出现"11"与"00"或"01"与"10"之间的变化，所以，相应的 OQPSK 信号相邻码元间相位的突跳值只有 $0°$、$\pm 90°$ 三种。而 QPSK 信号相邻码元载波相位的最大跳变值为 $\pm 180°$。因此，虽然 OQPSK 与 QPSK 的理论功率谱是一样的（如图 8.6.6 所示），但经带限非线性信道传输后，OQPSK 信号与 QPSK 相比，功率谱的旁瓣较低，由此引起的带外辐射较小。

与 2PSK 解调一样，QPSK、OQPSK 也只能采用相干解调，都存在相位模糊引起的反向工作问题。为了克服此问题，可采用差分正交相移键控。

8.6.3　差分正交相移键控（DQPSK）

差分正交相移键控（DQPSK）即四进制相对相位调制（4DPSK），它是用四进制数字信息去控制相邻两个码元的载波相位差。四进制信息有四种不同的码元，即"00"、"01"、"10"和"11"，所以相应地有四种相位差与它们对应，四种相位差的选择通常也有两种方法，一种称为 $\pi/2$ 型，另一种称为 $\pi/4$ 型，如图 8.6.11 所示。

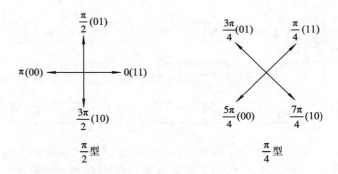

图 8.6.11　四种信息与 $\Delta\varphi_n$ 的对应

若采用 π/2 型，相应的调制信号就是我们通常所称的 4DPSK 或 DQPSK，若采用 π/4 型进行调制，则称为 $\frac{\pi}{4}$DQPSK。需要说明，在 QPSK 调制中，也有 π/2 型相位配置和 π/4 型相位配置两种，但不管采用哪一种进行调制，所得到的 QPSK 具有相同的特点和性能，因此不加区分。而 DQPSK 和 $\frac{\pi}{4}$DQPSK 信号的特性是有差别的，因此将它们看成两种不同的调制技术而分别讨论。然而，它们毕竟都属于四进制相对相位调制，故在调制解调的实现上有许多相同或相似之处。

1. DQPSK 信号波形

采用图 8.6.11 中 π/2 型相位配置的 DQPSK 信号波形如图 8.6.12 所示。其特点是：

(1) 信息携带在 DQPSK 波形相邻码元的载波相位差上。

(2) DQPSK 信号的相位是不连续的，最大相位突跳为 ±180°。

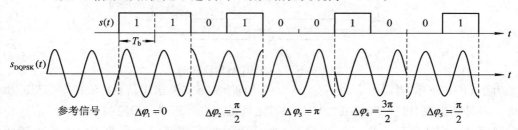

图 8.6.12　DQPSK 波形(设 $T_c = T_b$)

2. DQPSK 信号的产生

DQPSK 是以前一码元内的已调信号的相位作为参考相位的，设第 $n-1$ 个码元内的 DQPSK 信号表达式为 $A\cos(2\pi f_c t + \varphi_{n-1})$，则第 n 个码元内的 DQPSK 表达式为

$$s_{\text{DQPSK}}(t) = A\cos(2\pi f_c t + \varphi_{n-1} + \Delta\varphi_n) = A\cos(2\pi f_c t + \varphi_n) \qquad (8-6-3)$$

其中，$\varphi_n = \varphi_{n-1} + \Delta\varphi_n$，$\Delta\varphi_n$ 由第 n 个码元的双比特信息 $a_n b_n$ 决定。展开式(8-6-3)得到与式(8-6-2)相似的式子，即

$$s_{\text{DQPSK}}(t) = A\cos(2\pi f_c t) \cdot \cos\varphi_n - A\sin(2\pi f_c t) \cdot \sin\varphi_n$$

$$= I_n \cdot A\cos(2\pi f_c t) - Q_n \cdot A\sin(2\pi f_c t) \qquad (8-6-4)$$

其中，$I_n = \cos\varphi_n$，$Q_n = \sin\varphi_n$。根据式(8-6-4)构建的 DQPSK 调制器的框图如图 8.6.13 所示。

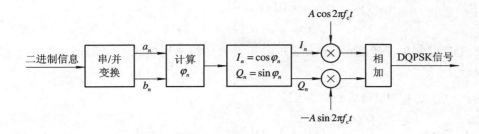

图 8.6.13　DQPSK 调制器框图

尽管 DQPSK 产生框图与 QPSK 产生框图结构完全相同，但它们有本质的差别，那就是在 DQPSK 中 $\varphi_n = \varphi_{n-1} + \Delta\varphi_n$，即 DQPSK 中的 φ_n 不仅与双比特信息 $a_n b_n$ 有关，还与前一码元的 φ_{n-1} 有关。而在 QPSK 中，$\varphi_n = \Delta\varphi_n$ 仅与双比特信息 $a_n b_n$ 有关。因此，DQPSK 调制器框图中的 I_n、Q_n 与 a_n、b_n 之间的关系相对较为复杂。不过，如果用软件实现 DQPSK 调制器，采用图 8.6.13 所示方法是相当简单的。

顺便指出，也可按照产生 2DPSK 信号的方法来产生 DQPSK 信号，即先对双比特信息进行差分编码，再进行 QPSK 调制。在这种方法中，双比特信息的差分编码关系较为复杂。

3. DQPSK 信号的解调

DQPSK 信号的解调方法与 2DPSK 类似，也有极性比较法和相位比较法两种。极性比较法是先进行 QPSK 解调，再进行双比特信息的差分译码。这种方法中，差分译码逻辑较为复杂，而且 QPSK 只能采用相干解调，故还需提取载波，设备复杂。因此，对于码元宽度整数倍于载波周期的差分调制信号，常采用相位比较法解调。

相位比较法解调器框图如图 8.6.14 所示。它利用延迟器将接收信号延迟一个码元后，分别移相 $\dfrac{\pi}{4}$ 和 $-\dfrac{\pi}{4}$，再将它们分别与接收信号相乘，从而比较 DQPSK 前后码元的相位。这里相移 $\dfrac{\pi}{4}$ 和 $-\dfrac{\pi}{4}$ 的目的是使相位配置图逆时针旋转 $\dfrac{\pi}{4}$，便于上、下两个支路各自的判决。

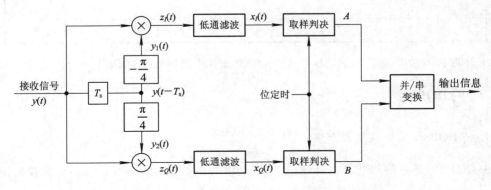

图 8.6.14　DQPSK 相位比较法解调器框图

不考虑噪声及信道失真，第 n 个码元以及前一码元内接收到的 DQPSK 信号为

$$\begin{cases} y(t) = a \cos(2\pi f_c t + \varphi_n) \\ y(t - T_s) = a \cos(2\pi f_c t - 2\pi f_c T_s + \varphi_{n-1}) \end{cases}$$

其中 T_s 是四进制码元宽度,当码元宽度等于整数倍载波周期 $T_c(1/f_c)$ 时,有 $y(t - T_s) = a\cos(2\pi f_c t + \varphi_{n-1})$。

$y(t - T_s)$ 经 $\mp \dfrac{\pi}{4}$ 相移后分别为

$$\begin{cases} y_1(t) = a \cos\left(2\pi f_c t + \varphi_{n-1} - \dfrac{\pi}{4}\right) \\ y_2(t) = a \cos\left(2\pi f_c t + \varphi_{n-1} + \dfrac{\pi}{4}\right) \end{cases}$$

两路相乘器输出分别为

$$\begin{cases} z_I(t) = \dfrac{a^2}{2} \cos\left(4\pi f_c t + \varphi_n + \varphi_{n-1} - \dfrac{\pi}{4}\right) + \dfrac{a^2}{2} \cos\left(\varphi_n - \varphi_{n-1} + \dfrac{\pi}{4}\right) \\ z_Q(t) = \dfrac{a^2}{2} \cos\left(4\pi f_c t + \varphi_n + \varphi_{n-1} + \dfrac{\pi}{4}\right) + \dfrac{a^2}{2} \cos\left(\varphi_n - \varphi_{n-1} - \dfrac{\pi}{4}\right) \end{cases}$$

经低通滤波器后输出分别为

$$\begin{cases} x_I(t) = \dfrac{a^2}{2} \cos\left(\varphi_n - \varphi_{n-1} + \dfrac{\pi}{4}\right) = \dfrac{a^2}{2} \cos\left(\Delta\varphi_n + \dfrac{\pi}{4}\right) \\ x_Q(t) = \dfrac{a^2}{2} \cos\left(\varphi_n - \varphi_{n-1} - \dfrac{\pi}{4}\right) = \dfrac{a^2}{2} \cos\left(\Delta\varphi_n - \dfrac{\pi}{4}\right) \end{cases}$$

根据 4DPSK 信号调制时的相位配置(见图 8.6.11),为正确恢复原信息,取样判决器应采用如表 8-6-3 所示的判决规则,即当取样值为正时,判为"1",当取样值为负时,判为"0"。

表 8 - 6 - 3　相位比较法判决规则

相位差 $\varphi_n - \varphi_{n-1} = \Delta\varphi_n$	$\cos(\Delta\varphi_n + \pi/4)$ 的极性	$\cos(\Delta\varphi_n - \pi/4)$ 的极性	判决器输出 A	判决器输出 B
0	+	+	1	1
$\pi/2$	−	+	0	1
π	−	−	0	0
$3\pi/2$	+	−	1	0

两路取样判决器的输出 A、B 经并/串变换就可恢复串行数据信息。

8.6.4　$\dfrac{\pi}{4}$DQPSK

1. $\dfrac{\pi}{4}$DQPSK 信号波形及产生

$\dfrac{\pi}{4}$DQPSK 是一种四进制相对调相,与 DQPSK 的区别是其相位差 $\Delta\varphi_n$ 的配置采用 $\pi/4$ 型,如图 8.6.15 所示。

根据图 8.6.15 所示的相位配置很容易得到 $\dfrac{\pi}{4}$DQPSK 信号的波形,如图 8.6.16 所示。

与 DQPSK 相比，由于采用的相位配置不同，导致了 $\frac{\pi}{4}$DQPSK 波形与 DQPSK 既有相同之处，又有较大的差别。$\frac{\pi}{4}$DQPSK 波形特点如下：

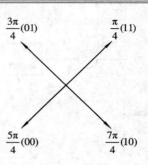

（1）与 DQPSK 相同，双比特信息携带在相邻两个码元的载波相位差上。

（2）相邻码元间的载波相位不连续，最大相位突跳为 $\pm\frac{3\pi}{4}$。

图 8.6.15　$\frac{\pi}{4}$DQPSK 的 $\Delta\varphi_n$ 配置

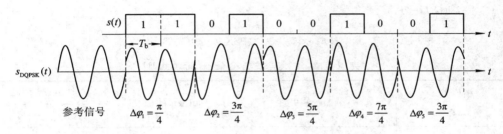

图 8.6.16　$\frac{\pi}{4}$DQPSK 波形（设 $T_c = T_b$）

$\frac{\pi}{4}$DQPSK 信号的表达式也与 DQPSK 的相同，因此同样可采用正交调制法产生 $\frac{\pi}{4}$DQPSK 信号，调制器结构与图 8.6.13 完全相同，不再重复。只是在计算 $\varphi_n = \varphi_{n-1} + \Delta\varphi_n$ 时，$\Delta\varphi_n$ 与双比特信息 $a_n b_n$ 之间的关系采用图 8.6.15 所示的相位配置。

2. $\frac{\pi}{4}$DQPSK 信号的解调

$\frac{\pi}{4}$DQPSK 信号的解调可采用差分检测，无需本地相干载波，所以解调器相对较简单，这也是这种调制方式受到重视的原因之一。差分检测又分基带差分检测和中频差分检测两种，中频差分检测方法等同于 DQPSK 的相位比法，这里不再重复。$\frac{\pi}{4}$DQPSK 的基带差分检测法的原理框图如图 8.6.17 所示。

在该解调方案中，假定本地载波与接收信号中的载波具有相同的频率，但有一个固定的相差 θ。不考虑噪声等的影响，第 n 个码元的接收波形为 $\cos(2\pi f_c t + \varphi_n)$，此接收波形与上、下两支路中的 $2\cos(2\pi f_c t + \theta)$ 及 $-2\sin(2\pi f_c t + \theta)$ 相乘，再经低通滤波器及取样器得取样值为

$$w_n = \cos(\varphi_n - \theta),\ z_n = \sin(\varphi_n - \theta)$$

由图 8.6.17 可得

$$e_n = w_n w_{n-1} + z_n z_{n-1} = \cos\Delta\varphi_n$$
$$f_n = z_n w_{n-1} - w_n z_{n-1} = \sin\Delta\varphi_n$$

根据调制时相位差 $\Delta\varphi_n$ 与双比特信息之间的关系，从 e_n、f_n 恢复双比特信息的判决规则如表 8-6-4 所示。

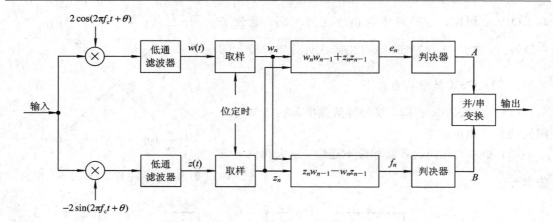

图 8.6.17 $\frac{\pi}{4}$DQPSK 差分解调器

表 8 − 6 − 4 基带差分解调判决规则

相位差 $\Delta\varphi_n$	$e_n = \cos\Delta\varphi_n$ 的极性	$f_n = \sin\Delta\varphi_n$ 的极性	判决器输出	
			A	B
$\pi/4$	+	+	1	1
$3\pi/4$	−	+	0	1
$5\pi/4$	−	−	0	0
$7\pi/4$	+	−	1	0

两路取样判决器的输出 A、B 经并/串变换就可恢复串行数据信息。

从上面的分析看到，本地载波与调制载波的相位差 θ 并不影响最后的判决，所以此解调器只要求本地载波的频率与调制载波频率相同，相位可以不同，因此这种解调器属于非相干解调器。

下面，对上述介绍的四种四进制相位调制的有效性和可靠性作简要说明。

图 8.6.6 给出了 QPSK 的功率谱示意图。数学分析可以证明，OQPSK、DQPSK 和 $\frac{\pi}{4}$DQPSK 也具有与 QPSK 相同的理论功率谱。因此，当输入信息速率为 R_b 时，OQPSK、DQPSK 和 $\frac{\pi}{4}$DQPSK 信号的带宽也都等于 R_b，即

$$B_{OQPSK} = B_{DQPSK} = B_{\frac{\pi}{4}DQPSK} = R_b$$

由此可见，四进制相位调制具有相同的频带利用率。然而，由于它们相邻码元的相位跳变不同，因此当它们通过带限非线信道后引起的带外辐射是不同的，相邻码元间相位跳变越大，所引起的带外辐射就越大，对传输系统就越不利。

QPSK、OQPSK 均可看做二路 2PSK，因此，可以按推导 2PSK 误码率的方法推导出 QPSK、OQPSK 的误比特性能。结果表明，QPSK 和 OQPSK 在可靠性上与 2PSK 相同。

与 2DPSK 类似，DQPSK 和 $\frac{\pi}{4}$DQPSK 的误比特性能比 QPSK 的要差一些。

8.6.5　最小频移键控(MSK)

MSK 是调制指数 $h=0.5$、相位连续的 2FSK，可以看做是 2FSK 的改进。

1. MSK 波形

由于 MSK 也是一种 2FSK，因此，设信息为"1"时，控制载波使其频率为 f_1；信息为"0"时，控制载波使其频率为 f_2（不失一般性，设 $f_1>f_2$）。但 MSK 又是一种特殊的 2FSK，其特点是：

（1）调制指数 $h=0.5$。调制指数的定义：

$$h = \frac{f_1 - f_2}{f_b} \tag{8-6-5}$$

其中，$f_b = \dfrac{1}{T_b}$，在数值上等于信息速率 R_b。将 $h=0.5$ 代入式(8-6-5)得

$$f_1 - f_2 = 0.5 f_b$$

即两个载波频率之差为 $0.5 f_b$。若设 f_1、f_2 的中间值为 f_c，如图 8.6.18 所示。则

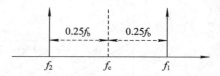

$$f_c = \frac{1}{2}(f_1 + f_2)$$
$$f_1 = f_c + 0.25 f_b$$
$$f_2 = f_c - 0.25 f_b$$

图 8.6.18　频率间的关系

（2）相邻码元间 MSK 信号的相位是连续的，即后一码元中 MSK 信号的起始相位等于前一码元内 MSK 信号的末端相位。

根据以上特点很容易画出 MSK 信号的波形，如图 8.6.19 所示。图中设 $T_b = 2T_c$，即 $f_c = 2f_b$，故有 $f_1 = 2.25 f_b$ 和 $f_2 = 1.75 f_b$。所以发送"1"码时，一个比特间隔 T_b 内画 2.25 周载波；发送"0"码时，一个比特间隔 T_b 内画 1.75 周载波，且相邻码元间载波相位连续。

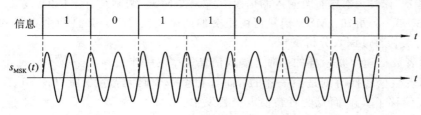

图 8.6.19　MSK 波形图

2. MSK 信号的产生与解调

由图 8.6.19 可见，在 $(k-1)T_b \leqslant t \leqslant kT_b$ 内的 MSK 信号可表示为

$$s_{\text{MSK}}(t) = \begin{cases} A\cos(2\pi f_1 t + \varphi_k) = A\cos\left(2\pi f_c t + \dfrac{\pi t}{2T_b} + \varphi_k\right) & \text{"1"} \\[3mm] A\cos(2\pi f_2 t + \varphi_k) = A\cos\left(2\pi f_c t - \dfrac{\pi t}{2T_b} + \varphi_k\right) & \text{"0"} \end{cases} \tag{8-6-6}$$

式中，φ_k 为第 k 个码元内 MSK 信号的初始相位，它在一个码元宽度内是不变的，其作用是保证在码元转换时刻信号相位连续。若设 $(k-1)T_b \leqslant t \leqslant kT_b$ 内发送码元为 a_k，当发送信息为"1"时，$a_k = +1$；当发送信息为"0"时，$a_k = -1$。式(8-6-6)可表示为一般形式

$$s_{\text{MSK}}(t) = A\cos\left(2\pi f_c t + \frac{a_k\pi}{2T_b}t + \varphi_k\right) \qquad (8-6-7)$$

令

$$\theta_k(t) = \frac{a_k\pi}{2T_b}t + \varphi_k \qquad (k-1)T_b \leqslant t \leqslant kT_b \qquad (8-6-8)$$

称其为第 k 个码元的附加相位。

由式(8-6-8)可以看出，$\theta_k(t)$ 是 t 的直线方程，其斜率为 $\frac{a_k\pi}{2T_b}$，截距为 φ_k。所以，在任一码元期间，若 $a_k = +1$，则 $\theta_k(t)$ 线性增加 $\pi/2$；若 $a_k = -1$，则 $\theta_k(t)$ 线性减小 $\pi/2$。例如，设输入信息序列为 001011101，其对应 $a_k = -1, -1, +1, -1, +1, +1, +1, -1, +1$，则 MSK 信号的附加相位 $\theta_k(t)$ 的轨迹图如图 8.6.20 所示，由此看出，它是分段的直线。

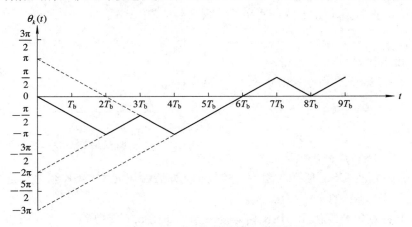

图 8.6.20　MSK 信号附加相位路径图

由图 8.6.20 可知，当初始参考值 $\varphi_0 = 0$ 时，有 $\varphi_k = 0$ 或 $\varphi_k = \pi (\text{mod } 2\pi)$，但取值不仅与当前信息 a_k 有关，还与前面输入的信息有关，故 MSK 调制是有记忆的。

由式(8-6-7)可知，MSK 信号可由正交的两个支路产生，并且两个支路的信息取值与 a_k、φ_k 有关。通过深入分析发现：

（1）两者数据速率是一样的，都是输入信息速率的一半。

（2）两者数据转换时刻是不一样的，而且相差一个码元宽度。所以说，这两个支路上的数据相互偏移了 T_b，而且两者转换点交替发生。

（3）两个支路上的数据与输入二进制比特之间存在差分编码的关系。

（4）两个支路的数据分别受 $\cos\frac{\pi}{2T_b}t$ 及 $\sin\frac{\pi}{2T_b}t$ 加权。

产生如式(8-6-7)所描述的 MSK 信号的调制器如图 8.6.21 所示。调制信息首先应进行差分编码。串/并变换器及单/双极性变换器与 OQPSK 调制器相同。其与 OQPSK 唯一不同的地方是，上、下支路的双极性信号分别被 $\cos\frac{\pi}{2T_b}t$ 及 $\sin\frac{\pi}{2T_b}t$ 加权，加权波形的时序关系如图 8.6.22 所示。因此，也可将 MSK 看成是一种特殊的 OQPSK(OQPSK 为克服相位模糊带来的反向工作问题，也需进行差分编码)。

3. MSK 信号的功率谱及带宽

由于推导 MSK 功率谱的过程较为复杂，在此仅给出双边功率谱密度表达式：

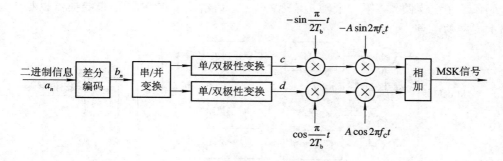

图 8.6.21 MSK 调制器框图

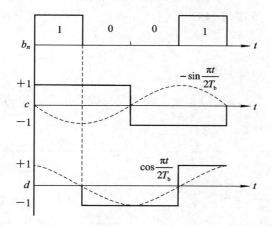

图 8.6.22 加权波形时序

$$P_{\text{MSK}}(f) = \frac{8A^2 T_{\text{b}}}{\pi^2}\left[\frac{\cos 2\pi(f-f_{\text{c}})T_{\text{b}}}{1-16(f-f_{\text{c}})^2 T_{\text{b}}^2}\right]^2 \qquad (8-6-9)$$

功率谱示意图如图 8.6.23 所示,主瓣宽度为 $1.5f_{\text{b}}$,包含 99.5% 的功率。故 MSK 信号带宽和频带利用率分别为

$$B_{\text{MSK}} = 1.5f_{\text{b}} \qquad (8-6-10)$$

$$\eta_{\text{MSK}} = 0.67 \text{ b/s/Hz} \qquad (8-6-11)$$

与 OQPSK 相比,相同传输速率下 MSK 会占据更宽的信道,但频带受限的 MSK 信号包络起伏更小,在非线性信道上具有更好的频谱特性。

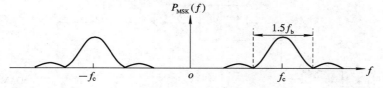

图 8.6.23 MSK 信号的功率谱

4. MSK 信号的解调

解调过程是调制过程的逆过程。由图 8.6.21 所示的 MSK 调制器可得 MSK 解调器框图,如图 8.6.24 所示。在此框图中,用于上支路的位定时信号在时间上超过前下支路的位定时信号,差值为一个二进制码元宽度 T_{b}。因为调制时 MSK 解调器将双比特信息中的第

一个码元给了上支路,将第二个码元延迟一个 T_b 后给了下支路,并/串变换器也相应地先输出上支路的信息。

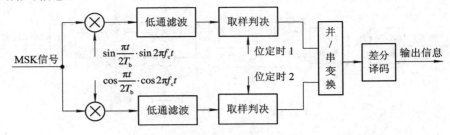

图 8.6.24　MSK 解调器

MSK 解调器的误比特率与 2DPSK 极性比较法(2PSK 解调+差分译码)性能相同,即

$$P_b = \mathrm{erfc}(\sqrt{r}) \qquad\qquad (8-6-12)$$

8.6.6　正交振幅调制(QAM)

正交振幅调制是一种载波振幅和相位同时受到数字信息控制的调制技术,其调制框图如图 8.6.25 所示。

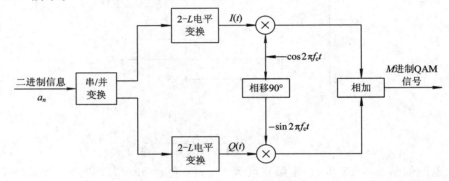

图 8.6.25　M 进制 QAM 调制器

图 8.6.25 中,$M=L^2$,且 $L=2^n$(n 为正整数),M 进制 QAM 记为 MQAM。下面我们以 16QAM 为例,来讨论正交振幅调制的有关内容。

1. 16QAM 信号的产生

16QAM 是 $M=16$ 的系统。故 $L=4$。调制器框图如图 8.6.26 所示。

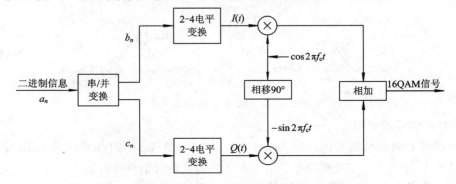

图 8.6.26　16QAM 调制器原理框图

图中，串/并变换器将速率为 $R_b = 1/T_b$ 的二进制序列分配到上、下两个支路上，每支路的比特速率为 $R_b/2$。2-4 电平变换器每收到 2 bit 信息会输出一个电平，其输入/输出波形图如图 8.6.27 所示。双比特信息和四个双极性电平之间的对应关系应符合格雷码要求，即相邻两电平所表示的两个双比特信息中只有一位不同。波形图 8.6.27 中所采用的对应关系是：01→−3、00→−1、10→+1、11→+3，下支路采用相同的电平变换关系。

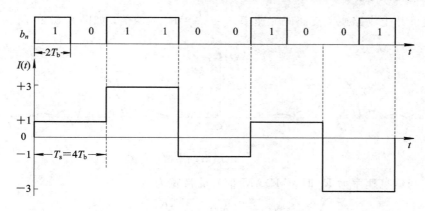

图 8.6.27　2-4 电平变换器输入/输出波形

两个电平变换器的输出 $I(t)$ 和 $Q(t)$ 分别与两个正交的载波 $\cos 2\pi f_c t$、$-\sin 2\pi f_c t$ 相乘，然后相加，得到 16QAM 信号，其表达式为

$$s_{16QAM}(t) = I(t)\cos 2\pi f_c t - Q(t)\sin 2\pi f_c t = A_i \cos(2\pi f_c t + \varphi_i) \qquad (8-6-13)$$

式中，$I(t) = \pm 1, \pm 3$；$Q(t) = \pm 1, \pm 3$。由于 $I(t)$ 和 $Q(t)$ 可能的组合有 16 种，所以合成后的 QAM 信号有 16 种 (A_i, φ_i) 组合，对应 16 种码元。例如，$I(t) = +1$、$Q(t) = +1$，则 $(A_i, \varphi_i) = (\sqrt{2}, 45°)$，对应 4 比特码元 1010，如图 8.6.28 所示。此图也称为星座图。

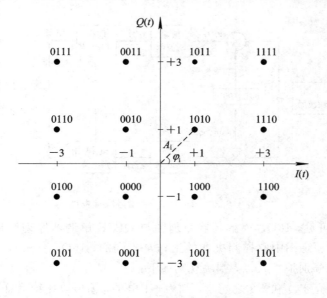

图 8.6.28　16QAM 星座图

从图 8.6.28 可以看出，16QAM 信号其幅度 A_i 有 3 种取值，相位 φ_i 有 12 种取值。由此可知，QAM 是一种幅度和相位双重受控的数字调制方式。所以 QAM 信号的幅度不是恒定的。

由图 8.6.25 所示的 MQAM 调制器框图可以看出，MQAM 信号也是由同相及正交支路的信号叠加而成的，故其功率谱与 MPSK 的功率谱分布规律相似，主瓣位于载波频率 f_c 处，主瓣宽度是上支路或下支路码元速率 $f_s = \dfrac{1}{T_s} = R_s$ 的两倍，如图 8.6.29 所示。

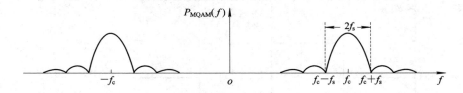

图 8.6.29　MQAM 功率谱示意图

所以，当信息速率为 R_b 时，MQAM 信号的带宽为

$$B_{\text{MQAM}} = 2R_s = \frac{2R_b}{\log_2 M} \qquad (8-6-14)$$

频带利用率为

$$\eta = \frac{R_b}{B_{\text{MQAM}}} = \frac{1}{2}\log_2 M \quad (\text{b/s/Hz}) \qquad (8-6-15)$$

由上式可知，M 越大，频带利用率越高。例如 16QAM，其频带利用率为 2 b/s/Hz。

2. 16QAM 信号的解调

16QAM 解调是图 8.6.26 所示调制的逆过程，也可采用正交解调。其解调原理如图 8.6.30 所示。

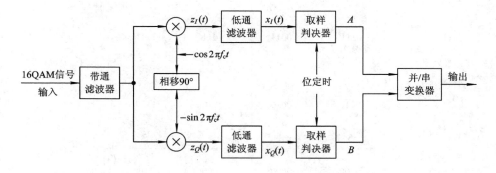

图 8.6.30　16QAM 解调器原理框图

由图 8.6.30 可见，16QAM 解调器原理图与 QPSK 解调器原理图从表面上看是一样的，但实际上两个原理图中取样判决器的工作是不同的。16QAM 解调器中的取样判决器有三个门限电平，分别是 0、±2，判决规则如下：

（1）当取样值介于 0 和 +2 之间时，判为 +1 电平，输出双比特信息 10。

（2）当取样值大于 +2 时，判为 +3 电平，输出双比特信息 11。

（3）当取样值介于 0 和 −2 之间时，判为 −1 电平，输出双比特信息 00。

（4）当取样值小于 −2 时，判为 −3 电平，输出双比特信息 01。

其它进制的 MQAM 信号的解调框图与图 8.6.30 相同，所不同的是取样判决器的门限电平数。当信号功率相同时，M 越大，则门限电平数越多，门限之间的距离就越小，越容易造成错误判决，所以误码率也越高。当然，M 越大，频带利用率也越高。所以，频带利用率与误码性能往往是矛盾的。

与 2FSK、2PSK、QPSK 等不同，MQAM 并不是一种恒包络调制，故其不适于在非线性信道上传输。但作为一种频带利用率很高的调制方式，目前 QAM 调制主要应用于有线通信中，在有线 MODEM 中常采用 32QAM、64QAM、128QAM 和 256QAM 等，在有线电视中则采用 64QAM。

习　题

1．已知某 2ASK 系统，码元速率 $R_s = 1000$ Baud，载波信号为 $\cos 2\pi f_c t$，设数字基带信息为 10110。

（1）画出 2ASK 调制器框图及其输出的 2ASK 信号波形（设 $T_s = 5T_c$）。

（2）画出 2ASK 信号功率谱示意图。

（3）求 2ASK 信号的带宽。

（4）画出 2ASK 相干解调器框图及各点波形示意图。

（5）画出 2ASK 包络解调器框图及各点波形示意图。

2．用 2ASK 传送二进制数字信息，已知传码率为 $R_s = 2 \times 10^6$ Baud，接收端输入信号的振幅 $a = 20$ μV，输入高斯白噪声的单边功率谱密度为 $n_0 = 2 \times 10^{-18}$ W/Hz，试求相干解调和非相干解调时系统的误码率。

3．对 2ASK 信号相干解调，若"1"码概率大于 1/2，试说明最佳判决门限是大于 $a/2$ 还是小于 $a/2$。（其中，a 是发"1"码时取样时刻信号的幅度。）

4．某 2FSK 调制系统，码元速率 $R_s = 1000$ Baud，载波频率分别为 2000 Hz 及 4000 Hz。

（1）当二进制数字信息为 1100101 时，画出其对应 2FSK 信号波形。

（2）画出 2FSK 信号的功率谱密度示意图。

（3）求传输此 2FSK 信号所需的最小信道带宽。

（4）画出此 2FSK 信号相干解调方框图及当输入波形为（1）时解调器各点的波形示意图。

5．有一 2FSK 系统，传码率为 2×10^6 Baud，已知 $f_1 = 10$ MHz，$f_2 = 14$ MHz，接收端输入信号的振幅 $a = 20$ μV，输入高斯白噪声的单边功率谱密度 $n_0 = 2 \times 10^{-18}$ W/Hz，试求：

（1）2FSK 信号的带宽。

（2）系统相干解调和非相干解调时的误码率。

6．已知数字信息 $\{a_n\} = 1011010$，分别以下列两种情况画出 2PSK、2DPSK 信号的波形。

（1）码元速率为 1200 Baud，载波频率为 1200 Hz。

（2）码元速率为 1200 Baud，载波频率为 1800 Hz。

7. 已知数字信息为 $\{a_n\}=1100101$，码元速率为 1200 Baud，载波频率为 2400 Hz。

（1）画出相对码 $\{b_n\}$ 的波形（采用单极性全占空矩形脉冲）。

（2）画出相对码 $\{b_n\}$ 的 2PSK 波形。

8. 假设在某 2DPSK 系统中，载波频率为 2400 Hz，码元速率为 2400 Baud。已知信息序列为 $\{a_n\}=1010011$。

（1）试画出 2DPSK 波形。

（2）若采用差分相干解调法接收该信号，试画出解调系统方框图及各点波形。

9. 在二进制相移键控系统中，已知传码率为 2×10^6 Baud，解调器输入信号的振幅 $a=20\ \mu\text{V}$，高斯白噪声的单边功率谱密度 $n_0=2\times10^{-18}$ W/Hz。试分别求出相干解调 2PSK、相干解调—码变换和差分相干解调 2DPSK 信号时的系统误码率。

10. 已知码元传输速率 $R_s=10^3$ Baud，接收机输入噪声的双边功率谱密度 $n_0/2=10^{-10}$ W/Hz，今要求误码率 $P_e=5\times10^{-5}$。试分别计算出相干 2ASK、非相干 2FSK、差分相干 2DPSK 以及 2PSK 系统所要求的解调器输入端的信号功率。

11. 设发送数字信息序列为 01001011，试画出 $\pi/2$ 型的 QPSK 及 DQPSK 信号的波形。（双比特信息与相位差之间的对应关系可自行设定。）

12. 设发送数字信息序列为 1000001，试画出 MSK 信号的相位变化曲线。若码元速率为 1000 Baud，载频为 3000 Hz，试画出 MSK 信号的波形。

13. 10 路 PCM 信号和 2 个二进制 180 kBaud 的数据以时分多路方式复用，复用器输出送至 2PSK 调制器。系统框图如题 13 图所示，若信道中心频率为 400 MHz，允许 2PSK 信号功率谱主瓣为 2 MHz，试求 PCM 系统可能采用的最大量化电平数。

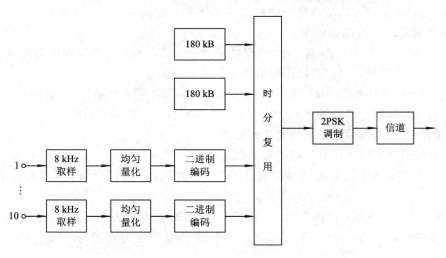

题 13 图

14. 题 13 中，当 PCM 采用可能的最大量化电平数，调制器采用 16QAM 时，调制信号的带宽为多少？频带利用率为多少？

本章知识点小结

1. 数字调制基本概念

（1）数字调制：用数字基带信号控制载波的参数，使载波的受控参数随着数字基带信号的变化而变化。

（2）调制的目的：从时域看，将信息加载到载波上；从频域看，使数字基带信号的频谱得到了搬移。

（3）数字调制的分类。

① 根据数字基带信号所控制的载波参数的不同，分为数字振幅调制（ASK）、数字频率调制（FSK）、数字相位调制（PSK/DPSK）。

② 根据数字基带信号进制的不同，分为二进制数字调制（2ASK、2FSK、2PSK/2DPSK）、多进制数字调制（MASK、MFSK、MPSK/MDPSK）。

2. 二进制振幅调制（2ASK）

（1）波形：$s_{2ASK}(t) = s(t) \cdot A\cos 2\pi f_c t$，其中 $s(t)$ 是单极性全占空矩形信号。

（2）功率谱与带宽：是 $s(t)$ 功率谱的线性搬移。带宽 $B_{2ASK} = 2f_s$。

（3）解调：有相干解调和包络解调两种。误码率分别为 $P_e = \dfrac{1}{2}\mathrm{erfc}\left(\dfrac{\sqrt{r}}{2}\right)$ 和 $P_e \approx \dfrac{1}{2}e^{-r/4}$。

3. 二进制频率调制（2FSK）

（1）波形：可分解成两个 2ASK 波形。

（2）功率谱及带宽：其功率谱等于两个 2ASK 功率谱之和。带宽 $B_{2FSK} = |f_1 - f_2| + 2f_s$，两个功率谱主瓣不重叠时，带宽至少为 $B_{2FSK} = 4f_s$。

（3）解调：有相干解调和非相干解调两种，误码率分别为 $P_e = \dfrac{1}{2}\mathrm{erfc}\left(\sqrt{\dfrac{r}{2}}\right)$ 和 $P_e = \dfrac{1}{2}e^{-\frac{r}{2}}$。

4. 二进制绝对相位调制（2PSK）

（1）波形：用信息"1"、"0"控制载波的相位是否反相。画 2PSK 波形时一定要首先给出调制规则并画出载波。

（2）调制器的实现：先将信息转换成双极性全占空矩形信号，再与载波相乘。

（3）功率谱与带宽：功率谱形状与 2ASK 的相同，但少了离散谱。$B_{2PSK} = 2f_s$。

（4）解调：2PSK 只能采用相干解调方法。解调器由带通滤波器、相乘器、低通滤波器和取样判决器组成。当"1"、"0"等概时，判决门限等于 0，$P_e = \dfrac{1}{2}\mathrm{erfc}(\sqrt{r})$。

（5）2PSK 存在的问题：由本地载波相位模糊引起的反向工作。采用 2DPSK 加以克服。

5. 二进制相对相位调制（2DPSK）

（1）波形：用"1"、"0"控制相邻两个码元内的载波相位差。画 2DPSK 波形时需给出起始码元内的载波（参考信号），同时也要给出调制规则。

（2）调制器的实现：先将信息进行差分编码，再进行 2PSK 调制，故 2DPSK 也称为差分相位调制。

（3）功率谱及带宽：与 2PSK 相同。

（4）解调：有极性比较法和相位比较法两种。

① 极性比较法：由 2PSK 解调与差分译码构成，属于相干解调法，故也称为相干解调——码变换法。其误码率是 2PSK 误码率的两倍，即 $P_e = \text{erfc}(\sqrt{r})$。

② 相位比较法：由带通滤波器、码元延时器、相乘器、低通滤波器及取样判决器组成。也称为差分相干解调，属于非相干解调。"1"、"0"等概时，其误码率为 $P_e = \dfrac{1}{2}e^{-r}$。

6. 二进制数字调制技术性能比较

（1）误码率：

① 四种基本调制方式中，2PSK 的误码率最低，故抗噪声性能最好，可靠性最高。

② 对于同一种调制方式，相干解调的误码率低于非相干解调的误码率，但随着 r 的增大，两者性能相差不大。

（2）带宽：2FSK 占据带宽最多，故频带利用率最低，有效性最差。

（3）判决门限对信道特性变化的敏感性：2ASK 最为敏感，其它调制方式不敏感。

（4）设备复杂性：

① 对于同一种调制方式，相干解调比非相干解调复杂，故大信噪比时常采用非相干解调。

② 对于不同的调制方式，2FSK 最为复杂。

（5）应用：2ASK 主要应用于有线通信，目前已很少使用；2FSK 由于抗衰落能力强，主要用于中低速无线短波通信；2PSK、2DPSK 主要用于中高速数字传输。

7. 几种高效数字调制技术

（1）四进制相位调制。四进制相位调制包括 QPSK、OQPSK、DQPSK 和 $\dfrac{\pi}{4}$DQPSK。它们具有与 2PSK 相似的功率谱，但相同信息速率下，带宽是 2PSK 信号带宽的一半，因此频带利用率是 2PSK 信号的 2 倍，而且，QPSK、OQPSK 与 2PSK 的误比特率也相同，故在实际中得到广泛应用。DQPSK 和 $\dfrac{\pi}{4}$DQPSK 可采用非相干解调（差分解调），实现简单，可靠性比 QPSK 稍差。四进制相位调制对比见表 8-6-4。

表 8-6-4　四进制相位调制对比

调制方式	调制方法	最大相位跳变	解调方法	参考相位	$\Delta\varphi_n$ 相位配置
QPSK	正交法 相位选择法	±180°	相干解调	未调载波	$\dfrac{\pi}{2}$型或$\dfrac{\pi}{4}$型
OQPSK	同 QPSK	±90°	相干解调	未调载波	$\dfrac{\pi}{2}$型或$\dfrac{\pi}{4}$型
DQPSK	正交法	±180°	常用差分解调	前一码元的载波末相	$\dfrac{\pi}{2}$型
$\dfrac{\pi}{4}$QPSK	正交法	±135°	常用差分解调	前一码元的载波末相	$\dfrac{\pi}{4}$型

（2）最小频移键控（MSK）。MSK 是调制指数等于 0.5 的连续相位 2FSK，其主要特点有：

① 相邻码元间相位连续。

② 带宽 $B_{MSK} = 1.5 f_b$。

③ 相位在一个码元内上升或下降 $\pi/2$。

④ 两载波频率间隔 $0.5 f_b$。

（3）正交振幅调制（QAM）。QAM 是一种振幅和相位都受到调制的信号，其特点有：

① 包络不恒定，不适合在非线性信道中传输，故主要用于有线通信，如有线电视等。

② 频带利用率高，如 $\eta_{16QAM} = 2$ b/s/Hz，频带利用率随着进制数 M 的增大而提高，但可靠性则随之下降。

本章自测自评题

一、填空题（每空 1 分，共 20 分）

1. 用二进制数字基带信号分别控制载波的振幅、频率和相位，由此得到的三种基本调制方式分别是 2ASK、_____ 和 _____。

2. 对 2ASK 信号进行包络检测，则发"1"码时判决器输入端的取样值服从 _____ 分布，发"0"码时则服从 _____ 分布。对 2ASK 信号进行相干解调，判决器输入端的取样值在发送"1"码及"0"码时都服从 _____ 分布。

3. 若 2FSK 调制系统的码元速率为 1000 Baud，已调载波为 2000 Hz 或 3000 Hz，则 2FSK 信号的带宽为 _____，此时功率谱呈现出 _____（单峰/双峰）特性。

4. 在 2DPSK 系统中，接收机采用极性比较法解调，若差分译码器输入端的误码率为 P_e'，则输出信息的误码率近似为 _____。

5. 在 2PSK 解调过程中，由于本地载波反相导致解调器输出信息与原信息完全相反，这种现象称为 _____。

6. 当二进制数字信息的比特速率为 1000 b/s 时，则 2ASK 信号的带宽为 _____；2DPSK 信号的带宽为 _____，QPSK 信号的带宽为 _____。由此可见，这三种调制方式中，频带利用率最高的是 _____。

7. "1"、"0"等概，解调器中取样判决器输入端信号的峰-峰值为 8 mV，若接收信号为 2ASK 信号，则判决器的最佳判决门限电平为 _____，若接收信号是 2PSK 信号，则判决器的最佳判决门限电平为 _____。设取样时刻零均值高斯噪声的功率为 2×10^{-6} W，则 2PSK 解调器的误码率为 _____。（已知：erfc(0.5)=0.4795，erfc(1)=0.1573，erfc(1.5)=0.0339，erfc(2)=0.0468）

8. 若数字基带信号的信息速率为 $R_b = 90$ Mbps，则 16QAM 信号的符号速率 R_s 为 _____，带宽为 _____。

9. 若信源的信息速率为 4000 b/s，若采用 MSK 传输，则所需信道带宽为 _____ Hz，频带利用率为 _____ b/s/Hz。

二、选择题（每题 2 分，共 20 分）

1. 在二进制调制系统中，抗噪声性能最好的是 _____。

    A. 2DPSK   B. 2FSK   C. 2ASK   D. 2PSK

2. 对 2PSK 信号进行解调，可采用 _____ 。

    A. 包络解调   B. 相干解调

    C. 极性比较—码变换   D. 非相干解调

3. 关于 2PSK 和 2DPSK 调制信号的带宽，下列说法正确的是_____。

    A. 相同   B. 不同

    C. 2PSK 的带宽小   D. 2DPSK 的带宽小

4. 当"1"、"0"等概时，下列调制方式中，对信道特性变化最为敏感的是_____。

    A. 2PSK   B. 2DPSK

    C. 2FSK   D. 2ASK

5. 对于 2PSK 和 2DPSK 信号，码元速率相同，信道噪声为加性高斯白噪声。若要求误码率相同，所需的信号功率_____。

    A. 2PSK 比 2DPSK 高   B. 2DPSK 比 2PSK 高

    C. 2PSK 和 2DPSK 一样高   D. 不能确定

6. OQPSK 与 QPSK 调制的不同点是_____。

    A. OQPSK 是恒包络调制，QPSK 不是恒包络调制

    B. OQPSK 信号相邻码元的相位跳变值比 QPSK 信号小

    C. OQPSK 的频带利用率比 QPSK 高

    D. QPSK 是相位调制，OQPSK 是相位与振幅的联合调制

7. 相同码元速率情况下，关于 QPSK、OQPSK 和 π/4 DQPSK 信号的带宽，下面说法正确的是_____。

    A. QPSK 最小   B. OQPSK 最小

    C. π/4 DQPSK 最小   D. 相同

8. 解调 2PSK 信号时，如果"1"、"0"不等概，则判决门限应_____。

    A. 大于 0   B. 小于 0

    C. 等于 0   D. 不能确定

9. 下列调制方式中，属于连续相位调制的是_____。

    A. π/4 DQPSK   B. OQPSK

    C. 16QAM   D. MSK

10. 已知数字基带信号的信息速率为 2400 b/s，载波频率为 1 MHz，则 DQPSK 信号的主瓣宽度为_____。

    A. 2400 Hz   B. 3600 Hz

    C. 4800 Hz   D. 1 MHz

三、简答题（每题 5 分，共 20 分）

1. 什么是数字调制？它与模拟调制有什么区别？

2. 什么是相干解调？什么是非相干解调？各有什么特点？

3. 什么是绝对调相？什么是相对调相？它们有何区别？

4. 二进制数字调制系统的误码率主要与哪些因素有关？如何降低误码率？

四、综合题（每题 **10** 分，共 **40** 分）

1. 题 8.4.1 图中，a 点信号是幅度为 1 V 的单极性全占空矩形脉冲序列，码元间相互独立，且"1"、"0"等概，码元速率为 1 MBaud，$f_c = 2$ MHz，$A = 2$ V。

（1）画出 a 点信息为 1011001 时 b 点的波形，并指出其为何种信号。

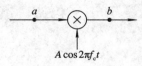

题 8.4.1 图

（2）画出 a、b 两点处信号的功率谱示意图，标出频率轴上的有关参数。

（3）求 a、b 两点处信号的带宽。

（4）若要解调 b 点处的信号，可采用什么方法？

（5）若信道加性高斯白噪声的功率谱密度为 $n_0 = 1.5625 \times 10^{-8}$ W/Hz，求分别采用(4)中所述解调方法下的误码率。

2. 2PSK 调制器框图如题 8.4.2 图所示。已知输入信号 $s(t)$ 是单极性全占空矩形脉冲序列，码元速率为 1200 Baud。设载波频率为 $f_c = 2400$ Hz，$A = 1$ V。

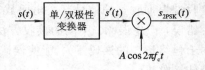

题 8.4.2 图

（1）若调制规则采用"0"变"1"不变，画出输入信息为 1011001 时的 $s(t)$、$s'(t)$。

（2）若"1"、"0"等概，$s_{2PSK}(t)$ 的功率谱中有无直流？其带宽为多少？

（3）当采用"0"变"1"不变调制时，相干解调时的判决规则是什么？

3. 在 2DPSK 系统中，设载频为 3600 Hz，码元速率为 1800 Baud，发送序列为 1011001，且规定调制规则：$\Delta\varphi_n = 0°$ 表示"1"码；$\Delta\varphi_n = 180°$ 表示"0"码。

（1）若设参考相位 $\varphi_0 = 0°$，试画出 2DPSK 信号的波形，并指出产生此信号的方法。

（2）若采用相位比较法接收该 2DPSK 信号，试画出解调系统的组成框图及各有关点的波形。

（3）若已知解调器输入端的信噪比 $r = 10$ dB，试求解调器输出的误码率。

4. 10 路语音信号经 13 折线量化编码后和二路速率为 180 kb/s 的数据时分复用，复用信号经 MSK 调制后送入信道传输。已知 MSK 调制器的载波频率为 2 MHz。

（1）画出信息为 1011001 时的 MSK 波形。

（2）求传输此 MSK 信号的信道带宽及通带的中心频率。

（3）若 MSK 调制器换成 16QAM 调制器，求已调信号的带宽及频带利用率。

第9章　数字信号的最佳接收

9.1　引　言

数字通信系统的任务是传输数字信息。发端将数字信息变换成适合信道传输的信号，接收端根据收到的信号判决出原数字信息。由于噪声、干扰的存在，接收机在判决时会发生错误，产生误码。不同的接收方法有不同的误码性能（如 2ASK 相干解调的误码率就不同于包络解调的误码率）。能使误码率最小的接收方式称为最佳接收，相应的接收机称为最佳接收机。

"最佳"是个相对概念，不同条件、不同要求下的最佳接收机是不同的。如白噪声信道的最佳接收机在瑞利衰落信道中就不是最佳的。本章讨论高斯白噪声信道中二元数字信号的最佳接收机结构及其性能。

从第7、8章的讨论可以看出，一个数字通信系统的接收设备可以视作一个判决装置，它由一个线性滤波器和一个判决电路构成，如图 9.1.1 所示。线性滤波器对接收信号进行某种处理，输出某个物理量提供给判决电路，以便判决电路对接收信号中所包含的某个发送信号作出尽可能正确的判决，或者说作出错误判决的可能性尽量小，那么为了使判决电路能达到这种要求，线性滤波器应当对接收信号作什么样的处理呢？理论和实践都已证明：在白噪声干扰下，如果线性滤波器的输出端在某一时刻上使信号的瞬时功率与噪声平均功率之比达到最大，就可以使判决电路出现错误判决的概率最小。这样的线性滤波器称为匹配滤波器。所以，匹配滤波器是最大输出信噪比意义下的最佳线性滤波器。用匹配滤波器构成的接收机是满足最大输出信噪比准则的最佳接收机，也称为匹配滤波器接收机。在白噪声条件下，这样的接收机能得到最小的误码率。本章将围绕数字信号的最佳接收展开讨论，主要内容有匹配滤波器和最佳接收机结构及其抗噪声性能。

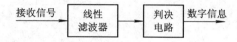

图 9.1.1　简化的接收机结构

9.2　匹配滤波器

匹配滤波器是指在白噪声为背景的条件下，输出信噪比最大的最佳线性滤波器。

9.2.1　匹配滤波器的传输特性 $H(f)$

匹配滤波器如图 9.2.1 所示，现在来推导匹配滤波器的传输特性 $H(f)$。

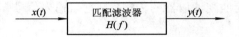

图 9.2.1　匹配滤波器示意图

设匹配滤波器的输入信号为 $x(t)$，$x(t)$ 是由接收信号 $s(t)$ 和噪声 $n(t)$ 两部分构成，即

$$x(t) = s(t) + n(t)$$

其中，$n(t)$ 是白噪声，其双边功率谱密度为 $P_n(f) = n_0/2$，而信号 $s(t)$ 的频谱函数为 $S(f)$。

根据线性叠加原理，匹配滤波器的输出 $y(t)$ 也由信号 $s_o(t)$ 和噪声 $n_o(t)$ 两部分构成，即

$$y(t) = s_o(t) + n_o(t)$$

设 $s_o(t)$ 的频谱为 $S_o(f)$，根据信号与系统理论得

$$S_o(f) = S(f)H(f)$$

求 $S_o(f)$ 的傅氏反变换，可得到输出信号 $s_o(t)$ 为

$$s_o(t) = \int_{-\infty}^{\infty} S(f)H(f)e^{j2\pi ft}\,df \tag{9-2-1}$$

输出噪声 $n_o(t)$ 的功率谱密度为

$$P_{n_o}(f) = P_n(f)\,|\,H(f)\,|^2 = \frac{n_0}{2}\,|\,H(f)\,|^2$$

由于匹配滤波器是在某个瞬间 t_0 输出信噪比最大的滤波器，所以首先要找到 t_0 时刻滤波器输出信噪比的表示式。

根据式(9-2-1)，t_0 时刻的输出信号值为

$$s_o(t_0) = \int_{-\infty}^{\infty} S(f)H(f)e^{j2\pi ft_0}\,df$$

则在 t_0 时刻输出信号的瞬时功率为

$$|\,s_o(t_0)\,|^2 = \left|\int_{-\infty}^{\infty} S(f)H(f)e^{j2\pi ft_0}\,df\right|^2 \tag{9-2-2}$$

而输出噪声的平均功率为

$$N_o = \int_{-\infty}^{\infty} P_{n_o}(f)\,df = \int_{-\infty}^{\infty} \frac{n_0}{2}\,|\,H(f)\,|^2\,df = \frac{n_0}{2}\int_{-\infty}^{\infty}\,|\,H(f)\,|^2 df \tag{9-2-3}$$

那么，根据式(9-2-2)、(9-2-3)得到在时刻 t_0 上匹配滤波器输出信号瞬时功率与噪声平均功率的比值为

$$r_o = \frac{|\,s_o(t_0)\,|^2}{N_o} = \frac{\left|\int_{-\infty}^{\infty} S(f)H(f)e^{j2\pi ft_0}\,df\right|^2}{\dfrac{n_0}{2}\int_{-\infty}^{\infty}\,|\,H(f)\,|^2 df} \tag{9-2-4}$$

由式(9-2-4)可看出，输出信噪比 r_o 与滤波器的传输特性 $H(f)$ 密切相关。

应用许瓦兹不等式可以得到，当

$$H(f) = kS^*(f)e^{-j2\pi ft_0} \tag{9-2-5}$$

时，输出瞬时信噪比达最大值

$$r_{\text{omax}} = \frac{2E}{n_0} \qquad\qquad (9-2-6)$$

式中 k 为常数,可任意选取,$E = \int_{-\infty}^{\infty} |S(f)|^2 \mathrm{d}f = \int_{-\infty}^{\infty} |s(t)|^2 \mathrm{d}t$ 为输入信号的能量。

式(9-2-5)所示即为匹配滤波器的传输性,它与输入信号频谱的复共轭成正比,匹配滤波器的名称由此得来。

9.2.2 匹配滤波器的冲激响应 $h(t)$

根据传输特性 $H(f)$ 与冲激响应 $h(t)$ 是一对傅氏变换,由式(9-2-5)可得匹配滤波器的冲激响应 $h(t)$ 为

$$h(t) = \int_{-\infty}^{\infty} H(f) \mathrm{e}^{j2\pi ft} \mathrm{d}f = \int_{-\infty}^{\infty} kS^*(f) \mathrm{e}^{-j2\pi ft_0} \mathrm{e}^{j2\pi ft} \mathrm{d}f$$

$$= \int_{-\infty}^{\infty} kS^*(f) \mathrm{e}^{-j2\pi f(t_0-t)} \mathrm{d}f$$

当输入信号 $s(t)$ 为实信号时,有 $S^*(f) = S(-f)$。因此

$$h(t) = \int_{-\infty}^{\infty} kS(-f) \mathrm{e}^{-j2\pi f(t_0-t)} \mathrm{d}f = ks(t_0-t) \qquad (9-2-7)$$

由式(9-2-7)可知,匹配滤波器的冲激响应 $h(t)$ 是输入信号 $s(t)$ 对纵轴的镜像 $s(-t)$ 在时间上延迟了 t_0。图 9.2.2 中,(a)和(b)分别为 $s(t)$ 和它的镜像 $s(-t)$,(c)、(d)、(e)是 t_0 取不同值时的 $h(t)$。

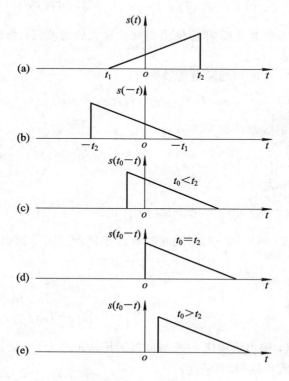

图 9.2.2 匹配滤波器的冲激响应

　　由于 t_0 是取样判决时刻，所以从提高传输速率考虑，t_0 应尽可能小。但是 $h(t)$ 是匹配滤波器的冲激响应，从物理可实现性考虑，当 $t<0$ 时，应有 $h(t)=0$。因此 $t_0<t_2$ 时的匹配滤波器是物理不可实现的，必须要求 $t_0 \geqslant t_2$，如图 9.2.2(d)、(e)所示。综合上述两个方面考虑，应取 $t_0=t_2$。t_2 是信号 $s(t)$ 的结束时间，也就是说在输入信号刚刚结束时立即取样，这样对接收信号能及时地作出判决，同时它对应的 $h(t)$ 是物理可实现的。

9.2.3　匹配滤波器的输出波形 $s_o(t)$

　　匹配滤波器的输入信号为 $s(t)$，冲激响应为 $h(t)=s(t_0-t)$，匹配滤波器的输出等于输入信号与冲激响应的卷积，即

$$
\begin{aligned}
s_o(t) &= s(t)*h(t) = \int_{-\infty}^{\infty} s(\tau)h(t-\tau)\mathrm{d}\tau \\
&= k\int_{-\infty}^{\infty} s(\tau)s[t_0-(t-\tau)]\mathrm{d}\tau \\
&= k\int_{-\infty}^{\infty} s(\tau)s[\tau+(t_0-t)]\mathrm{d}\tau \\
&= kR_s(t_0-t)
\end{aligned}
$$

上式中，$R_s(t_0-t)$ 是 $s(t)$ 的自相关函数，根据自相关函数是偶函数的特性，即有

$$
s_o(t) = kR_s(t-t_0) \tag{9-2-8}
$$

式(9-2-8)说明匹配滤波器的输出信号在形式上与输入信号的时间自相关函数相同，仅差一个常数因子 k，以及在时间上延迟 t_0。从这个意义上来说，匹配滤波器可以看成一个计算输入信号自相关函数的相关器。

　　我们知道，自相关函数 $R_s(t-t_0)$ 的最大值是 $R_s(0)$。从式(9-2-8)可得，匹配滤波器的输出信号 $s_o(t)$ 在 $t=t_0$ 时达到最大值，为

$$
s_o(t_0) = kR_s(0) = k\int_{-\infty}^{\infty} s^2(\tau)\mathrm{d}\tau = kE
$$

这个结果再次说明，在 t_0 时刻之前，匹配滤波器对输入信号进行处理，从而在 t_0 时刻形成输出信号的峰值。

　　例 9.2.1　已知信号 $s(t)$ 如图 9.2.3 中(a)所示，求与之匹配的滤波器的传输特性和输出信号波形。

　　解　根据式(9-2-7)，与 $s(t)$ 匹配的匹配滤波器的冲激响应 $h(t)$ 为

$$
h(t) = ks(t_0-t) = ks(\tau_0-t)
$$

式中，t_0 取信号的结束时刻值 τ_0，$h(t)$ 的波形如图 9.2.3(b)所示。

　　匹配滤波器的传输特性 $H(f)$ 是冲激响应 $h(t)$ 的傅氏变换，应用表 2-4-1 中的时延特性和矩形脉冲的频谱可得

$$
H(f) = F[h(t)] = k\tau_0 \mathrm{Sa}(\pi f\tau_0)\mathrm{e}^{-\mathrm{j}\pi f\tau_0}
$$

　　求传输特性 $H(f)$ 的另一方法是先求出信号 $s(t)$ 的频谱函数 $S(f)$

$$
S(f) = F[s(t)] = \tau_0 \mathrm{Sa}(\pi f\tau_0)\mathrm{e}^{-\mathrm{j}\pi f\tau_0}
$$

再根据式(9-2-5)得

$$
\begin{aligned}
H(f) &= kS^*(f)\mathrm{e}^{-\mathrm{j}2\pi ft_0} = k\tau_0 \mathrm{Sa}(\pi f\tau_0)\mathrm{e}^{\mathrm{j}\pi f\tau_0}\mathrm{e}^{-\mathrm{j}2\pi ft_0} \\
&= k\tau_0 \mathrm{Sa}(\pi f\tau_0)\mathrm{e}^{-\mathrm{j}\pi f\tau_0}
\end{aligned}
$$

由式(9−2−8)可知，匹配滤波器的输出信号
$$s_o(t) = kR_s(t-t_0) = kR_s(t-\tau_0)$$
由例 2.5.1 可知，信号 $s(t)$ 的自相关函数 $R_s(t)$ 如图 9.2.3(c)所示，所以匹配滤波器输出波形 $s_o(t)$ 的波形图如图 9.2.3(d)所示。

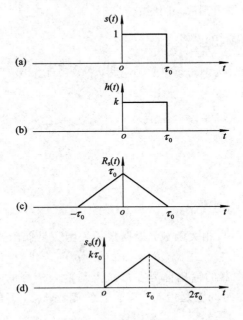

图 9.2.3 信号波形

例 9.2.2 已知 $s(t)$ 如图 9.2.4(a)所示，求对应的匹配滤波器的冲激响应及输出信号波形。

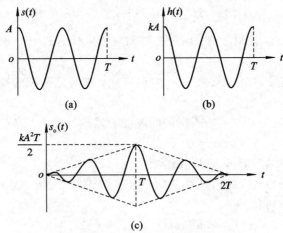

图 9.2.4 例 9.2.2 匹配滤波器冲激响应和输出波形

解 根据式(9−2−7)得
$$h(t) = ks(t_0 - t)$$
式中 t_0 取为 T，即
$$h(t) = ks(T - t)$$

如图 9.2.4(b)所示。

根据式(9 - 2 - 8),得较为复杂的运算,当 f_0 较大时,$s_o(t)$ 近似为

$$s_o(t) = \begin{cases} \dfrac{kA^2}{2}t\,\cos 2\pi f_0 t & 0 \leqslant t \leqslant T \\[2mm] \dfrac{kA^2}{2}(2T - t)\cos 2\pi f_0 t & T < t \leqslant 2T \\[2mm] 0 & \text{其它} \end{cases}$$

其波形示意图如图 9.2.4(c)所示,在 $t = T$ 时输出波形达到最大值。

$$s_{o\max}(t) = \frac{kA^2 T}{2} = kE$$

式中,E 为输入信号 $s(t)$ 的能量。

9.3 最佳接收机结构及其抗噪声性能

在白噪声下,用匹配滤波器构成的接收机能得到最小误码率。

9.3.1 最佳接收机结构

二元数字信号的最佳接收机框图如图 9.3.1 所示。

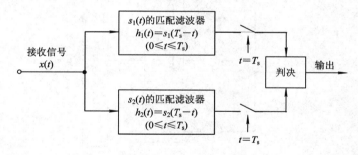

图 9.3.1 用匹配滤波器实现的最佳接收机结构

发送端在任意一个码元间隔 T_s 内发送两个波形 $s_1(t)$、$s_2(t)$ 中的一个,接收机上、下两个支路的匹配滤波器分别对这两个波形匹配,所以当发送端发送波形 $s_1(t)$ 时,上支路匹配滤波器在取样时刻输出最大值 kE,当发送端发送波形 $s_2(t)$ 时,下支路匹配滤波器在取样时刻输出最大值 kE。所以判决器的任务是根据上、下两支路取样值的大小进行判决,如上支路取样值大,认为接收到的信号为 $s_1(t)$;如下支路取样值大,认为接收到的信号为 $s_2(t)$。

由前面的分析我们知道,当接收信号为 $s_1(t)$ 时,上支路匹配滤波器的输出为

$$s_{o1}(t) = kR_{s_1}(t - T_s)$$

在 T_s 时对输出进行取样,取样值达最大,为

$$s_{o1}(T_s) = kR_{s_1}(T_s - T_s) = kR_{s_1}(0) = k\int_0^{T_s} s_1^2(t)\,\mathrm{d}t \tag{9 - 3 - 1}$$

当接收信号为 $s_2(t)$ 时,下支路匹配滤波器的输出为

$$s_{o2}(t) = kR_{s_2}(t - T_s)$$

在 T_s 时对输出进行取样,取样值达最大,为

$$s_{o2}(T_s) = kR_{s_2}(T_s - T_s) = kR_{s_2}(0) = k\int_0^{T_s} s_2^2(t)\mathrm{d}t \qquad (9-3-2)$$

由式(9-3-1)、(9-3-2)可知,匹配滤波器在取样时刻的输出值 $s_{o1}(T_s)$ 及 $s_{o2}(T_s)$ 可以用相乘与积分这样的相关运算来求得,所以图 9.3.1 所示的匹配滤波器式最佳接收机可用相关器来实现,其结构框图如图 9.3.2 所示。

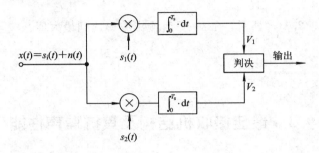

图 9.3.2 用相关器实现的最佳接收机结构

多元数字信号的最佳接收机框图是二元数字信号最佳接收机框图的推广,如图 9.3.3 所示。

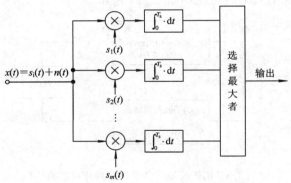

图 9.3.3 用相关器实现的多元信号最佳接收机结构

接收机在任一码元间隔内收到 $s_1(t)$,$s_2(t)$,$\cdots$,$s_m(t)$ 中的一个波形,设为 $s_i(t)$,则 $s_i(t)$ 分别与 $s_1(t)$,$s_2(t)$,$\cdots$,$s_m(t)$ 相乘并积分,比较这 m 个积分值,不考虑噪声及其它干扰时,则第 i 支路的积分值是最大的,接收机判接收信号是 $s_i(t)$。

9.3.2 二元数字信号最佳接收机的误码率

由于噪声的影响,最佳接收机在判决时也会发生错判,如发端发送 $s_1(t)$ 信号,接收机却判决为 $s_2(t)$ 信号,反之亦然。接收机发生错判的可能性大小用误码率来衡量。

最佳接收机误码率的分析方法与前面介绍过的各种解调器的误码率分析方法完全相同。以图 9.3.2 所示的二元数字信号最佳接收机为例,当二元数字信号 $s_1(t)$ 与 $s_2(t)$ 等概等能量时,可推得其误码率为

$$P_e = \frac{1}{2}\mathrm{erfc}\left(\sqrt{\frac{(1-\rho)E_s}{2n_0}}\right) \qquad (9-3-3)$$

式中，$E_s = \int_0^{T_s} s_1^2(t)\mathrm{d}t = \int_0^{T_s} s_2^2(t)\mathrm{d}t$ 是二元信号 $s_1(t)$ 或 $s_2(t)$ 的能量，$\rho = \dfrac{\int_0^{T_s} s_1(t)s_2(t)\mathrm{d}t}{\int_0^{T_s} s_1^2(t)\mathrm{d}t}$

是 $s_1(t)$ 与 $s_2(t)$ 的互相关系数。

　　在基带系统中，已讨论了单极性基带系统、双极性基带系统的误码率。在调制技术这一章中，我们也介绍了 2ASK、2FSK、2PSK、2DPSK 各种解调方法的误码率。那么，如果用图 9.3.2 所示的最佳系统来接收它们，误码率会是多少呢？下面我们讨论这个问题。

1. 单极性基带信号

前提条件：$s_1(t)$、$s_2(t)$ 分别对应"1"码和"0"码，若"1"、"0"等概，且"1"码的能量为 E_1，"0"码能量为 0。

由于"1"码、"0"码能量不等，E_s 取两个能量的平均值，即 $E_s = E_1/2$。单极性信号 $\rho = 0$。代入公式(9-3-3)，可得单极性信号最佳接收机的误码率为

$$P_e = \frac{1}{2}\mathrm{erfc}\left(\sqrt{\frac{E_1}{4n_0}}\right) \tag{9-3-4}$$

2. 双极性基带信号

前提条件："1"、"0"等概，"1"码能量为 E_1，"0"码能量为 E_2，且 $E_1 = E_2$。

因为"1"码能量等于"0"码能量，所以 $E_s = E_1 = E_2$，双极性信号的 $\rho = -1$。代入公式 (9-3-3) 得双极性信号最佳接收机的误码率为

$$P_e = \frac{1}{2}\mathrm{erfc}\left(\sqrt{\frac{E_1}{n_0}}\right) \tag{9-3-5}$$

3. 2ASK 信号

前提条件："1"、"0"等概，且"1"码的能量为 E_1，"0"码能量为 0。

2ASK 信号可表示为

$$\begin{cases} s_1(t) = A\cos2\pi f_c t & \text{"1"} \quad 0 \leqslant t \leqslant T_s \\ s_2(t) = 0 & \text{"0"} \quad 0 \leqslant t \leqslant T_s \end{cases}$$

因此，有 $E_1 = \dfrac{A^2 T_s}{2}$，$E_2 = 0$，所以一个码元内的平均能量为 $E_s = \dfrac{E_1}{2} = \dfrac{A^2 T_s}{4}$，$\rho = 0$。代入公式(9-3-3)得 2ASK 信号最佳接收机的误码率为

$$P_e = \frac{1}{2}\,\mathrm{erfc}\left(\sqrt{\frac{E_1}{4n_0}}\right) \tag{9-3-6}$$

4. 2FSK 信号

前提条件："1"、"0"等概，"1"码能量为 E_1，"0"码能量为 E_2，且 $E_1 = E_2$。

2FSK 信号可表示为

$$\begin{cases} s_1(t) = A\cos2\pi f_1 t & \text{"1"} \quad 0 \leqslant t \leqslant T_s \\ s_2(t) = A\cos2\pi f_2 t & \text{"0"} \quad 0 \leqslant t \leqslant T_s \end{cases}$$

当选择

$$|f_1 - f_2| = \frac{n}{T_s}, \quad f_1 + f_2 = \frac{m}{T_s} \quad (n, m \text{ 为正整数})$$

时，$s_1(t)$ 与 $s_2(t)$ 正交，即

$$\int_0^{T_s} s_1(t)s_2(t)\mathrm{d}t = 0$$

此时

$$\rho = 0, \quad E_s = E_1 = E_2 = \frac{A^2 T_s}{2}$$

代入公式(9-3-3)得 2FSK 信号最佳接收机误码率为

$$P_e = \frac{1}{2}\mathrm{erfc}\left(\sqrt{\frac{E_1}{2n_0}}\right) \qquad (9-3-7)$$

5. 2PSK 信号

前提条件："1"、"0"等概，"1"码能量为 E_1，"0"码能量为 E_2，且 $E_1 = E_2$。

2PSK 可表示为

$$\begin{cases} s_1(t) = -A\cos 2\pi f_c t & \text{"1"} \quad 0 \leqslant t \leqslant T_s \\ s_2(t) = A\cos 2\pi f_c t & \text{"0"} \quad 0 \leqslant t \leqslant T_s \end{cases}$$

此时

$$E_s = E_1 = E_2 = \frac{A^2 T_s}{2}, \quad \rho = \frac{\int_0^{T_s} s_1(t)s_2(t)\mathrm{d}t}{E_s} = -1$$

代入公式(9-3-8)得 2PSK 信号最佳接收机误码率为

$$P_e = \frac{1}{2}\mathrm{erfc}\left(\sqrt{\frac{E_1}{n_0}}\right) \qquad (9-3-8)$$

需要说明的是：单极性基带信号和 2ASK 不符合等能量的条件，我们用平均能量代入式(9-3-3)得到它们的误码率。从数学上可以证明这样得到的结论是正确的。

比较式(9-3-6)、(9-3-7)、(9-3-8)可知，在 n_0 相同时，要达到 2PSK 的误码率，2ASK 信号"1"码能量应为 2PSK"1"码能量的 4 倍，2FSK 信号"1"码能量应为 2PSK 信号"1"码能量的 2 倍。显然，2PSK 信号的误码性能是最好的，2FSK 信号的误码性能次之，三者之中 2ASK 的误码性能最差。这个结论与在普通接收机中得到的结论是一致的。

例 9.3.1 设到达接收机输入端的二元信号 $s_1(t)$ 及 $s_2(t)$ 如图 9.3.4 所示，输入高斯噪声功率谱密度为 $n_0/2$。

(1) 画出匹配滤波器形式的最佳接收机结构。

(2) 确定匹配滤波器的冲激响应及输出波形。

(3) 求此最佳系统的误码率。

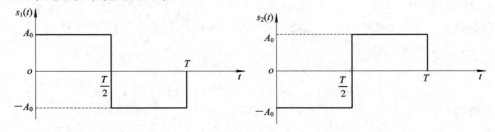

图 9.3.4　输入的二元信号

解　(1) 最佳接收机结构如图 9.3.5 所示。

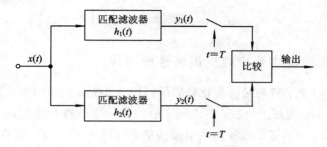

图 9.3.5　最佳接收机结构

(2) 由题意得

$$h_1(t) = s_1(t_0 - t) = s_1(T - t)$$
$$h_2(t) = s_2(t_0 - t) = s_2(T - t)$$

$h_1(t)$、$h_2(t)$ 的波形如图 9.3.6(a) 所示。

匹配滤波器输出

$$y_1(t) = R_{s_1}(t - T), \quad y_2(t) = R_{s_2}(t - T)$$

$y_1(t)$、$y_2(t)$ 的波形图如图 9.3.6(b) 所示。

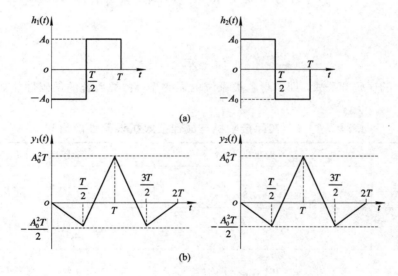

图 9.3.6　波形图

(3) 两个信号能量为

$$E_1 = \int_0^T s_1^2(t)\,\mathrm{d}t = \int_0^T A_0^2\,\mathrm{d}t = A_0^2 T$$

$$E_2 = \int_0^T s_2^2(t)\,\mathrm{d}t = \int_0^T A_0^2\,\mathrm{d}t = A_0^2 T$$

由此看出，两个信号是等能量的，即 $E_s = E_1 = E_2 = A_0^2 T$，则

$$\rho = \frac{\int_0^T s_1(t) s_2(t)\,\mathrm{d}t}{E_s} = \frac{-A_0^2 T}{A_0^2 T} = -1$$

代入式(9-3-3)得系统的误码率为

$$P_e = \frac{1}{2}\mathrm{erfc}\left(\sqrt{\frac{(1-\rho)E_s}{2n_0}}\right) = \frac{1}{2}\mathrm{erfc}\left(\sqrt{\frac{A_0^2 T}{n_0}}\right)$$

9.3.3 最佳接收机与实际接收机误码性能比较

上节我们已经讨论了各类最佳接收机的误码性能。在第7、8章中我们也分析了各类普通接收机的误码性能,为便于比较,将误码率公式中的参数进行适当的换算,统一用接收"1"时的信号能量 E_1 和信道中白噪声的单位功率谱密度 n_0 来表示。换算方法如下:

对于基带系统:

$$\sigma_n^2 = n_0 B = n_0 R_s = \frac{n_0}{T_s}, \quad E_1 = A^2 T_s$$

故有

$$\frac{A}{\sigma_n} = \sqrt{\frac{E_1}{n_0}}$$

对于2ASK、2FSK和2PSK:

$$\sigma_n^2 = n_0 B = n_0 \cdot 2R_s = \frac{2n_0}{T_s}, \quad E_1 = \frac{1}{2}a^2 T_s$$

故有

$$r = \frac{E_1}{2n_0}$$

代入相应的误码率公式,即可得各类系统的误码率,各类系统的误码性能如表9-4-1所示。

表 9-4-1　实际接收机与最佳接收机误码性能比较

	普通接收机 P_e	最佳接收机 P_e
基带单极性	$\frac{1}{2}\mathrm{erfc}\left(\sqrt{\frac{E_1}{8n_0}}\right)$	$\frac{1}{2}\mathrm{erfc}\left(\sqrt{\frac{E_1}{4n_0}}\right)$
基带双极性	$\frac{1}{2}\mathrm{erfc}\left(\sqrt{\frac{E_1}{2n_0}}\right)$	$\frac{1}{2}\mathrm{erfc}\left(\sqrt{\frac{E_1}{n_0}}\right)$
2ASK	$\frac{1}{2}\mathrm{erfc}\left(\sqrt{\frac{E_1}{8n_0}}\right)$	$\frac{1}{2}\mathrm{erfc}\left(\sqrt{\frac{E_1}{4n_0}}\right)$
2FSK	$\frac{1}{2}\mathrm{erfc}\left(\sqrt{\frac{E_1}{4n_0}}\right)$	$\frac{1}{2}\mathrm{erfc}\left(\sqrt{\frac{E_1}{2n_0}}\right)$
2PSK	$\frac{1}{2}\mathrm{erfc}\left(\sqrt{\frac{E_1}{2n_0}}\right)$	$\frac{1}{2}\mathrm{erfc}\left(\sqrt{\frac{E_1}{n_0}}\right)$

由表看出,普通接收机的误码性能都明显低于最佳接收机。若要达到最佳接收机性能,显然要求输入信噪比提高1倍即提高3 dB。可见,最佳接收机是优于普通接收机的。另外,普通接收机计算带宽时,我们仅以频谱的主瓣来计算,实际上带宽比此值要大,会引入更多的噪声,因此普通接收机性能比公式计算结果还要差些。

习　题

1. 有如题 1 图所示的持续时间为 2 s 的信号 $s(t)$。在白噪声功率谱为 $n_0/2$ 的背景下传输，用匹配滤波器检测该信号。

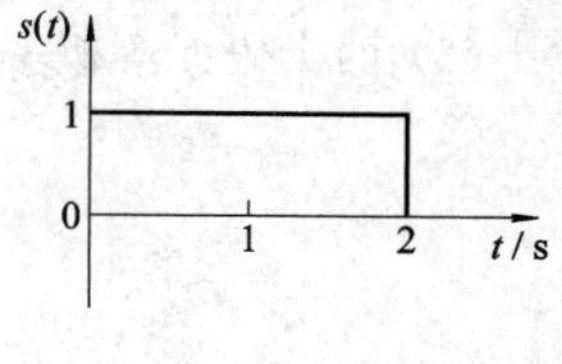

(1) 试画出该信号的匹配滤波器冲激响应。

(2) 计算该匹配滤波器的传输特性。

(3) 画出匹配滤波器的输出波形。

(4) 求匹配滤波器输出平均噪声功率。

(5) 求匹配滤波器输出最大信噪比。

题 1 图

2. 已知矩形脉冲波形 $p(t) = A[U(t) - U(t-T)]$，$U(t)$ 为阶跃函数。

(1) 画出匹配滤波器的冲激响应。

(2) 画出匹配滤波器的输出波形。

(3) 输出信号在什么时刻达到最大值？并求最大值。

3. 在功率谱密度为 $n_0/2$ 的高斯白噪声下，设计一个对题 3 图所示波形匹配的滤波器。

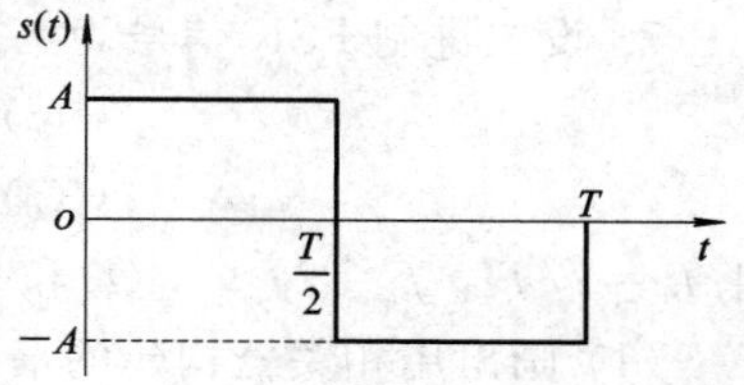

(1) 确定输出最大信噪比的时刻。

(2) 画出匹配滤波器的冲激响应和输出波形，并标出关键参数。

(3) 求最大输出信噪比。

题 3 图

4. 在题 4 图(a)中，设系统输入 $s(t)$ 及 $h_1(t)$、$h_2(t)$ 分别如题 4 图(b)所示，试画出 $h_1(t)$ 及 $h_2(t)$ 的输出波形，并说明 $h_1(t)$ 及 $h_2(t)$ 是否是 $s(t)$ 的匹配滤波器。

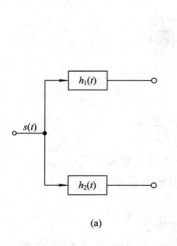

(a)

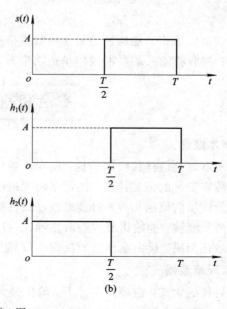

(b)

题 4 图

5. 设到达接收机输入端的二进制信号码元 $s_1(t)$ 及 $s_2(t)$ 的波形如题 5 图所示，输入高斯噪声功率谱密度为 $n_0/2$。

(1) 画出匹配滤波器形式的最佳接收机结构。

(2) 画出匹配滤波器的冲激响应及输出波形。

(3) 两个码元等概率出现时，求系统的误码率。

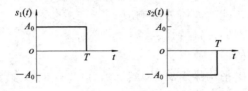

题 5 图

6. 在使用匹配滤波器接收的 2PSK 系统中，设"1"、"0"码等概，若误比特率 $P_b = 1.5 \times 10^{-5}$，2PSK 信号的幅度 $A = 10$ V，在功率谱密度 $n_0 = 3.69 \times 10^{-7}$ W/Hz 的白噪声信道上传输，求码元速率是多少。

7. 设二进制 FSK 信号为

$$s_1(t) = A_0 \sin 2\pi f_1 t, \quad 0 \leqslant t \leqslant T_s$$
$$s_2(t) = A_0 \sin 2\pi f_2 t, \quad 0 \leqslant t \leqslant T_s$$

且 $f_1 = 2/T_s$，$f_2 = 2f_1$，$s_1(t)$ 和 $s_2(t)$ 等概出现。

(1) 画出用相关器构建的最佳接收机框图。

(2) 画出各点的工作波形。

(3) 若接收机输入高斯噪声功率谱密度为 $n_0/2$，试求系统的误码率。

8. 设等概的两个 2PSK 信号为

$$s_1(t) = -A \cos 2\pi f_c t, \quad 0 \leqslant t \leqslant T_s$$
$$s_2(t) = A \cos 2\pi f_c t, \quad 0 \leqslant t \leqslant T_s$$

(1) 试画出用相关器构建的最佳接收机框图。

(2) 若接收机输入端高斯噪声单边功率谱密度为 n_0，试求系统的误码率。

本章知识点小结

1. 基本概念

(1) 本章讨论最佳接收的前提：白噪声条件。

(2) 数字信号的最佳接收：能使误码率最小的接收方式。

(3) 最佳接收机的构成：最佳滤波和最佳判决。

(4) 最佳滤波：能输出最大瞬时信噪比(此时判决，误码率最小)。

(5) 最佳判决：设定最佳的判决规则(门限)，使误码率最小。

2. 匹配滤波器

(1) 最佳的含义：白噪声条件下，输出最大瞬时信噪比。

(2) 传输特性：$H(f) = kS^*(f)e^{-j2\pi f t_0}$，可见信号不同，对应的匹配滤波器也不同。所以对某个信号匹配的滤波器，对于其它信号就不再是匹配滤波器了。

（3）冲激响应：$h(t) = ks(t_0 - t)$，其中 t_0 通常取输入信号的终止时刻。

（4）输出信号：$s_\circ(t) = kR_s(t - t_0)$，在 $t = t_0$ 时刻输出最大值 $s_\circ(t_0) = kE$，其中 E 为输入信号的能量。

（5）最大瞬时信噪比：$r_{\text{omax}} = \dfrac{2E}{n_0}$，说明最大信噪比只与信号的能量和白噪声的功率谱密度有关，与信号波形无关。但相同能量不同波形的信号，其匹配滤波器的传输特性是不同的。

（6）匹配滤波器传输特性与信号频谱有关，而信号频谱的幅频特性通常不为常数，也就是说匹配滤波器的幅频特性通常是不理想的，所以信号通过匹配滤波器会产生严重的波形失真（见例 9.2.1）。

（7）匹配滤波器只能用于接收数字信号。对数字信号的传输而言，我们关心的是取样判决是否正确，不太关心波形是否失真，而匹配滤波器输出能获取最大信噪比，它有利于取样判决，减小误码率，所以匹配滤波器适合于接收数字信号。因为匹配滤波器会使传输波形产生严重的失真，所以它不能用于模拟信号的接收。

3. 最佳接收机结构及误码率

（1）最佳接收机结构有两种：匹配滤波型最佳接收机和相关器型最佳接收机结构。

（2）二元数字信号最佳接收机的误码率。

① 公式条件：二元信号等概等能量，在此条件下，择大判决为最佳判决。

② 误码率公式：

$$P_\text{e} = \frac{1}{2}\text{erfc}\left(\sqrt{\frac{(1-\rho)E_s}{2n_0}}\right)$$

特别地，对于单极性信号（包括单极性基带信号和 2ASK），$\rho = 0$，$E_s = E_1/2$，此时误码率公式为

$$P_\text{e} = \frac{1}{2}\text{erfc}\left(\sqrt{\frac{E_1}{4n_0}}\right)$$

本章自测自评题

一、填空题（每空 2 分，共 40 分）

1. 在数字通信系统中，不同的接收方法有不同的误码性能，能使_____最小的接收方式称为最佳接收。一个数字通信系统的接收设备可以视作一个判决装置，它由一个_____和一个_____构成。

2. 理论和实践均已证明：在白噪声干扰下，如果线性滤波器的输出端在某一时刻使_____达到最大，就可使判决电路出现错误的概率最小。这样的滤波器称为_____，它是在_____意义下的最佳线性滤波器。

3. 设输入信号为 $s(t)$，则与之匹配的滤波器的冲激响应 $h(t)$ 为_____，传输特性 $H(f)$ 为_____，匹配滤波器的输出端的信号 $s_\circ(t)$ 为_____，输出最大信噪比 r_{omax} 为_____。

4. 若输入到滤波器的信号是宽度为 T_b、幅度为 A 的矩形脉冲信号，信道中白噪声的单边功率谱密度为 n_0，为使滤波器的输出端在某一时刻输出最大信噪比，则要求滤波器的

冲激响应为_____，传输特性为_____，输出最大信噪比为_____。

5. 已知信道中白噪声的单边功率谱密度为 n_0，输入到匹配滤波器的信号为 $s(t) = A\cos 2\pi f_c t$ $(0 \leqslant t \leqslant T_b)$，则匹配滤波器在_____时刻输出最大信噪比，最大信噪比为_____。

6. 二元最佳接收机的误码率公式为_____，对于单极性全占空矩形脉冲信号，当接收矩形脉冲的宽度为 T_b、高度为 a 时，误码率为_____，对于 2PSK 信号，当码元宽度为 T_b、接收信号的幅度为 a 时，误码率为_____，用信噪比 $r = \dfrac{a^2}{2\sigma_n^2}$ 表示时，2PSK 最佳接收机的误码率为_____（其中 $\sigma_n^2 = n_0 B_{2PSK}$），与第 8 章介绍的 2PSK 解调器误码性能相比，为使达到同样的误码率，最佳接收机的信噪比是普通 2PSK 解调器信噪比的_____。

二、选择题（每题 5 分，共 20 分）

1. 为确保匹配滤波器是物理可实现的，且又能尽快地对接收信号作出判决，则 $h(t) = ks(t_0 - t)$ 中 t_0 通常取值为_____。

  A. 输入信号的起始时刻   B. 输入信号的终止时刻

  C. 输出信号的起始时刻   D. 输出信号的终止时刻

2. 匹配滤波器的输出信号为 $s_o(t) = kR_s(t - t_0)$，它在 $t = t_0$ 时刻输出最大值为_____。

  A. $s_o(t_0) = kE$ B. $s_o(t_0) = kR_s(t_0)$

  C. $s_o(t_0) = kE^2$ D. $s_o(t_0) = k^2 E$

注：其中 E 为输入信号的能量。

3. 设加性高斯白噪声的单边功率谱密度为 n_0，输入信号的能量为 E，则匹配滤波器的最大输出信噪比为_____。

  A. $\dfrac{E}{2n_0}$ B. $\dfrac{E}{n_0}$ C. $\dfrac{2E}{n_0}$ D. $\dfrac{4E}{n_0}$

4. 由第 8 章可知，2FSK 相干解调器的误码率为 $P_e = \dfrac{1}{2}\text{erfc}\left(\sqrt{\dfrac{r}{2}}\right)$，其中 $r = \dfrac{a^2/2}{\sigma_n^2}$，若用 $\dfrac{E_b}{n_0}$ 来表示误码率，则 2FSK 的误码率为_____。

  A. $\dfrac{1}{2}\text{erfc}\left(\sqrt{\dfrac{E_b}{4n_0}}\right)$ B. $\dfrac{1}{2}\text{erfc}\left(\sqrt{\dfrac{E_b}{3n_0}}\right)$

  C. $\dfrac{1}{2}\text{erfc}\left(\sqrt{\dfrac{E_b}{2n_0}}\right)$ D. $\dfrac{1}{2}\text{erfc}\left(\sqrt{\dfrac{E_b}{n_0}}\right)$

注：其中 E_b 为接收 2FSK 信号的比特能量，也是接收 2FSK 信号的符号能量（二进制信号的比特能量等于符号能量）。

三、综合题（每题 20 分，共 40 分）

1. 将题 9.3.1 图所示的幅度为 A 伏，宽为 τ_0 秒的矩形脉冲加到与其相匹配的匹配滤波器上，则滤波器输出是一个三角形脉冲。

（1）求输出脉冲的峰值；

（2）如果把功率谱密度为 $n_0/2$（W/Hz）的白噪声加到此滤波器的输入端，计算输出端的噪声平均功率；

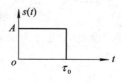

题 9.3.1 图

（3）设信号和白噪声同时出现于滤波器的输入端，试计算在信号脉冲峰值时的输出信噪比。

2. 某二进制数字传输系统采用匹配滤波器构成最佳接收机。接收机两个匹配滤波器的单位冲激响应 $h_1(t)$ 和 $h_2(t)$ 的波形如题 9.3.2 图所示，恒参信道加性高斯白噪声的均值为零，噪声双边功率谱密度为 N_0。

（1）试构成匹配滤波器形式的最佳接收机，并确定输入信号 $s_1(t)$ 的时间波形；

（2）若发送信号为 $s_1(t)$，试画出匹配滤波器 $h_1(t)$ 和 $h_2(t)$ 的输出波形，并求最佳判决时刻及输出信噪比；

（3）若发送信号 $s_1(t)$ 和 $s_2(t)$ 概率相等，试求接收机输出误码率。

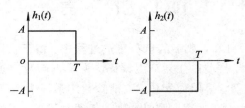

题 9.3.2 图

第10章　信道编码

10.1　引　　言

通过第 7、8 章的学习可知，数字信息在传输过程中，由于实际信道的传输特性不理想以及存在噪声及干扰，在接收端往往会产生误码。为了提高数字通信的可靠性，可合理设计系统的发送和接收滤波器，采用均衡技术，消除数字系统中码间干扰的影响，还可选择合适的调制解调技术，增加发射机功率，采用先进的天线技术等。若数字系统的误码率仍不能满足要求，则可以采用信道编码技术，进一步降低误码率。采用信道编码技术的数字通信系统如图 10.1.1 所示。

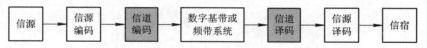

图 10.1.1　采用信道编码技术的数字通信系统

信道编码又称差错控制编码，其基本原理是：发送端的信道编码器按一定的规律给信息增加冗余码元(监督码元)，使随机的原始数字信息变成具有一定规律的数字信息，而接收端的信道译码器则利用这些规律，发现或纠正接收码元中可能存在的错码。冗余码元的引入提高了传输的可靠性，但降低了传输效率，换句话说，信道编码是以牺牲有效性来换取可靠性的。

信道编码不同于第 6 章介绍的信源编码。信源编码是为提高数字信号有效性而采取的一种编码技术，其宗旨是尽可能压缩冗余度，从而降低数码率，压缩传输频带。而信道编码的目的是通过增加冗余度来提高数字通信的可靠性的。需要强调的是：信源编码减少的冗余度与信道编码增加的冗余度是不同的。信源编码减少的冗余度是随机的、无规律的，即使不减少它，它也不能用来检错或纠错；信道编码增加的冗余度则是特定的、有规律的、有用的，可用它来检错和纠错。

本章主要介绍常用的信道编码技术，主要内容有常用检错码、常用纠错码的编码和译码原理，最后还将介绍 m 序列及其应用。

10.2　信道编码的基本概念

10.2.1　信道编码的检错、纠错原理

信道编码的基本思想是在被传输信息中附加一些冗余码元，我们称这些冗余码元为监

督码元。而接收端则利用监督码元检测和纠正错误。下面举例说明信道编码的检错和纠错原理。

　　设信源输出 A 和 B 两种消息，经信源编码后输出"1"和"0"两种代码，分别表示 A 和 B 两种消息。假设信源不经过信道编码直接传输，那么当传输发生误码，即"1"错成"0"或"0"错成"1"时，接收端则无法判断收到的码元是否发生了错误，因为"1"和"0"都是发送端可能发送的码元，如图 10.2.1(a)所示。

　　若增加一位监督码元，增加的监督码元与信息码元相同，即用"11"表示消息 A，用"00"表示信息 B。如传输过程中发生 1 位错误，则"11"、"00"变成"10"或"01"。此时接收端能发现这种错误，因为发送端不可能发送"01"或"10"。但它不能纠错，因为"11"和"00"出现 1 位错误时都可变成"10"或"01"。所以，当接收端收到"10"或"01"时，它无法确定发送端发送的是"11"还是"00"，如图 10.2.1(b)所示。

　　若增加二位监督码元，监督码元仍和信息码元相同，即用"111"表示消息 A，用"000"表示消息 B。则若传输过程中出现 1 位错误，可以纠正。如发送端发送"111"，传输中出现 1 位错误，使得接收端收到"110"。此时显然能发现这个错误，因为发送端只可能发送"111"或"000"。再根据"110"与"111"及"000"的相似程度，将"110"翻译为"111"，这时"110"中的 1 位错误得到了纠正。如果"111"在传输过程中出现 2 位错误，接收端收到"100"、"010"或"001"。因为它们即不代表消息 A，也不代表消息 B，所以接收端能发现出了错误，但无法纠正这 2 位错误。如果一定要纠错，会将"100"、"010"或"001"翻译成"000"，显然纠错没有成功，如图 10.2.1(c)所示。

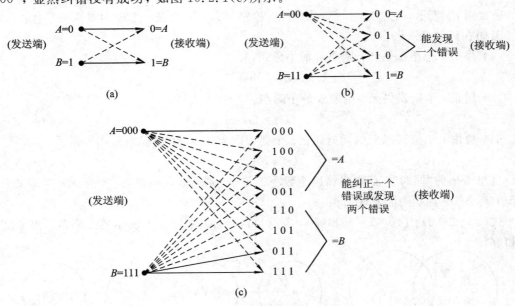

图 10.2.1　纠、检错原理示意图

从以上例子可看出，增加冗余度能提高信道编码的纠、检错能力。

10.2.2　码长、码重、码距和编码效率

　　原始数字信息是分组传输的，以二进制编码为例，每 k 个二进制位为一组，称为信息

组，经信道编码后转换为每 n 个二进制位为一组的码字(也称为码组)，码字中的二进制位称为码元。码字中监督码元数 $r＝n-k$。

一个码字中码元的个数称为码字的长度，简称为码长，通常用 n 表示。如码字"11011"，码长 $n＝5$。

码字中"1"码元的数目称为码字的重量，简称为码重，通常用 W 表示。如码字"11011"，码重 $W＝4$。

两个等长码字之间对应码元不同的数目称为这两个码字的汉明距离，简称为码距，通常用 d 表示。如码字"11011"和"00101"之间有四个对应码元不同，故码距 $d＝4$。由于两个码字模 2 相加，对应码元不同的位必为 1，对应码元相同的位必为 0，所以两个码字模 2 相加得到的新码组的重量就是这两个码字之间的距离。如：$11011\oplus00101＝11110$，11110 的码重为 4，与上述所得到的码距相同。

信息码元数与码长之比定义为编码效率，通常用 η 表示，η 的表达式为

$$\eta = \frac{k}{n} \tag{10-2-1}$$

编码效率是衡量编码性能的又一个重要参数。编码效果越高，传输效率越高，但此时纠、检错能力要降低，当 $\eta＝1$ 时就没有纠、检错能力了。

10.2.3　最小码距 d_0 与码的纠、检错能力之间的关系

一个码通常由多个码字构成。码字集合中两两码字之间距离的最小值称为码的最小距离，通常用 d_0 表示，它决定了一个码的纠、检错能力，因此是一个极为重要的参数。

若想在码的任一码字内：

(1) 检出 e 个错误码元，则要求最小码距：

$$d_0 \geqslant e+1 \tag{10-2-2}$$

(2) 纠正 t 个错误码元，则要求最小码距：

$$d_0 \geqslant 2t+1 \tag{10-2-3}$$

(3) 检出 e 个错误码元的同时纠正 t 个错误码元 $(e＞t)$，则要求最小码距：

$$d_0 \geqslant e+t+1 \tag{10-2-4}$$

这里所指的"同时"，是指当错误个数小于等于 t 时，该码能纠正 t 个错误；当错误个数大于 t 而小于 e 时，则能发现错误。

式(10-2-2)、(10-2-3)和(10-2-4)可以用如图 10.2.2 所示的几何图形形象地说明和解释。

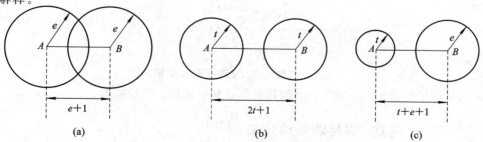

图 10.2.2　码距与纠、检错能力之间关系的几何解释

图 10.2.2(a)中，当 A、B 两个码字之间的距离为 $e+1$ 时，任何一个码字发生小于等于 e 个错误时都不会变成另一个码字，因而这些错误可以被检测出来。图 10.2.2(b)中，当 A、B 两个码字之间的距离为 $2t+1$ 时，任何一个码字发生小于等于 t 个错误时仍然在本码字的纠错范围内，故错误都能被纠正；否则会进入另一个码字的纠错范围而被纠正成另一个码字，则纠错失败。图 10.2.2(c)中，若错误个数小于等于 e，则不会落入另一个码字的纠错范围，错误可被发现；若错误个数大于 e，则会落入另一个码字的纠错范围而被纠正成另一个码字，错误将无法被发现。可见，检测 e 个错误的同时纠正 t 个错误，要求最小码距至少为 $t+e+1$。

例 10.2.1　设有一个码，其码字集共有两个码字，A 码字为 0000，B 码字为 1111，则 A、B 间的码距为此码的最小码距 $d_0=4$，求此码的纠、检错能力。

解　(1) 采用式(10-2-2)求码的检错能力。将最小码距代入式(10-2-2)得

$$e \leqslant 3$$

即此码若用于检错，最多能检测出码字中的三个错误。

(2) 采用式(10-2-3)求码的纠错能力。将最小码距代入式(10-2-3)得

$$t \leqslant 1.5$$

即此码若用于纠错，最多能纠正码字中的一个错误。

(3) 采用式(10-2-4)求码的混合纠错、检错能力。将最小码距入式(10-2-4)得

$$4 \geqslant t+e+1$$

显然，$e=2$ 和 $t=1$ 满足此式且符合 $e>t$ 的要求，因此采用此码检错并同时纠错时，能纠正一个错误且能检测出两个错误。

从例 10.2.1 可发现，此码用于检错时，最多能检 3 个错误；用于检错并同时纠错时，能检出 2 位错误，与单纯检错系统相比，检错能力有所减弱，为什么呢？因为当码字中发生 3 位错误，如"1111"错成"0001"时，由于系统具有纠错功能，系统认为"0001"中只有 1 位错误，会自动将"0001"纠正为"0000"，因而系统无法发现 3 位错误。这一点请读者仔细体会并理解。

10.2.4　信道编码的分类

信道编码有许多分类方法。

(1) 根据信息码元和附加的监督码元之间的关系可以分为线性码和非线性码。若监督码元与信息码元之间的关系可用线性方程来表示，即监督码元是信息码元的线性组合，则称为线性码。反之，若两者不存在线性关系，则称为非线性码。

(2) 根据上述关系涉及的范围来分，可分为分组码及卷积码。分组码的各码元仅与本组的信息码元有关；卷积码中的码元不仅与本组信息码元有关，而且还与前面若干组的信息码元有关，因此卷积码又称为连环码。线性分组码中，把具有循环移位特性的码称为循环码，否则称为非循环码。

(3) 根据码字中信息码元在编码前后是否相同可分为系统码和非系统码。编码前后信息码元保持原样不变的称为系统码，反之称为非系统码。

(4) 根据码的用途可分为检错码和纠错码。以检测(发现)错误为目的的码称为检错码，以纠正错误为目的的码称为纠错码。纠错码一定能检错，但检错码不一定能纠错。通

常将纠、检错码统称为纠错码。

（5）根据纠（检）错误的类型可分为纠（检）随机错误码、纠（检）突发错误码和既能纠（检）随机错误同时又能纠（检）突发错误码。

（6）根据码元取值的进制可分为二进制码和多进制码。本章仅介绍二进制码。

10.2.5 差错控制方式

常用的差错控制方式主要有三种：前向纠错（FEC）、检错重发（ARQ）和混合纠错（HEC）。它们所对应的差错控制系统如图10.2.3所示。

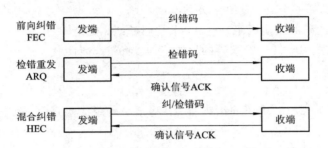

图 10.2.3 三种主要的差错控制方式

前向纠错记作 FEC，又称自动纠错。在这种系统中，发端发送纠错码，收端译码器自动发现并纠正错误。FEC 的特点是不需要反向信道，实时性好，FEC 适合于要求实时传输信号的系统，但编码、译码电路相对较复杂。

检错重发记作 ARQ，又叫自动请求重发。在这种系统中，发端发送检错码，通过正向信道送到收端，收端译码器检测收到的码字中有无错误。如果接收码字中无错误，则向发送端发送确认信号 ACK，告诉发送端此码字已正确接收；如果收到的码字中有错误，收端不向发送端发送确认信号 ACK，发送端等待一段时间后再次发送此码字，一直到正确接收为止。ARQ 的特点是需要反向信道，编、译码设备简单。ARQ 适合于不要求实时传输但要求误码率很低的数据传输系统。

混合纠错记作 HEC，是 FEC 与 ARQ 的结合。发端发送纠/检错码（纠错的同时检错），通过正向信道送到收端，收端对错误能纠正的就自动纠正，纠正不了时就等待发送端重发。HEC 同时具有 FEC 的高传输效率，ARQ 的低误码率及编码、译码设备简单等优点。但 HEC 需要反向信道，实时性差，所以不适合于实时传输信号。

10.3 常用检错码

检错码是用于发现错误的码。在 ARQ 系统中使用。这里只介绍几种常用的检错码。这些码虽然简单，但由于它们易于实现，检错能力较强，因此实际系统中用得很多。

10.3.1 奇偶监督码

奇偶监督码是一种最简单也是最基本的检错码，又称为奇偶校验码。其编码方法是把信息码元先分组，然后在每组的最后加 1 位监督码元，使该码字中"1"的数目为奇数或偶数，奇数时称为奇监督码，偶数时称为偶监督码。信息码元长度为 3 时的奇监督码和偶监督码如表 10-3-1 所示。

表 10-3-1 码长为 4 的奇、偶监督码

序号	码长为 4 的奇监督码		序号	码长为 4 的偶监督码	
	信息码元 $a_3a_2a_1$	监督码元 a_0		信息码元 $a_3a_2a_1$	监督码元 a_0
0	000	1	0	000	0
1	001	0	1	001	1
2	010	0	2	010	1
3	011	1	3	011	0
4	100	0	4	100	1
5	101	1	5	101	0
6	110	1	6	110	0
7	111	0	7	111	1

奇偶监督码的译码也很简单。译码器检查接收码字中"1"的个数是否符合编码时的规律。如奇监督码，若接收码字中"1"的个数为奇数，显然"1"的个数符合编码时的规律，则译码器认为接收码字没有错误；若"1"的个数为偶数，不符合编码时的规律，则译码器认为接收码字中有错误。

不难看出，这种奇偶监督码只能发现单个和奇数个错误，而不能检测出偶数个错误，因此它的检错能力不高。但是由于该码的编、译码方法简单，而且在很多实际系统中，码字中发生单个错误的可能性比发生多个错误的可能性大得多，所以奇偶监督码得到广泛应用。

10.3.2 行列奇偶监督码

行列奇偶监督码又称二维奇偶监督码或矩阵码。编码时首先将信息排成一个矩阵，然后对每一行、每一列分别进行奇或偶监督编码。编码完成后可以逐行传输，也可以逐列传输。译码时分别检查各行、各列的奇偶监督关系，判断是否有错。一个行列监督码字的例子如下所示：

$$\begin{matrix} & & & & & \text{监督码元（奇监督）} \\ 1 & 1 & 0 & 0 & 1 & 0 \\ 0 & 1 & 0 & 1 & 0 & 1 \\ 0 & 0 & 0 & 0 & 1 & 0 \\ 1 & 1 & 1 & 1 & 1 & 0 \\ \text{监督码元（奇监督）}1 & 0 & 0 & 1 & 0 & 0 \end{matrix}$$

行列监督码字的右下角这个码元可以对行进行监督，也可以对列进行监督，甚至可以对整个码字进行监督，本例中此码元对列进行奇监督。

行列监督码具有较强的检测随机错误的能力，能发现 1、2、3 及其它奇数个错误，也能发现大部分偶数个错误,但分布在矩形的四个项点上的偶数个错误无法发现。

这种码还能发现长度不大于行数或列数的突发错误。这种码也能纠正单个错误或仅在一行或一列中的奇数个错误,因为这些错误的位置是可以由行、列监督而确定的。

10.3.3 恒比码

恒比码又称为等重码或等比码。这种码的码字中"1"和"0"的位数保持恒定的比例。由于每个码字的长度是相同的,若"1"、"0"恒比,则码字必等重。这种码在收端进行检测时,只要检测码字中"1"的个数是否与规定的相同,就可判别有无错误。

我们国家邮电部门采用的五单位数字保护电码是一种"1"、"0"个数之比为 3∶2 的恒比码。此码有 10 个码字,恰好可用来表示 10 个阿拉伯数字,如表 10-3-2 所示。

表 10-3-2 五单位数字保护码

数　字	码　　　字				
0	0	1	1	0	1
1	0	1	0	1	1
2	1	1	0	0	1
3	1	0	1	1	0
4	1	1	0	1	0
5	0	0	1	1	1
6	1	0	1	0	1
7	1	1	1	0	0
8	0	1	1	1	0
9	1	0	0	1	1

不难看出,恒比码能够检测码字中所有奇数个错误及部分偶数个错误。该码的主要优点是简单。实践证明,采用这种码后,我国汉字电报的差错率大为降低。

10.4　线 性 分 组 码

10.4.1 线性分组码的特点

既是线性码又是分组码的码称为线性分组码。由码的分类我们知道,监督码元仅与本组信息码元有关的码称为分组码,监督码元与信息码元之间的关系可以用线性方程表示的码称为线性码。所以,在线性分组码中,一个码字中的监督码元只与本码字中的信息码元有关,而且这种关系可以用线性方程来表示。如(7,3)线性分组码,码字长度为 7,一个码字内信息码元数为 3,监督码元数为 4。码字用 $A=[a_6a_5a_4a_3a_2a_1a_0]$ 表示,前三位表示信息码元,后四位表示监督码元,监督码元与信息码元之间的关系可用如下方程组表示:

$$\begin{cases} a_3 = a_6 \quad\ \ + a_4 \\ a_2 = a_6 + a_5 + a_4 \\ a_1 = a_6 + a_5 \\ a_0 = \quad\ \ a_5 + a_4 \end{cases} \quad (10-4-1)$$

显然，当三位信息码元 $a_6 a_5 a_4$ 给定时，根据式（10-4-1）即可计算出四位监督码元 $a_3 a_2 a_1 a_0$，然后由这 7 位构成一个码字输出。所以编码器的工作就是根据收到的信息码元，按编码规则计算监督码元，然后将由信息码元和监督码元构成的码字输出。由编码规则（10-4-1）得到的（7，3）线性分组码的全部码字列于表 10-4-1 中。读者可根据式（10-4-1）自行计算监督码元加以验证。需要说明的是，式（10-4-1）中及本章其它地方出现的"+"是模 2 加，也即异或，以后不再另行说明。

表 10-4-1 （7，3）线性分组码的码字表

序　号	码　字						
	信息码元			监督码元			
	$a_6 a_5 a_4$			$a_3 a_2 a_1 a_0$			
0	0	0	0	0	0	0	0
1	0	0	1	1	1	0	1
2	0	1	0	0	1	1	1
3	0	1	1	1	0	1	0
4	1	0	0	1	1	1	0
5	1	0	1	0	0	1	1
6	1	1	0	1	0	0	1
7	1	1	1	0	1	0	0

　　线性分组码有一个重要特点：封闭性。利用这一特点可方便地求出线性分组码的最小码距，进而可确定线性分组码的纠、检错能力。

　　线性分组码的封闭性是指：码字集中任意两个码字对应位模 2 加后，得到的码字仍然是该码字集中的一个码字。如表 10-4-1 中，码字"0011101"和码字"1110100"对应位模 2 加得"1101001"，"1101001"是表 10-4-1 中的 6 号码字。由于两个码字模 2 加所得的码字的重量等于这两个码字的距离，故 (n,k) 线性分组码中两个码字之间的码距一定等于该分组码中某一非全 0 码字的重量。因此，线性分组码的最小码距必等于码字集中非全 0 码字的最小重量。线性分组码中一定有全 0 码字，设全 0 码字为 A_0，则线性分组码 (n,k) 的最小码距为

$$d_0 = W_{\min}(A_i) \qquad A_i \in (n,k), \, i \neq 0 \qquad (10-4-2)$$

　　一个码字集的最小码距决定了这个码的纠、检错能力，线性分组码的封闭性给码距的求解带来了便利。利用式（10-4-2）可方便地求出上述（7，3）分组码的码距，具体方法是：全 0 码字除外，求出余下 7 个码字的重量，因为 7 个码字的重量都等于 4，所以最小重量等于 4，最小码距 $d_0 = 4$。此（7，3）分组码用于检错，最多能检 3 个错误，用于纠错，则最多能纠 1 个错误。

　　对线性分组有了一般性了解后，下面将系统讨论线性分组码的编码、译码方法。

10.4.2　线性分组码的编码

　　下面仍以上述（7，3）线性分组码为例，用矩阵理论来讨论线性分组码的编码过程，并

得到两个重要的矩阵：生成矩阵 G 和监督矩阵 H。

式$(10-4-1)$所示监督方程组可改写为

$$\begin{cases} a_6 & +a_4+a_3 & = 0 \\ a_6+a_5+a_4 & +a_2 & = 0 \\ a_6+a_5 & +a_1 & = 0 \\ a_5+a_4 & +a_0 & = 0 \end{cases} \tag{10-4-3}$$

写成矩阵形式有

$$\begin{bmatrix} 1 & 0 & 1 & 1 & 0 & 0 & 0 \\ 1 & 1 & 1 & 0 & 1 & 0 & 0 \\ 1 & 1 & 0 & 0 & 0 & 1 & 0 \\ 0 & 1 & 1 & 0 & 0 & 0 & 1 \end{bmatrix} \begin{bmatrix} a_6 \\ a_5 \\ a_4 \\ a_3 \\ a_2 \\ a_1 \\ a_0 \end{bmatrix} = \begin{bmatrix} 0 \\ 0 \\ 0 \\ 0 \end{bmatrix}$$

简记为

$$H \cdot A^\mathrm{T} = 0^\mathrm{T} \tag{10-4-4}$$

或

$$A \cdot H^\mathrm{T} = 0 \tag{10-4-5}$$

其中，A^T 是码字 A 的转置，0^T 是 $0 = \begin{bmatrix} 0 & 0 & 0 & 0 \end{bmatrix}$ 的转置，H^T 是 H 的转置，H 为

$$H = \begin{bmatrix} 1 & 0 & 1 & 1 & 0 & 0 & 0 \\ 1 & 1 & 1 & 0 & 1 & 0 & 0 \\ 1 & 1 & 0 & 0 & 0 & 1 & 0 \\ 0 & 1 & 1 & 0 & 0 & 0 & 1 \end{bmatrix} \tag{10-4-6}$$

式$(10-4-6)$称为此$(7,3)$线性分组码的监督矩阵。(n,k)线性分组码的监督矩阵 H 由 r 行 n 列组成，且这 r 行是线性无关的。系统码的监督矩阵可写成如下形式

$$H = \begin{bmatrix} P & I_r \end{bmatrix}$$

这样的监督矩阵称为典型监督矩阵。其中 I_r 为 $r \times r$ 的单位矩阵。P 是 $r \times k$ 的矩阵。对式$(10-4-6)$有

$$P = \begin{bmatrix} 1 & 0 & 1 \\ 1 & 1 & 1 \\ 1 & 1 & 0 \\ 0 & 1 & 1 \end{bmatrix}$$

$$I_r = \begin{bmatrix} 1 & 0 & 0 & 0 \\ 0 & 1 & 0 & 0 \\ 0 & 0 & 1 & 0 \\ 0 & 0 & 0 & 1 \end{bmatrix}$$

由典型监督矩阵可以求出系统码(n,k)的生成矩阵为

$$G = \begin{bmatrix} I_k & P^\mathrm{T} \end{bmatrix} \tag{10-4-7}$$

G 称为典型生成矩阵。其中，I_k 是 $k \times k$ 的单位矩阵。显然，生成矩阵 G 是 k 行 n 列矩阵。

与式(10-4-6)相对应的生成矩阵为

$$G = \begin{bmatrix} 1 & 0 & 0 & 1 & 1 & 1 & 0 \\ 0 & 1 & 0 & 0 & 1 & 1 & 1 \\ 0 & 0 & 1 & 1 & 1 & 0 & 1 \end{bmatrix} \qquad (10-4-8)$$

当信息给定时，由生成矩阵求码字的方法是

$$A = M \cdot G \qquad (10-4-9)$$

其中，M 为信息矩阵。如 $M = [0\ 0\ 1]$ 时，通过生成矩阵 G 得到的码字为

$$A = [0\ 0\ 1] \cdot \begin{bmatrix} 1 & 0 & 0 & 1 & 1 & 1 & 0 \\ 0 & 1 & 0 & 0 & 1 & 1 & 1 \\ 0 & 0 & 1 & 1 & 1 & 0 & 1 \end{bmatrix}$$

$$= [0\ 0\ 1\ 1\ 1\ 0\ 1]$$

改变信息矩阵 M 可求出此(7,3)码的全部码字，它们与表 10-4-1 所列码字完全一样。

例 10.4.1　汉明码是一种高效率的纠单个错误的线性分组码。其特点是最小码距 $d_0 = 3$，码长 n 与监督码元个数 r 满足关系式

$$n = 2^r - 1 \qquad (10-4-10)$$

其中，$r \geq 3$。所以有(7,4)、(15,11)、(31,26)等汉明码。设(7,4)汉明码的3个监督码元与4个信息码元之间的关系如下

$$\begin{cases} a_6 + a_5 + a_4 \quad\quad + a_2 \quad\quad\quad = 0 \\ a_6 + a_5 \quad\quad + a_3 \quad\quad + a_1 \quad\quad = 0 \\ a_6 \quad\quad + a_4 + a_3 \quad\quad\quad\quad + a_0 = 0 \end{cases} \qquad (10-4-11)$$

试求(7,4)汉明码的全部码字。

解　我们用式(10-4-9)来求码字。首先求出(7,4)汉明码的典型生成矩阵 G。

由式(10-4-11)给定的监督关系求出监督矩阵如下

$$H = \begin{bmatrix} 1 & 1 & 1 & 0 & 1 & 0 & 0 \\ 1 & 1 & 0 & 1 & 0 & 1 & 0 \\ 1 & 0 & 1 & 1 & 0 & 0 & 1 \end{bmatrix} = [P I_3]$$

所以

$$P = \begin{bmatrix} 1 & 1 & 1 & 0 \\ 1 & 1 & 0 & 1 \\ 1 & 0 & 1 & 1 \end{bmatrix}$$

根据式(10-4-7)得到典型生成矩阵 G 为

$$G = \begin{bmatrix} 1 & 0 & 0 & 0 & 1 & 1 & 1 \\ 0 & 1 & 0 & 0 & 1 & 1 & 0 \\ 0 & 0 & 1 & 0 & 1 & 0 & 1 \\ 0 & 0 & 0 & 1 & 0 & 1 & 1 \end{bmatrix}$$

根据式(10-4-9)，依次代入信息矩阵 $M = [0\ 0\ 0\ 0] \sim [1111]$，即可求出(7,4)汉明码的所有 16 个码字，所求结果详见表 10-4-2。

表 10 - 4 - 2   (7，4)汉明码的码字表

序号	码 字		序号	码 字	
	信息码元	监督码元		信息码元	监督码元
0	0 0 0 0	0 0 0	8	1 0 0 0	1 1 1
1	0 0 0 1	0 1 1	9	1 0 0 1	1 0 0
2	0 0 1 0	1 0 1	10	1 0 1 0	0 1 0
3	0 0 1 1	1 1 0	11	1 0 1 1	0 0 1
4	0 1 0 0	1 1 0	12	1 1 0 0	0 0 1
5	0 1 0 1	1 0 1	13	1 1 0 1	0 1 0
6	0 1 1 0	0 1 1	14	1 1 1 0	1 0 0
7	0 1 1 1	0 0 0	15	1 1 1 1	1 1 1

根据表 10 - 4 - 2，除全"0"码字以外，重量最轻的码字的重量为 3，所以(7，4)汉明码的最小码距 $d_0=3$。(7，4)汉明码能纠 1 位错误，最多能检 2 位错误。

10.4.3   线性分组码的译码

设发送端发送码字 $A=[a_{n-1}a_{n-2}\cdots a_1a_0]$，此码字在传输中可能由于干扰引入错误，故接收码字一般说来与 A 不一定相同。设接收码字 $B=[b_{n-1}b_{n-2}\cdots b_1b_0]$，则发送码字和接收码字之差为 $E=A+B$(对应码元异或)，或写成 $B=A+E$ 和 $A=B+E$。E 是码字 A 在传输中产生的错码矩阵，$E=[e_{n-1}e_{n-2}\cdots e_1e_0]$。

如果 A 在传输过程中第 i 位发生错误，则 $e_i=1$，反之，则 $e_i=0$。例如，若发送码字 $A=[1001110]$，接收码字 $B=[1001100]$，则错码矩阵 $E=[0000010]$。错码矩阵通常称为错误图样。

译码器的任务就是判别接收码字 B 中是否有错，如果有错，则设法确定错误位置并加以纠正，以恢复发送码字 A。

由式(10 - 4 - 5)可知，码字 A 与监督矩阵 H 有如下约束关系

$$A \cdot H^T = 0$$

当 $B=A$ 时，有

$$B \cdot H^T = 0$$

0 为 1 行 r 列的全"0"矩阵。

当 $B \neq A$ 时，说明传输过程中发生了错误，此时

$$B \cdot H^T = (A+E) \cdot H^T = A \cdot H^T + E \cdot H^T = E \cdot H^T \neq 0$$

令矩阵

$$S = B \cdot H^T = E \cdot H^T \tag{10 - 4 - 12}$$

称 S 为伴随式，伴随式 S 是个 1 行 r 列的矩阵，r 是线性分组码中监督码元的个数。由上面的分析可知，当接收码字无错误时，$S=0$；当接收码字有错误时，$S \neq 0$。又由式(10 - 4 - 12)可知，S 与错误图样有对应关系，与发送码字无关。故 S 能确定传输中是否发生了错误及

错误的位置。

下面以上一节中所列举的 $(7,3)$ 线性分组码为例，具体说明线性分组码的译码过程。

(1) 首先根据式 $(10-4-12)$ 求出错误图样 E 与伴随式 S 之间的关系，并把它保存在译码器中。

由 $(7,3)$ 线性分组码编码一节可知，此码最小码距 $d_0 = 4$，能纠正码字中任意一位错误，码长为 7 的码字中错 1 位的情况有 7 种，即码字中错 1 位的错误图样有 7 种，如码字第一位发生错误，错误图样为

$$E = [1000000]$$

由式 $(10-4-12)$ 求得伴随式为

$$S_6 = E \cdot H^T = [1\,0\,0\,0\,0\,0\,0] \cdot \begin{bmatrix} 1 & 1 & 1 & 0 \\ 0 & 1 & 1 & 1 \\ 1 & 1 & 0 & 1 \\ 1 & 0 & 0 & 0 \\ 0 & 1 & 0 & 0 \\ 0 & 0 & 1 & 0 \\ 0 & 0 & 0 & 1 \end{bmatrix} = [1\,1\,1\,0]$$

由上式可看出，伴随式 S_6 等于 H^T 中的第一行。

如码字在传输过程中第二位发生错误，错误图样为

$$E = [0\,1\,0\,0\,0\,0\,0]$$

则相应的伴随式为

$$S_5 = E \cdot H^T = [0\,1\,1\,1]$$

即伴随式 S_5 等于 H^T 中的第二行。

由此可求出错 1 位的 7 种错误图样所对应的伴随式，它们刚好对应 H^T 中的 7 行。错误图样与伴随式之间的对应关系如表 $10-4-3$ 所示。

表 $10-4-3$　错误图样和伴随式的对应关系

编　号	错码位置	E	S
1	b_6	$[1000000]$	$[1110]$
2	b_5	$[0100000]$	$[0111]$
3	b_4	$[0010000]$	$[1101]$
4	b_3	$[0001000]$	$[1000]$
5	b_2	$[0000100]$	$[0100]$
6	b_1	$[0000010]$	$[0010]$
7	b_0	$[0000001]$	$[0001]$

(2) 当译码器工作时，首先计算接收码字 B 的伴随式 S，然后查表 $10-4-2$ 得错误图样 E。

如接收码字为 $B = [1100111]$，用式 $(10-4-12)$ 求出其伴随式为

$$S = B \cdot H^{\mathrm{T}} = \begin{bmatrix} 1 & 1 & 0 & 0 & 1 & 1 & 1 \end{bmatrix} \cdot \begin{bmatrix} 1 & 1 & 1 & 0 \\ 0 & 1 & 1 & 1 \\ 1 & 1 & 0 & 1 \\ 1 & 0 & 0 & 0 \\ 0 & 1 & 0 & 0 \\ 0 & 0 & 1 & 0 \\ 0 & 0 & 0 & 1 \end{bmatrix} = \begin{bmatrix} 1 & 1 & 1 & 0 \end{bmatrix}$$

根据此伴随式，查表 10-4-3 得错误图样 $E = [1000000]$，可知接收码字 B 中第一位有错误。

（3）最后用错误图样纠正接收码字中的错误。

根据接收码字 B 及错误图样 E 即可得到发送码字 A，方法是

$$A = B + E = \begin{bmatrix} 1 & 1 & 0 & 0 & 1 & 1 & 1 \end{bmatrix} + \begin{bmatrix} 1 & 0 & 0 & 0 & 0 & 0 & 0 \end{bmatrix} = \begin{bmatrix} 0 & 1 & 0 & 0 & 1 & 1 & 1 \end{bmatrix}$$

如果此(7,3)线性分组码用于检错，码距 $d_0 = 4$ 的(7,3)线性分组码最多能检 3 位错误。检错译码的方法是：计算接收码字的伴随式 S，如果 $S=0$，译码器认为接收码字中没有错误；如果 $S \neq 0$，则译码器认为接收码字中有错误，译码器会以某种方式将此信息反馈给发送端，发送端将重发此码字。

最后还要指出，若接收码字中错误位数超过 1 时，S 也有可能正好与发生 1 位错误时的某个伴随式相同，这样，经纠错后反而"越纠越错"。如发送码字 $A = [0100111]$，传输过程中发生 3 位错误，设错误图样 $E = [0000111]$，此时接收码字 $B = [0100000]$。根据上述所介绍的纠错译码方法，计算出此接收码字的伴随式 $S = [0111]$，查表 10-4-3 得错误图样 $E = [0100000]$，译码器认为第二位发生了错误，将第二位纠正，得纠正后的码字为 $[0000000]$。由此可见，本来接收码字中有 3 位错误，但通过纠错译码后，错误不但没有减少反而增加了 1 位，这就是所谓的"越纠越错"。

在传输过程中，也会发生发送码字的某几位发生错误后成为另一发送码字的情况，这种情况收端也无法检测，这种错误我们称之为不可检测的错误。从统计观点来看，这种情况出现的概率很小。如发送码字 $A = [0100111]$，传输过程中发生 4 位错误变成 $B = [0111010]$，计算其伴随式发现 $S = 0$，译码器认为没错。事实上，接收到的 B 是另一个发送码字。不管是这种情况还是上述的"越纠越错"，发生原因都是因为码字中的错误个数超出了码的纠错能力。所以在设计信道编码方案时，应充分考虑信道发生错误的情况。

例 10.4.3 （例 10.4.1 续）(7,4)汉明码的译码。

解 例 10.4.1 中(7,4)汉明码的监督矩阵为

$$H = \begin{bmatrix} 1 & 1 & 1 & 0 & 1 & 0 & 0 \\ 1 & 1 & 0 & 1 & 0 & 1 & 0 \\ 1 & 0 & 1 & 1 & 0 & 0 & 1 \end{bmatrix}$$

由例 10.4.1 已知，(7,4)汉明码的码距 $d_0 = 3$，能纠正 1 位错误。码长为 7 的码字错 1 位的错误图样有 7 种，利用式(10-4-12)可求出这 7 种错误图样所对应的伴随式。对应关系如表 10-4-4 所示。

由表 10-4-4 可知，H^{T} 中的每一行都是一个伴随式。由于(7,4)汉明码中监督码元

的个数为 3，所以伴随式是个 1 行 3 列的矩阵。三位二进制不同的组合共有 8 种，除全"0"组合外还有 7 种，这 7 种组合刚好与错 1 位的 7 种错误图样一一对应。所以，码长为 7 的码字中至少加入 3 位监督码元才能纠单个错误。(7，4)汉明码在 7 位码字中只有 3 位监督码元，因此，(7，4)码是一种纠单个错误的高效的线性分组码。

表 10 − 4 − 4 (7，4)汉明码错误图样和伴随式的对应关系

编 号	错码位置	E	S
1	b_6	[1000000]	[111]
2	b_5	[0100000]	[110]
3	b_4	[0010000]	[101]
4	b_3	[0001000]	[011]
5	b_2	[0000100]	[100]
6	b_1	[0000010]	[010]
7	b_0	[0000001]	[001]

7 种错误图样与 7 个伴随式之间的关系只要一一对应就不会影响码的纠、检错能力。所以，我们也可改变表 10 − 4 − 4 的对应关系，进而得到不同于例 10.4.1 中的 H^{T}，即得到不同于例 10.4.1 中(7，4)汉明码的监督关系。如改变表 10 − 4 − 4 中的对应关系得到

$$H^{\mathrm{T}} = \begin{bmatrix} 1 & 0 & 1 \\ 1 & 1 & 0 \\ 0 & 1 & 1 \\ 1 & 1 & 1 \\ 1 & 0 & 0 \\ 0 & 1 & 0 \\ 0 & 0 & 1 \end{bmatrix}$$

所以，监督矩阵为

$$H = \begin{bmatrix} 1 & 1 & 0 & 1 & 1 & 0 & 0 \\ 0 & 1 & 1 & 1 & 0 & 1 & 0 \\ 1 & 0 & 1 & 1 & 0 & 0 & 1 \end{bmatrix}$$

由 $A \cdot H^{\mathrm{T}} = 0$，即 $[a_6 a_5 a_4 a_3 a_2 a_1 a_0] \cdot H^{\mathrm{T}} = [000]$，得到另一个(7，4)汉明码的监督关系方程组为

$$\begin{cases} a_6 + a_5 \qquad\quad + a_3 + a_2 \qquad\qquad = 0 \\ \qquad\quad a_5 + a_4 + a_3 \qquad + a_1 \qquad = 0 \\ a_6 \qquad\quad + a_4 + a_3 \qquad\qquad + a_0 = 0 \end{cases}$$

按此方法还可构造出不同的(7，4)汉明码的监督关系。我们知道，监督关系不同，码字集中的码字也会不同，但按这种方法构造的所有(7，4)汉明码具有相同的性能，即编码效率相同，纠、检错能力相同。

10.5 循 环 码

循环码是又一类重要的线性分组码,它的构造便于运用代数理论来研究,编译码电路可用移位寄存器来实现,不仅结构简单而且运算速度快,因此应用十分广泛。

10.5.1 循环码的特点

若线性分组码的任一码字循环移位所得的码字仍在该码字集中,则此线性分组码称为循环码。很明显,$(n,1)$重复码是一个循环码。表 10-5-1 中的$(7,3)$码及表 10-5-2 中的$(6,3)$码也都是循环码,如$(7,3)$循环码表中的 2 号码字,循环右移一位后为 5 号码字,循环左移一位后为 4 号码字,都仍然是$(7,3)$循环码的一个码字。

表 10-5-1 (7,3)循环码　　　　　　　表 10-5-2 (6,3)循环码

序　号	码　　字
0	0 0 0 0 0 0 0
1	0 0 1 1 1 0 1
2	0 1 0 0 1 1 1
3	0 1 1 1 0 1 0
4	1 0 0 1 1 1 0
5	1 0 1 0 0 1 1
6	1 1 0 1 0 0 1
7	1 1 1 0 1 0 0

序　号	码　　字
0	0 0 0 0 0 0
1	0 0 1 0 0 1
2	0 1 0 0 1 0
3	0 1 1 0 1 1
4	1 0 0 1 0 0
5	1 0 1 1 0 1
6	1 1 0 1 1 0
7	1 1 1 1 1 1

在讨论循环码时,常用代数多项式来表示循环码的码字,这种多项式称为码多项式。对于(n,k)循环码的码字,其码多项式的一般形式为

$$A(x) = a_{n-1}x^{n-1} + a_{n-2}x^{n-2} + \cdots + a_1 x + a_0 \qquad (10-5-1)$$

码字中各位码元的数值是其码多项式中相应各项的系数值(0 或 1)。码字 $A =$ [1001110]的码多项式为

$$A(x) = x^6 + x^3 + x^2 + x$$

10.5.2 循环码的编码

循环码完全由其码字长度 n 及生成多项式 $g(x)$ 所决定。循环码中,除全"0"码字外,次数最低的码字多项式称为生成多项式。如$(7,3)$循环码中,生成多项式为 $g(x) = x^4 + x^3 + x^2 + 1$ (码字 0011101 的码多项式)。可以证明,(n,k)循环码的生成多项式 $g(x)$ 具有如下三个特性:

(1) $g(x)$ 是 $x^n + 1$ 的一个因子。

(2) $g(x)$ 是 $r = n - k$ 次多项式。

(3) $g(x)$ 的常数项为 1。

为了寻找生成多项式，首先应对 x^n+1 进行因式分解，并选择满足上述(2)、(3)两个特点的因式或因式的乘积。如(7, 3)循环码，首先对 x^7+1 进行因式分解，有

$$x^7+1 = (x+1)(x^3+x+1)(x^3+x^2+1)$$

$x+1$ 和 x^3+x+1 乘积为 $x^4+x^3+x^2+1$，此乘积可作为(7, 3)循环码的生成多项式，因为它满足生成多项式的三个条件，所以(7, 3)循环码的一个生成多项式为

$$g(x) = x^4+x^3+x^2+1$$

此生成多项式可生成表 10-5-1 中所列的循环码。显然，$x+1$ 和 x^3+x^2+1 的乘积 x^4+x^2+x+1 也满足上述生成多项式的三个条件，所以 x^4+x^2+x+1 是(7, 3)循环码的另一个生成多项式。

用多项式来表示生成矩阵的各行，则生成矩阵可写成

$$G(x) = \begin{bmatrix} x^{k-1}g(x) \\ \vdots \\ xg(x) \\ g(x) \end{bmatrix} \qquad (10-5-2)$$

例如表 10-5-1 中(7, 3)循环码，$n=7$，$k=3$，$r=4$，其生成多项式及生成矩阵分别为

$$g(x) = x^4+x^3+x^2+1$$

$$G(x) = \begin{bmatrix} x^2 g(x) \\ xg(x) \\ g(x) \end{bmatrix} = \begin{bmatrix} x^6+x^5+x^4+x^2 \\ x^5+x^4+x^3+x \\ x^4+x^3+x^2+1 \end{bmatrix}$$

即

$$\boldsymbol{G} = \begin{bmatrix} 1 & 1 & 1 & 0 & 1 & 0 & 0 \\ 0 & 1 & 1 & 1 & 0 & 1 & 0 \\ 0 & 0 & 1 & 1 & 1 & 0 & 1 \end{bmatrix} \qquad (10-5-3)$$

有了生成多项式及生成矩阵后，就可求出循环码的所有码字了。求循环码码字的方法有三种：

(1) 循环码的码字多项式都是生成多项式 $g(x)$ 的倍式，设信息矩阵为

$$\boldsymbol{M} = \begin{bmatrix} m_{k-1} & m_{k-2} & \cdots & m_1 & m_0 \end{bmatrix}$$

则 (n, k) 循环码的所有码字由下式生成

$$A(x) = M(x)g(x) \qquad (10-5-4)$$

其中，$M(x) = m_{k-1}x^{k-1}+m_{k-2}x^{k-2}+\cdots+m_1x+m_0$ 为信息多项式。按此方法可产生循环码的所有码字，但这种方法产生的码不是系统码。如信息 $\boldsymbol{M} = \begin{bmatrix} 110 \end{bmatrix}$，则信息多项式为

$$M(x) = x^2+x$$

设生成多项式为

$$g(x) = x^4+x^3+x^2+1$$

由式(10-5-4)可得码字多项式为

$$A(x) = (x^2+x) \cdot (x^4+x^3+x^2+1) = x^6+x^3+x^2+x$$

所以码字为 1001110，显然它不是系统码的码字。

(2) 用生成多项式也可产生系统码的码字，系统循环码的码多项式可表示为

$$A(x) = x^{n-k}M(x) + [x^{n-k}M(x)]' \qquad (10-5-5)$$

其中，前一部分代表信息码元组，后一部分用 $[\ ]'$ 表示，是 $x^{n-k}M(x)$ 除以 $g(x)$ 所得的余式，它代表监督码元。如 (7，3) 循环码，设信息 $M=[110]$，则

$$M(x) = x^2 + x$$

$$x^{n-k}M(x) = x^4 M(x) = x^6 + x^5$$

当 $g(x) = x^4 + x^3 + x^2 + 1$ 时，$[x^6 + x^5]'$ 的求解过程如下：

$$
\begin{array}{r}
x^2 + 1 \\
x^4 + x^3 + x^2 + 1 \overline{\smash{\big)}\, x^6 + x^5 } \\
\underline{x^6 + x^5 + x^4 + x^2} \\
x^4 + x^2 \\
\underline{x^4 + x^3 + x^2 + 1} \\
x^3 + 1
\end{array}
$$

求得余式为 $[x^6 + x^5]' = x^3 + 1$。根据式 (10-5-5) 得到码字多项式为

$$A(x) = x^{n-k}M(x) + [x^{n-k}M(x)]' = x^6 + x^5 + x^3 + 1$$

此码多项式对应的码字为"1101001"，是系统码的码字，前三位是信息码元，后四位是监督码元。需注意，在模 2 加中，加法和减法是一样的。

上述求余式的除法运算可由移位寄存器来实现。当 $g(x) = x^4 + x^3 + x^2 + 1$ 时，由移位寄存器构成的 (7，3) 循环码的编码器如图 10.5.1 所示。

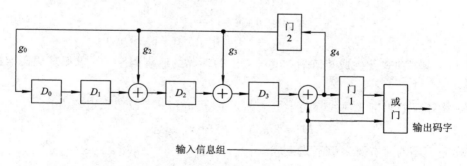

图 10.5.1 (7，3)循环码编码器

$D_0 D_1 D_2 D_3$ 是四级移位寄存器，反馈线的连接与 $g(x)$ 的非 0 系数相对应。编码时，首先将四级移存器清零。三位信息码元输入时，门 1 断开，门 2 接通，直接输出信息码元。第 3 个移位脉冲后，$D_0 D_1 D_2 D_3$ 中数据为除法余数，就是输入信息的监督码元。第 4～7 次移位时，门 2 断开，门 1 接通，输出监督码元。当一个码字输出完毕就将移位寄存器清零，等待下一组信息输入后重新编码。设输入的信息码元为 110，图 10.5.1 中各器件及端点状态变化情况如表 10-5-3 所示。该编码器输入不同信息组时的码字如表 10-5-1 所示。

表 10 - 5 - 3 (7,3)循环码的编码过程

移位次序	输入	门 1 状态	门 2 状态	移存器 $D_0 D_1 D_2 D_3$	输 出
0	—			0　0　0　0	—
1	1	断开	接通	1　0　1　1	1
2	1			0　1　0　1	1
3	0			1　0　0　1	0
4	0			0　1　0　0	1
5	0	接通	断开	0　0　1　0	0
6	0			0　0　0　1	0
7	0			0　0　0　0	1

(3) 由于循环码也是线性分组码，所以前面介绍过的线性分组码的编码方法同样适用于循环码。由式(10-5-3)所示的生成矩阵即可生成循环码的码字，方法如下

$$A = M \cdot G \tag{10-5-6}$$

其中，M 是信息矩阵。由于式(10-5-3)所示的生成矩阵不是典型生成矩阵，所以由式(10-5-6)生成的码字不是系统码的码字。要想用生成矩阵生成系统码的码字，生成矩阵必须为典型生成矩阵。将非典型生成矩阵中的行进行一些线性变换，即可得到典型生成矩阵。如将式(10-5-3)所示矩阵中第二行加到第一行(对应位模 2 加)，得生成矩阵

$$G = \begin{bmatrix} 1 & 0 & 0 & 1 & 1 & 1 & 0 \\ 0 & 1 & 1 & 1 & 0 & 1 & 0 \\ 0 & 0 & 1 & 1 & 1 & 0 & 1 \end{bmatrix} \tag{10-5-7}$$

再将式(10-5-7)中的第三行加到第二行，得典型生成矩阵为

$$G = \begin{bmatrix} 1 & 0 & 0 & 1 & 1 & 1 & 0 \\ 0 & 1 & 0 & 0 & 1 & 1 & 1 \\ 0 & 0 & 1 & 1 & 1 & 0 & 1 \end{bmatrix} = [I_3 \ P^T] \tag{10-5-8}$$

将式(10-5-8)所示的典型生成矩阵代入式(10-5-6)，改变信息矩阵可求得(7,3)循环码的所有码字。这个工作请读者完成，并把所得码字与表 10-5-1 所示码字进行比较。

由式(10-5-8)可得循环码的监督矩阵 H，即可用线性分组的译码方法对循环码进行译码。所以，完全可以用前文介绍的线性分组码的编译码方法对循环码进行编码和译码，但这种方法没有利用循环码的循环移位特性。

10.5.3　循环码的译码

由式(10-5-4)可知，发送码字多项式 $A(x)$ 是生成多项式 $g(x)$ 的倍式，换句话说，生成多项式 $g(x)$ 能整除发送码字多项式 $A(x)$。如果码字经信道传输后不发生错误，则接收码字多项式 $B(x)$ 也是生成多项式 $g(x)$ 的倍式，但如果码字在传输过程中发生错误，则接收码字多项式不再是生成多项式 $g(x)$ 的倍式，即此时 $g(x)$ 不能整除接收码字多项式。所以，定义伴随多项式 $S(x)$ 为

$$S(x) = [B(x)]' \tag{10-5-10}$$

即 $S(x)$ 是接收码字多项式 $B(x)$ 除以 $g(x)$ 后的余式，是不大于 $r-1$ 次的多项式。

接收码字多项式 $B(x)$ 可表示为发送码字多项式 $A(x)$ 与差错多项式 $e(x)$（错误图样所对应的多项式）之和，即

$$B(x) = A(x) + e(x) \qquad (10-5-11)$$

将式 $(10-5-11)$ 代到式 $(10-5-10)$ 中，得

$$S(x) = [A(x) + e(x)]' = [e(x)]' \qquad (10-5-12)$$

由式 $(10-5-12)$ 可发现，伴随多项式只与差错多项式有关。所以，循环码的译码过程也可归纳为如下三个步骤：

（1）根据式 $(10-5-12)$ 计算出可纠错误图样多项式 $e(x)$ 的伴随式 $S(x)$，将 $e(x)$ 与 $S(x)$ 的对应关系列成译码表；

（2）当收到一个码字 $B(x)$ 后，利用式 $(10-5-10)$ 求出伴随式 $S(x)$，对照译码表找到 $e(x)$；

（3）利用式 $(10-5-11)$ 求出发送码字 $A(x)$，即 $A(x)=B(x)+e(x)$。

例如 $(7,3)$ 循环码，$g(x)=x^4+x^3+x^2+1$，码距 $d_0=4$，能纠 1 位错误，所以可纠错误图样多项式有 7 种，根据式 $(10-5-12)$ 求出它们所对应伴随多项式，如表 $10-5-4$ 所示。

表 $10-5-4$　$(7,3)$ 循环码伴随式

错误图样 e	差错多项式 $e(x)$	伴随式 $S(x)$
[1 0 0 0 0 0 0]	x^6	x^3+x^2+x
[0 1 0 0 0 0 0]	x^5	x^2+x+1
[0 0 1 0 0 0 0]	x^4	x^3+x^2+1
[0 0 0 1 0 0 0]	x^3	x^3
[0 0 0 0 1 0 0]	x^2	x^2
[0 0 0 0 0 1 0]	x	x
[0 0 0 0 0 0 1]	1	1
[0 0 0 0 0 0 0]	0	0

如接收码字为 $B=[0101010]$，则其码字多项式为 $B(x)=x^5+x^3+x$，利用式 $(10-5-10)$ 求出伴随式 $S(x)=x^3+x^2+1$，查表 $10-5-4$，可知第三位（从左起）有错误。

循环码译码器也可用移位寄存器来实现。生成多项式 $g(x)=x^4+x^3+x^2+1$ 的 $(7,3)$ 循环码的译码器电路如图 10.5.2 所示。

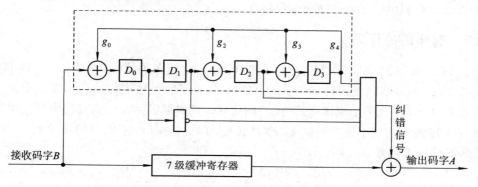

图 10.5.2　$(7,3)$ 循环码译码器

四个触发器 D_0、D_1、D_2、D_3 构成的移位寄存器用于计算接收码字的伴随式 $S(x)$。反馈线的连接方法与编码器中的相同，完全由生成多项式决定。由非门和与门构成的逻辑电路根据伴随式确定错误图样并产生纠错信号。这部分电路是根据单个错误出现在最高位的错误图样所对应的伴随式进行设计的。由表 10 - 5 - 4 可知，最高位产生错误时对应的伴随式为 $S(x)=x^3+x^2+x$，即当最高位发生错误的接收码字全部输入到伴随式计算电路后，移位寄存器状态为 $D_0 D_1 D_2 D_3 = 0111$，此时应产生纠错信号"1"。因此纠错电路的设计方法是：状态为"0"的触发器输出端取反，状态为"1"的触发器输出端不取反，然后将这些输出送到一个与门电路，与门电路的输出为纠错信号。译码器工作时，如果 7 级缓冲寄存器输出的码元没有错误，则与门电路输出为"0"，不影响输出码元；如果 7 级缓冲寄存器输出的码元有错，则与门电路输出纠错信号"1"，纠错信号"1"和 7 级缓冲寄存器的输出码元进行模 2 加运算，对接收码字中的错误码元进行纠正。表 10 - 5 - 5 详细列出了此译码器的译码过程。表中设接收码字是"0101001"，经译码器译码后得码字"1101001"，可见，接收码字中的第一位由"0"纠正为"1"。

特此说明，纠错电路虽然是用最高位出错时的伴随式来设计的，由于循环码的伴随式也具有循环移位特性，因此可用于纠正任何一位发生的错误。关于这一点，读者可按照表 10 - 5 - 5 方法自行验证。

表 10 - 5 - 5 　(7，3)循环码的译码过程

移位次序	输入	移位寄存器 $D_0 D_1 D_2 D_3$	与门输出	缓存输出	译码输出
0	/	0　0　0　0			
1	0	0　0　0　0	0		
2	1	1　0　0　0	0		
3	0	0　1　0　0	0		
4	1	1　0　1　0	0		
5	0	0　1　0　1	0		
6	0	1　0　0　1	0		
7	1	0　1　1　1	1	0	1
8		0　0　0　0	0	1	1
9		0　0　0　0	0	0	0
10		0　0　0　0	0	1	1
11		0　0　0　0	0	0	0
12		0　0　0　0	0	0	0
13		0　0　0　0	0	1	1
14					

需要指出的是，循环码也是线性分组码，因此也可采用线性分组码的译码方法进行求解。此外，各种编译码算法不仅可以用硬件电路实现，还可以用软件编程来实现。

10.6 卷 积 码

10.6.1 卷积码的编码

卷积码与前面介绍的线性分组码不同。在线性分组码(n, k)中，每个码字的n个码元只与本码字中的k个信息码元有关，或者说，各码字中的监督码元只对本码字中的信息码元起监督作用。卷积码则不同，每个(n, k)码字（通常称其为子码，码字长度较短）内的n个码元不仅与该码字内的信息码元有关，而且还与前面m个码字内的信息码元有关。或者说，各子码内的监督码元不仅对本子码起监督作用，而且对前面m个子码内的信息码元也起监督作用。所以，卷积码常用(n, k, m)表示。通常称m为编码存储，它反映了输入信息码元在编码器中需要存储的时间长短；称$N = m + 1$为编码约束度，它是相互约束的码字个数；称nN为编码约束长度，它是相互约束的码元个数。卷积码也有系统码和非系统码之分，如果子码是系统码，则称此卷积码为系统卷积码，反之，则称为非系统卷积码。

图10.6.1是$(2，1，2)$卷积码的编码电路。此电路由二级移位寄存器、两个模2加法器及开关电路组成。编码前，各寄存器清0，信息码元按$a_1, a_2, a_3, \cdots a_{j-2}, a_{j-1}, a_j, \cdots$的顺序输入编码器。每输入一个信息码元$a_j$，开关依次接到$a_{j1}$、$a_{j2}$各端点一次，输出一个子码$a_{j1}a_{j2}$。子码中的两个码元与输入信息码元间的关系为

$$\begin{cases} a_{j1} = a_j + a_{j-1} + a_{j-2} \\ a_{j2} = a_j \qquad\quad + a_{j-2} \end{cases} \qquad (10-6-1)$$

由此可见，第j个子码中的两个码元不仅与本子码信息码元a_j有关，而且还与前面两个子码中的信息码元a_{j-1}、a_{j-2}有关。因此，卷积码的编码存储$m = 2$，约束度$N = m + 1 = 3$，约束长度$nN = 6$。

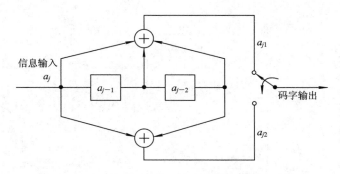

图 10.6.1　$(2，1，2)$卷积码编码电路

例 10.6.1　在图10.6.1所示的$(2，1，2)$卷积码编码电路中，当输入信息10011时，求输出码字序列。

解　在计算第j个子码时的移位寄存器的内容$a_{j-1}a_{j-2}$称为现状态（简称为现态），编码器工作时初始状态为00（清0），第j个子码的信息进入移位寄存器后的状态称为次态。当输入信息及现态已知时，利用式(10-6-1)即可求出此输入信息所对应的码字。输入信息、输出码字、每个时刻的现态及次态均列于表10-6-1中。

表 10 - 6 - 1 （2，1，2）编码器的输出码字

输入	1	0	0	1	1
现态	00	10	01	00	10
输出码字	11	10	11	11	01
次态	10	01	00	10	11

10.6.2 卷积码的图形描述

卷积码编码器的工作过程常用状态图和格状图来描述。下面以图 10.6.1 所示的（2，1，2）卷积编码器为例，简要介绍这两种图形。

1. 状态图

图 10.6.1 所示的编码电路是个典型的米勒型（Mealy）时序逻辑电路。共有四个不同的状态：$a_{j-1}a_{j-2}=00，10，01，11$，为方便起见，这四个状态分别用 a、b、c 和 d 来表示。在每一个状态下都有 0、1 两种输入。根据式（10 - 6 - 1），我们可求出每种状态下每种输入时的输出码字及相应的次态，见表 10 - 6 - 2。

表 10 - 6 - 2 （2，1，2）编码器状态表

现　态	输入信息	输出码字	次　态
a	0	00	a
a	1	11	b
b	0	10	c
b	1	01	d
c	0	11	a
c	1	00	b
d	0	01	c
d	1	10	d

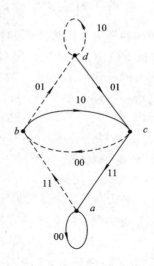

图 10.6.2 （2，1，2）卷积编码器的状态图

表 10 - 6 - 2 的图形表示就是（2，1，2）卷积编码器的状态图，见图 10.6.2 所示。图中，用带箭头的线表示输入信息后状态的转移，实线表示输入信息为"0"，虚线表示输入信息为"1"，线旁的二位二进制数表示输出的码字。此状态图完全反映了图 10.6.1 所示编码器的工作原理。有了状态图，我们可以很方便地确定任何输入信息序列时所对应的输出码字序列。如输入信息序列为 10011，求输出码字序列的方法是：从初始状态 a 开始沿着状态图中的有向线走，输入为"1"时走虚线，输入为"0"时走实线，所经路径上的 11、10、11、11、01 序列即为输入 10011 时所对应的码字序列。

2. 格状图

图 10.6.1 所示（2，1，2）编码器的工作原理也可用格状图来描述。格状图与状态图是

等效的，与图 10.6.2 状态图相对应的格状图如图 10.6.3 所示，它画出了编码器从初始状态 a 开始，在各种可能的输入信息序列下的输出码字序列和所经历的状态。例如，当输入信息为 10011 时，由格状图可知编码器经历状态 $abcabd$，输出码字序列为 11、10、11、11、01。

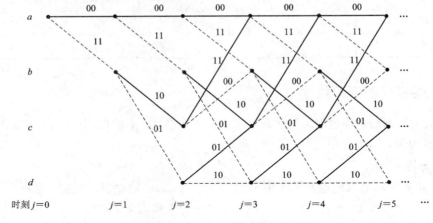

图 10.6.3　(2，1，2)卷积码的格状图

10.6.3　卷积码的维特比译码

卷积码的译码分代数译码和概率译码两类。代数译码由于没有充分利用卷积码的特点，目前很少应用。维特比译码和序列译码都属于概率译码。维特比译码方法适用于约束长度不太大的卷积码的译码，当约束长度较大时，采用序列译码能大大降低运算量，但其性能要比维特比译码差些。维特比译码方法在通信领域有着广泛的应用，市场上已有实现维特比译码的超大规模集成电路。

维特比译码是一种最大似然译码。其基本思想是：将已经接收到的码字序列与所有可能的发送序列进行比较，选择其中码距最小的一个序列作为发送序列(即译码后的输出序列)。具体的译码方法是：

(1) 在格状图上，计算从起始状态($j=0$ 时刻)开始，到达 $j=m$ 时刻的每个状态的所有可能路径上的码字序列与接收到的头 m 个码字之间的码距，保存这些路径及码距。

(2) 从 $j=m$ 到 $j=m+1$ 共有 $2^k \cdot 2^m$ 条路径(状态数为 2^m 个，每个状态往下走各有 2^k 个分支)，计算每个分支上的码字与相应时间段内接收码字间的码距，分别与前面保留路径的码距相加，得到 $2^k \cdot 2^m$ 个路径的累计码距，对到达 $j=m+1$ 时刻各状态的路径进行比较，每个状态保留一条具有最小码距的路径及相应的码距值。

(3) 按(2)的方法继续下去，直到比较完所有接收码字。

(4) 全部接收码字比较完后，剩下 2^m 条路径(每个状态剩下一条路径)，选择最小码距的路径，此路径上的发送码字序列即是译码后的输出序列。

例 10.6.2　以上述(2，1，2)编码器为例，设发送码字序列为 0000000000，经信道传输后有错误，接收码字序列为 0100010000。显然，接收码字序列中有两个错误。现对此接收序列进行维特比译码，求译码后的输出序列。

解　由于(2，1，2)编码器的编码存储 $m=2$，应用译码方法中的步骤(1)，应从(2，1，2)格状图的第 $j=m=2$ 时刻开始。从图 10.6.3 可见，$j=2$ 时刻有 4 个状态，从初始状态出发，到达这 4 个状态的路径有 4 条，到达状态 a 路径的码字序列为 0000；到达状态 b 路径的码字序列为 0011；到达状态 c 路径的码字序列为 1110；到达状态 d 的码字序列为 1101。路径长度为 2，这段时间内接收码字有 2 个，这 2 个码字为 01，00。4 条路径上可能发送的 2 个码字序列分别与接收的 2 个码字比较，得到 4 条路径的码距分别为 1、3、2、2，保留这 4 条路径及相应的码距，被保留下来的路径称为幸存路径，见图 10.6.4(a)。

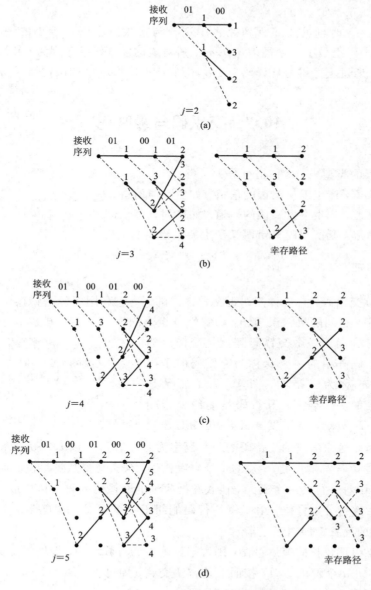

图 10.6.4 (2,1,2)卷积码的维持比译码过程

应用步骤(2)。观察格状图 10.6.3 可见，从 $j=2$ 时刻的 4 个状态到达 $j=3$ 时刻的 4 个状态共有 8 条路径，从状态 a 出发的 2 条路径上的码字分别为 00 和 11，和这期间接收码字 01 相比，码距分别为 1 和 1，分别加到 a 状态前面这段路径的码距上，得到 2 条延长路径 000000 和 000011 的码距，它们都等于 2，一条到达 $j=3$ 时刻的 a 状态，另一条到达

$j=3$ 时刻的 b 状态。用相同的方法求得从 $j=2$ 时刻的 b、c、d 出发到达 $j=3$ 时刻各状态的 6 条路径的码距,并把这些码距分别加到前面保留路径的码距上,得到 6 条延长路径的码距。各有 2 条路径到达 $j=3$ 时刻的每个状态,在到达每个状态的 2 条路径中选择码距小的路径保留下来,同样将相应的码距也保留下来见图 10.6.4(b)。

按上述方法继续计算到达 $j=4$、$j=5$ 时刻各状态路径的码距,并选择相应的保留路径及码距,见图 10.6.4(c)、(d)。

最后,在 $j=5$ 时刻的 4 条保留路径中选择与接收码字码距最小的一条路径,由图 10.6.4(d)可见,码距最小的路径是 $aaaaaa$,所对应的发送码字序列为 0000000000。

由此可见,通过上述维特比译码,接收序列 0100010000 中的两位错误得到了纠正。

10.7   交织码与级联码

从发生错误的类型来分,信道可分为三类:

(1) 随机信道,产生随机错误的信道。如白噪声信道。

(2) 突发信道,产生突发错误的信道。如瑞利衰落信道。

(3) 混合信道,既产生随机错误又产生突发错误的信道。

10.7.1   交织码

交织码又称交错码,是一种能纠正突发错误的码。它利用纠随机错误的码,以交错的方法来构造码字。把纠随机错误的(n, k)线性分组码的 m 个码字,排成 m 行的一个码阵,该码阵称为交错码阵。一个交错码阵就是交错码的一个码字。交错码阵中的每一行称为交错码的子码或行码。行数 m 称为交错度。图 10.7.1 所示是 $(28, 16)$交错码的一个码字。其行码是能纠单个随机错误的$(7, 4)$汉明码,交错度 $m=4$。传输时按列

$$
\begin{array}{ccccccc}
a_{61} & a_{51} & a_{41} & a_{31} & a_{21} & a_{11} & a_{01} \\
a_{62} & a_{52} & a_{42} & a_{32} & a_{22} & a_{12} & a_{02} \\
a_{63} & a_{53} & a_{43} & a_{33} & a_{23} & a_{13} & a_{03} \\
a_{64} & a_{54} & a_{44} & a_{34} & a_{24} & a_{14} & a_{04}
\end{array}
$$

图 10.7.1 $m=4$ 的$(28, 16)$交错码

的次序进行,因此送往信道的交错码的一个码字为 $a_{61}a_{62}a_{63}a_{64}a_{51}a_{52}\cdots a_{01}a_{02}a_{03}a_{04}$。

在传输过程中若发生长度 $b\leqslant 4$ 的单个突发错误,那么无论从哪一位开始,至多只影响图 10.7.1 码阵中每一行的一个码元。接收端把收到的交错码的码字再排成如图 10.7.1 所示的码阵,然后逐行分别译码。由于每一行码能纠正一个错误,故四行译完后,就可把接收码字中 $b\leqslant 4$ 的突发错误纠正过来。

显然,若要纠正较长的突发错误,则可把码阵中的行数增加,即增大交错度。一般,一个(n, k)码能纠正 t 个随机错误,按照上述方法交错,即可得到一个(nm, km)交错码。该交错码能纠正长度 $b\leqslant mt$ 的单个突发错误。

10.7.2   级联码

在某些纠错要求比较高的系统中,常用的一种编码方案是采用级联码。图 10.7.2 给出了一种级联编码方法。

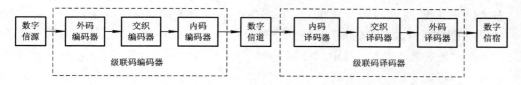

图 10.7.2 级联编码

图 10.7.2 中的级联码由三部分构成：外码、交织码和内码。外码通常使用线性分组码；内码通常采用约束度较小的卷积码，卷积码的译码采用维特比译码方法。由于维特比译码易产生突发错误（错误太多，无法纠正时），所以在外码和内码之间增加交织编码的目的是将突发错误转变为随机错误。级联码的最大优点是在获得很强纠错能力的同时设备复杂度适中。

信道编码是提高数字通信系统可靠性的重要手段，它已成功用于加性高斯白噪声信道（如深空通信系统）和各类变参信道（如数字蜂窝移动通信系统）。随着科技的进步和人们需求的增加，信道编码的理论与技术也在不断发展。从传统的代数码和卷积码，至编码调制技术（TCM），再到 Turbo 码和 LDPC 码的出现，信道编码界的研究一直沿着香农指引的方向，向着可靠性的极限——香农界限不断地逼近。

10.8　m 序列

m 序列是由线性反馈移位寄存器产生的周期最长的码序列，具有类似于随机序列的一些统计特性，所以称其为伪随机序列（也称 PN 码）。因为它便于重复产生和处理，因此获得了广泛的应用。

10.8.1　m 序列的产生

图 10.8.1 是 n 级线性反馈移位寄存器的方框图。它由 n 级移存器、时钟脉冲产生器（未画）及一些模 2 加法器适当连接而成。图中，a_i 表示某一级移存器的状态（$i=0$，1，2，$\cdots$，$n-1$），C_i 表示反馈线的连接状态（反馈系数）。$C_i=1$ 表示此线连通，参与反馈；$C_i=0$ 表示此线断开，不参与反馈。$C_n=C_0=1$。随着时钟脉冲的输入，电路输出周期性序列，周期长度 $P\leqslant 2^n-1$。当 $P=2^n-1$ 时，称输出序列为 m 序列。

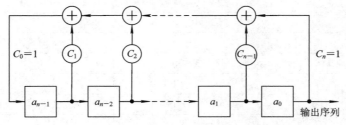

图 10.8.1　n 级线性反馈移位寄存器

将反馈系数 C_0，C_1，C_2，$\cdots$，C_n 写成多项式

$$f(x) = C_n x^n + C_{n-1}x^{n-1} + \cdots + C_1 x + C_0 = x^n + C_{n-1}x^{n-1} + \cdots + C_1 x + 1$$

此系数多项式称为 n 级线性反馈移位寄存器的特征多项式，由此可见，特征多项式决定线性反馈移位寄存器的电路结构。

理论已经证明，n 级线性反馈移位寄存器能产生 m 序列的充要条件是：

(1) $f(x)$ 为既约多项式(不可再分解)。

(2) $f(x)$ 能整除 x^P+1，其中 $P=2^n-1$。

(3) $f(x)$ 不能整除 x^q+1，其中 $q<P$。

满足上述三个条件的特征多项式称为本原多项式。由此可见，构造 m 序列产生器首要的任务是找出相应的本原多项式。

例 10.8.1　试用 4 级线性反馈移位寄存器构成周期为 $P=2^4-1$ 的 m 序列产生器。

解　要构成 m 序列产生器，关键是确定电路所对应的本原多项式。

先将 $x^P+1=x^{15}+1$ 分解因式，使各因式为既约因式，再从中寻找次数为 $4(P=2^4-1)$ 的本原多项式。即

$$x^{15}+1 = (x+1)(x^2+x+1)(x^4+x+1)(x^4+x^3+1)(x^4+x^3+x^2+x+1)$$

其中，4 次既约多项式有三个，可以证明 $x^4+x^3+x^2+x+1$ 能整除 x^5+1，故它不是本原多项式。而 x^4+x+1 或 x^4+x^3+1 不能整除 $x^q+1(q<15)$，故它们都是本原多项式。

用 $f(x)=x^4+x+1$ 构成 m 序列产生器，如图 10.8.2 所示。此电路工作时状态的变化及其输出序列见表 $10-8-1$。

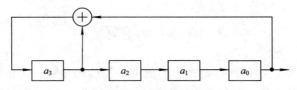

图 10.8.2　周期为 15 的 m 序列产生器

表 $10-8-1$　电路状态及输出序列

时钟脉冲	状态$(a_3 a_2 a_1 a_0)$				输出序列(a_0)
	1	0	0	0	0
1	1	1	0	0	0
2	1	1	1	0	0
3	1	1	1	1	1
4	0	1	1	1	1
5	1	0	1	1	1
6	0	1	0	1	1
7	1	0	1	0	0
8	1	1	0	1	1
9	0	1	1	0	0
10	0	0	1	1	1
11	1	0	0	1	1
12	0	1	0	0	0
13	0	0	1	0	0
14	0	0	0	1	1
15	1	0	0	0	0

需要注意的是移位寄存器的初始状态不能设成"0"，否则输出序列为全"0"了。表 10-8-2 中设为 $a_3a_2a_1a_0=1000$，输出周期序列周期为 15。

由上述可见，只要找到了本原多项式，即可由它构成 m 序列产生器。但是寻找本原多项式需对 x^P+1 进行因式分解，经过前人大量计算，许多因式分解已列表备查，需要时查表即可。

10.8.2　m 序列的应用

m 序列的应用十分广泛。在数字通信系统误码率的测量中，它是一个理想的产生随机序列的信源；在通信系统性能的测量中，它也是一个理想的噪声产生器。它还应用于时延测量、测距、通信加密、扩频通信及数据的扰乱等领域。限于篇幅，这里只介绍 m 序列在数据扰乱中的应用。

在数字通信系统中，要求信源输出的"1"、"0"序列中"1"、"0"等概出现，且互相独立。但实际中，有的信源达不到这个要求，此时可利用 m 序列对信源输出进行扰乱，改变信源输出序列的分布规律，使其随机化且"1"、"0"趋近于等概。m 序列被称为扰码。采用扰码技术的通信系统组成原理如图 10.8.3 所示。

图 10.8.3　采用扰码的通信系统

图 10.8.3 中的扰乱器也称为扰码器。扰码器的作用是将输入数据序列与 m 序列产生器输出的 m 序列模 2 加，以达到扰乱数据的目的。解扰器的作用与扰码器则刚好相反，它是从被扰乱了的序列中恢复原数据。图 10.8.4(a)、(b)分别是用 3 级线性反馈移位寄存器构成的扰码器和解扰器的原理图。

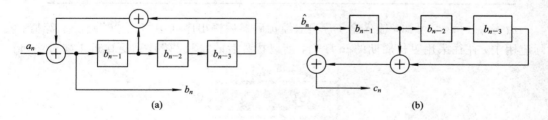

图 10.8.4　3 级线性反馈移位寄存器构成的扰码器和解扰器

若输入序列 a_n 是信源序列，扰码电路输出序列为 b_n，根据图 10.8.4(a)可知，b_n 可表示为

$$b_n = a_n \oplus b_{n-1} \oplus b_{n-3} \qquad (10-8-1)$$

经过信道传输，接收序列为 $\hat{b}_n$，解扰器输出序列为 c_n，由解扰器电路可知，c_n 可表示为

$$c_n = \hat{b}_n \oplus \hat{b}_{n-1} \oplus \hat{b}_{n-3} \qquad (10-8-2)$$

当传输无差错时，$\hat{b}_n=b_n$，由式(10-8-1)和式(10-8-2)可得

$$c_n = a_n \oplus b_{n-1} \oplus b_{n-3} \oplus b_{n-1} \oplus b_{n-3} = a_n$$

上式说明,扰码和解扰是互逆运算。

例 10.8.3 扰码器如图 10.8.4(a)所示。当输入的信源序列 $a_n = 111111111111\cdots$(全 1)时,求扰码器的输出序列 b_n。

解 设线性反馈移位寄存器的初始状态为 $b_{n-1}b_{n-2}b_{n-3} = 001$,则扰码器的状态及输出如表 10-8-2 所示。

表 10-8-2 扰码器输出及状态

输入(a_n)	扰码器状态($b_{n-1}b_{n-2}b_{n-3}$)	扰码器输出(b_n)
1	0 0 1	0
1	0 0 0	1
1	1 0 0	0
1	0 1 0	1
1	1 0 1	1
1	1 1 0	1
1	0 1 1	1
1	0 0 1	0
1	0 0 0	1
1	1 0 0	0
1	0 1 0	1
1	1 1 0	0
...	...	...

由表 10-8-2 可知,输入全 1 序列,经扰码器后输出序列中"1"、"0"趋近于等概。实际应用中,往往采用更长周期的 m 序列,所以扰乱后的"1"、"0"序列更接近于随机序列。

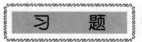

习　题

1. (7,1)重复码若用于检错,最多能检出几位错码? 若用于纠错,最多能纠正几位错码? 若同时用于检错、纠错,它能检测、纠正几位错码?

2. 已知(7,3)分组码的监督关系式为

$$\begin{cases} x_6 & + x_3 + x_2 + x_1 & = 0 \\ x_6 & + x_2 + x_1 + x_0 = 0 \\ x_6 + x_5 & + x_1 & = 0 \\ x_6 & + x_4 & + x_0 = 0 \end{cases}$$

求其监督矩阵 $\boldsymbol{H}$、生成矩阵 $\boldsymbol{G}$、全部系统码字、纠错能力及编码效率 η。

3. 汉明码的监督矩阵为

$$H = \begin{bmatrix} 1 & 1 & 1 & 0 & 1 & 0 & 0 \\ 1 & 1 & 0 & 1 & 0 & 1 & 0 \\ 1 & 0 & 1 & 1 & 0 & 0 & 1 \end{bmatrix}$$

（1）求码长 n 和码字中的信息位数 k。

（2）求编码效率 η。

（3）求生成矩阵 G。

（4）若信息位全为"1"，求监督位码元。

（5）检验 0100110 和 0000011 是否为码字。若有错，请指出错误并加以纠正。

4. 一码长 $n=7$ 的汉明码，监督位数 r 为多少？信息位数 k 为多少？编码效率 η 为多少？试设定一种伴随式与错误图样的对照表，并写出监督码元与信息码元之间的关系式。

5. 已知 $(7,4)$ 循环码的生成多项式 $g(x)=x^3+x+1$，求

（1）典型生成矩阵 G 和监督矩阵 H。

（2）写出系统循环码的全部码字。

（3）列出错误图样与伴随式的对照表。

6. 试构成周期长度为 7 的 m 序列发生器，并求出相应的 m 序列。

7. 有卷积编码器如题 7 图所示，求当输入信息序列为 1100100011 时的编码器输出的码字序列。

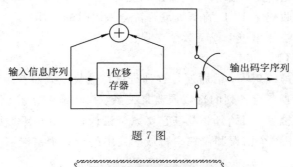

题 7 图

本章知识点小结

1. 信道编码基本概念

（1）信道编码目的：纠错、检错，从而降低数字通信系统的误码率，提高系统的可靠性。

（2）信道编码基本原理：编码器在信息中按一定规律增加冗余码元（称为监督码元），译码器则利用这种规律性发现或纠正可能存在的错误码元。

（3）信道编码优缺点：冗余码元的引入提高了可靠性，但降低了有效性，故信道编码是以牺牲有效性换取可靠性的。

（4）常用术语。

① 码长 n：码字（组）中码元的个数。如码字 11011，码长 $n=5$。

② 码重 W：码字中"1"的数目。如码字 11011，码重 $W=4$。

③ 码距 d：两个等长码字之间对应码元不同的数目。如码字 11011 和 00101 间的码距 $d=4$。码距又称为汉明距离。

④ 最小码距 d_0：码字集中两两码字之间距离的最小值。

⑤ 编码效率 η：一个码字中信息码元数 k 与码长 n 的比值，即 $\eta=k/n$。编码效率是衡量编码性能的一个重要参数。

(5) 最小码距 d_0 决定码的纠、检错能力。

① 检出 e 个错码，要求 $d_0 \geqslant e+1$

② 纠正 t 个错码，要求 $d_0 \geqslant 2t+1$

③ 检出 e 个错码的同时纠正 t 个错码($e>t$)，要求 $d_0 \geqslant e+t+1$

(6) 差错控制方式。

① 前向纠错(FEC)：发送纠错码，无需反向信道，实时性好，但编、译码复杂。

② 检错重发(ARQ)：发送检错码，编、译码简单，可靠性高，但需反向信道，实时性差。

③ 混合纠错(HEC)：是 FEC 和 ARQ 的结合，发送纠检错码，需要反向信道，不适合实时传输。

2. 常用检错码

(1) 奇偶监督码。

① 编码：在每个信息组中添加一位监督码元，使"1"的个数为奇数或偶数。

② 译码：检查接收码字中"1"的个数是否符合编码时的规律。

③ 检错能力：能检测出单个或奇数个错误。

(2) 行列奇偶监督码。

① 编码：将信息排成矩阵，然后逐行逐列进行奇监督或偶监督编码。

② 译码：分别检查各行各列的奇或偶监督关系，判断是否有错。

③ 纠检能力：能检测出 1、2、3 及其它奇数个错误；分布在矩形四个顶点的偶数个错误无法发现。能够纠正单个错误和仅在一行或一列中的奇数个错误。

(3) 恒比码。

① 编码：每个码字中"1"的数目和"0"的数目之比保持恒定。

② 译码：检查"1"、"0"码元个数。

③ 检错能力：能够检测码字中所有奇数个错误及部分偶数个错误。

3. 线性分组码

(1) 线性分组码的特点：

① 既是分组码又是线性码：监督码元与本码字中的信息元之间可用线性方程表示。

② 具有封闭性：码字集中任意两个码字之和(对应位异或)仍然是码字集中的一个码字。由此可得：线性分组码的最小码距等于非全 0 码字的最小重量。

③ 存在全 0 码字。

(2) 线性分组码的编码——求码字。

① 将信息码元代入监督关系求得监督码元，将监督码元附加在信息码元后即得到码字。

② 由监督方程组求得典型监督矩阵 $H=[PI_r]$，再求得 $G=[I_kP^T]$，由 $A=M \cdot G$ 求码字。

③ 线性分组码 (n,k) 共有 2^k 个不同的码字。

(3) 线性分组码的译码。

① 将伴随式 S 与错误图样 E 之间的关系 $S=E \cdot H^T$ 存入译码器。

② 对接收码字 B 计算伴随式：$S=BH^T$。

③ 若 $S=0$（全 0 矩阵），表示接收码字 B 无错，输出码字即可。

④ 若 $S \neq 0$，则由 S 查得错误图样 E，纠错得 $A=B+E$（注：若仅检错，则无需纠错，等待发送端重传）。

⑤ 发生越纠越错或不可检测错误的原因：码字中的错误个数超出了码字的纠错能力。

(4) 线性分组码重要例子。

① 汉明码：一种高效的能够纠单个错误的线性分组码。$d_0=3$，$n=2^r-1$，且 $r \geqslant 3$。故有 $(7,4)$、$(15,11)$、$(31,26)$ 等汉明码。

② 重复码 $(n,1)$：只有全 0 和全 1 两个码字，其最小码距 $d_0=n$。

③ 偶监督码 $(n,n-1)$：码字中只有一个监督码元，"1"码元的个数为偶数，能检测码字中发生的奇数个错误。

4. 循环码

(1) 特点：具有循环移位特性的线性分组码。

(2) 编码－码字由生成多项式 $g(x)$ 决定

① $g(x)$：x^n+1 的因式；$r=n-k$ 次多项式；常数项为 1。

② 循环码特有的编码方法：$A(x)=x^{n-k}M(x)+[x^{n-k}M(x)]'$ 即可求得系统循环码字。

(3) 译码。

① 将伴随多项式 $S(x)$ 与错误图样多项式 $e(x)$ 之间的关系 $S(x)=[e(x)]'$ 存于译码器中。

② 计算接收码字的伴随式 $S(x)=[B(x)]'$。

③ 若 $S(x)=0$，则接收码字无错；若 $S(x) \neq 0$，则由 $S(x)$ 查表求得错误图样多项式 $e(x)$，并对接收码字进行纠错，即 $A(x)=B(x)+e(x)$。

需要说明，循环码属于线性分组码，故它完全可以采用线性分组的编、译码方法，只不过没有利用循环码的循环移位特性。

5. 卷积码

(1) 卷积码 (n,k,m)：码字中的监督码元不仅与本码字中的信息码元有关，还与前面 m 个码字中的信息码元有关。故卷积码是非分组码，$n(m+1)$ 称为编码约束长度。

(2) 编码器：为时序逻辑电路。可以用状态图、格状图描述编码器的工作。

(3) 译码：常采用维特比译码。

6. 交织码与级联码

(1) 交织码：利用纠随机错误的码，以交错排列方式构成码字，用于纠正突发错误。若交织度为 m，每个子码最多能纠正 t 个错误，则该交织码能纠正长度 $b \leqslant mt$ 的单个突发错误。

(2) 级联码：通常由外码、交织码和内码级联构成，以适中的复杂度获得很强的纠错能力。外码常为线性分组码，内码常用卷积码。

7. m 序列

(1) 定义：m 序列是由线性反馈移位寄存器产生的周期最长的码序列，常称为伪随机序列或 PN 码。

(2) 周期：n 级线性反馈移位寄存器产生的 m 序列周期为 $P = 2^n - 1$。

(3) 电路：m 序列产生电路反馈线的连接方式由其本原多项式决定。

(4) 应用：误码率测量、时延测量、测距、通信加密、扩频通信、数据扰乱等。

(5) 扰码器的作用：将输入数据序列与 m 序列模 2 加，使输出序列中"1"、"0"等概。

本章自测自评题

一、填空（每题 2 分，共 20 分）

1. 信道编码的目的是提高 ＿＿＿＿＿＿＿＿，其代价是 ＿＿＿＿＿＿＿＿＿＿。

2. 线性分组码 (n, k) 中共有 ＿＿＿＿＿ 个码字，编码效率为 ＿＿＿＿＿＿。若编码器输入比特速率为 $R_{b入}$，则编码器输出比特速率 $R_{b出} =$ ＿＿＿＿＿＿＿＿。

3. $(7, 1)$ 重复码的最小码距为 ＿＿＿＿＿＿。若用于检错，则最多能检出 ＿＿＿＿＿＿ 位错误；若用于纠错，则最多能纠正 ＿＿＿＿＿＿ 位错误。

4. $(5, 4)$ 奇偶监督码实行偶监督，则信息组 1011 对应的监督码元为 ＿＿＿＿＿＿。若信息为 $a_4 a_3 a_2 a_1$，则监督码元为 ＿＿＿＿＿＿＿＿＿＿＿。

5. 已知 $(7, 3)$ 循环码的生成多项式 $g(x) = x^4 + x^3 + x^2 + 1$，若信息 $M = [110]$，则其系统码字为 ＿＿＿＿＿＿＿＿＿＿＿。

6. 已知某线性分组码的监督矩阵 $H = \begin{bmatrix} 1 & 1 & 1 & 0 & 1 & 0 & 0 \\ 1 & 0 & 1 & 1 & 0 & 1 & 0 \\ 0 & 1 & 1 & 1 & 0 & 0 & 1 \end{bmatrix}$，则该线性分组码码字长度为 $n =$ ＿＿＿＿＿＿，监督码元个数为 $r =$ ＿＿＿＿＿＿，信息码元个数为 $k =$ ＿＿＿＿＿＿。

7. 汉明码的码长 n 与监督码元个数 r 之间的关系为 ＿＿＿＿＿＿＿＿，故码长为 31 的汉明码码字中信息码元个数为 ＿＿＿＿＿＿＿＿。此码能纠正发生在一个码字中的 ＿＿＿＿＿＿ 位错误。

8. 某线性分组码的全部码字如下 {0000000, 0010111, 0101110, 0111001, 1001011, 1011100, 1100101, 1110010}，则其码长为 ＿＿＿＿＿＿＿＿，监督码元个数为 ＿＿＿＿＿＿＿＿。

9. 设有一个由 10 级线性反馈移位寄存器构成的 m 序列产生器，其输出经数字通信系统传输，设系统传输速率为 1000 b/s，则传输一个周期的 m 序所需的时间为 ＿＿＿＿＿＿＿＿ s。

10. 级联码由 ＿＿＿＿＿＿、交织码和 ＿＿＿＿＿＿ 组成。其中交织码的作用是 ＿＿＿＿＿＿＿＿。

二、选择题（每题 2 分，共 20 分）

1. 已知某线性分组码共有 8 个码字 {000000、001110、010101、011011、100011、101101、110110、111000}，此码的最小码距为 ＿＿＿＿＿＿。

    A. 0   B. 1   C. 2   D. 3

2. 卷积码 $(2, 1, 2)$ 的编码效率为 ＿＿＿＿＿＿。

A. 1/3　　　　B. 1/2　　　　C. 2/3　　　　D. 3/2

3. 用(7，4)汉明码构成交织度为 10 的交织码，则此交织码最多可纠正_____位突发错误。

A. 7　　　　B. 8　　　　C. 9　　　　D. 10

4. 已知码字长度为 7 的循环码，其生成多项式为 $g(x) = x^4 + x^3 + x^2 + 1$，则码字中的监督码元个数为_____。

A. 3　　　　B. 4　　　　C. 5　　　　D. 6

5. (2，1，2)卷积码的编码约束长度为_____。

A. 2　　　　B. 3　　　　C. 4　　　　D. 6

6. 汉明码是一种线性分组码，其最小码距为_____。

A. 2　　　　B. 3　　　　C. 4　　　　D. 1

7. 在一个码组内要想纠正 t 位错误，同时检出 e 位错误$(e > t)$，要求最小码距为_____。

A. $d_0 \geqslant t + e + 1$　　　　　　B. $d_0 \geqslant 2t + e + 1$

C. $d_0 \geqslant t + 2e + 1$　　　　　　D. $d_0 \geqslant 2t + 2e + 1$

8. 一个码长 $n = 15$ 的汉明码其监督码元数 r 是_____。

A. 15　　　　B. 5　　　　C. 4　　　　D. 10

9. 不需要反馈信道的差错控制方式是_____。

A. 前向纠错(FEC)　　　　　　B. 检错重发(ARQ)

C. 混合纠错(HEC)　　　　　　D. 信息反馈(IF)

10. 若一 m 序列产生器如题 10.2.10 图所示。则其本原特征多项式为_____。

A. $f(x) = x^3 + x + 1$　　　　　　B. $f(x) = x^4 + x + 1$

C. $f(x) = x^3 + x^2 + 1$　　　　　　D. $f(x) = x^3 + x^2 + x$

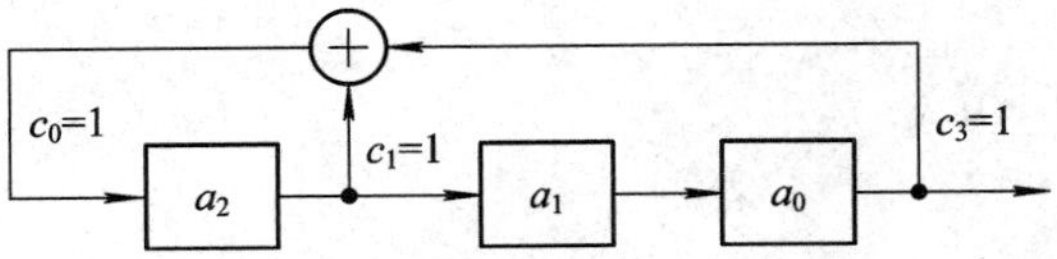

题 10.2.10 图

三、简答题（每题 5 分，共 20 分）

1. 信道编码与信源编码有什么不同？

2. 差错控制的基本工作方式有哪几种？实时性如何？是否需要反向信道？

3. 分组码的检、纠错能力与最小码距有什么关系？

4. 什么是 m 序列？有何应用？

四、综合题（每题 10 分，共 40 分）

1. 已知某(7，4)码的生成矩阵为

$$G = \begin{bmatrix} 1 & 1 & 1 & 0 & 0 & 1 & 0 \\ 1 & 0 & 0 & 0 & 1 & 1 & 0 \\ 0 & 0 & 1 & 0 & 1 & 0 & 1 \\ 1 & 0 & 1 & 1 & 0 & 0 & 0 \end{bmatrix}$$

（1）将矩阵 G 转化为系统生成矩阵（典型生成矩阵）；

（2）写出该码中前两个比特为 11 的所有码字；

（3）写出该码的监督矩阵 H；

（4）求接收码字 $B=[1101011]$ 的伴随式。

2. 已知某循环码的生成多项式是 $g(x)=x^{10}+x^8+x^5+x^4+x^2+x+1$，编码效率是 1/3。求：

（1）该码的输入消息分组长度 k 及编码后码字的长度 n；

（2）消息码 $m(x)=x^4+x+1$ 编为系统码后的码字多项式。

3. 已知(7，4)线性分组码的生成矩阵为 $G=\begin{bmatrix} 1 & 0 & 0 & 0 & 1 & 0 & 1 \\ 0 & 1 & 0 & 0 & 1 & 1 & 0 \\ 0 & 0 & 1 & 0 & 1 & 1 & 1 \\ 0 & 0 & 0 & 1 & 0 & 1 & 1 \end{bmatrix}$，写出监督矩阵

H，若接收码字为 1110101，计算其伴随式，并说明接收码字中是否有错。

4. 若本原多项式 $f(x)=x^3+x+1$，试求：

（1）由它构造一个 m 序列产生器；

（2）设初始状态为 $a_2a_1a_0=110$，列出一个周期的时序表；

（3）写出一个周期的输出序列（设从 a_0 输出）。

第11章 同步原理

11.1 引 言

同步是通信系统中的一个非常重要的内容。通信系统中收、发双方能否协调一致地工作，很大程度上依赖于有无良好的同步系统。接收机中涉及的同步，按功能分主要有载波同步、位同步和群同步(帧同步)。本章重点讨论这些同步系统的实现原理及性能指标。

11.2 载 波 同 步

在采用相干解调的系统中(不论是数字的还是模拟的)，接收端需要一个与所接收信号中的调制载波同频同相的本地载波信号，这个本地载波信号称为同步载波或相干载波，同步载波的获取称为载波提取或载波同步。

载波同步的方法有直接法和插入导频法两种。直接法又称为自同步法，这种方法是首先对接收信号作适当的变换，然后再设法提取同步载波。插入导频法又称为外同步法，它是在发送有用信号的同时，在适当频率位置上插入一个(或多个)称为导频的正弦波，接收端从导频中提取同步载波。

11.2.1 直接法(自同步法)

有些接收信号虽然本身不含有载波分量，但对该接收信号作某些非线性变换后，通过窄带滤波器再进行分频，就可以提取到载波分量，这是直接法提取同步载波的基本原理。根据此原理构建的载波提取电路方框图如图 11.2.1 所示。

图 11.2.1 直接法提取载波

在图 11.2.1 所示的载波提取方法中，首先对接收的 MPSK 进行 M 次变换，然后用一个中心频率为 Mf_c 的窄带滤波器滤出频率为 Mf_c 的信号，最后对这个信号进行 M 次分频，得到所需的频率为 f_c 的同步载波。

当 $M=2$ 时，可从 2PSK 或 DSB 信号中提取同步载波，如图 11.2.2 所示，此方法称为平方变换法。

图 11.2.2 平方变换法提取载波

根据图 11.2.2，我们对变换法能够提取同步载波的可行性作简单讨论。在这种方法中，首先对接收到的 DSB 或 2PSK 信号进行平方变换，设收到的信号为 $x(t)\cos2\pi f_c t$，此信号平方后为

$$e(t) = [x(t)\cos2\pi f_c t]^2 = \frac{1}{2}[x^2(t) + x^2(t)\cos4\pi f_c t]$$

由于 $x^2(t)$ 中有直流成分，所以 $e(t)$ 中有 $\cos4\pi f_c t$ 成分（在 $e(t)$ 的频谱中有位于 $2f_c$ 位置上的冲激），经中心频率 $2f_c$ 的窄带滤波器，可得到 $\cos4\pi f_c t$ 成分，此成分经二分频后可得到 $\cos2\pi f_c t$ 成分，这就是所需要的同步载波信号。

为了改善变换法的性能，可以在变换法的基础上，将窄带滤波器改用锁相环，这样就变成了变换环法。图 11.2.2 所示的变换法所对应的变换环法方框图如图 11.2.3 所示，称为平方环法。由于锁相环具有良好的跟踪、窄带滤波和记忆性能，因此平方环法比一般的平方变换法具有更好的性能，得到了广泛的应用。

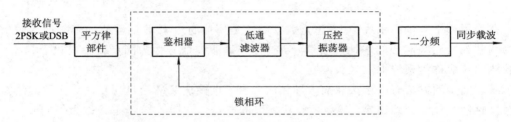

图 11.2.3 平方环法提取同步载波

图 11.2.3 中的二分频电路将使载波有 $180°$ 的相位模糊。这是因为一般的分频器都由触发器构成，由于触发器的初始状态是未知的，分频器输出的波形相位可能随机地取 $0°$ 或 $180°$。相位模糊对模拟信号影响不大，而对 2PSK 将引起反向工作问题，解决的办法之一是采用 2DPSK 调制。

从接收信号中提取同步载波的另一方法是 Costas 环法，也称为同相正交环法。这种方法的特点是提取载波的同时，可直接输出解调信号，其原理框图如图 11.2.4 所示。

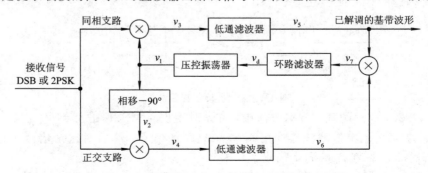

图 11.2.4 Costas 环法提取同步载波及解调方框图

由图 11.2.4 可见，Costas 环由两条支路构成，一条称为同相支路，另一条称为正交支路。这两条支路通过同一个压控振荡器耦合在一起，构成一个负反馈系统。当环路锁定时，压控振荡器输出同步载波信号 v_1，此时，同相支路输出已解调的基带波形 v_5。若接收信号是 2PSK，此基带波形会被送入取样判决器，经取样判决后输出二进制信息序列。下面对科斯塔斯环的工作原理作简要分析。

设接收信号为 $r(t) = m(t)\cos 2\pi f_c t$，环路刚开始工作时，压控振荡器的输出与接收载波间有相位差 θ，此时有

$$v_1 = A\cos(2\pi f_c t + \theta), \quad v_2 = A\sin(2\pi f_c t + \theta)$$

将它们分别和接收信号相乘，并作适当的三角函数变换后得

$$v_3 = \frac{1}{2}Am(t)\left[\cos\theta + \cos(4\pi f_c t + \theta)\right]$$

$$v_4 = \frac{1}{2}Am(t)\left[\sin\theta + \sin(4\pi f_c t + \theta)\right]$$

经低通滤波后输出分别为

$$v_5 = \frac{1}{2}Am(t)\cos\theta$$

$$v_6 = \frac{1}{2}Am(t)\sin\theta$$

两项相乘得

$$v_7 = \frac{1}{8}A^2 m^2(t)\sin 2\theta$$

v_7 经环路滤波器平滑后输出为 v_d，显然，$v_d \propto \sin 2\theta$。v_d 控制压控振荡器的输出相位 θ，其方法为：当 $v_d > 0$ 时，使 θ 变小；当 $v_d < 0$ 时，使 θ 变大。稍作分析就会发现：

(1) 当初始相位为 $-90° < \theta < 90°$ 时，锁相环经调整后最终锁定在 $\theta = 0$ 处，此时输出同步载波 $v_1 = A\cos 2\pi f_c t$，解调输出 $v_5 = \frac{1}{2}Am(t)$。

(2) 当初始相位为 $90° < \theta < 270°$ 时，锁相环经调整后最终锁定在 $\theta = 180°$ 处，此时压控振荡器输出的同步载波为 $v_1 = A\cos(2\pi f_c t + 180°)$，相应的解调输出为 $v_5 = -\frac{1}{2}Am(t)$。

由于电路初始工作时 θ 具有随机性，锁相环可能锁定在 $\theta = 0$ 处，也可能锁定在 $\theta = 180°$ 处。可见，科斯塔斯环法同样存在相位模糊问题。

11.2.2 插入导频法（外同步法）

有些信号中虽没有载波成分（如 DSB 信号、2PSK 信号等），但可以用直接法提取同步载波。除此之外，还可以用插入导频法使接收端获取同步载波。

插入导频法的原理是：在发送端，将一个导频的正（余）弦波插入到有用信号中一并发送；在接收端，利用窄带滤波器滤出导频，对导频作适当变换即可获取同步载波。

由于导频是插入到信号中一起发送的，为使接收端能很方便地获取同步载波而又不影响信号，对插入的导频通常有如下要求：

(1) 导频要在信号频谱为零的位置插入，否则导频与信号频谱成分重叠在一起，接收端不易从接收信号中将导频提取出来。

（2）导频的频率应当与载波频率有关，通常导频频率等于载波频率。这样，接收端用窄带滤波器将导频滤出，滤出的导频就是同步载波。

（3）插入的导频应与载波正交，避免导频对信号解调产生影响。

下面以 DSB 为例来说明插入导频法实现载波同步的基本方法。图 11.2.5(a)是基带信号的频谱，(b)是其 DSB 信号的频谱及插入导频的位置（虚线所示）。导频插在 DSB 信号频谱为 0 的地方，即导频的频率为 f_c，且与调制用的载波信号正交。插入导频法发送端及接收端的方框图如图 11.2.6 所示。

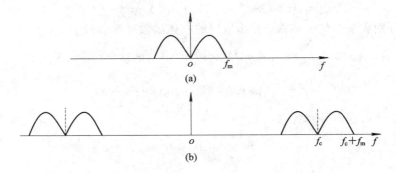

图 11.2.5　DSB 信号中插入导频示意图

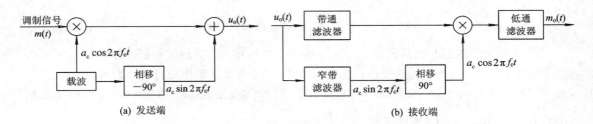

图 11.2.6　插入导频法发送端及接收端框图

图 11.2.6(a)是插入导频法发送端方框图，根据此图可知

$$u_o(t) = a_c m(t) \cos2\pi f_c t + a_c \sin2\pi f_c t$$

其中，$a_c m(t) \cos2\pi f_c t$ 为 DSB 信号项，$a_c \sin2\pi f_c t$ 为插入的导频信号，它与载波 $a_c \cos2\pi f_c t$ 正交，所以也称为正交载波（导频）。图 11.2.6(b)是接收端解调的方框图，假设收到的信号就是 $u_o(t)$，$u_o(t)$ 的导频经中心频率为 f_c 的窄带滤波器滤出来，再经过 90° 相移后得到同步载波 $a_c \cos2\pi f_c t$，$u_o(t)$ 与载波 $a_c \cos2\pi f_c t$ 经相乘器相乘后输出，有

$$[a_c m(t) \cos2\pi f_c t + a_c \sin2\pi f_c t] \cdot a_c \cos2\pi f_c t$$
$$= a_c^2 m(t) \cos^2 2\pi f_c t + a_c^2 \sin2\pi f_c t \cdot \cos2\pi f_c t$$
$$= \frac{1}{2} a_c^2 m(t) + \frac{1}{2} a_c^2 m(t) \cos4\pi f_c t + \frac{1}{2} a_c^2 \sin4\pi f_c t$$

经过低通滤波器以后，得 $\frac{1}{2} a_c^2 m(t)$。

插入导频法的优点是接收端提取同步的电路简单。但是，由于发送导频信号必然要占用部分发射功率，因此降低了传输的信噪比，使抗干扰能力减弱。

11.2.3 载波同步系统的性能指标

载波同步系统的性能指标主要有效率、同步建立时间、同步保持时间和精度。

效率是指为获取同步所消耗的发送功率的多少。直接法由于不需要专门发送导频，因此是高效率的。而插入导频法由于插入导频要消耗一部分发送功率，因此效率要低一些。

同步建立时间是指从开机或失步到同步所需的时间，通常用 t_s 表示，此时间越短越好，这样同步建立得快。

同步保持时间是指同步建立后，如果同步电路由于某个原因停止调整，系统还能保持住同步的时间，通常用 t_c 表示。此时间越长越好，这样一旦建立同步，就可以保持较长的时间。

精度是指提取的载波与需要的标准载波之间的相位误差，通常用 $\Delta\varphi$ 表示。此值越小越好，因为 $\Delta\varphi$ 值直接影响接收机的解调性能。

DSB 和 2PSK 信号有相同的信号形式，设为 $m(t)\cos2\pi f_c t$。解调时接收到的 DSB 或 2PSK 信号乘以本地载波，当提取到的本地载波有相位误差 $\Delta\varphi$，即为 $\cos(2\pi f_c t + \Delta\varphi)$ 时（为方便起见，设提取的本地载波幅度为 1），相乘器输出为

$$[m(t)\cos2\pi f_c t] \cdot \cos(2\pi f_c t + \Delta\varphi) = \frac{1}{2}m(t)\cos\Delta\varphi + \frac{1}{2}m(t)\cos(4\pi f_c t + \Delta\varphi)$$

上式经过低通滤波后第二项被滤除，因此低通滤波器输出信号为 $\frac{1}{2}m(t)\cos\Delta\varphi$。显然，当 $\Delta\varphi=0$，即载波系统完全同步时，$\cos\Delta\varphi=1$，解调后信号的幅度最大；当 $\Delta\varphi\neq0$ 时，$\cos\Delta\varphi<1$，解调后信号幅度下降。因此，对 DSB 信号，$\Delta\varphi\neq0$ 会引起信号幅度的下降，影响接收信号的质量；对 2PSK 信号，$\Delta\varphi\neq0$ 同样引起信号幅度的下降，使信噪比 r 下降 $\cos^2\Delta\varphi$ 倍，误码率上升为

$$P_e = \frac{1}{2}\mathrm{erfc}(\sqrt{r\cos^2\Delta\varphi}) = \frac{1}{2}\mathrm{erfc}(\cos\Delta\varphi\sqrt{r})$$

因此，载波系统的误差会使 2PSK 解调误码率增大。

11.3 位 同 步

在数字通信系统中，发端按照确定的时间顺序，逐个传输数码脉冲序列中的每个码元。在接收端必须有准确的取样判决时刻才能正确判决所发送的码元。因此，接收端必须提供一个确定取样判决时刻的定时脉冲序列，这个定时脉冲序列的重复频率必须与发送的码元速率相同，脉冲的位置对准接收码元的最佳取样时刻，这个定时脉冲序列称为位同步信号或位定时信号。把在接收端产生位同步信号的过程称为位同步或码元同步。

与载波同步类似，实现位同步的方法也有插入导频法和直接法两种，目前广泛采用直接法。

11.3.1 直接法

直接法就是借助于位同步电路从所接收到的基带信号中直接提取位同步信号的方法。

最常用的直接法是数字锁相环法。

数字锁相环法的基本原理是在接收端利用鉴相器比较接收码元和本地产生的位同步脉冲的相位,若两者相位不一致(超前或滞后),鉴相器就产生误差信号去调整位同步脉冲的相位,直到获得精确的同步为止。数字锁相环法的基本原理方框图如图 11.3.1 所示。

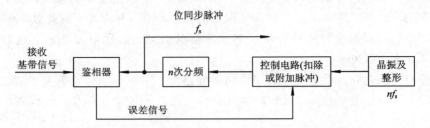

图 11.3.1 数字锁相环法提取位同步信号原理方框图

频率为 nf_s 的晶振产生的正弦波经整形电路变成窄矩形脉冲序列,如图 11.3.2(a)所示。此脉冲序列经控制电路加到 n 次分频器,n 次分频器每接收到 n 个脉冲就输出 1 个脉冲,所以 n 次分频器的输出脉冲序列的频率为 f_s,脉冲间隔为 T_s,如图 11.3.2(b)所示。此信号一路被送到鉴相器,另一路则作为位同步信号去控制取样判决。鉴相器将分频器送来的位同步信号相位与接收到的码元相位进行比较,若既不超前也不滞后,这种状态就维持下去,此时分频器输出的脉冲序列即为位同步信号。如果鉴相器的比较结果是 n 次分频器输出信号(即位同步信号)相位超前于接收码元相位,如图 11.3.3(a)所示,鉴相器就向控制电路输出误差信号,使控制电路从其接收到的脉冲序列中扣除一个脉冲,这样分频器输出的脉冲序列就比原来正常情况下的脉冲序列滞后一个 T_s/n 时间,如图 11.3.2(c)所示。到下一次鉴相器进行比相时,若分频器输出脉冲序列的相位仍超前,鉴相器再输出一个代表超前的误差信号给控制电路,使控制电路再扣除一个脉冲,直到分频器输出脉冲序

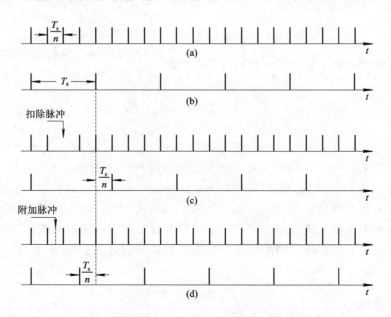

图 11.3.2 位同步信号相位调整过程示意图(图中设 $n=4$)

列的相位不超前为止。如果鉴相器的比较结果是 n 次分频器的输出脉冲序列相位滞后于接收码元相位，如图 11.3.3(b)所示。则鉴相器向控制电路输出一个代表滞后的误差信号，使控制电路在接收的脉冲序列中增加一个脉冲，此脉冲称为附加脉冲，此时分频器的输出脉冲序列就比原来正常情况下的脉冲序列超前一个 T_s/n 时间，如图 11.3.2(d)所示。如下次鉴相器比相时仍然滞后，则再一次增加脉冲，直到同步为止。

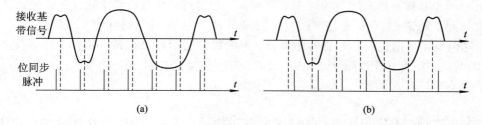

图 11.3.3　位同步脉冲与基带信号的相对位置

由此可见，在分频器的输入端采用增加或扣除脉冲的办法，就可以改变其输出脉冲序列的相位。因此，只要接收到的码元序列的相位与分频器输出的脉冲序列的相位不一致即不同步，就可以采用上述方法来改变后者的相位，直到同步为止。由于相位的改变是一步一步进行的，或者说是离散式（即数字式）进行的，故称这种锁相环法为数字锁相环法。

需要说明，在图 11.3.1 所示的数字锁相环中，相位比较器是一个关键部件。没有相位比较器的比较结果，控制电路既不会扣除脉冲也不会附加脉冲，也就意味着无法调整位同步脉冲的相位。而相位比较器是根据接收基带信号的过零点和位同步脉冲的位置来确定误差信号的。当发送长连"0"或长连"1"信号时，接收基带信号在很长时间内无过零点，相位比较器无法进行比较，致使位定时脉冲在长时间内得不到调整而发生漂移甚至失步。此即采用 HDB$_3$ 来代替 AMI 码的原因。

11.3.2　位同步系统的主要性能指标

位同步系统的性能指标主要有位定时误差（精度）、位同步建立时间、位同步保持时间和同步带宽。

1. 位定时误差

用数字锁相环法提取位同步信号时，只要随机噪声引起的定时抖动比起调整一步的时间小得多，就可以认为定时误差主要是由位同步脉冲跳跃式调整引起的。由于每调整一步，定时位置改变 T_s/n（n 为分频器的分频比），故最大的位定时误差为

$$t_e = \frac{T_s}{n} \tag{11-3-1}$$

有时，位定时误差也用相位来表示，称为相位误差，即

$$\theta_e = \frac{2\pi}{n}（弧度）= \frac{360^\circ}{n}（度） \tag{11-3-2}$$

当位定时有偏差时，会使信号的取样值下降，而取样值的下降最终导致数字通信系统误码率的上升。以 2PSK 信号为例，当位定时无偏差时，最佳接收机的误码率为

$$P_e = \frac{1}{2}\mathrm{erfc}\left(\sqrt{\frac{E_s}{n_0}}\right)$$

而当位定时偏差为 t_e 时，经推导误码率为

$$P_e = \frac{1}{4}\mathrm{erfc}\left(\sqrt{\frac{E_s}{n_0}}\right) + \frac{1}{4}\mathrm{erfc}\left(\sqrt{\frac{E_s\left(1 - \frac{2t_e}{T_s}\right)}{n_0}}\right) \qquad (11-3-3)$$

2. 位同步建立时间

从位同步系统提取到含有位同步信息的数字信号起，到系统同步建立为止所需要的时间称为位同步建立时间或捕捉时间。位同步脉冲与接收到的码元之间的误差最大值为 $T_s/2$，这时所需要的位同步建立时间最长。因为数字锁相环每调整一次(一步)，仅能纠正 T_s/n 的时间差，所以要消除 $T_s/2$ 的时间差，需要调整的步数为

$$S = \frac{T_s/2}{T_s/n} = \frac{n}{2}\text{(步)}$$

在接收二进制数字信号时，各码元出现"0"或"1"是随机的，两个相邻码元出现 01、10、11、00 的概率可以近似认为相等。若把码元"0"变"1"或"1"变"0"时的交变点提取出来作为比相用的脉冲，也就是说，每出现一次交变点，鉴相器比相一次，使得控制器扣除或附加一个脉冲，位定时信号调整一次，那么，对位定时信号平均调整一个 T_s/n 所需要的时间为 $2T_s$ 秒，故位同步建立时间为

$$t_s = \frac{n}{2} \cdot 2T_s = nT_s \qquad (11-3-4)$$

可见，分频次数 n 越小，位同步建立时间就越短。但由式(11-3-1)可见，此时建立同步后的位定时误差也越大。因此，这两个指标对分频次数 n 的要求是矛盾的。实际应用时，对 n 的取值应折中考虑。

3. 位同步保持时间

当同步建立后，一旦输入信号中断，或者遇到长连"0"码、长连"1"码时，由于接收信号没过零点(交变)，锁相环就失去了调整作用。同时，收发两端晶振频率总是存在着误差。因此相对于发送端，接收端位同步脉冲的位置会逐渐发生漂移，时间愈长，位置的漂移量就越大，当漂移量超过所允许的最大值时，即为失去同步。由同步到失去同步所经过的时间称为同步保持时间，用 t_c 表示。

可见，同步保持时间与收、发晶振的稳定度和系统所允许的最大位同步误差有关。同步保持时间越长越好。

4. 同步带宽

同步带宽是指同步系统能够调整到同步状态所允许的收、发两端晶振的最大频差。换句话说，如果收、发两端晶振的最大频差大于同步带宽，同步系统将无法建立同步，因为这种情况下，位同步脉冲的调整速度跟不上它与接收基带信号之间时间误差的变化。

例 11.3.1 在 2PSK 最佳接收机中，用数字锁相法实现位同步，设分频比为 100，基带信号码元速率为 1000 波特。

(1) 位同步系统建立同步后可能的最大误差为多少？

(2) 位同步建立时间为多少？

(3) 若接收 2PSK 信号的幅度为 $A=10$ mV，信道中加性高斯白噪声的双边功率谱密度 $n_0 = 8.68 \times 10^{-9}$ W/Hz，则此 2PSK 解调器的误码率为多少？

解　由题意可知，$n=100$，$R_s=1000$ Baud，故 $T_s=0.001$ s。

(1) 由式(11-3-1)求得位定时误差为

$$t_e = \frac{T_s}{n} = \frac{0.001}{100} = 1 \times 10^{-5} \quad (\text{s})$$

(2) 由式(11-3-4)得位同步建立时间为

$$t_s = nT_s = 100 \times 0.001 = 0.1 \quad (\text{s})$$

(3) 因 $T_s=0.001$ s，又 $A=10$ mV 和 $n_0=8.68\times10^{-9}$ W/Hz，故

$$E_1 = E_s = \frac{1}{2}A^2 T_s = \frac{1}{2} \times (10 \times 10^{-3})^2 \times 0.001 = 5 \times 10^{-8} \quad (\text{J})$$

$$\frac{E_1}{n_0} = \frac{5 \times 10^{-8}}{8.68 \times 10^{-9}} = 5.76$$

由式(11-3-3)得到存在位定时误差时，2PSK 最佳接收机误码率为

$$P_e = \frac{1}{4}\text{erfc}(\sqrt{5.76}) + \frac{1}{4}\text{erfc}\left(\sqrt{5.76 \times (1 - 2 \times 10^{-5}/0.001)}\right)$$

$$= \frac{1}{4}\text{erfc}(2.4) + \frac{1}{4}\text{erfc}(2.1466)$$

$$\approx 7.72 \times 10^{-4}$$

11.4　群　同　步

载波同步是相干解调的基础，通过相干解调将接收到的频带信号解调为基带信号。而位同步是确定数字通信中各个码元的取样判决时刻，即把每个码元加以区分，使接收端得到一连串的码元序列。码元序列由许多码组构成，每个码组包含若干个码元，代表一定的信息。如接收到的是 PCM 码元序列，则序列中每 8 个码元组成 1 个码组，表示一个取样值的大小，为能正确译码，接收端必须进行正确分组。群同步的任务就是确定每个码组的"开头"和"结尾"时刻，实现对码元序列的正确分组。

群同步主要采用外同步法，通常是在信息码组间插入一些特殊码组作为每个信息码组的头尾标记，接收端根据这些特殊码组的位置实现对码元序列的正确分组。

11.4.1　巴克码

为能实现可靠的群同步，选择或寻找一种合适的特殊码组至关重要。群同步系统对作为标记的特殊码组一般要求如下：

(1) 在数字通信系统中，一般信道上传输的是二进制码序列，因此插入进去的特殊码组也应该是二进制码组。

(2) 便于识别，使识别电路简单。

(3) 与信息码的差别大，不易与信息码混淆。

(4) 码长适当，以便提高效率。

巴克码是满足上述条件的一种码组。目前已经找到的巴克码组如表 11-4-1 所示。在表中，"+"代表"+1"，"−"代表"−1"。

表 11 - 4 - 1　巴 克 码 组 表

位　数	巴 克 码 组	
2	＋＋ ; －＋	(11) ; (01)
3	＋＋－	(110)
4	＋＋＋－ ; ＋＋－＋	(1110) ; (1101)
5	＋＋＋－＋	(11101)
7	＋＋＋－－＋－	(1110010)
11	＋＋＋－－－＋－－＋－	(11100010010)
13	＋＋＋＋＋－－＋＋－＋－＋	(1111100110101)

巴克码是一种便于识别的码组，它具有尖锐的局部自相关特性。

设有巴克码组 $\{a_1, a_2, \cdots, a_n\}$，每个码元 a_i 只可能取值＋1 或－1，它的局部自相关函数 $R(j)$ 定义为

$$R(j) = \sum_{i=1}^{n-j} a_i a_{i+j}$$

以 7 位巴克码为例，它的局部自相关函数如下：

当 $j = 0$ 时，$R(0) = \sum_{i=1}^{7} a_i^2 = 1+1+1+1+1+1+1 = 7$；

当 $j = 1$ 时，$R(1) = \sum_{i=1}^{6} a_i a_{i+1} = 1+1-1+1-1-1 = 0$；

当 $j = 2$ 时，$R(2) = \sum_{i=1}^{5} a_i a_{i+2} = 1-1-1-1+1 = -1$。

按同样方法可求出 $j=3, 4, 5, 6, 7$ 的 $R(j)$ 值，分别为 $0, -1, 0, -1, 0$；另外，再求出 j 取负值时的各个 $R(j)$ 值，如图 11.4.1 所示。按照定义，$R(j)$ 只是在离散点上才有取值。为了形象地表示巴克码局部自相关函数的尖锐单峰特性，图中各点用虚折线连接起来了。

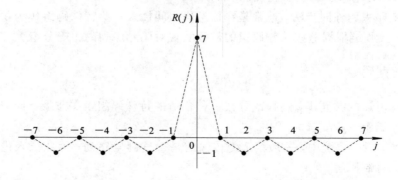

图 11.4.1　7 位巴克码的局部自相关函数

11.4.2　巴克码识别器

由于巴克码组插在信息流中，因此接收端必须用一个电路将巴克码组识别出来，才能

确定信息码组的起止时刻。识别巴克码组的电路称为巴克码识别器，7 位巴克码识别器如图 11.4.2 所示。它由 7 位移位寄存器、相加器和判决器组成。7 位移位寄存器的"1"、"0"按照 1110010 的顺序接到相加器中，接法与巴克码的规律一致。当输入码元加到移位寄存器时，如果图中某移位寄存器进入的是"1"码，则该移位寄存器的 1 端输出为"+1"，0 端输出为"−1"。反之，当某移位寄存器进入的是"0"码，则该移位寄存器的 1 端输出为"−1"，0 端输出为"+1"。

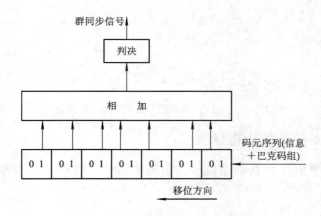

图 11.4.2　7 位巴克码识别器

下面要讨论的问题是含有巴克码的码元序列通过巴克码识别器时，巴克码识别器能否识别出巴克码。由于巴克码的前后都是信息码元，而信息码元又是随机的，我们考虑一种最不利的情况，即当巴克码只有部分码元在移位寄存器时，信息码元占有的其它移位寄存器的输出全部是"+1"，在这种最不利的情况下，相加器的输出如表 11−4−2 所示。

表 11 − 4 − 2　巴克码经过识别器时，最不利情况下的相加器输出值

巴克码进入的位数	a												
	1	2	3	4	5	6	7	8	9	10	11	12	13
相加器输出	5	5	3	3	1	1	7	1	1	3	3	5	5

表 11−4−2 中的 a 表示巴克码进入识别器的位数，如 $a=4$ 是指巴克码的前 4 位进入到了巴克码识别器中，巴克码识别器的最左边 3 位是信息码元；当 $a=7$ 时是指 7 位巴克码全部进入识别器，识别器中没有信息码元；$a=8$ 是指巴克码的最前面一位码元已移出识别器，此时还有巴克码的后 6 位码元在识别器中，位于识别器的最左边 6 位，识别器的最右边一位是信息码元。其它情况依次类推。

根据表 11−4−2 可画出识别器中相加器的输出波形，如图 11.4.3 所示。

由图 11.4.3 可以看出，如果判决电平选择在 6，就可以根据 $a=7$ 时相加器输出的 7 大于判决电平 6 而判定巴克码全部进入移位寄存器的时刻。此时识别器输出一个群同步脉冲，表示一个信息码组的开始。一般情况下，信息码元不会正好都使移位寄存器的输出为"+1"，因此实际上更容易判定巴克码全部进入移位寄存器的时刻。

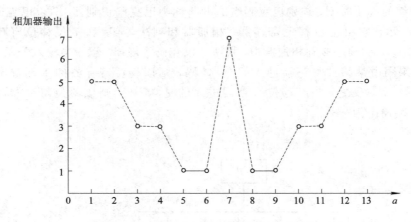

图 11.4.3　巴克码通过识别器时相加器的输出

11.4.3　群同步系统的性能指标

群同步系统主要的性能指标有三个：漏同步概率、假同步概率和群同步平均建立时间。

1. 漏同步概率

由于噪声和干扰的影响，会引起群同步码组中一些码元发生错误，从而识别器漏识已发出的群同步码组，出现这种情况的概率称为漏同步概率，用 P_L 表示。以 7 位巴克码识别器为例，设判决门限为 6，此时 7 位巴克码中只要有 1 位码元发生错误，7 位巴克码全部进入识别器时，相加器输出为 5，由于此时相加器输出值没有超过门限值 6，所以判决器不会判决出同步信号，这样就出现了漏同步。因此，判决门限取 6 时，识别器不允许巴克码组中有一个码元发生错误，否则将判决不出群同步信号。若判决门限设为 4，当巴克码组中出现一个错码时识别器仍能识别出群同步，因为此时相加器输出为 5，超过了门限电平。由此可见，漏同步概率与门限(允许群同步码组中的错码数)有关。

设群同步码组的码元数为 n，系统误码率为 P_e，降低门限后识别器允许群同步码组中最大错码数为 m。

(1) 同步码组中一个码元也不错时，识别器能够识别出群同步码组，此时同步不会漏掉。这种情况的出现概率为 $(1-P_e)^n$。

(2) 同步码组中有一个错码时，识别器仍能识别出群同步码组，此时同步也不会漏掉。这种情况的出现概率为 $C_n^1 P_e (1-P_e)^{n-1}$。

(3) 直到同步码组中出现 m 个错码时，识别器仍能识别出群同步码组，此时同步也不会漏掉。这种情况的出现概率为 $C_n^m P_e^m (1-P_e)^{n-m}$。

由此可得到，群同步不被漏掉的概率为 $\sum_{r=0}^{m} C_n^r P_e^r (1-P_e)^{n-r}$，而漏同步概率为

$$P_L = 1 - \sum_{r=0}^{m} C_n^r P_e^r (1-P_e)^{n-r} \qquad (11-4-1)$$

2. 假同步概率

在信息码组中也可能出现与所要识别的群同步码组相同的码组，这时识别器会把它误

认为群同步码组而出现假同步。出现这种情况的概率称为假同步概率，用 P_F 表示。

　　计算假同步概率 P_F 就是计算信息码元中能被判为同步码组的数目，与所有可能的码组数目的比值。设二进制信息码中"1"、"0"码等概出现，即 $P(0)=P(1)=0.5$，则由 n 位二进制码元组成的所有可能的码组数为 2^n 个，而其中能被判为同步码组的数目也与 m（门限）有关，若 $m=0$，则 2^n 个码组中只有 C_n^0 个（即 1 个）与同步码组相同，被识别器判为同步码组；若 $m=1$，则与同步码组有一位不同的信息码组都能被判为同步码组，共有 C_n^1。依次类推，就可以求出长为 n 的信息码组中被判为同步码组的数目为 $\sum_{r=0}^{m} C_n^r$。由此可得，假同步概率的一般表达式为

$$P_F = \frac{1}{2^n} \sum_{r=0}^{m} C_n^r \qquad (11-4-2)$$

　　例 11.4.1　设群同步码组采用 7 位巴克码，信道误码率 $P_e=10^{-3}$。求当识别器判决门限分别设为 6 和 4 时的漏同步概率 P_L 和假同步概率 P_F。

　　解　由题可得同步码组长度 $n=7$，$P_e=10^{-3}$。

　　当识别器的判决门限设为 6 时，识别器不允许巴克码组中有错码，所以 $m=0$。代入式（11-4-1）和式（11-4-2）可得漏同步概率和假同步概率分别为

$$P_L = 1-(1-10^{-3})^7 \approx 7\times10^{-3}$$

$$P_F = \frac{1}{2^7} \approx 7.8\times10^{-3}$$

　　当识别器的判决门限设为 4 时，允许巴克码组中有一位错误，此时仍能识别出群同步码组，所以 $m=1$。代入式（11-4-1）及式（11-4-2）得此时的漏同步概率和假同步概率分别为

$$P_L = 1-(1-10^{-3})^7 - 7\times10^{-3}(1-10^{-3})^6 \approx 4.2\times10^{-5}$$

$$P_F = \frac{1}{2^7}(1+7) \approx 6.3\times10^{-2}$$

　　由此可以看出，m 大时，漏同步概率下降，而假同步概率却上升，显然两者是矛盾的。另外由式（11-4-1）和式（11-4-2）还可以看出，当 n 增大时，漏同步概率上升，而假同步概率下降，两者也是矛盾的。因此，在实际中应合理选取同步码组的位数 n 和判决门限电平（允许错误的码元数），以达到两者兼顾的目的。

　　3. 群同步平均建立时间 t_s

　　当漏同步和假同步都不发生时，即 $P_L=0$，$P_F=0$，最多需要一群的时间即可建立群同步。设一群（信息码元＋群同步码元）的码元数为 N，则最长的群同步建立时间为 NT_s。考虑到出现漏同步和假同步时要多花费同步建立的时间，故群同步的平均建立时间大致为

$$t_s = (1+P_L+P_F)NT_s \qquad (11-4-3)$$

习　题

1. 画出采用平方变换法提取同步载波的完整的 2PSK 相干解调方框图。

2. 在图 11.2.6 所示的插入导频法发送端方框图中，如果发端 $a_c\cos2\pi f_c t$ 不经过

$-90°$相移，直接与已调信号相加后输出，试证明接收端的解调输出中含有直流分量。

3. 采用图 11.3.1 数字锁相环提取位同步信号，设 $T_s = 0.001$ s 时要求的位定时误差 $t_e \leqslant 10^{-5}$ s，试确定该图中的晶振频率。

4. 若 7 位巴克码的前后信码全为"0"码，试画出巴克码识别器中相加器的输出波形。

5. 若 7 位巴克码前后信码全为"1"码，试画出巴克码识别器中相加器的输出波形。

6. 传输速度为 1000 b/s 的二进制数字通信系统，设误码率 $P_e = 10^{-4}$，群同步采用 7 位巴克码，试分别计算 $m = 0$ 和 $m = 1$ 时的漏同步和假同步概率。若每一群中信息位数为 153，试估算两种情况下的群同步平均建立时间。

本章知识点小结

1. 同步基本概念

(1) 同步的作用：确保接收端正确恢复信息。

(2) 同步的种类：点对点通信中，接收机涉及载波同步、位同步和群同步。

2. 载波同步

(1) 作用：凡是相干解调均需要载波同步。

(2) 实现方法：直接法(自同步法)和插入导频法(外同步法)。

(3) 直接法：包括平方变换法、平方环法和 Costas 环法(提取载波的同时解调出信号)。

(4) 插入导频法：将导频信号插入信号中一起发送，接收端滤出导频作为载波同步信号。

对插入导频的要求：

① 导频要在信号频谱为零的位置插入；

② 导频频率通常等于载波频率；

③ 插入导频应与载波正交。

(5) 载波同步系统的性能指标：效率、同步建立时间、同步保持时间和精度。

① 效率：指为获取同步所消耗的发送功率的多少。直接法比插入导频法效率高。

② 同步建立时间：建立同步所需时间。同步建立时间越短越好。

③ 同步保持时间：同步系统停止调整后还能保持同步的时间。同步保持时间越长越好。

④ 精度：指提取的载波与标准载波之间的相位误差 $\Delta\varphi$。对 DSB 的影响是使输出信噪比下降；对 2PSK 的影响是使解调误码率上升。

3. 位同步

(1) 作用：凡是数字通信均要进行取样判决，故均需要位同步。

(2) 位同步信号的特点：与发送码元序列同频同相。

(3) 实现方法：与载波同步相同，也有插入导频法和直接法两种。

(4) 数字锁相环法：属于直接法，应用广泛。

① 组成框图：鉴相器、分频器、控制电路、晶振。

② 基本原理：鉴相器比较本地产生的位同步信号与接收基带信号的相位关系，控制电路通过扣除或附加脉冲来调整位同步信号的相位，最终使位同步脉冲对准接收基带信号的最佳取样时刻。

(5) 主要性能指标。

① 位定时误差：$t_e = T_s/n$ 或 $\theta_e = \dfrac{360°}{n}$。定时误差使数字通信系统的误码率上升。

② 位同步建立时间：$t_s = nT_s$。可见，两个性能指标对分频比 n 的要求是矛盾的。

4. 群同步

(1) 作用：实现接收码元序列的正确分组。

(2) 实现方法：外同步法，即在信息码组之间插入巴克码组。

(3) 巴克码组特点：有尖锐的局部自相关特性，易于识别。

(4) 巴克码识别器：由移位寄存器、相加器和判决器组成。各移位寄存器的连接与巴克码一致。

(5) 群同步性能：漏同步概率、假同步概率和群同步建立时间。

① 漏同步概率：$P_L = 1 - \sum\limits_{r=0}^{m} C_n^r P_e^r (1-P_e)^{n-r}$，判决器门限下降，漏同步概率减小。

② 假同步概率：$P_F = \dfrac{1}{2^n} \sum\limits_{r=0}^{m} C_n^r$，判决门限上升，假同步概率减小。

③ 群同步建立时间：$t_s = (1 + P_L + P_F) N T_s$。

本章自测自评题

一、填空（每空 1 分，共 20 分）

1. 载波同步和位同步的实现方法可分为 _____ 和 _____ 两种方法。

2. 采用平方变换法提取的同步载波 _____（存在/不存在）相位模糊问题，采用科斯塔斯环提取的同步载波 _____（存在/不存在）相位模糊问题。

3. 载波同步系统的一个重要性能指标是载波相位误差，因为载波相位误差会使模拟通信系统的_____下降，使数字通信系统的误码率 _____。

4. 科斯塔斯环法与平方环法相比，其主要优点是在提取同步载波的同时 _____ 。

5. 一个模拟双边带调制系统（DSB），采用相干解调，则解调器中一定需要 _____ 同步。

6. 一个 PCM 系统，数字通信系统采用 2PSK 调制，则此系统涉及 _____ 同步、_____ 同步及 _____ 同步。

7. 在数字锁相环实现位同步系统中，位同步信号的调整是通过控制电路扣除脉冲或附加脉冲来实现的，当位同步信号超前于最佳取样时刻时，控制电路应当 _____ 一个脉冲，相反，当位同步信号滞后于最佳取样时刻时，控制电路应当 _____ 一个脉冲。

8. 数字锁相环法实现位同步系统中，设分频比为 100。基带信号码元速率为 1000 波特，则位同步系统建立同步后最大误差为_____，位同步建立时间为_____。

9. 位同步系统中位定时误差对数字系统的影响是 _____ 。

10. 在群同步系统中，群同步码必须具有 _____ ，_____ 码可作为群同步码。

11. 11 级巴克码识别器中的相加器在同步时刻的输出为(设同步码无错误)_____ 。

12. 在群同步系统中，群同步平均建立时间与漏同步概率及假同步概率的关系式是 _____ 。

二、选择题(每题 2 分，共 20 分)

1. 在点对点通信中不需要 _____ 。
    A. 位同步　　　　　B. 群同步　　　　　C. 帧同步　　　　　D. 网同步

2. 在采用非相干解调的数字通信系统中，不需要 _____ 。
    A. 载波同步　　　　B. 位同步　　　　　C. 码元同步　　　　D. 群同步

3. 控制取样判决时刻的信号是 _____ 。
    A. 相干载波　　　B. 位同步信号　　C. 群同步信号　　D. 帧同步信号

4. 含有位同步分量的码型是 _____ 。
    A. 单极性全占空码　　　　　　　B. 双极性全占空码
    C. 双极性不归零码　　　　　　　D. 单极性半占空码

5. 在数字通信系统中一定需要 _____ 。
    A. 载波同步系统　　　　　　　　B. 位同步系统
    C. 群同步系统　　　　　　　　　D. 网同步系统

6. 群同步码应具有 _____ 的特点。
    A. 不能在数据码中出现　　　　　B. 良好的局部自相关特性
    C. 长度为偶数　　　　　　　　　D. 长度为奇数

7. 数字锁相环法提取位同步，以下错误的是 _____ 。
    A. 这是直接法的一种实现方式　　B. 相位误差与分频比有关
    C. 同步建立时间与分频比有关　　D. 同步保持时间与分频比有关

8. 在下列载波同步中，不存在相位模糊问题的是 _____ 。
    A. 平方变换法　　　　　　　　　B. 平方环法
    C. 同相正交环法　　　　　　　　D. 插入导频法

9. 下列关于载波同步的描述中，错误的是 _____ 。
    A. 所有数字通信系统都一定有载波同步
    B. 载波同步主要用于相干解调系统中
    C. 自同步法具有更高的效率
    D. 载波同步精度主要由相位误差来衡量

10. 下列假同步的描述中，正确的是 _____ 。
    A. 假同步是由于同步头识别器门限过高引起的
    B. 降低同步头识别器门限可以降低假同步概率
    C. 提高同步头识别器门限可以降低假同步概率
    D. 提高同步头识别器门限可以避免假同步

三、简答题(每题 5 分，共 20 分)

1. 载波同步的主要性能指标是什么？它们各代表什么意思？

2. 载波相位误差对 DSB 和 2PSK 信号解调的影响是什么？

3. 群同步系统的主要性能指标是什么？它们与识别器中判决门限的关系如何？

4. 在载波同步的插入导频法中，对插入导频的要求是什么？为什么？

四、综合题（第 1 题 **10 分**，第 2、3 题各 **15 分**）

1. DSB 相干解调器框图如题 11.4.1 图所示。接收信号 $s(t)=m(t)\cos\omega_c t$，本地相干载波为 $c_d(t)=\cos[(\omega_c t+\Delta\omega)+\varphi]$，求相干解调输出信号，并讨论频差 $\Delta\omega$ 和相差 φ 对解调性能的影响。

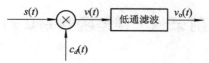

题 11.4.1 图

2. 数字锁相环位同步提取电路原理框图如题 11.4.2 图所示。

（1）写出空白方框的名称；

（2）在图上画出位同步脉冲的输出位置；

（3）设系统的码元速率为 $R_s=1000$ Baud，分频比 $n=200$，求位定时误差 t_e 和位同步建立时间 t_s。

题 11.4.2 图

3. 在群同步系统中，若采用 $n=5$ 的巴克码(11101)作为群同步码组，设系统的误码率为 P_e。

（1）画出此巴克码识别器原理图；

（2）画出局部自相关函数 $R(j)$ 示意图；

（3）若识别器的判决门限设置为 2，计算该同步系统的漏同步概率和假同步概率。

附　　录

附录 A　误差函数 erf(x)

A. 1　定义及性质

（1）误差函数定义为

$$\text{erf}(x) = \frac{2}{\sqrt{\pi}} \int_0^x e^{-z^2} \, dz$$

（2）互补误差函数为

$$\text{erfc}(x) = 1 - \text{erf}(x) = \frac{2}{\sqrt{\pi}} \int_x^\infty e^{-z^2} \, dz$$

（3）当 $x \gg 1$ 时，

$$\text{erfc}(x) \approx \frac{e^{-x^2}}{\sqrt{\pi} x}$$

当 $x > 2$ 时，用近似公式计算误差小于 10%；当 $x > 3$ 时，用近似公式计算误差小于 5%。下面给出 $x \leqslant 5$ 时的部分 erfc(x)值。

A. 2　数值表

表 A-1　erfc(x)数值表

x	erfc(x)	x	erfc(x)
0.00	1.000	0.75	0.28885
0.05	0.94363	0.80	0.25790
0.10	0.88745	0.85	0.22934
0.15	0.83201	0.90	0.20309
0.20	0.77730	0.95	0.17911
0.25	0.72368	1.00	0.15730
0.30	0.67138	1.05	0.13756
0.35	0.62062	1.10	0.11980
0.40	0.57163	1.15	0.10388
0.45	0.52452	1.20	0.08969
0.50	0.47950	1.25	0.07710
0.55	0.43668	1.30	0.06599
0.60	0.39615	1.35	0.05624
0.65	0.35797	1.40	0.04772
0.70	0.32220	1.45	0.04031

x	erfc(x)	x	erfc(x)
1.50	0.03390	2.40	6.9×10^{-4}
1.55	0.02838	2.45	5.3×10^{-4}
1.60	0.02365	2.50	4.1×10^{-4}
1.65	0.01963	2.55	3.1×10^{-4}
1.70	0.01621	2.60	2.4×10^{-4}
1.75	0.01333	2.65	1.8×10^{-4}
1.80	0.01091	2.70	1.3×10^{-4}
1.85	0.0889	2.75	1.0×10^{-4}
1.90	0.00721	2.80	7.5×10^{-5}
1.95	0.00582	2.85	5.6×10^{-5}
2.00	0.00468	2.90	4.1×10^{-5}
2.05	0.00374	2.95	3.0×10^{-5}
2.10	0.00298	3.00	2.3×10^{-5}
2.15	0.00237	3.30	3.2×10^{-6}
2.20	0.00186	3.50	7.0×10^{-7}
2.25	0.00146	3.70	1.7×10^{-7}
2.30	0.00114	4.00	1.6×10^{-8}
2.35	8.9×10^{-4}	4.50	2.0×10^{-10}
		5.00	1.5×10^{-12}

附录 B　常用三角公式

$$\cos(A \pm B) = \cos A \, \cos B \mp \sin A \, \sin B$$

$$\sin(A \pm B) = \sin A \, \cos B \pm \cos A \, \sin B$$

$$\cos\left(A \pm \frac{\pi}{2}\right) = \mp \sin A$$

$$\sin\left(A \pm \frac{\pi}{2}\right) = \pm \cos A$$

$$\cos 2A = \cos^2 A - \sin^2 A$$

$$\sin 2A = 2 \sin A \, \cos A$$

$$2 \cos A \, \cos B = \cos(A - B) + \cos(A + B)$$

$$2 \sin A \, \sin B = \cos(A - B) - \cos(A + B)$$

$$2 \sin A \, \cos B = \sin(A - B) + \sin(A + B)$$

$$2 \cos^2 A = 1 + \cos 2A$$

$$2 \sin^2 A = 1 - \cos 2A$$

$$\cos A = \frac{e^{jA} + e^{-jA}}{2}$$

$$\sin A = \frac{e^{jA} - e^{-jA}}{2j}$$

附录 C 常用的积分公式及级数

$$\int x^n \, \mathrm{d}x = \frac{x^{n+1}}{n+1}, \ n \geqslant 0$$

$$\int \frac{1}{x} \, \mathrm{d}x = \ln x$$

$$\int \frac{1}{x^n} \, \mathrm{d}x = \frac{-1}{(n-1)x^{n-1}}, \ n > 1$$

$$\int (a+bx)^n \, \mathrm{d}x = \frac{(a+bx)^{n+1}}{b(n+1)}, \ n \geqslant 0$$

$$\int \frac{\mathrm{d}x}{(a+bx)^n} = \frac{-1}{(n-1)b(a+bx)^{n-1}}, \ n > 1$$

$$\int \frac{\mathrm{d}x}{a^2 + b^2 x^2} = \frac{1}{ab} \arctan\left(\frac{bx}{a}\right)$$

$$\int \cos x \, \mathrm{d}x = \sin x$$

$$\int x \cos x \, \mathrm{d}x = \cos x + x \sin x$$

$$\int \sin x \, \mathrm{d}x = -\cos x$$

$$\int x \sin x \, \mathrm{d}x = \sin x - x \cos x$$

$$\int \mathrm{e}^{ax} \, \mathrm{d}x = \frac{\mathrm{e}^{ax}}{a}$$

$$\int x \mathrm{e}^{ax} \, \mathrm{d}x = \mathrm{e}^{ax}\left[\frac{x}{a} - \frac{1}{a^2}\right]$$

$$\int_0^\infty \mathrm{e}^{-a^2 x^2} \, \mathrm{d}x = \frac{\sqrt{\pi}}{2a}, \ a > 0$$

$$\int_0^\infty x^2 \mathrm{e}^{-x^2} \, \mathrm{d}x = \frac{\sqrt{\pi}}{4}$$

$$\int_0^\infty \mathrm{Sa}(x) \, \mathrm{d}x = \frac{\pi}{2}$$

$$\int_0^\infty \mathrm{Sa}^2(x) \, \mathrm{d}x = \frac{\pi}{2}$$

$$\sum_{n=1}^N n = \frac{N(N+1)}{2}$$

$$\sum_{n=1}^N n^2 = \frac{N(N+1)(2N+1)}{6}$$

$$\sum_{n=1}^N n^3 = \frac{N^2(N+1)^2}{4}$$

$$\sum_{n=0}^N x^n = \frac{x^{N+1}-1}{x-1}$$

附录 D 部分习题参考答案

第 1 章 绪论

2. (1) 系统的传码率为 1200 Baud。

 (2) 改用传输八进制信号,系统传码率为 400 Baud。

3. 该系统的误码率为 10^{-4}。

4. E 的信息量为 3.25 b。

 X 的信息量为 8.97 b。

6. (1) 每幅彩色图像的平均信息量为 5×10^6 b。

 (2) 信息速率为 5×10^8 b/s。

7. (1) 十六进制时的码元速率 $R_s = 5 \times 10^5$ Baud。

 (2) 传输中出现 1 bit 误码的平均时间间隔为 1000 s。

 (3) 该信源的平均信息量 $H(x) = 1.75$ (bit/符号)。

第 2 章　确知信号分析

1. （1）$X(f) = 0.2\,\mathrm{Sa}(0.2\pi f)$。

（2）频谱函数图为

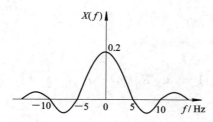

2. （1）指数型傅氏级数展开式：$x(t) = 1000 \sum\limits_{n=-\infty}^{\infty} \mathrm{e}^{\mathrm{j}2000n\pi t}$。

（2）$V_n \sim f$ 关系图为

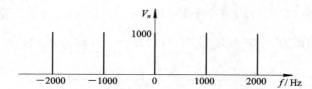

3.

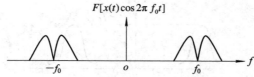

4. （1）消耗的能量 $E = \tau$。

（2）$x(t)$ 的能量谱密度 $G(f) = \tau^2\,\mathrm{Sa}^2(\pi f\tau)$。

5. （1）该信号的平均功率等于 100 W。

（2）该信号的功率谱密度为

$$P(f) = 25[\delta(f-1200) + \delta(f+1200) + \delta(f-800) + \delta(f+800)]$$

（3）该信号的自相关函数 $R(\tau) = 50[\cos(2400\pi\tau) + \cos(1600\pi\tau)]$。

6. 时域波形 $x(t)$ 是宽度为 2τ、高度为 1 的三角波，故

$$E = 2\int_0^\tau \left[-\frac{1}{\tau}(t-\tau)\right]^2 \mathrm{d}t = \frac{2\tau}{3}。$$

7. （1）相关系数 $\rho_{12} = -1$。

（2）相关系数 $\rho_{12} = 0$。

8. 相关系数 $\rho_{12} = -1$。

9. （1）输入信号 $\delta_{T_0}(t)$ 的频谱函数 $\delta_{T_0}(f) = \dfrac{1}{3\tau} \sum\limits_{n=-\infty}^{\infty} \delta\left(f - \dfrac{n}{3\tau}\right)$。

（2）线性系统输出 $x_1(t) = \sum\limits_{n=-\infty}^{\infty} \mathrm{tri}\left(\dfrac{t-3\tau n}{\tau}\right)$。

其频谱函数 $X_1(f) = \dfrac{1}{3} \sum\limits_{n=-\infty}^{\infty} \mathrm{Sa}^2\left(\dfrac{\pi n}{3}\right) \cdot \delta\left(f - \dfrac{n}{3\tau}\right)$。

（3）相乘器输出 $x_2(t) = \sum\limits_{n=-\infty}^{\infty} \mathrm{tri}\left(\dfrac{t-3\tau m}{\tau}\right) \cdot \cos(2\pi f_{\mathrm{c}}t)$。

其频谱函数为

$$X_2(f) = \frac{1}{6}\left[\sum\limits_{n=-\infty}^{\infty} \mathrm{Sa}^2\left(\frac{n\pi}{3}\right) \cdot \delta\left(f + f_{\mathrm{c}} - \frac{n}{3\tau}\right) + \sum\limits_{n=-\infty}^{\infty} \mathrm{Sa}^2\left(\frac{n\pi}{3}\right) \cdot \delta\left(f - f_{\mathrm{c}} - \frac{n}{3\tau}\right)\right]$$

第 3 章　随机信号分析

1．（1）$a_X(t) = \sum\limits_{i=1}^{3} x_i(t)P_i = 0$，$R_X(t, t+\tau) = \sum\limits_{i=1}^{3} x_i(t)x_i(t+\tau)P_i = 2/3$，故 $X(t)$ 平稳。

（2）$a_Y(t) = \sum\limits_{i=1}^{5} y_i(t)P_i = 0$，$R_Y(t, t+\tau) = \sum\limits_{i=1}^{5} y_i(t)y_i(t+\tau)P_i = \dfrac{2}{5}(t^2 + t\tau + 1)$，故 $Y(t)$ 不平稳。

2．（1）$E[Z(t)] = 0$，$R_Z(t, t+\tau) = \cos(2\pi f_0\tau)$，所以 $Z(t)$ 为平稳随机过程。

（2）由于 z 均值为 0、方差为 1，故 $f_Z(z) = \dfrac{1}{\sqrt{2\pi}}\exp\left[-\dfrac{z^2}{2}\right]$。

5．（2）功率谱 $P_Z(f) = \dfrac{a\sigma^2}{a^2 + 4\pi^2(f-f_0)^2} + \dfrac{a\sigma^2}{a^2 + 4\pi^2(f+f_0)^2}$。

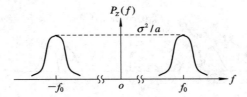

6．（1）$\sigma_n^2 = \displaystyle\int_{-\infty}^{\infty} P(f)\,\mathrm{d}f = \int_{-10^5}^{10^5} 10^{-6}\,\mathrm{d}f = 0.2\,\mathrm{V}^2$，故 $\sigma_n = 0.45\ \mathrm{V}$。

（2）$R_n(\tau) = 0.2\,\mathrm{Sa}(2\pi \times f_{\mathrm{m}}\tau)$，当 $\tau = \dfrac{m}{2f_{\mathrm{m}}}$，$m$ 为非零整数时，$R_n(\tau) = 0$，这时 $n(t)$ 与 $n(t+\tau)$ 不相关。

（3）$n(t)$ 超过 $0.45\ \mathrm{V}$ 的概率是 0.1587。

$n(t)$ 超过 $0.9\ \mathrm{V}$ 的概率是 0.0228。

第 4 章　信道

8．（1）$H(f) = \alpha\mathrm{e}^{-\mathrm{j}2\pi ft_0} - \alpha\mathrm{e}^{-\mathrm{j}2\pi f(t_0+\tau_{\mathrm{d}})} = \mathrm{j}2\alpha\,\sin(\pi f\tau_{\mathrm{d}})\mathrm{e}^{-\mathrm{j}2\pi f\left(t_0+\frac{\tau_{\mathrm{d}}}{2}\right)}$。

（2）零点频率为 $f = \dfrac{n}{\tau_{\mathrm{d}}}(n = 0, 1, 2, \cdots)$；极点频率为 $f = \dfrac{\left(n + \frac{1}{2}\right)}{\tau_{\mathrm{d}}}\ (n = 0, 1, 2, \cdots)$。

9．（1）最大信息传输速率为 $R_{\mathrm{b}} \approx 33.9\ \mathrm{kb/s}$。

（2）最小信噪比为 $\dfrac{S}{N} = 2^{C/B} - 1 \approx 942.8 \approx 29.74\ \mathrm{dB}$。

10．信道最小带宽为 $B = \dfrac{R_{\mathrm{b}}}{\mathrm{lb}\left(1 + \dfrac{S}{N}\right)} = \dfrac{74.88}{\mathrm{lb}(1 + 10^3)} \approx 7.513\ \mathrm{MHz}$。

第 5 章　模拟调制系统

5. 上边带信号的表示式 $s_{\text{USB}}(t) = \dfrac{1}{2}[\cos 12\,000\pi t + \cos 14\,000\pi t]$。

6. （1）滤波器输出调幅信号的调幅系数为 0.5。

　（2）滤波器输出调幅信号的功率为 9/16。

　（3）滤波器输出信号的时域表示式 $s'_{A}(t) = (1 + 0.5\cos\Omega t)\cos 2\pi f_c t$。

7. $s(t) = \dfrac{1}{2}m(t)\cos[2\pi(f_2 - f_1)t] - \dfrac{1}{2}\hat{m}(t)\sin[2\pi(f_2 - f_1)t]$，它是载波频率为 $f_2 - f_1$ 的上边带信号。

8. 残留信号的表达式为

$$s_{\text{VSB}}(t) = \frac{A}{2}(0.55\sin 20\,100\pi t - 0.45\sin 19\,900\pi t + \sin 26\,000\pi t)$$

9. （1）平均功率 50 W。

　（2）频偏为 6 kHz，调制指数为 6。

　（3）如果 $x(t)$ 为调相波，且 $K_p = 2$ rad/s，基带信号 $m(t) = 3\sin 2\pi 10^3 t$。

　（4）如果 $x(t)$ 为调频波，且 $K_f = 2000$ rad/s/V，基带信号 $m(t) = 6\pi\cos 2\pi 10^3 t$。

10. （1）DSB 调制时，已调信号的传输带宽 $B_{\text{DSB}} = 30$ kHz，平均发送功率 300 W。

　（2）SSB 调制时，已调信号的传输带宽 $B_{\text{SSB}} = 15$ kHz，平均发送功率 300 W。

　（3）100%AM 调制时，已调信号的传输带宽 $B_{\text{AM}} = 30$ kHz，平均发送功率 900 W。

　（4）FM 调制时，已调信号的传输带宽 $B_{\text{FM}} = 180$ kHz，平均发送功率 8 W。

第 6 章　模拟信号的数字传输

1. （1）　　　　　　　　　　　　　　　（2）

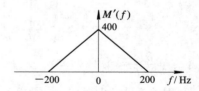

2. （1）频率成分有 2 Hz、200 Hz、300 Hz。

　（2）滤波器输出信号表达式为

$$y(t) = 2\cos 400\pi t + 6\cos 4\pi t + 2\cos 600\pi t$$

3. （1）

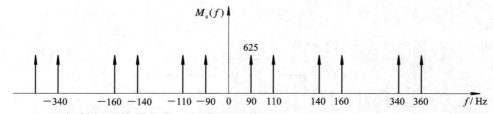

　（2）理想低通滤波器的截止频率 B 可取 $110 < B < 140$。

4. （1）$f_s = 400$ Hz。

　（2）$T_s = 1/400 = 0.0025$ s。

（3）

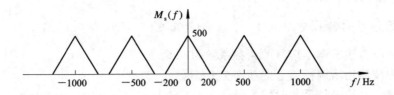

（4）

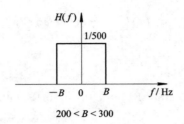

$200 < B < 300$

5. 56 kB。

6. 1 1 1 0 1 0 0 0（正极性用"1"表示）。

7. $+784$ mV。

8.

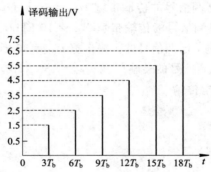

9. $A_{max} = \dfrac{\delta f_s}{2\pi f_0} \approx 0.318$ （V）。

10. 利用关系式 $\delta f_s \geqslant 2A\pi f_0$ 及 $2A > \delta$ 即可得证。

11. （1） $k = \delta f_s$。

　　（2） $\dfrac{\delta}{2} < A \leqslant \dfrac{\delta f_s}{2\pi f_0}$。

　　（3）

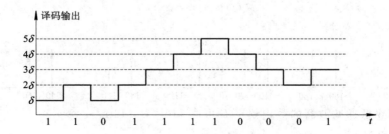

12. 1536 kB。

第 7 章 数字信号的基带传输

2. 1 0 1 1 0 0 0 0 1 1 0 0 0 0 0 0 0 0

4. (1)

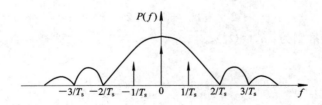

(2) 0.2 V。

(3) 能提取 $1/T_s$ 频率分量。

(4) $2/T_s$。

5. 矩形特性时：无码间干扰速率是 2000 B、1000 B。

   　　　　　　有码间干扰速率是 1500 B、3000 B。

   升余弦特性时：无码间干扰速率是 2000 B、1000 B。

   　　　　　　有码间干扰速率是 1500 B、3000 B。

6. $R_s = \dfrac{1}{2\tau_0}$，　$T_s = 2\tau_0$。

7. 单极性：$P_e \approx 3.86 \times 10^{-2}$。

   双极性：$P_e \approx 2.05 \times 10^{-4}$。

8. (1)　　　　　　　　　　　　　(2)

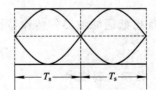

9. 输入峰值失真：$\dfrac{37}{48} \approx 0.771$。

   输出峰值失真：0.48。

   均衡后样值为：$y_0 = \dfrac{5}{6}$，$y_{+1} = -\dfrac{1}{48}$，$y_{+2} = 0$，$y_{+3} = -\dfrac{1}{64}$

   　　　　　　　$y_{-1} = -\dfrac{1}{32}$，$y_{-2} = \dfrac{1}{72}$，$y_{-3} = -\dfrac{1}{24}$

10.

a_k		0	1	0	1	1	0	0	1
b_k	0	0	1	1	0	1	1	1	0
(双极性)b_k	−1	−1	+1	+1	−1	+1	+1	+1	−1
c_k		−2	0	+2	0	0	+2	+2	0

恢复 a_k 的判决准则为：当 $c_k = \pm 2$ 时，判 $a_k = 0$；

　　　　　　　　　　　　当 $c_k = 0$ 时，判 $a_k = 1$。

a_k		0	1	0	1	1	0	0	1
b_k	0	0	1	1	0	1	1	1	0
(单极性)b_k	0	0	+1	+1	0	+1	+1	+1	0
c_k		0	+1	+2	+1	+1	+2	+2	+1

恢复 a_k 的判决准则为：$a_k=(c_k)_{\text{mod }2}$ 。

11.

$$h(t)=\frac{\sin\frac{\pi t}{T_s}}{\frac{\pi t}{T_s}}-\frac{\sin\frac{\pi(t-2T_s)}{T_s}}{\frac{\pi(t-2T_s)}{T_s}}$$

$$H(f)=\begin{cases}T_s(1-e^{-j4\pi fT_s}) & |f|\leqslant\dfrac{1}{2T_s}\\[2mm]0 & |f|>\dfrac{1}{2T_s}\end{cases}$$

部分响应系统方框图如下：

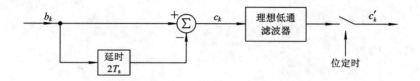

其中，理想低通滤波器的传输特性为 $H_c(f)=\begin{cases}T_s & |f|\leqslant\dfrac{1}{2T_s}\\[2mm]0 & |f|>\dfrac{1}{2T_s}\end{cases}$

第 8 章　数字调制技术

2. 相干解调误码率 $P_e\approx2.05\times10^{-4}$ 。

  非相干解调误码率 $P_e\approx9.65\times10^{-4}$ 。

3. 小于 $a/2$ 。

4. (3) $B=4000$ Hz。

5. (1) $B=8$ MHz。

  (2) 相干：$P_e\approx3.5\times10^{-7}$ 。

    非相干：$P_e\approx1.86\times10^{-6}$ 。

9. 2PSK 相干解调误码率 $P_e\approx7.5\times10^{-13}$ 。

  2DPSK 相干解调—码变换误码率 $P_e\approx1.5\times10^{-12}$ 。

  2DPSK 差分相干解调误码率 $P_e\approx6.94\times10^{-12}$ 。

10. 相干 2ASK 时所需的输入信号功率约为 1.21×10^{-5} W。

  非相干 2FSK 时所需的输入信号功率约为 7.368×10^{-6} W。

  差分相干 2DPSK 时所需的输入信号功率约为 3.684×10^{-6} W。

  2PSK 时所需的输入信号功率约为 3.025×10^{-6} W。

11. 设定调制规则如下：

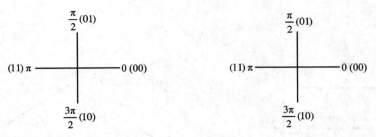

QPSK 相位与信息之间的对应关系　　　　　DQPSK 相位差与信息之间的对应关系

根据上述规则的 QPSK 和 DQPSK 调制波形如下：

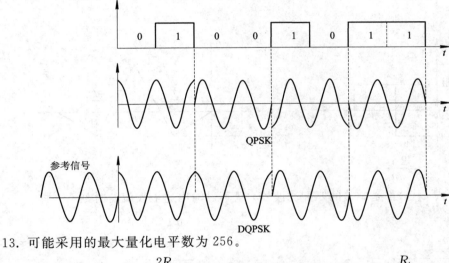

13. 可能采用的最大量化电平数为 256。

14. 带宽为 $B_{\mathrm{MQAM}}=2R_{\mathrm{s}}=\dfrac{2R_{\mathrm{b}}}{\mathrm{lb}M}=0.5\ \mathrm{MHz}$；频带利用率为 $\eta_{16\mathrm{QAM}}=\dfrac{R_{\mathrm{b}}}{B_{16\mathrm{QAM}}}=2\ \mathrm{b/s/Hz}$。

第 9 章　数字信号的最佳接收

1.（1）

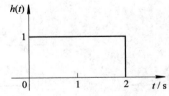

（2）$H(f)=2\ \mathrm{Sa}(2\pi f)\mathrm{e}^{-\mathrm{j}2\pi f}$。

（3）

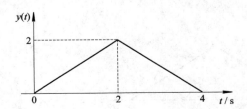

（4）n_0

（5）$r_{omax} = \dfrac{4}{n_0}$

2.（1） （2）

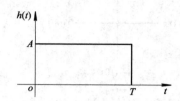 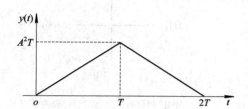

（3）T 时刻达最大值 $A^2 T$。

3.（1）T 时刻。

（2）

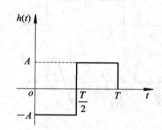 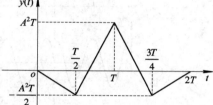

（3）$r_{omax} = \dfrac{2A^2 T}{n_0}$

4. $h_1(t)$、$h_2(t)$ 都是 $s(t)$ 的匹配滤波器，只不过输出达最大值的时刻不一样。

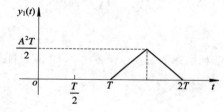 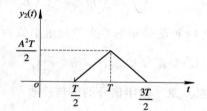

5.（2）

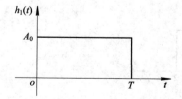 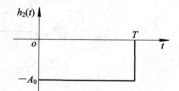

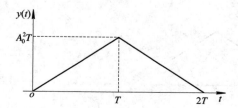

两个匹配滤波器的输出波形相同。

6. $R_s \approx 1.56 \times 10^7$ Baud。

7.（1）

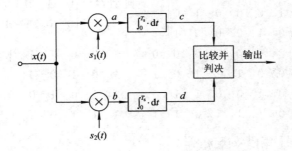

（2）

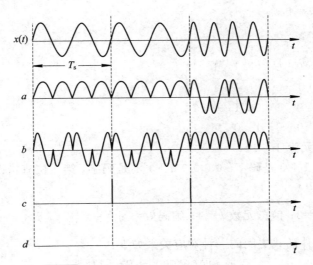

（3）$P_e = \dfrac{1}{2} \text{erfc}\left(\sqrt{\dfrac{A_0^2 T_s}{4n_0}}\right)$。

8.（1）当发送信号为 $A\cos 2\pi f_c t$ 时，X 大于 0，判决输出 $s_2(t)$；反之，当发送信号为 $-A\cos 2\pi f_c t$ 时，X 小于 0，判决输出 $s_1(t)$，最佳接收机如下图所示：

（2）误码率：$P_e = \dfrac{1}{2} \text{erfc}\left(\sqrt{\dfrac{E_s}{n_0}}\right)$，其中 $E_s = \dfrac{1}{2} A^2 T_s$。

第 10 章　信道编码

1.（1）最多能检 6 位错误。

　（2）最多能纠正 3 位错误。

　（3）纠正 2 位错误的同时能检 4 位错误。

2.

$$典型\ \boldsymbol{H}=\begin{bmatrix} 1 & 0 & 1 & 1 & 0 & 0 & 0 \\ 1 & 1 & 1 & 0 & 1 & 0 & 0 \\ 1 & 1 & 0 & 0 & 0 & 1 & 0 \\ 1 & 0 & 1 & 0 & 0 & 0 & 1 \end{bmatrix} \qquad 典型\ \boldsymbol{G}=\begin{bmatrix} 1 & 0 & 0 & 1 & 1 & 1 & 1 \\ 0 & 1 & 0 & 0 & 1 & 1 & 0 \\ 0 & 0 & 1 & 1 & 1 & 0 & 1 \end{bmatrix}$$

全部码字　　　0 0 0 0 0 0 0　　1 0 0 1 1 1 1

　　　　　　　0 0 1 1 1 0 1　　1 0 1 0 0 1 0

　　　　　　　0 1 0 0 1 1 0　　1 1 0 1 0 0 1

　　　　　　　0 1 1 1 0 1 1　　1 1 1 0 1 0 0

能纠 1 位错误；编码效率 $\eta=\dfrac{3}{7}$。

3. (1) $n=7$，$k=4$，

(2) $\eta=\dfrac{4}{7}$。

(3) $\boldsymbol{G}=\begin{bmatrix} 1 & 0 & 0 & 0 & 1 & 1 & 1 \\ 0 & 1 & 0 & 0 & 1 & 1 & 0 \\ 0 & 0 & 1 & 0 & 1 & 0 & 1 \\ 0 & 0 & 0 & 1 & 0 & 1 & 1 \end{bmatrix}$

(4) 监督码元为 1 1 1。

(5) 0 1 0 0 1 1 0 是码字。0 0 0 0 0 1 1 不是码字，第 4 位有错误，纠正后得到的码
　　字为 0 0 0 1 0 1 1。

4. 监督元数 $r=3$；信息元数 $k=4$；编码效率 $\eta=\dfrac{4}{7}$。

错误图样与伴随式之间的一种对应关系如下：

$$e_1=[1000000]\Rightarrow S=[110]$$
$$e_2=[0100000]\Rightarrow S=[101]$$
$$e_3=[0010000]\Rightarrow S=[111]$$
$$e_4=[0001000]\Rightarrow S=[011]$$
$$e_5=[0000100]\Rightarrow S=[100]$$
$$e_6=[0000010]\Rightarrow S=[010]$$
$$e_7=[0000001]\Rightarrow S=[001]$$

得监督矩阵为

$$\boldsymbol{H}=\begin{bmatrix} 1 & 1 & 1 & 0 & 1 & 0 & 0 \\ 1 & 0 & 1 & 1 & 0 & 1 & 0 \\ 0 & 1 & 1 & 1 & 0 & 0 & 1 \end{bmatrix}$$

监督元与信息元之间的关系为

$$a_2=a_6+a_5+a_4$$
$$a_1=a_6+a_4+a_3$$
$$a_0=a_5+a_4+a_3$$

5.（1）

$$G=\begin{bmatrix} 1 & 0 & 0 & 0 & 1 & 0 & 1 \\ 0 & 1 & 0 & 0 & 1 & 1 & 1 \\ 0 & 0 & 1 & 0 & 1 & 1 & 0 \\ 0 & 0 & 0 & 1 & 0 & 1 & 1 \end{bmatrix} \qquad H=\begin{bmatrix} 1 & 1 & 1 & 0 & 1 & 0 & 0 \\ 0 & 1 & 1 & 1 & 0 & 1 & 0 \\ 1 & 1 & 0 & 1 & 0 & 0 & 1 \end{bmatrix}$$

6. 使用本原多项式 $f(x)=x^3+x+1$ 的 m 序列发生器为

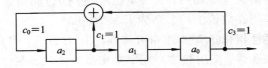

　　当初始状态 $a_2a_1a_0=001$ 时，输出 m 序列为 1001110。

7. 编码器输出码字序列为：

　　11，01，10，00，11，10，00，00，11，01。

第 11 章　同步原理

3. 1×10^5 Hz。

6. $m=0$ 时：$P_L\approx7\times10^{-4}$，$P_F=\dfrac{1}{128}\approx7.8\times10^{-3}$，$t_s\approx161.36$ ms。

　　$m=1$ 时：$P_L\approx4.2\times10^{-7}$，$P_F=6.3\times10^{-2}$，$t_s\approx170.1$ ms。

附录 E　每章自测自评题参考答案

第　1　章

一、填空题

1. 通信系统。

2. 将输入信号转换成适合信道传输的信号；滤除噪声以及恢复发送信号。

3. 有线通信；无线通信；无线通信；有线通信。

4. 1。

5. 1.75 bit；1.75 bit/符号；1.75×10^3 bit/s。

6. 100（B）。

7. 有效性；可靠性。

8. 信号的有效传输带宽；输出信号功率/输出噪声功率；30。

9. 1×10^6 Baud；2×10^6 b/s。

10. 5×10^{-5}。

二、选择题

1. C；　　2. C；　　3. B；　　4. A；　　5. A；

6. B；　　7. D；　　8. D；　　9. B；　　10. A

三、简答题

1. 信道中传输模拟信号的通信称为模拟通信；信道中传输数字信号的通信称为数字

通信。数字通信的优点：① 抗噪声能力强；② 远距离传输时无噪声积累；③ 采用信道编码技术降低误码率，即差错可控；④ 易于加密处理，提高信息传输的安全性；⑤ 便于集成等。

缺点：① 占据较宽的信道带宽；② 系统复杂。

2. 码元速率定义为单位时间(1 s)内的码元数，其单位为波特，符号为 B；信息速率定义为单位时间内的信息量，单位为比特/秒，符号为 bit/s 或 b/s；二进制时，码元速率在数值上与信息速率相同，只是单位不同；多进制时(各符号独立等概)，信息速率与码元速率间在数值上的关系为 $R_b = R_s \text{lb} M$。

3. 通信系统的主要性指标是有效性和可靠性。① 有效性：可用码元速率或信息速率或频带利用率来衡量，但用频带利用率来衡量系统的有效性最为合理。② 可靠性：用误码率、误比特率(误信率)来衡量。

4. ① 单工通信，单向，广播系统；② 半双工，双向，不同时，无线对讲机；③ 全双工，双向，同时，电话系统。

四、综合题

1. (1) $R_b = H \cdot R_s = 7.4 \times 4800 = 35.52$ kb/s。

   (2) 等概时，$R_{bmax} = H_{max} \cdot R_s = 8 \times 4800 = 38.4$ kb/s。

2. (1) $I = H \times 4 \times 10^5 = 4 \times 4 \times 10^5 = 1.6 \times 10^6$ bit。

   (2) $R_b = 24 \times I = 24 \times 1.6 \times 10^6 = 3.84 \times 10^7$ b/s。

3. (1) $M = 2$，$R_s = 2400$ Baud，$R_b = R_s \text{lb} M = 2400 \times \text{lb} 2 = 2400$ (b/s)。

   (2) $M = 16$，$R_s = 2400$ Baud，$R_b = R_s \text{lb} M = 2400 \times \text{lb} 16 = 9600$ (b/s)。

4. (1) $M = 4$，$R_s = \dfrac{R_b}{\text{lb} M} = \dfrac{1 \times 10^6}{\text{lb} 4} = 5 \times 10^5$ (Baud)。

   (2) 1 h 内的信息总量 $I = R_b T = 1 \times 10^6 \times 3600 = 3.6 \times 10^9$ (bit)。

   (3) $P_b = \dfrac{36}{3.6 \times 10^9} = 1 \times 10^{-8}$。

   1 h 内码元总数为：
   $$N = R_s T = 5 \times 10^5 \times 3600 = 1.8 \times 10^9 (\text{个})$$
   当每个码元中只有 1 比特错时，误码率为：
   $$P_e = \frac{36}{1.8 \times 10^9} = 2 \times 10^{-8}$$

第 2 章

一、填空

1. 确知信号；功率信号。

2. 离散；1 kHz；10 kHz。

3. $10^{-3} \text{Sa}(10^{-3} \pi f)$；1 kHz；1 kHz。

4. $2000 \text{Sa}(2000 \pi t)$；0.5 ms；0.5 ms。

5. $\dfrac{1}{2} [X(f + f_0) + X(f - f_0)]$。

6. $E = \int_{-\infty}^{\infty} x^2(t)\,\mathrm{d}t = \int_{-\infty}^{\infty} |X(f)|^2\,\mathrm{d}f$；$G(f) = |X(f)|^2$。

7. $A^2\tau^2\,\mathrm{Sa}^2(\pi\tau f)$；$A^2\tau$。

8. $R(\tau) = \int_{-\infty}^{\infty} v(t)v(t+\tau)\,\mathrm{d}t$；能量；傅氏。

9. 第一个零点。

二、选择题

1. A；2. D；3. C；4. C；5. B；6. B；7. B；8. B；9. C；10. C。

三、简答题

1. （1）通过对确知信号的频谱分析，可以知道：① 信号所包含的频率成分；② 各频率成分幅度、相位大小；③ 主要频率成分占据的频带宽度及位置。

  （2）周期信号的频谱分析采用傅氏级数展开，而非周期信号的频谱分析则采用傅氏变换。

2. 矩形脉冲信号的频谱表达式为 $X(f) = A\tau\,\mathrm{Sa}(\pi f\tau)$，第一个零点带宽为 $1/\tau$。升余弦脉冲的频谱表达式为 $X(f) = \dfrac{A\tau}{2}\mathrm{Sa}(\pi f\tau)\dfrac{1}{(1 - f^2\tau^2)}$，第一个零点带宽为 $2/\tau$。显然，在传输过程中升余弦脉冲会占用更宽的信道。

3. $R(\tau) = \int_{-\infty}^{\infty} x(t)x(t+\tau)\mathrm{d}t$。其特点：① $R(\tau)$ 是偶函数，即 $R(\tau) = R(-\tau)$；② $R(0)$ 等于 $x(t)$ 的总能量；③ $R(0) \geqslant R(\tau)$；④ $R(\tau) \leftrightarrow G(f)$，即能量信号的自相关函数与其能量谱是一对傅氏变换。

4. 通常将信号能量或功率集中的频率区间的宽度称为带宽。信号的带宽由信号的功率谱或能量谱在频域的分布规律决定。带宽的定义主要有：3 分贝带宽、等效矩形带宽、第一个零点带宽和百分比带宽。

四、综合题

1. $X(f) = F[\delta_{T_0}(t)] = \dfrac{1}{T_0}\sum\limits_{n=-\infty}^{\infty} \delta(f - nf_0)$，其中 $f_0 = 1/T_0 = 1000\ \mathrm{Hz}$。频谱示意图如下图所示。

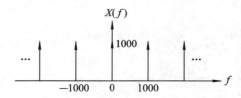

2. $\quad x_1(t) = \displaystyle\int_{-\infty}^{\infty} X_1(f)\mathrm{e}^{\mathrm{j}2\pi ft}\,\mathrm{d}f = \int_{-\frac{B}{2}}^{\frac{B}{2}} A\,\mathrm{e}^{\mathrm{j}2\pi ft}\,\mathrm{d}f = AB\,\mathrm{Sa}(\pi tB)$

$\quad\quad x_2(t) = \displaystyle\int_{-\infty}^{\infty} X_2(f)\mathrm{e}^{\mathrm{j}2\pi ft}\,\mathrm{d}f = \int_{-\frac{B}{2}}^{\frac{B}{2}} \dfrac{A}{2}\left(1 + \cos\dfrac{2\pi}{B}f\right)\mathrm{e}^{\mathrm{j}2\pi ft}\,\mathrm{d}f$

$\quad\quad\quad\quad = \dfrac{AB}{2}\,\mathrm{Sa}(\pi Bt)\dfrac{1}{(1 - B^2 t^2)}$

时域波形图分别见图 2.3.2(b)和图 2.3.4(b)。

3. (1) $G(f) = |X(f)|^2 = A^2 \tau_0^2 \mathrm{Sa}^2(\pi f \tau_0)$，经傅氏反变换(查表 2-3-1)得

$$R(\tau) = \begin{cases} A^2 \tau_0 \left(1 - \dfrac{1}{\tau_0} |\tau|\right) & |\tau| \leqslant \tau_0 \\ 0 & |\tau| > \tau_0 \end{cases}$$

示意图如下所示：

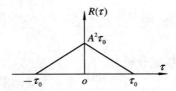

(2) $R(\tau - \tau_0)$的图形是 $R(\tau)$向右移 τ_0，如下图所示：

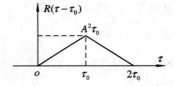

(3) $R(0) = A^2 \tau_0$，其值等于能量信号的总能量。

4. (1) $X(f) = \dfrac{A}{2} [\delta(f - f_0) + \delta(f + f_0)]$

(2) 参考例 2.6.2。

(3) $R(\tau) = F^{-1}[P(f)] = \dfrac{A^2}{2} \cos 2\pi f \tau$。

第 3 章

一、填空题

1. 1.5；1.25。

2. $\begin{cases} \dfrac{1}{2\pi} & -\pi \leqslant \theta \leqslant \pi \\ 0 & \text{其它} \end{cases}$ ；0.5。

3. $f(x) = \dfrac{1}{\sqrt{2\pi}\sigma} \exp\left(-\dfrac{(x-a)^2}{2\sigma^2}\right)$ ；a^2。

4. -4；4。

5. $a_X a_Y$；$\sigma_X^2 + \sigma_Y^2$。

6. 随机；2；0.5 和 0.5。

7. 均值；自相关函数。

8. 0；$P_Y(f) = P_X(f) \cdot |H(f)|^2$；$\displaystyle\int_{-\infty}^{\infty} P_Y(f)\, \mathrm{d}f$。

9. 高斯；常数(恒定值)。

10. 高斯；瑞利；均匀。

二、选择题

1. A；2. C；3. B；4. A；5. D；6. B；7. B；8. A；9. B；10. D。

三、简答题

1. 加性白高斯噪声的英文缩写为 AWGN(Additive White Gaussian Noise)。"加性"表示噪声是以相加的形式叠加在信号上；"白"的含义是噪声的功率谱密度在很大范围内为常数；"高斯"的含义是噪声的瞬时值服从高斯分布。

2. 若随机过程的统计特性与时间起点无关，则称它为狭义平稳随机过程。若随机过程的均值和方差为常数，自相关函数只与时间间隔 τ 有关，即 $E[X(t)]=a$，$D[X(t)]=\sigma^2$，$E[X(t)X(t+\tau)]=R_X(\tau)$，则称为广义平稳随机过程。狭义平稳一定是广义平稳的，反之不一定成立。

3. 平稳随机过程自相关函数定义为 $R(\tau)=E[X(t)X(t+\tau)]$。从自相关函数可得到随机过程的多个数字特征：① $R(0)$ 是随机过程的平均功率；② $R(\infty)$ 是随机过程的直流功率，直流功率的平方根即为均值；③ $R(0)-R(\infty)$ 是随机过程的交流功率，即随机过程的方差。

4. 平稳随机过程通过线性系统后仍为平稳随机过程。输出随机过程的均值等于输入随机过程的均值乘以系统传输特性在频率为 0 时的幅度值；输出过程的功率谱密度等于输入过程的功率谱密度乘以系统传输特性模的平方。即 $E[Y(t)]=E[X(t)] \cdot H(0)$，$P_Y(f)=P_X(f) \cdot |H(f)|^2$。

四、综合题

1. $$E(X) = \int_{-\infty}^{+\infty} x f(x)\, \mathrm{d}x = \int_{-a}^{a} \frac{x}{2a}\, \mathrm{d}x = 0$$

   $$D(X) = E[(X-EX)^2] = E(X^2) = \int_{-\infty}^{+\infty} x^2 f(x)\, \mathrm{d}x = \int_{-a}^{a} \frac{x^2}{2a}\, \mathrm{d}x = \frac{a^2}{3}$$

2. 设 $E[X(t)]=a_X$，$R_X(t, t+\tau)=R_X(\tau)$，且 $f(\theta)=\dfrac{1}{2\pi}$ $(-\pi \leqslant \theta \leqslant \pi)$。

   (1) $R_{s_1}(t, t+\tau) = E\{[X(t)\cos 2\pi f_0 t] \cdot [X(t+\tau)\cos 2\pi f_0(t+\tau)]\}$
   $$= R_X(\tau)\cos 2\pi f_0 t \cos 2\pi f_0(t+\tau)$$

   (2) $R_{s_2}(t, t+\tau) = E\{[X(t)\cos(2\pi f_0 t+\theta)] \cdot [X(t+\tau)\cos(2\pi f_0(t+\tau)+\theta)]\}$
   $$= \frac{1}{2} R_X(\tau)\cos 2\pi f_0 \tau$$

   且
   $$E[S_2(t)] = E[X(t)\cos(2\pi f_0 t+\theta)] = E[X(t)] \cdot E[\cos(2\pi f_0 t+\theta)] = 0$$

   故 $S_1(t)$ 不是平稳过程，而 $S_2(t)$ 是平稳随机过程。

3. 由于 $\cos 2\pi f_0 t$、$\sin 2\pi f_0 t$ 任意时刻的值是确定的，因此 $Z(t)$ 是高斯随机变量 X、Y 的线性组合，故也是高斯随机变量。

   $Z(t)$ 的均值为
   $$a_Z(t) = E[X\cos 2\pi f_0 t - Y\sin 2\pi f_0 t] = 0$$

$Z(t)$ 的方差为

$$\sigma_Z^2(t) = D\big[X\cos2\pi f_0 t - Y\sin2\pi f_0 t\big]$$
$$= (\cos2\pi f_0 t)^2\sigma^2 + (\sin2\pi f_0 t)^2\sigma^2$$
$$= \sigma^2$$

$Z(t)$ 的自相关函数为

$$R_Z(t,\ t+\tau) = E\big[Z(t)\cdot Z(t+\tau)\big]$$
$$= \sigma^2\big[\cos2\pi f_0(t+\tau)\cos2\pi f_0 t + \sin2\pi f_0(t+\tau)\sin2\pi f_0 t\big]$$
$$= \sigma^2\cos2\pi f_0\tau$$

4. 滤波器输出功率谱密度为

$$P_o(f) = P_n(f)\,|\,H(f)\,|^2$$
$$= \begin{cases} \dfrac{n_0}{2} & f_c - \dfrac{B}{2} \leqslant |\,f\,| \leqslant f_c + \dfrac{B}{2} \\ 0 & \text{其它} \end{cases}$$

$$R_o(\tau) = F^{-1}\big[\,P_o(f)\,\big]$$
$$= \int_{-\infty}^{\infty} P_o(f)\mathrm{e}^{\mathrm{j}2\pi f\tau}\,\mathrm{d}f = n_0 B\,\mathrm{Sa}(\pi B\tau)\cos2\pi f_c\tau$$

由于 $a_o = 0$，$\sigma_o^2 = \displaystyle\int_{-\infty}^{\infty} P_o(f)\,\mathrm{d}f = n_0 B$，且高斯分布，故有

$$f_o(x) = \frac{1}{\sqrt{2\pi n_0 B}}\exp\left(-\frac{x^2}{2n_0 B}\right)$$

第 4 章

一、填空题

1. 短波电离层反射信道；同轴电缆；光纤；卫星中继信道；光纤信道；短波电离层反射信道；陆地移动信道。

2. 狭义信道；广义信道。

3. 乘性干扰；加性干扰。

4. $P(1/1) = 1 - P(0/1) = 0.9$，$P(0/0) = 1 - P(1/0) = 0.9$，
   $P_c = P(0)P(0/0) + P(1)P(1/1) = 0.9$。

5. 信道1；信道1的错误转移概率0.1小于信道2的错误转移概率0.2。

6. 双绞线(对称电缆)；同轴电缆。

7. 常数；不同频率分量通过信道受到相同程度的衰减(或放大)；频率的线性函数；常数；不同频率分量通过信道时的传输时延相同。

8. $2\times0.75\cos20\pi(t-0.01) + 3\times0.75\cos10\pi(t-0.01) = 0.75s(t-0.01)$，是输入信号的缩小和时延。

9. 幅频特性不理想；相频特性不理想；线性；均衡技术或均衡器。

10. 传输时延；多径传播。

11. 瑞利衰落(多径衰落)；频率选择性；弥散(扩散)。

12. 衰落零点为 $f=\dfrac{2n+1}{2\tau}(n=0,1,2,\cdots)$，令 $n=0$ 得频率最小的衰落零点为 500 Hz。

13. $|H(f)|=2k|\cos(\pi f\tau)|=|\cos(2\pi\times10^{-3}f)|$；500（Hz）。

14. 使接收端能够获得多个统计（衰落特性）独立的、携带同一信息的衰落信号；空间分集；频率分集；时间分集；选择式合并；等增益合并；最大比值合并。

15. $C=B\,\mathrm{lb}\left(1+\dfrac{S}{N}\right)=3\times10^3\mathrm{lb}1024=30$ kb/s

　　由 $\dfrac{S}{n_0B}=1023$ 得 $n_0=1\times10^{-9}$（W/Hz）。

二、简答题

1. 传输特性（参数）基本不随时间变化的信道称为恒参信道。信号通过恒参信道时可能产生的失真有幅频失真和相频失真。当恒参信道的幅频特性不为常数时，产生幅频失真；当恒参信道的相频特性不是频率的线性函数或群时延特性不为常数时，产生相频失真。对于这两种失真，通常采用"均衡"技术对不理想的幅频特性和相频特性进行补偿，以减小这些失真。

2. 随参信道的特点是：① 对信号幅度的衰耗随时间变化；② 对信号的传输时延随时间变化；③ 多径传播。

　　　对信号的传输影响主要有：① 瑞利衰落；② 频率弥散；③ 频率选择性衰落；④ 波形扩展。改善随参信道对信号影响的最有效措施是分集接收技术。

3. 著名的香农连续信道容量公式为 $C=B\,\mathrm{lb}\left(1+\dfrac{S}{N}\right)=B\,\mathrm{lb}\left(1+\dfrac{S}{n_0B}\right)$（b/s）。其中：

　　① B 为信道带宽，单位为赫兹（Hz）；② S 为信号功率，单位为瓦（W）；③ n_0 为高斯白噪声的单边功率谱密度，单位为瓦/赫兹（W/Hz）。

4. 该信道的幅频特性为 $|H(f)|=k|1+\mathrm{e}^{-\mathrm{j}2\pi f\tau}|=2k|\cos(\pi f\tau)|$，由此可知：

　　在 $f=\dfrac{2n+1}{2\tau}=\left(n+\dfrac{1}{2}\right)\times10^3$（Hz）$(n=0,1,2,\cdots)$时，对传输信号的损耗最大，将信号衰减到零；在 $f=\dfrac{n}{\tau}=n\times10^3$（Hz）$(n=0,1,2,\cdots)$时，传输信号最有利。

第 5 章

一、填空题

1. 6.8 kHz；3.4 kHz；6.8 kHz。

2. FM；AM；SSB。

3. $H_{\mathrm{VSB}}(f+f_c)+H_{\mathrm{VSB}}(f-f_c)=C$ $|f|\leqslant f_m$。

4. 包络；门限。

5. 22 kHz；50 W；3300。

6. 15 kHz。

7. AM；DSB、SSB、VSB。

8. $m_f\leqslant0.5$；450。

9. 调制信号；载波功率；无关。

10. 1 : 20；1 : 2430。

二、选择题

1. C；2. D；3. C；4. C；5. B；6. D；7. C；8. D；9. D；10. A。

三、简答题

1. 目的：实现基带信号在带通信道上的传输。方法：用基带信号去控制载波的某个参量。

2. ① 可靠性：FM 最好，DSB/SSB、VSB 次之，AM 最差。

   ② 有效性：SSB 最好，VSB 较高，DSB/AM 次之，FM 最差。

3. 当包络解调器的输入信噪比小于门限值时，其输出信噪比急剧下降的现象称为门限效应。产生门限效应的原因是包络检波器的非线性。

4. 频分复用的目的是提高信道的利用率。频分复用技术主要应用在多路载波电话系统、调频广播等模拟通信系统中。

四、综合题

1. (1) $m = \dfrac{(2+2\cos20\pi t)_{\max} - (2+2\cos20\pi t)_{\min}}{(2+2\cos20\pi t)_{\max} + (2+2\cos20\pi t)_{\min}} = \dfrac{4}{4} = 1$。

   (2) $S(f) = [\delta(f-100) + \delta(f+100)] + [\delta(f+110) + \delta(f+90)$
   $+ \delta(f-110) + \delta(f-90)]$

   图示如下：

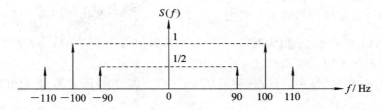

   (3) DSB 解调器参见图 5.2.13。解调输出 $m_0(t) = \cos20\pi t$。

   (4) 调制效率 $\eta = \dfrac{P_s}{P_c + P_s} = \dfrac{1}{2+1} = \dfrac{1}{3}$。

2. 当本地载波为 $c(t) = \cos(2\pi f_c t + \Delta\theta)$ 时，DSB 解调器输出为 $m_0(t) = \dfrac{1}{2}m(t)\cos\Delta\theta$。

   ① $\Delta\theta = 0$，$m_0(t) = \dfrac{1}{2}m(t)$。

   ② $\Delta\theta = \dfrac{\pi}{3}$，$m_0(t) = \dfrac{1}{4}m(t)$。

   ③ $\Delta\theta = \dfrac{\pi}{2}$，$m_0(t) = 0$。

3. (1) $m(t) = \cos(2\pi f_m t)$。

   (2) $m(t) = -2\pi \sin(2\pi f_m t)$。

   (3) $B = 12 \text{ kHz}$。

   (4) $G_{\text{FM}} = 90$。

4. (1) 15 路话音信号复用后的带宽为 $B=nf_{\mathrm{m}}+(n-1)f_{\mathrm{g}}=15\times3.4+14\times0.6=59.4$ kHz。

(2) 所需信道带宽为 $59.4\times2=118.8$ kHz。

(3) 由信道中心频率可知，DSB 调制时载波频率 $f_{\mathrm{c}}=1$ MHz。

第　6　章

一、填空题

1. 取样；量化。

2. 6800 Hz；8000 Hz。

3. 量化台阶；$N_{\mathrm{q}}=\Delta^2/12$。

4. 24；4。

5. 39；29。

6. 非均匀；动态。

7. 32 kb/s。

8. 320 k；80 kb。

9. 2.048 Mb/s。

10. 2.5；0.45；110；110。

二、选择题

1. A；2. A；3. A；4. C；5. B；6. C；7. A；8. A；9. D；10. D。

三、简答题

1. 模拟信号数字化要经过取样、量化、编码三个步骤，示意图如下：

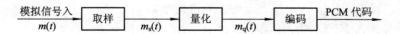

① $m(t)$ 通常是时间和幅度都连续的信号；② $m_s(t)$ 是时间离散幅度连续的信号；③ $m_{\mathrm{q}}(t)$ 是时间和幅度都离散的信号；④ PCM 代码通常是二进制码元序列。

2. ① 取样定理。② 一个频带限制在 $0\sim f_{\mathrm{H}}$ 的低通信号 $m(t)$，只要取样频率 $f_s\geqslant2f_{\mathrm{H}}$，则可由样值序列无失真地重建 $m(t)$。

3. 用预先规定的有限个量化电平去表示取样值的过程称为量化。样值与其量化电平之间的误差称为量化误差，量化误差像噪声一样影响通信质量，故量化误差又称为量化噪声。量化噪声的大小与量化台阶有关，量化台阶越大，可能出现的量化误差就越大，量化噪声就越大。衡量量化噪声对通信质量影响的指标是量化信噪比。

4. 相同点：

(1) PCM 和 ΔM 都是模拟信号数字化的具体方法；

(2) 数字化过程都经历取样、量化和编码三个步骤。

不同点：

(1) 对于语音信号，ΔM 的取样速率通常为 32 kHz，而 PCM 的取样速率为 8 kHz；

(2) PCM 中需要用多位二进制代码表示一个样点的量化电平，而 ΔM 中取样一次，只用一位二进制代码表示。

四、综合题

1. (1) 11110111, 00001111(或 00001110)。

   (2) 3.008 V, -0.031 V(或 -0.029 V)。

2. (1) $A_{max} = \dfrac{\delta f_s}{2\pi f_k}$。

   (2) $A_{min} = \dfrac{\delta}{2} = 0.05$ V, $A_{max} = 0.17$ V。故编码范围为 0.05 V～0.17 V。

   (3) $R_s = f_s = 64$ kBaud。每个码元平均信息量 $I = 0.811$ b/码元, 故 $R_b = IR_s = 52$ kb/s。

   (4) 先对模拟信号进行积分, 再进行增量调制即可。

3. (1) 10 s 内错误码元数为 $m = N \cdot P_e = 4 \times 10^6 \times 10^{-3} = 4 \times 10^3$。

   (2) 总的输出信噪比近似为 $(S_q/N_o)_{dB} = 24$ dB。

4. (1) $R_{s单} = 1792/32 = 56$ kB。

   (2) $f_s = 8$ kHz。

第 7 章

一、填空题

1. 将输入变换为适合信道传输的信号; 滤除带外噪声并对接收信号进行校正。

2. 101100000100000000; (1) 001000000111111111。

3. 连续谱; 离散谱; 1000 Hz; 0.5A; 0。

4. 系统传输特性不理想导致接收波形展宽和失真;
$$h(nT_s) = \begin{cases} \text{不为零的常数} & n = 0 \\ 0 & n \neq 0 \end{cases}$$

5. 4000 Baud; 2 Baud/Hz; 奈奎斯特频带利用率; 极限/最大; 4。

6. $\dfrac{4000}{n}(n = 2, 3, \cdots)$Baud; 2000 Baud; 1 Baud/Hz; 一半。

7. 4000 Buad; 4/3; 16 kb/s。

8. 0; 2.05×10^{-4}。

9. 接收滤波器输出波形; 码间干扰和噪声的大小; 位定时灵敏度; 噪声容限; 最佳取样时刻; 过零点失真等。

10. 码间干扰; 输出峰值畸变失真; 横向滤波器。

二、选择题

1. A; 2. B; 3. B; 4. C; 5. D; 6. D; 7. C; 8. C; 9. C; 10. B。

三、简答题

1. 一种 HDB$_3$ 码: $00+1000+1-1+1-100-1+100+10-1$。

   特点: ① 不管"1"、"0"是否等概, 均无直流; ② 高、低频分量小; ③ 有 $+1$、-1 和 0 三个电平; ④ 连"0"个数不超过 3 个等。

2. ① 冲激响应的拖尾衰减快, 故对位定时精度的要求低; ② 物理可实现; ③ 频带利用率是理想低通特性的一半。

3. 在数字通信系统中造成误码的两大因素是码间干扰和信道噪声。码间干扰是由于基带传输系统总特性不理想造成的；信道噪声是一种加性随机干扰，主要代表是起伏噪声。

4. 特点是：① 使频带利用率达到 2 Baud/Hz；② 物理可实现；③ 冲激响应信号尾部衰减快，对位定时误差要求不严格；④ 取样时刻有码间干扰（可控）。部分响应系统中解决误码扩散问题的办法是采用预编码，即差分编码。

四、综合题

1. (1) $P(f) = A^2 T_s \mathrm{Sa}^2(\pi f T_s)$，示意图如下图所示：

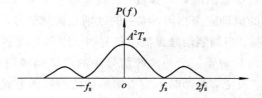

(2) $B = f_s = R_s$。

(3) 由功率谱表达式可知，无直流谱和位定时分量谱，故它们的功率均为 0。

2. (a) 有码间干扰；(b)、(c) 无码间干扰。

3. (1) $P_e = 3.855 \times 10^{-2}$；　　(2) $A \geqslant 6\sqrt{2}\sigma_n$；

(3) $P_e = 8.2 \times 10^{-4}$；　　$A \geqslant 3\sqrt{2}\sigma_n$

4. (1)、(2) 参考本章习题 11 答案。$|H(f)| = \begin{cases} 2T_s \sin 2\pi f T_s & |f| \leqslant \dfrac{1}{2T_s} \\ 0 & \text{其它} \end{cases}$

示意图如下：

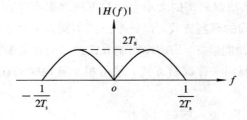

第 8 章

一、填空题

1. 2FSK；2PSK。

2. 莱斯分布；瑞利分布；高斯分布/正态分布。

3. 3000 Hz；单峰。

4. $2P_e'$。

5. 2PSK 的反向工作。

6. 2000 Hz；2000 Hz；1000 Hz；QPSK。

7. 4 mV；0 mV；2.34×10^{-3}。

8. $R_s = \dfrac{R_b}{\text{lb}M} = \dfrac{90}{4} = 22.5$ MBaud；$B = 2R_s = 2 \times 22.5 = 45$ MHz。

9. 6000；0.67。

二、选择题

1. D；2. B；3. A；4. D；5. B；6. B；7. D；8. D；9. D；10. A。

三、简答题

1. 用数字基带信号控制载波的某个参量，使载波的参量随着数字基带信号变化。数字调制与模拟调制的原理完全相同，唯一的区别是调制信号，当调制信号是模拟信号时，称为模拟调制，当调制信号是数字信号时，则称为数字调制。

2. 相干解调是指解调时需要一个与接收信号中的载波同频同相的本地载波作为参考信号的解调方式。反之，解调时不需要本地载波的解调方式统称为非相干解调。

   相干解调的抗噪声性能优于非相干解调的抗噪声性能。但当信噪比较大时，两者的误码性能相接近。由于相干解调需要提取本地载波因而实现上较为复杂。故当信噪比较小时，为获得较好的抗噪声性能，通常采用相干解调，而当信噪比较大时，应选择实现简单的非相干解调。

3. 绝对调相是以未调载波的相位作为参考相位，而相对调相是以前一码元内已调载波的相位作为参考相位。它们的区别是：① 绝对调相只能采用相干解调（极性比较法），而相对调相既可采用相干解调，也可采用非相干解调；② 绝对调相的抗噪声性能优于相对调相的抗噪声性能；③ 绝对调相存在反向工作问题，而相对调相则无此问题。

4. 二进制数字调制系统误码率的大小主要与下列因素有关：
   ① 调制方式。不同的调制方式，误码率公式不同，三种基本调制方式中，2PSK 调制方式的误码性能最好，2ASK 调制方式的误码性能最差。
   ② 解调方法。即使同一种调制方式，采用相干解调时的误码性优于非相干解的误码性能。
   ③ 解调器（或接收机）输入端的信噪比。

   降低误码率方法有许多：
   ① 选择抗噪声性能优越的调制方式，如 2PSK 调制。
   ② 采用相干解调方式。
   ③ 增大发射机功率以提高信噪比等。

四、综合题

1. (1) b 点波形见图 8.2.1，是 2ASK 信号。
   (2) a 点、b 点信号的功率谱见图 8.2.3(a)、(b)。其中 $f_s = 1$ MHz，$f_c = 2$ MHz。
   (3) a 点、b 点信号的带宽分别为 1 MHz 和 2 MHz。
   (4) 解调 b 点的 2ASK 信号可采用相干解调或包络解调（非相干）。

（5）$P_{e相干}=2.34\times10^{-3}$；$P_{e非相干}=9.41\times10^{-3}$。

2.（1）$s(t)$、$s'(t)$波形如下图所示：

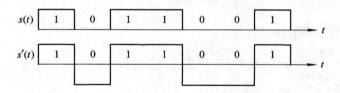

（2）无直流分量，$B_{2PSK}=2f_s=2400\ Hz$。

（3）判决规则：取样值大于零，判为"1"码；若取样值小于零，判为"0"码。

3.（1）波形图如下图所示。先差分编码再 2PSK 调制即可产生 2DPSK 信号。

（2）参考教材图 8.4.15。

（3）$P_e=2.27\times10^{-5}$。

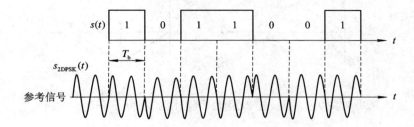

4.（1）见图 8.6.19。

（2）$B_{MSK}=1.5\ MHz$，$\eta_{MSK}=0.67\ b/s/Hz$。

（3）$B_{16QAM}=0.5\ MHz$，$\eta_{16QAM}=2\ b/s/Hz$。

第 9 章

一、填空题

1. 接收误码率；线性滤波器；判决电路。

2. 输出信噪比；匹配滤波器。

3. $ks(t_0-t)$；$kS^*(f)e^{-j2\pi ft_0}$；$kR_s(t_0-t)$；$\dfrac{2E}{n_0}$（其中 E 为输入信号的能量）。

4. $h(t)=\begin{cases}kA & 0\leqslant t\leqslant T_b\\0 & 其它\end{cases}$；$H(f)=kAT_b Sa(\pi fT_b)e^{-j\pi fT_b}$；$\dfrac{2A^2T_b}{n_0}$。

5. $t=T_b$；$\dfrac{A^2T_b}{n_0}$。

6. $P_e=\dfrac{1}{2}erfc\left(\sqrt{\dfrac{(1-\rho)E_s}{2n_0}}\right)$；$P_e=\dfrac{1}{2}erfc\left(\sqrt{\dfrac{a^2T_b}{4n_0}}\right)$；$P_e=\dfrac{1}{2}erfc\left(\sqrt{\dfrac{a^2T_b}{2n_0}}\right)$；

$P_e=\dfrac{1}{2}erfc(\sqrt{2r})$；一半。

二、选择题

1. B；2. A；3. C；4. A。

三、综合题

1. (1) $s_o(t)\big|_{\max}=kR(0)=kA^2\tau_0$。

(2) $P_{no}(f)=P_{ni}(f)\,|H(f)|^2=\dfrac{n_0k^2}{2}\,|S(f)|^2$，$S_{no}=\displaystyle\int_{-\infty}^{\infty}P_{no}(f)\mathrm{d}f=\dfrac{1}{2}n_0k^2A^2\tau_0$。

(3) $r_{o\max}=\dfrac{2E}{n_0}=\dfrac{2A^2\tau_0}{n_0}$。

2. (1) 最佳接收机结构参见图 9.3.1（图中的 T_s 改成 T 即可），$s_1(t)$ 与 $h_1(t)$（取 $k=1$）相同。

(2) 输出波形如下图所示。

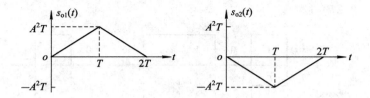

最佳判决时刻为 $t=T$，输出最大信噪比为 $\dfrac{2E}{n_0}=\dfrac{A^2T}{N_0}$。

(3) 将 $\rho=-1$（双极性信号），$E_s=A^2T$ 代入式（9-3-3）得 $P_e=\dfrac{1}{2}\mathrm{erfc}\left(\sqrt{\dfrac{A^2T}{2N_0}}\right)$。

第 10 章

一、填空

1. 可靠性；有效性下降。

2. 2^k；k/n；$\dfrac{n}{k}R_{b入}$。

3. 7；6；3。

4. 1；$a_0=a_4\oplus a_3\oplus a_2\oplus a_1$。

5. 1101001。

6. 7；3；4。

7. $n=2^r-1$；26；1。

8. 7；4。

9. 1.023。

10. 外码；内码；将突发错误转换成随机错误。

二、选择题

1. D；2. B；3. D；4. B；5. D；6. B；7. A；8. C；9. A；10. A。

三、简答题

1. 信源编码的目的是去除冗余度，提高有效性；而信道编码的目的是通过增加冗余度来提高可靠性。

2. 参见本章知识点小结。

3. 参见本章知识点小结。

4. 参见本章知识点小结。

四、综合题

1. (1) $G = \begin{bmatrix} 1 & 0 & 0 & 0 & 1 & 1 & 0 \\ 0 & 1 & 0 & 0 & 0 & 0 & 1 \\ 0 & 0 & 1 & 0 & 1 & 0 & 1 \\ 0 & 0 & 0 & 1 & 0 & 1 & 1 \end{bmatrix}$

转换过程：① 第一、二行对调；② 第一、三行加到第二行；

③ 第一、三行加到第四行。

(2) 1100111, 1101100, 1110010, 1111001。

(3) $H = [PI_r] = [PI_4] = \begin{bmatrix} 1 & 0 & 1 & 0 & 1 & 0 & 0 \\ 1 & 0 & 0 & 1 & 0 & 1 & 0 \\ 0 & 1 & 1 & 1 & 0 & 0 & 1 \end{bmatrix}$。

(4) 由 $S = BH^T$ 得 $S = [111]$。

2. (1) $k = 5$, $n = 15$。

(2) $A(x) = x^{14} + x^{11} + x^{10} + x^8 + x^7 + x^6 + x$。

3. $H = \begin{bmatrix} 1 & 1 & 0 & 1 & 0 & 0 \\ 0 & 1 & 1 & 1 & 0 & 1 & 0 \\ 1 & 0 & 1 & 1 & 0 & 0 & 1 \end{bmatrix}$；$S = [001] \neq [000]$，接收码字有错。

4. (1) m 序列产生器如下：

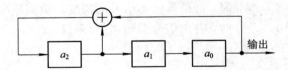

(2) 列表过程可参考例 10.8.1。

(3) 输出序列为 0111010。

第 11 章

一、填空

1. 插入导频法(外同步法)；直接法(自同步法)。

2. 存在；存在。

3. 输出信噪比；上升。

4. 解调出信号。

5. 载波。

6. 载波；位/码元；群/帧。

7. 扣除；附加。

8. 0.01毫秒；0.1秒。

9. 使数字系统的误码率上升。

10. 尖锐的局部自相关特性；巴克码。

11. 11。

12. $t_s = (1 + P_L + P_F) N T_s$。

二、选择题

1. D；2. A；3. B；4. D；5. B；6. B；7. D；8. D；9. A；10. C。

三、简答题

1. 参见本章知识点小结。

2. 参见本章知识点小结。

3. 群同步系统的主要性能指标是漏同步概率、假同步概率和同步建立时间。判决器门限设置得高，漏同步概率增大，而假同步概率则会下降；相反，判决器门限设置得低，漏同步概率下降，而假同步概率则会上升。平均群同步建立时间与漏同步概率和假同步概率的和有关，因此，适当设置判决器门限，使漏同步和假同步概率之和最小，就能使平均同步建立时间最短。

4. 对插入导频的要求有三个：① 导频要在信号频谱为零的位置插入，使接收端方便获取导频信号；② 导频频率通常等于载波频率，使接收端方便地将导频转换成同步载波信号；③ 插入导频应与载波正交，避免导频对信号解调产生影响。

四、综合题

1. $v_o(t) = \dfrac{1}{2} m(t) \cos(\Delta\omega t + \varphi)$。

讨论：① 当 $\Delta\omega = 0$，$\varphi \neq 0$ 时，解调器输出信号的幅度衰减到原来的 $\cos\varphi$ 倍。

② 当 $\Delta\omega \neq 0$，$\varphi = 0$ 时，有用信号受到调制（乘以 $\cos\Delta\omega t$），引起有用信号畸变。

2. (1)、(2)见图11.3.1。

(3) $t_e = \dfrac{T_s}{n} = \dfrac{1}{1000 \times 200} = 5 \times 10^{-6}(s)$，$t_s = nT_s = \dfrac{200}{1000} = 0.2(s)$。

3. (1) 巴克码识别器原理图如下：

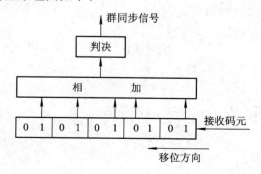

5 位巴克码识别器

（2）5 位巴克码局部自相关函数曲线如下：

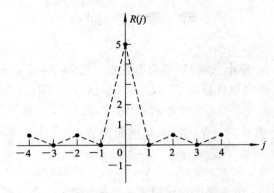

5 位巴克码局部自相关函数

（3）$P_{\mathrm{L}}=1-(1-P_{\mathrm{e}})^5-5P_{\mathrm{e}}(1-P_{\mathrm{e}})^4$，$P_{\mathrm{F}}=\dfrac{1}{2^n}\displaystyle\sum_{r=0}^{m}C_n^r=\dfrac{1}{2^5}[C_5^0+C_5^1]=\dfrac{6}{32}=\dfrac{3}{16}$。

参 考 文 献

［1］ 黄葆华，沈忠良，张伟明．通信原理简明教程．北京：机械工业出版社，2012.

［2］ 沈振元，叶芝慧．通信系统原理．2 版．西安：西安电子科技大学出版社，2008.

［3］ 宋祖顺，宋晓勤，宋平，等．现代通信原理．3 版．北京：电子工业出版社，2010.

［4］ 南利平，李学华，张晨燕，等．通信原理简明教程．2 版．北京：清华大学出版社，2007.

［5］ 樊昌信，曹丽娜．通信原理．7 版．北京：国防工业出版社，2012.

［6］ 唐朝京，熊辉，雍玲，等．现代通信原理．北京：电子工业出版社，2010.

［7］ 王兴亮．通信系统原理教程．西安：西安电子科技大学出版社，2007.

［8］ 西蒙．赫金．通信系统．4 版．宋铁成，等，译．北京：电子工业出版社，2007.

［9］ JOHN G. PROAKIS. Digital Communications Fifth Edition. 北京：电子工业出版社，2009.

［10］ JOHN G. PROAKIS. Fundamentals of Communication Systems. 北京：电子工业出版社，2007.

［11］ 曹丽娜，樊昌信．通信原理学习辅导与考研指导．2 版．北京：国防工业出版社，2008.

［12］ 徐家恺，阮雅端，赵康健．通信原理考研大串讲．北京：科学出版社，2007.

［13］ 沙济彰，朱煜，戴本祁．通信原理学习与考研指导．北京：科学出版社，2004.